国外名校名著

创新药物研究基础与关键技术译丛

Pharmaceutical Dissolution Testing, Bioavailability, and Bioequivalence:

Science, Applications, and Beyond

药物溶出试验、生物利用度和生物等效性：

科学、应用及未来

[美] 乌梅什 · 巴纳卡尔（Umesh V. Banakar） 主编

研如玉翻译团队 译

化学工业出版社

· 北 京 ·

WILEY

内容简介

《药物溶出试验、生物利用度和生物等效性：科学、应用及未来》全书共 19 章，主要内容包括：药物溶解和溶出的基本原理和实际应用；药物溶出试验方法；生物利用度和生物等效性相关内容；溶出数据分析和体内外相关性等。

《药物溶出试验、生物利用度和生物等效性：科学、应用及未来》有助于药物研发从业人员更好地理解溶出试验的作用以及与体内生物等效性试验的相关性，从而更好地开展药物溶出试验，充分发挥体外溶出试验在药物研发中的作用，提高生物等效性试验的成功率。

图书在版编目（CIP）数据

药物溶出试验、生物利用度和生物等效性：科学、应用及未来/（美）乌梅什 · 巴纳卡尔（Umesh V. Banakar）主编；研如玉翻译团队译．—北京：化学工业出版社，2023．11

（创新药物研究基础与关键技术译丛）

书名原文：Pharmaceutical Dissolution Testing，Bioavailability，and Bioequivalence：Science，Applications，and Beyond

ISBN 978-7-122-43821-8

Ⅰ．①药… Ⅱ．①乌…②研… Ⅲ．①药物-溶解-试验-研究 Ⅳ．①TQ460．1

中国国家版本馆 CIP 数据核字(2023)第 136105 号

责任编辑：褚红喜

加工编辑：朱 允 陈小滔

责任校对：李露洁

装帧设计：关 飞

出版发行：化学工业出版社

（北京市东城区青年湖南街 13 号 邮政编码 100011）

印 装：三河市航远印刷有限公司

787mm×1092mm 1/16 印张 23 字数 535 千字

2023 年 10 月北京第 1 版第 1 次印刷

购书咨询：010-64518888 售后服务：010-64518899

网 址：http://www.cip.com.cn

凡购买本书，如有缺损质量问题，本社销售中心负责调换。

定 价：198.00 元

翻译人员名单

译 者:

刘治林	张威风	李海岛	陈明磊	孟翔宇
吕 佩	张 晶	夏文婷	徐洋洋	刘 磊
顾川江	张 莉	王悦菊	王秋玉	王秀娟
黄翠萍	张运文	张 淼	李同良	袁 元
单鹏达	康 苗	陈 振	李 慧	段金莲
崔宏琴	李 雪	鄢 寒	汪志辉	赵胜贤

中文版序

近三年，各个行业的研究和发展都受到了新冠疫情的影响，全球各业的专业人员则更加勤奋地在为人类的命运而战。与此同时，因为中国制药业正处于一个高速发展的阶段，国内大量的科研人员更希望能及时掌握世界上同行业内的相关信息资料。而世界上所有的制药专业人员们也都以各自力所能及的方式在努力地工作。

在这样的形势下，美国 Wiley 出版社在 2022 年初首次出版了由以研究药物溶出试验闻名的 Umesh V. Banakar 博士撰写的《药物溶出试验、生物利用度和生物等效性》一书。在 Banakar 博士自己为此书写的前言中，他尤其强调了溶出试验被大量地用于仿制药生物等效研究，等比例多剂量产品的免除生物等效性试验的申请，药物产品批准后进行的各类工艺改进，以及对药品安全性质询的回应。

本书能给药企的广大分析人员提供广泛的理论指导和全面的操作建议，对于国内的制药企业具有相当大的应用价值，也可对大学药学类专业教学提供实用经验。研如玉团队中年轻的制药研发同行慧眼独具，看到了此书的引进能够满足国内药企研发人员对溶出研究的迫切需要。整个业余翻译团队在当时较为困难的条件和复杂环境下，仅花了几个月的时间就将 Banakar 博士的这本新书翻译成文，即将付梓。

药物溶出试验用于测量片剂、胶囊剂、软膏剂等药物剂型中有效成分形成溶液的程度和速率。药物剂型的溶出度大小与其在人体内的生物利用度和能达到的治疗效果直接相关，因此对溶出度的数值测定也就至关重要。通过正确的测试方法所获得的药物溶出度数值可指导制剂处方改进，以及预判和推演真实临床结果。

文献上有记载的首次药物溶出研究是在 1897 年由 Noyes 和 Whitney 完成的，当时使用的是苯甲酸和氯化铅（Noyes A A，Whitney W R. The Rate of Solution of Solid Substances in Their Own Solutions. *J Am Chem Soc*，1897，19，930-934. DOI：10.1021/ja02086a003.）。自此以后，各类有关药物溶出的文章层见叠出，但以溶出为主题的学术性书籍并不多。在以往有限的书籍中，Banakar 博士也曾在 1991 年的 Informa Healthcare 的“药物和制药科学”系列丛书中，出版过一本基于当时理论和要求的《药物溶出试验》，但现在出版的这本书则结合了当前的质量管理理念和科学要求，包含了多种 BA/BE、IVIVC 等模式下的相关溶出设计，因此更适合作为当前制药企业尤其是仿制药行业中制剂和分析人员的实际应用指导书。

曹家祥

2023 年初秋

于石头县南泥湾

英文版序一

我很高兴你此刻阅读这篇文章，你一定对溶出科学有着浓厚的兴趣。在该领域将近30年的工作经历使我获益匪浅。我的相关工作始于VanKel技术集团，该集团先后归属于Varian公司和安捷伦科技。表面上看，溶出试验似乎是一个简单的试验。事实上，溶出试验相当复杂，且对制药行业至关重要。

我第一次见到Banakar博士是在1996年，适逢公司为我们客户发起了一个教育培训计划。当时我供职于一家溶出设备制造商，很清楚客户在寻求与溶出有关的实践和理论知识。正如我们所见，仅生产可靠的测量仪器是不够的，人们需要知道如何正确操作仪器和解释结果。这促使我们实验室服务业务部创建了一个教育培训计划。教员由公司内部员工担任，辅以各领域的专家。Banakar博士就是这些专家中的一员。他带给我们客户一定程度的专业知识，这些知识融合了他在大学的教学技能以及多年从业咨询的分析技能。

在那些日子里（显然是在COVID-19之前），我们到世界各地举办研讨会。多年来，我们耗费大量时间游历于已成熟及发展中的市场，以试图对溶出进行“宣传”。我们发现，许多溶出分析员通常是在被要求进行溶出试验时才第一次了解溶出。因此，我们致力于用基础科学来补充他们的实践知识，这样他们就能更充分地了解为何及如何开展溶出试验，以及开展试验的复杂性。鉴于人们对众多研讨会给出的积极评价，我相信我们完成了目标。

关于为何及如何开展溶出试验，这本书已给出一个完整、全面和最新的综述。本书全面涵盖了溶出试验的基本原理、新药申请（NDA）和简略新药申请（ANDA）的方法开发、生物利用度及生物等效性。你的任务则是如何理解消化这些资料。在本书中，Banakar博士以一种浅显易懂并且可操作性强的方式来呈现这些基本细节。

我希望你能从本书中得到启迪，并找到你所寻找的答案。

祝你阅读愉快。

Allan Little 先生
溶出系统市场部总监
安捷伦科技有限公司
美国加利福尼亚圣克拉拉市

英文版序二

大约25年前，我开始从事医药专利侵权诉讼的工作。对那些不甚了解专利法的人来说，这是一个结合了法律和科学的奇妙领域。在我早期接触的案件中，工作内容大多涉及缓释药物剂型。即使具有化学工程背景，相对来说我在该领域依然是个新手，仍然有很多东西要学。所幸在早期案例中，我与Banakar博士共事期间，学习了药代动力学（吸收、分布、代谢和消除）和体外-体内相关性（IVIVC）的原理，也成为了一个溶出技术能手。在上述这些课题领域，Banakar博士是再好不过的老师。他耐心且透彻地教给我许多这门科学相关的基本概念。在我接手的第一批专利诉讼案中，要求利用溶出曲线来定义药物缓释。Banakar博士花了很多时间让我搞清楚：桨法和篮法的细微差别，仪器的校准，溶出介质与体积、转速和其他溶出方法的重要性，溶出仪设置对获得稳定且可重现性结果的必要性，以及即使一些细微变化［如搅拌桨（篮）的晃动或溶出介质种类/体积的改变］也会影响这些结果。我当时沉迷于溶出科学且乐在其中。毫无疑问，Banakar博士可以解决所有问题。

后续案例又涉及一些新的概念，比如药代动力学。再一次地证明，Banakar博士仍是我最好的老师，他很快就把这些原理与我在化学工程中学到的平衡理论概念联系起来。我开始迷恋上药代动力学。伴随新案例又涉及药代动力学的新方面，我遇到了反卷积和IVIVC话题。我再次着迷于这些引人入胜的领域，以及C_{max}、AUC、C_{min}的概念及它们在确定生物等效性方面的作用。Banakar博士在我工作生涯的每一步都陪伴着我，我将永远感谢他。

当我翻阅这本书时，脑中萦绕的是：对于在药物科学领域执业的专利律师来说，这将是一笔多么宝贵的财富！无论是在诉讼案中，还是确定如何声明一项新发明的独特性，理解这些药学科学都是至关重要的。本书系统地以一种药学科学家易懂且实用的方式，向读者呈现了溶出试验从基本原理到先进技术，以及利用溶出试验预测体内生物利用度的科学和应用的相关复杂问题。最后，最值得一提的是，本书所涉及的内容正是有志于从事药物专利的人士所需要的。

Alan Clement 先生
洛克律师事务所知识产权部主席
维西街200号布鲁克菲尔德广场
美国　纽约

英文版前言

活性药物成分（active pharmaceutical ingredient，API）通常不会被受试者（人或动物）单独服用以评估其生物功效（即生物有效性），它总是与辅料混合制成一个处方并最终以一种剂型形式（药品）被服用，以满足其体内外性能方面的质量要求。无论药品为何种剂型（固体制剂，如散剂、片剂、胶囊剂等；液体制剂，如混悬剂、洗剂等；半固体制剂，如软膏剂、乳膏剂等），当它被受试者（人和/或动物）使用以测定其最终系统利用率［对于体内吸收，即为生物利用度（bioavailability，BA）］时，如果 API 以其固体形态存在，它必须从制剂溶出到生理介质中，即体内溶出。溶出后的药物随后通过生物表面被吸收（体内吸收），使药物进入体循环，从而影响 BA。综合来说，这样一个过程通常被称为给药剂型的整体生物有效性。因此，人们已经意识到体内溶出是体内吸收的前提条件，进而会影响给药制剂（药品/剂型）的生物有效性。

药品的设计和开发仍然被认为是一门艺术，而不仅仅是科学！然而，清楚而全面地了解影响制剂设计和开发的众多因素，包括体外和体内的评估，是成功开发药物制剂的关键。制药科学家，特别是制剂科学家，应不断追求在药物开发过程中实施恰当举措，使最终制剂（成品）符合生物有效性及最终临床有效性的预设标准。

药物剂型的开发往往需要合理科学的多学科方法，以及将这些方法结合起来所需的技术能力。虽然制剂开发的主要目标是满足预设和/或期望的 BA（或生物有效性）要求，但显然由于成本、时间及可用资源有限，不可能对每一个处方进行 BA 评估。因此，在药物开发过程的各个阶段，可以利用许多前瞻性的、可能与生物生理相关（生物相关性）的试验，例如体外溶出试验，来进行处方筛选。这样一来，如果能恰当地使用这种替代性试验，就可以大大增强各种制剂设计、开发和评估的成功概率。因此，以生物有效性为中心的药物产品设计、开发和评估，尤其关注药物开发中溶出试验的作用，有着极其重要的意义。

仿制药的开发过程，尤其是能成功证明生物等效性（bioequivalence，BE）的仿制药开发，从处方筛选到决定采用哪个处方来进行 BE 评估，在很大程度上依赖于体外溶出试验。此外，体外溶出试验还被用来证明符合处方比例相似规格制剂的生物豁免标准，以及验证药品上市后生产过程中发生的不同程度变化。而且，体外溶出试验还经常被用来答复评审部门针对产品体外溶出及体内有效性的质量性能方面提出的询问。

在标准临床条件下，分别单剂量服用两种药物制剂后，如果二者的生物利用速率和程度基本相似，就可认为这两种药物制剂具有生物等效性。有关生物利用度和生物等效性的表述看似简单明了，但多年来在制药和临床领域引起了相当大的争议，而建立生物和临床等效性伴随的经济因素使争议更加复杂。鉴于我们对药品生物等效性基本考虑的广度和深度理解不够，现已颁布众多条例和全球法规，并报道了同样数量甚至更多的相关解读和意见。

为复杂仿制制剂设计生物等效性研究时，往往会面临一些挑战。虽然严格基于两个制剂之间相似的生物有效性及其临床和治疗等效性的仿制药生物等效性显然是更可取的，但是，设计以临床终点评估的生物等效性研究似乎逐渐成为两种产品之间一致性评价的工具。尽管已经符合监管要求，但各监管机构仍要求在提交“成功的”生物等效性研究数据中作进一步说明。为了应对这些挑战，人们必须采用一种“创造性”的方法，既要有科学依据，又要有说服力。

全球化监管和技术视角解决了设计、开展和展示成功 BA/BE 研究中的各种挑战，包括向各种监管机构问询做出令人满意和信服的答复，通过技术信息和案例研究的合法结合提交结果/数据。需要特别注意的是与复杂仿制药 BE 相关的错综复杂的问题。

溶出试验显然是药品生产质量管理规范中一个常规的质量控制程序。然而，溶出试验既可以前瞻性地用于开发具有适当药物释放特性的制剂，也可以回顾性地用于评估一种剂型是否以规定/预定的速率和程度释放药物。这两种用途所依据的共同主要假设是，溶出试验即使不能预测也能充分代表药物的生物学性能，即 BA。

到目前为止，体外溶出试验似乎是预测体内生物利用度最可靠的方法。尽管官方试验数据有很大的实用价值，但人们已经认识到仍然有必要进行与生物利用度更直接相关的试验。人们做了许多尝试来了解、开发和潜在地量化溶出和生物利用度之间的相关性。此外，还有一些药典说明和法规指南为建立和证明这种相关性提供了帮助和指导。然而，体外-体内相关性（IVIVC）似乎仍然难以捉摸，只在少数情况下才有可能被理解。因此，应不遗余力地关注如何克服这种挑战——通过案例研究概念性和实践性地理解 IVIVC 及其在药物开发和上市中的应用，并确保这种尝试能产生简化的切实可行的方法——这不仅是必要的，也是早该进行的。

《生物制品价格竞争与创新法案》（BPCI）为证明与美国食品药品管理局（FDA）上市许可（批准）的参比物具有生物相似性或可替换性的生物制品创建了一个简化审批流程［美国《公共卫生服务法》（PHS）第 351（k）条］。该生物制品与参比物高度相似，尽管无活性组分存在小的差异，但在临床上与参比物在安全性、纯度和效价方面没有显著差异。因此，生物相似性的判断依据是所展示的“证据整体性”（Totality of Evidence）：将各种类型的信息（开发方案的广度和深度）整合，并最终得出该生物制品与已批准的参比物是（或不是）生物相似的总体评估。其中一个主要判断标准是拟申报生物类似药的结构性和功能性特征。在此背景下，溶出可以在拟申报生物类似药的功能性特征等方面发挥关键作用。因此，生物类似药作为仿制药的新兴领域，应探索溶出试验在其开发和评价中的作用。

在过去的十年中，溶出试验在药物开发中已经从一个确保药品批间质量的简单方便的常规试验，发展到通过证明 IVIVC 来预测药品生物有效性的复杂应用。溶出试验现在已经进入知识产权（IP）学科领域，具有知识产权发明的新颖性及创新性信息会得到保护。这些发明往往价值“数百万美元”，批准它们是否有效和/或是否侵权则是基于溶出科学和应用原则这一令人信服的依据。溶出试验在 IP 中的作用已转化为保护发明人的专属权利，即在一项专利中基于药品的溶出性能对所定义的发明进行说明。

需要解决的根本问题是：溶出、过程和结果能否单独或联合起来提供足够的新颖性和创新性的信息从而获得专利？此外，人们普遍认为，“新”药是可以获得专利的，但这种“新”药的专利性更多的是基于其某些独特的方面——功能和/或结果。因此，需要探讨药品及其基本溶出数据的专利性。

同样重要的是，药物开发过程往往受制于证明其是否符合监管要求。另一方面，监管机构也在不断协调各项要求来尝试简化这一过程。例如为行业提供指南，从而将所谓的“神秘”和/或监管要求的复杂性降到最低。虽然监管机构的主要目标是确保上市申请（药品）的安全性和有效性，但证明和获取批准的途径有时是非常令人生畏的，因此，通用的以及与溶出试验有关的指南非常重要。它们有价值，且附带免责声明。然而，在溶出数据解读和数据完整性方面，遵守这些指南往往具有挑战性。因此，必须关注如何通过案例研究来克服数据解读和数据完整性方面的挑战，同时要确保这种尝试不会导致另一个指南的出现。在这样做的时候，我们必须超越“机构建议和指南”，同时对溶出数据（如果不具有说服力）做出令人信服的合理解释，以使监管机构能够接受。

最后，探索体外溶出试验在预测药物制剂体内（生物）有效性方面的作用时，要关注这两个原始问题：**我们从哪里来？我们要去哪里？**大量的信息集中在试图预测各种固体制剂的有效 IVIVC 上。人们经常注意到，当体外参数和体内参数之间确实存在这种相关性时，其价值有限，因为这些参数之间没有明确的关系。因此，好的相关性是难以捉摸的，人们应该选择可接受的相关性！

在过去的三十年里，通过数学建模、生理相关（介质）溶出试验以及药典和/或机构建议/指南等，采用了各种多学科方法来应对基于 IVIVC 生物利用度预测有关的挑战，并取得了不同程度的成功。重要的是要认识并理解溶出是生物利用度的先决条件，而不是生物利用度本身！为全面理解所谓的 IVIVC，需要了解药物的溶解性和渗透性与药物的体内溶出同样重要。在这样做的时候，应将丰富的经验与当前为提高溶出试验生物利用度预测能力而采用的做法相结合。现在的首要问题是：**我们应该做什么？**在这个过程中，跳出固有思维对于提高实现可接受（如果不是真正好的）相关性的可能性至关重要，该相关性基于以自我省视为准的主观途径，通过药物的体外溶出试验来预测生物利用度。

毫无疑问，通过证明药物制剂的生物有效性（生物利用度和生物等效性）和质量性能，药物溶出试验已被认为是药物开发过程中不可或缺的一部分。在过去的一个世纪里，文献报道了对溶出技术科学的理解及其在药物开发中的应用，涉及从分子基础到先验地模拟生物有效性的高级水平，再到药物制剂的临床评价。此外，本书还探讨了溶出试验在生物类似药开发中的作用；介绍了分析和解释溶出试验数据（结果）的创造性和创新性方法，以便向全球监管机构成功证明药品质量的安全性和有效性。本书全面论述了溶出试验在药品开发中已确立的、充分证明的以及新兴的作用。因此，本书将成为药物开发（制剂）科学家、质量控制（QC）和质量保证（QA）专业人员、法规事务人员和知识产权评估人员等宝贵的、最新的、可随时使用的参考资源。此外，本书也将是学术和其他医疗机构、组织和公司（行业）图书馆的重要补充。

大家对这本书可能褒贬不一。本书并不打算成为一本拿起来就能用的问题解决手册。恰恰相反，本书做了严肃且意义重大的努力/尝试，旨在对药品全生命周期各方面溶出试验的开发和利用所需要的多学科因素给予合理的解析。此外最重要的是，19 个章节内容的编排及 1100 多条参考文献的汇编应该有助于丰富科学家对溶出作用的理解。溶出不仅仅是用于质量控制，也提供了跳出思维定式的必要工具，以使其能为人们带来安全有效、经济适用的传统的和先进的药物。

Umesh Banakar 博士，教授
Banakar 咨询服务公司总裁
美国　韦斯特菲尔德　印第安纳州　邮编 46074

致谢

自1992年出版第一本书（Banakar，1992）以来，这是我独自撰写或参与编辑的第四本相同题材的书。到现在，虽然溶出科学的基本原理没有改变，但在药品全生命周期的几乎所有阶段，其应用都有逐渐进步和改进。此外，在过去的三十年里，溶出试验已经涉足了营养品和天然产物、知识产权和生物类似药等学科领域。我很欣慰见证并参与了这些发展，并为之做出了贡献。

我感谢 John Wiley & Sons，Hoboken，NJ 学术出版集团高级主编 Jonathan Rose 先生的邀请，感谢他对我在溶出、生物利用度和生物等效性学科方面所做的成果表示兴趣。

我要对我妻子 Suneeta 表示衷心的感谢，感谢她一直以来的无私支持。没有她，我将无法完成这本书。

我非常感谢果阿大学药学院副教授 Rajashree Gude 女士，她对本书每一章的文献检索、编辑、格式化和结构方面给予了宝贵并持续的支持。

我要感谢我们的儿子 Kapil Banakar 先生，感谢他及时赠送了一台24英寸屏幕显示器，这对我构思、写作和编辑本书的手稿帮助很大。

我深深地感谢在所有平台上与我交流的所有专业人士，如国内和国际会议、网络研讨会、科学咨询委员会、博士论文和科学硕士论文委员会成员，以及来自学术界和产业的众多研究和开发小组等，他们为我提供了展示自己想法的机会，并激励我发展、构建和追求新的想法。

最后，同样重要的是，我想感谢所有的祝福者，感谢他们的大力支持！

参考文献

Banakar，U.（1992）. Pharmaceutical Dissolution Testing，Drugs and the Pharmaceutical Sciences，vol. 49. New York，NY：Marcel Dekker，Inc.

目录

第 3 章　溶解度、溶出、渗透性和分类系统　037

第 4 章　溶出机制的理解：数学模型与模拟　059

第 5 章 溶出试验方法：发明源自需求 075

第 6 章 药物系统溶出试验的要点 113

第 10 章 药物制剂的生物相关溶出/释放试验方法开发 200

第 11 章 生物利用度预测软件：虚拟还是现实！ 217

第 12 章 IVIVC 在药物开发中的挑战和独特应用 229

第 18 章 为成品溶出试验建立基于临床治疗安全的 QC 标准 317

第 19 章 解开根据溶出预测生物利用度的秘密 330

术语/缩略语表

术语/缩略语	英文	中文
AADA	Abbreviated antibiotic drug application	简略抗菌药物申请
ABE	Average bioequivalence	平均生物等效性
ADAM	Advanced dissolution，absorption，metabolism	高级溶出、吸收和代谢
ADHD	Attention deficit hyperactivity disorder	注意缺陷多动障碍
ALF	Artificial lung fluid	人工肺液
ANDA	Abbreviated new drug application	简略新药申请
ANOVA	Analysis of variance	方差分析
ANVISA	Agencia Nacional de Vigilancia Sanitaria	巴西卫生监督局
API	Active pharmaceutical ingredient	活性药物成分
ASD	Amorphous solid dispersions	无定形固体分散体
ASD	Artificial stomach duodenal	人工胃十二指肠
AUC	Area under the blood or plasma drug concentration-time curve	血药浓度-时间曲线下面积
BA	Bioavailability	生物利用度
BCS	Biopharmaceutics Classification System	生物药剂学分类系统
BDM	Biorelevant dissolution method	生物相关溶出方法
BE	Bioequivalence	生物等效性
BMD	Biorelevant method development	生物相关方法开发
BMR	Batch manufacturing record	批次生产记录
BP	British Pharmacopoeia	英国药典
BPCI	Biologics Price Competition and Innovation	生物制品价格竞争与创新法案
CAT	Compartmental absorption and transit	房室吸收与转运
CDER	Center for Drug Evaluation and Research	药品审评和研究中心
CDR	Cumulative drug releases	累积药物释放百分比
CDSCO	Central Drugs Standard Control Organization	印度中央药品标准控制组织
CFR	Code of federal regulations	美国联邦法规
CI	Confidence interval	置信区间
CMA	Critical material attributes	关键物料属性
CMC	Chemistry and manufacturing controls	化学、生产和控制
CPMP	Committee for Proprietary Medicinal Products	专利药品委员会
CPP	Critical product properties	关键产品参数

续表

术语/缩略语	英文	中文
CQA	Critical quality attributes	关键质量属性
CR	Controlled release	控释
CRDS	Clinically relevant dissolution specifications	临床相关溶出质量标准
CRS	Clinically relevant specifications	临床相关质量标准
CT	Clinical trial	临床试验
CV	Coefficient of variation	变异系数
DCM	Dynamic colon model	动态结肠模型
DDI	Drug-drug interaction	药物-药物相互作用
DFT	Density Function theory	密度泛函理论
DGM	Dynamic gastric model	动态胃模型
DPI	Dry powder inhaler	干粉吸入剂
DR	Delayed release	延迟释放
ED	Effective dose	有效剂量
EMA	European Medicines Agency	欧洲药品管理局
EP	European Pharmacopoeia	欧洲药典
ER	Extended release	长释
f	Absolute bioavailability	绝对生物利用度
f_1	Difference factor	差异因子
f_2	Similarity factor	相似因子
FBEA	Fundamental bioequivalence assumption	基本生物等效性假设
FDC	Fixed dose combination	固定剂量组合
FIP	International Pharmaceutical Federation	国际制药联合会
FTF	first-to-file	首位申请
GCP	Good Clinical Practices	药物临床试验质量管理规范
GDUFA	Generic Drug User Fee Amendment	仿制药使用(制造)者付费法案
GI	Gastrointestinal	胃肠
GIS	Gastrointestinal simulator	胃肠道模拟器
GIT	Gastrointestinal tract	胃肠道
GLP	Good Laboratory Practices	药物非临床试验质量管理规范
GMP	Good Manufacturing Practices	药品生产质量管理规范
GMR	Geometric mean ratio	几何平均比
HPMC	Hydroxypropyl methylcellulose	羟丙甲纤维素
HVD	Highly variable drug	高变异药物

续表

术语/缩略语	英文	中文
iBCS	Biopharmaceutics Classification System for inhalation products	吸入产品的生物药剂学分类系统
IBE	Individual bioequivalence	个体生物等效性
ICH	The International Council for Harmonisation of Technical Requirements for Pharmaceuticals for Human Use	国际人用药品注册技术协调会
IDR	Intrinsic dissolution rate	固有溶出速率
IND	Investigational new drugs	调研的新药
IP	International Pharmacopoeia	国际药典
IPR	intellectual property rights	知识产权
IPRP	International Pharmaceutical Regulators Program	国际药品监管机构计划
IR	Immediate release	速释
IVIVC	*In vitro-in vivo* correlation	体外-体内相关性
IVPT	*In vitro* permeation testing	体外渗透试验
IVR	*In vitro* release	体外释放
IVRT	*In vitro* release testing	体外释放试验
JP	Japanese Pharmacopoeia	日本药典
LD	Lethal dose	致死剂量
LDF	Liquid dosage forms	液体制剂
LIMS	Laboratory information management system	实验室信息管理系统
MADG	Moisture activated dry granulation	水分活化干法制粒
MBF	Mucoadhesive buccal films	黏膜黏附口颊膜
MCG	Medicated chewing gum	含药咀嚼胶
MDI	Metered dose inhaler	定量吸入气雾剂
MDT	Mean dissolution time	平均溶出时间
MEC	Minimum effective concentration	最低有效浓度
MR	Modified release	调释
MRT	Mean residence time	平均滞留时间
MSN	Mesoporous silica nanospheres	介孔二氧化硅纳米球
MTC	Maximum therapeutic concentration	最大治疗浓度
NBCD	Nonbiological complex drug	非生物性复杂药物
NCE	New chemical entity	新化学实体
NDA	New drug application	新药申请
NF	National formulary	美国国家处方集

续表

术语/缩略语	英文	中文
NGI	Next generation impactor	新一代撞击器
NSD	Nanocrystal solid dispersion	纳米晶固体分散体
NTI	Narrow therapeutic index	窄治疗指数
ODF	Orodispersible film	口溶膜
ODT	Orally disintegrating tablets.	口崩片
OGD	Office of genetic drug	美国仿制药办公室
OIDP	Oral inhaled drug product	经口吸入药物制剂
OINDP	Orally inhaled and nasal drug product	经口吸入和鼻腔用制剂
OOS	Out of specification	检验结果超标
ORP	Oromucosal patche	口腔黏膜贴剂
PBAM	Physiologically based absorption modeling	基于生理学的吸收建模
PBPK	Physiologically based pharmacokinetic	基于生理学的药代动力学
PD	Pharmacodynamics	药效学
PE	Permeation enhancer	渗透促进剂
PE(%)	Prediction error	预测误差
PET	Positron emission tomography	正电子发射断层显像
PHS Act	United States Public Health Service Act	美国公共卫生服务法案(PHS 法案)
PK	Pharmacokinetics	药代动力学
PLF	Physiological lung fluid	生理性肺液
PMDA	Pharmaceutical and medical devices agency	日本药品和医疗器械管理局
POSA	Person of ordinary skill in the art	本领域普通技术人员
PQTm	Prequalification of medicines programs	药品管理预认证项目
QA	Quality assurance	质量保证
QbD	Quality by design	质量源于设计
QbR	Question based review	基于问题的审评
QC	Quality control	质量控制
QRA	Quality risk analysis	质量风险分析
r	Coefficient of correlation	相关系数(r)
RA	Relative bioavaliability	相对生物利用度
RCT	Randomized clinical trials	随机临床试验
RLD	Reference listed drug	参比制剂
RPM	Rotations per minute	每分钟转速
RRS	Rapid release systems	速释放系统

续表

术语/缩略语	英文	中文
RSABE	Reference scaled average bioequivalence	参比制剂标度的平均生物等效性
SbR	Science-based review	基于科学的审评
SCoF	Simulated colon fluid	模拟结肠液
SDF	Solid dosage form	固体制剂
SEDDS	Self-emulsification drug delivery systems	自乳化药物递送系统
SGC	Soft gelatin capsule	明胶软胶囊
SGF	Simulated gastric fluid	模拟胃液
SIF	Simulated intestinal fluid	模拟肠液
SIT	Small intestinal transit	小肠转运
SLF	Simulated lung fluid	模拟肺液
SLM	Silymarin	水飞蓟素
SMEDDS	Self-microemulsification drug delivery systems	自微乳化药物递送系统
SNEDDS	Self-nanoemulsification drug delivery systems	纳米自乳化药物递送系统
SOP	Standard operating procedures	标准操作程序
SR	Sustained release	缓释
SUPAC	Scale up and post approval changes	放大生产和批准后变更
TCS	Topical drug Classification System	局部药物分类系统
TDDS	Transdermal drug delivery system	透皮给药系统
TE	Therapeutic equivalence	治疗等效性
TGA	Therapeutic Goods Administration	澳大利亚治疗用品管理局
TK	Toxicokinetics	毒代动力学
TMMDA	Turkish Medicines and Medical Devices Agency	土耳其药品和医疗器械管理局
TOST	Two one-sided test	双单侧检验法
UIR	Unit input rate	单位输入速率
US-DHHS	US Department of Health and Human Services	美国卫生与公众服务部
US-FDA	US Food and Drug Administration(FDA)	美国食品药品监督管理局
USP	United states Pharmacopeia	美国药典
USPTO	United States Patent and Trademark Office	美国专利商标局
VDC	Vertical diffusion cell	垂直式扩散池
WHO	World Health Organization	世界卫生组织
WIPO	World Intellectual Property Organization	世界知识产权组织

第1章

药物溶出试验：基本原理和实际应用

1.1 引言

现在，人们已经深信溶出试验以及由此产生的药物释放试验数据是链接药品生命周期的所有阶段的关键点。作为关键试验之一，它可以提供有关药品功能性能方面的有价值的信息，深入了解药品的潜在体内行为，以及药品的质量控制要求等。图 1.1 恰当地描述了溶出研究在药品生命周期各个方面的重要性（Scheubel，2010）。

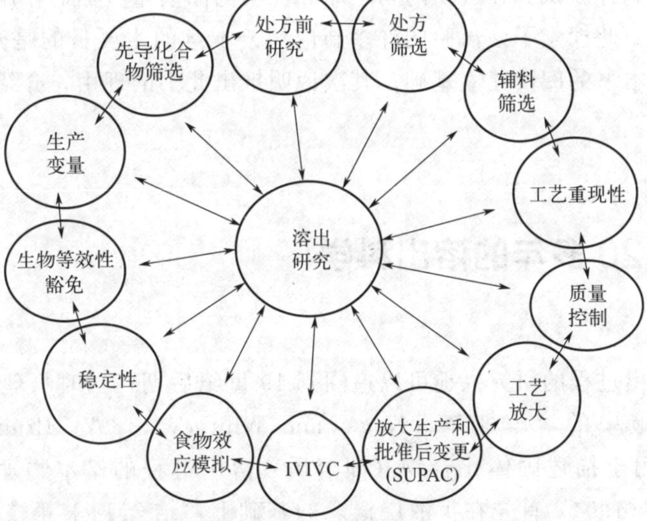

图 1.1 药品生命周期中的溶出研究（Scheubel，2010）

从广义上来讲，溶出试验的范围从将先导化合物确定为潜在活性药物成分（API）开始，一直延伸到临床前开发阶段，然后是原型制剂的开发（早期处方前和处方研究），包括开发基于体外-体内相关性（IVIVC）的评估方法来确定早期临床试验使用的中试处方。随后，溶出试验又在将中试处方放大到最终临床试验评价用的关键处方的过程中发挥着关键作用。所有这些评价中的全部信息通常构成了众多关键信息，并由此确定药品的质量控制（QC）标准。在此过程中获得的数据提供了充足的关键数据量，以使监管机构在授予药品临时和/或暂时批准的决策过程中能够充分评估药品的功能特性。当“临时和/或暂时批准”的药品放大到商业规模而进行生产工艺验证时，可通过溶出/释放研究予以证明，然后由监管机构授予最终批准。药物溶出试验和药物释放试验在药品生命周期中的其他方面，例如放大生产和批准后变更（scal-up and post-approval changes，SUPAC）、放大/减小规格的生物等效性豁免、仿制药的生物等效性（BE）和 505(b)(2) 新药申请（NDA）等，也同样发挥着关键作用。简而言之，药物溶出/释放试验（研究）几乎涉及药品生命周期的所有方面。

近一个世纪以来，人们对固体化合物溶出试验的兴趣不仅在于探索固体溶质本身的溶解情况，还包括探索当固体溶质与其他化合物（辅料等）相结合时最终从精心制备的混合物（制剂）中溶出的情况，由此获得了大量直接或间接影响溶出过程的物理化学因素相关关键信息。同样，随着逐渐认识到药物溶出/释放试验可以潜在地用于预测制剂中药物的生物利用度（BA），也就获得了直接或间接影响溶出过程的生理因素相关信息。随着制剂开发过程中所采用技术的不断进步，溶出试验的范围和作用也在不断提高。与此类似，随着制剂变得越来越复杂，溶出试验的作用逐渐成为这些先进和复杂制剂功能表征的关键决定因素之一。通过充分且适当的论证，实现体外-体内相关性（IVIVC），为减少人体和动物身上冗余且不必要的测试提供了可能性。药物溶出/释放试验在绝大多数情况下可以作为（生物）生理学相关的替代试验，能够以合理的准确性、可预测性和可靠性来预测药品的体内性能。因此，溶出科学的知识库在过去几十年中显著增加。

虽然溶出试验和释放试验在开发药物产品和证明药品质量方面的作用不断增加，但也出现了许多挑战，并由此探索了该试验的许多新应用。本章的主要目的是介绍溶出/释放试验的基本原理，为整本书的阅读建立基础；其次说明推出此书的理由，介绍本书各个章节所涉及的众多主题。

1.2 过去 120 多年的溶出科学

理解和表征溶出过程的研究兴趣可以追溯到 19 世纪后期，当时物理化学家研究了固体物质在其自身溶液中的溶解速率（Noyes and Whitney，1897；Bruner and Tolloczko，1900），也建立了用于描述固体化合物（即溶质）溶出过程的基本物理化学原理和定律。Nernst 和 Brunner（1904）首先在扩散层概念的基础上，结合 Fick 第二扩散定律，提出了一个描述溶出过程的数学表达式。20 世纪初至中叶，通过提出一系列机械数学模型，如扩散层模型、界面屏障模型、表面更新模型等，详细阐述了影响溶出过程的因素（Hixson and Crowell，1931；Wilderman，1909；Miyamoto，1933；Zdanovskii，1946；Danckwerts，1951；Higuchi，1961；Levich，1962；等）。虽然 20 世纪初，体外溶出在化学工程科学中的进展仍在继续，但对制药科学而言，溶出概念只是出于好奇而已，其对药物制剂开发或其功能性能表征的深入评估和应用有限。到了20世纪30年代，药物科学家试图将药物制剂的体外溶出与体内性能联系起来，但直到1951年，才提出了制剂中药物的溶出速率与其进入体内（生物体液）的速率之间的联系（Edwards，1951），这为探索药物溶出试验和药物释放试验的应用打开了大门（Nelson，1957；Campagna et al.，1963；Levy，1964；Martin et al.，1968；MacLeod et al.，1972；Chapron et al.，1979；Bochner et al.，1972；等）。随着溶出试验作为质量控制的工具逐渐被认可，《美国药典》（USP）和《国家处方集》（NF）分别于1970年和1978年引入并采用了USP装置1（篮法）和USP装置2（桨法），并在《美国药典》的片剂和胶囊剂专论中介绍了一些溶出试验要求。很快地，官方实验室、药品管理部门和国际制药联合会（FIP）的工业药剂师部门联合发布了第一个固体制剂溶出试验指南。20世纪90年代，又引入了USP装置3（往复筒法）和USP装置4（流通池法）。此外，固有溶出试验也作为一章发布在USP＜1087＞中，还引入了USP装置5、6和7，用于局部药物制剂的释放试验。《美国药典》＜711＞和＜724＞章节分别介绍和描述了药物溶出试验和药物释放试验的标准化。

在20世纪最后25年，一系列试图定义、描述和建立制剂中药物的体外溶出/释放与体内溶出/释放之间关系的科学研究被报道（Pedersen，1981；Shah et al.，1983；Dressman et al.，1985；Skelly et al.，1986；Maturu et al.，1986；Oh et al.，1993；Macheras et al.，1987；等）。美国食品药品管理局（FDA）认识到了药物溶出/释放试验在产品开发阶段的作用，因此推出了与IVIVC开发、评估和应用相关的行业指南（US-FDA，1997）。另外，药物溶出/释放试验作为体内替代试验在生物豁免评估中的重要性也得到了认可。除此之外，Amidon等（1995）对口服药物吸收进行了理论分析，结合API溶解度和剂量来评估其体内吸收潜力，并根据API的水溶性和肠道渗透性建立了生物药剂学分类系统（BCS）。尽管美国FDA行业指南中明确规定，BCS的目的仅限于将API分为四类（高溶解性、高渗透性；低溶解性、高渗透性；高溶解性、低渗透性；低溶解性、低渗透性）及其为常释固体制剂生物豁免的可能性，但BCS的范围和效用正在接受超出既定界限的考验。目前，正在通过提议的局部药物分类系统（TCS）检查药物释放试验对于外用制剂的作用（Shah et al.，2015）。

从过去120多年的药物溶出/释放试验历程可以明显看出，对理解和表征固体化合物（溶质）在水性介质中溶解过程的兴趣，已从严格的物理化学发展到影响（如不控制）API从制剂中溶出/释放的物理化学因素。随着对体外溶出和体内溶出以及最终制剂中API的生物利用度之间潜在关系的探索，体外药物溶出/释放试验作为质量控制（QC）试验之一得到了认可，进而出现了片剂和胶囊剂的溶出专论、具有药典标准的溶出/释放试验装置、世界各地的监管机构发布的众多行业指南等，对该试验进行了各种标准化的尝试。与此同时，制药科学家、物理化学家、临床专家和制药工程师正在突破溶出/释放试验的科学界限，以了解和表征所开发药物和成品制剂的功能性属性。这些科学探索的主要重点是设计一种药物溶出/释放试验，以密切模拟体内（生物）生理环境和动力学。有人指出，虽然溶出试验和释放试验等官方试验具有很大的实用价值，但仍然需要与生物利用度更直接相关的试验，这一点也已得到了认可（Banakar and Block，1983）。这不仅确立了药物溶出/释放试验在药物开发阶段的重要性，而且确立了其关键作用。世纪之交，随着人们认识到需要将体内溶出和体内渗透一起进行评估，以提高体外药物溶出/释放试验对产品体内性能的预测性，溶出/释放试验的作用已涉足生物豁免、体外释放试验（IVRT）和体外渗透试验（IVPT）等各个方面。这进一步巩固了溶出试验在药物制剂开发中所起的关键作用，不论所针对的制剂是何种类型，只要API在产品中以固态存在，并且产品的疗效基于给药后药物的全身可用性（即生物利用度），均需要进行溶出试验。

1.3 溶出试验的基本原理

固体溶质在液体溶剂中的溶解过程涉及二者之间的相互作用。该相互作用主要由固体物质（颗粒）和液体溶剂之间亲和力所产生的热动力来驱动。采用确定制剂的生产工艺制备组合物（例如制剂），将固体溶质（例如API）置于其中，然后将该制剂置于水性介质中，释放其中的固体API并溶解在介质中，这一完整过程被称为制剂中药物（即API）的溶出。一旦与水性介质（也称为溶出介质，而不是溶剂）接触，API从制剂中溶出的热力学原理就开始发挥作用。然而，必须认识并理解到，与溶质在液体溶剂中的溶解过程中不相关的其他制剂成分（例如辅料），也可能会影响制剂中药物在溶出介质中的溶出过程。因此，可以得出结论，原料药（API）在水性溶出介质中的溶解度（物理化学参数）是制剂中药物溶出的先决条件。

总体而言，API从制剂中表观溶出的过程包括两个主要步骤：固体药物（溶质）先在溶出介质中释放，然后在介质中溶解。前者是当固体溶质（API）和溶出介质之间建立接触时就发生了，并进一步导致后者发生，即固体溶质在溶出介质中溶解。此外，这两个步骤都是时间依赖性的。因此，那些药物快速释放但缓慢溶解的制剂属于溶解速率受限的制剂，例如常释和速释制剂。类似地，那些药物缓慢释放但快速溶解的制剂则属于释放速率受限的制剂，例如调释制剂。因此，药物从给定制剂（常释和速释制剂或调释制剂）中的表观溶出将取决于API的理化性质、与制剂辅料相关的因素以及与制剂的制备工艺相关的因素。

大多数关于“表观”溶出基本原理的文献都没有解释溶解和溶出之间的区别，或者直接在研究固体制剂（片剂和胶囊剂）中药物的溶出时，将这些术语互换使用（Maheshwari et al.，2012；Qiu et al.，2016；Tekade et al.，2017；等）。类似地，尽管在《美国药典》<711>和<724>中分别有两个独立的“溶出度”和“释放度”部分，但药物溶出度和药物释放度这两个术语并没有明确的区分。因此，常释或速释制剂和调释制剂的表观溶出试验的数据需要分别指定为药物溶出曲线和药物释放曲线。为了了解制剂因素（制剂辅料和制剂工艺）对药物表观溶出的影响，有必要评估所讨论的原料药（API）的固有溶出，如《美国药典》<1087>所述，将单独的原料药（不含辅料）只进行一个压缩处理。除了片剂和胶囊剂外，本书的第5章还详细讨论了其他不同类型药物系统的表观溶出/释放试验。

在过去的120～130年的文献中，已经报道了关于制剂中原料药（API）的表观溶出的大量理论和机制，主要集中在固体制剂上。此外，几十年来也已经提出了溶出速率受限和/或释放速率受限的各种制剂（固体、液体和半固体）中药物溶出和/或药物释放的机制。这些药物溶出和药物释放的理论和机制包括数学建模、（生物）生理相关性模拟以及基于计算机和软件的算法等。本书第 2、3、7 和 11 章中讨论了这些可以统称为与溶出试验背后的科学相关的溶出方法学的综合信息。

各种制剂中固态原料药（活性药物成分，API）的溶出理论和机制，通常广泛涉及热力学原理、分子动力学和扩散原理/定律，以及与固相到液相的转移相关的物理学，包括颗粒水平的固体（溶质）和液体（溶解介质）之间界面处的相互作用。这些主要来自以下基本或改进的模型：

- 扩散层模型；
- 对流扩散模型；
- 界面屏障/层模型；
- Danckwerts 表面更新模型；
- 有限溶剂化理论/模型；
- 其他。

这些模型已经在许多报告和出版物中进行了详细的描述、讨论和审查（Danckwerts，1951；Wurster and Taylor，1965；Higuchi，1961；Abdou，1989a；Hanson，1991a；Banakar，1992a；Wang and Flanagan，2009；Zhang and Chatterjee，2015；Banakar，2015；Siepmann and Siepmann，2013；Berthelsen et al.，2016）。需要注意的是，在对文献报道的这些模型进行仔细审查后就会发现，在提出这些模型时考虑了许多假设，并且认为影响药物（固体溶质）或制剂的溶出的所有因素和条件都是恒定和理想的。因此，无论是单独使用还是组合使用，这些理论和模型直接应用于评估制剂的功能特性都是相当有限的。此外，开发和报告这些模型的目的是了解药物从制剂中溶出过程的可能机制，该过程与给药于人体或动物相同制剂所经历的生物生理因素或生物生理限制的相关性十分有限或无关。简而言之，这些模型具有重要的理论价值，但它们在理解体外和体内制剂中药物溶出的功能机制和特性方面的应用通常是有限的，并且需要根据具体情况而定。

1.4 影响溶出试验的因素

原料药（API）作为固体溶质从制剂中溶出的过程涉及物理科学、化学科学、工程科学、生物物理科学、生理科学等多个学科。将制剂放入溶出试验装置中后，溶出过程即开始，直至完成——药物受到饱和溶解度的限制或者从制剂中完全释放。溶出试验装置采用规定的一系列条件，例如用来盛放选定溶出介质的容器、所选溶出介质的体积、剂量单元在容器中的放置、在整个试验期间维持溶出介质的流体力学、温度以及试验持续时间等。因此，人们可以设想出许多直接、间接或者通过诱导来影响试验结果的因素。概括来讲，表 1.1 中列出的影响药物溶出试验的主要来源和因素如下所示：

- 理化因素。
- 制剂因素：
  - 固体制剂；

- 液体制剂；
- 半固体制剂。
- 制剂工艺因素：
  - 固体制剂；
  - 液体制剂；
  - 半固体制剂。
- 溶出试验装置相关的因素。
- 溶出试验参数。

表 1.1 影响药物溶出/释放试验的因素

来源	因素
理化因素	• 溶解性 • 成盐 • 溶剂化物 • 粒径 • 多晶型 • 固体特性 • 药物离子化＋pH 因素 • 形成络合物
制剂因素(固体制剂)	• 稀释剂 • 功能性辅料 • 崩解剂 • 黏合剂/造粒剂 • 表面活性剂/增溶剂 • 水溶性染料 • 润滑剂 • 包衣聚合物 • 聚合物 • 水分含量 • 设备
制剂工艺因素(固体制剂)	• 制粒工艺 • 压力 • 药物-辅料相互作用 • 包衣聚合物的固化 • 储存条件
溶出试验装置	• 搅拌 • 取样探头＋位置 • 滤器(类型和位置) • 搅拌元件对齐 • 振动① • 流动模式 • 流体力学
溶出试验参数	• 漏槽条件——介质的体积 • 温度 • 介质的 pH • 是否脱气 • 溶解的气体

①本章稍后将讨论振动来源。

有大量关于“影响药物溶出/释放试验的因素”的文章、报告和综述等。然而，同样的信息存在大量重复，这不仅反映了科学界对该问题的认识，同时也说明需要继续寻找一个更加友好的解决方案来标准化溶出试验本身和开展溶出试验的程序。此外，制药科学家们认识到，各种因素不仅会独立影响溶出/释放试验的结果，而且会以多种组合方式产生影响，且每个因素的严重程度也各不相同，具体取决于产品开发期间或质量控制期间药物溶出/释放试验的目的以及药物系统（制剂）的类型（固体、液体或半固体）和性质（常释或速释和调释制剂）。尽管如此，鉴于文献中有大量的报道，但时至今日，也只有少许报道能够合理而充分地评估影响药物溶出/释放试验和药物溶出度/释放度测试的各种因素（Abdou，1989b；Hanson，1991b；Banakar，1992b）。

过去50年来，溶出试验装置及其工程、内置机械、物理设计、电子器件和紧凑性等在不断发展。溶出试验装置（组件或设备）进化发展的主要目标是构建一个强大的用户友好和自动化的装置，易于标准化并能提供可靠且可重复的结果。在这个过程中，近年来重新引起人们兴趣的一个因素是振动（vibration）的影响，振动是影响溶出试验及其结果的一个因素。在20世纪80年代末，振动被确定为可能影响溶出试验的潜在因素（Hanson，1982）。虽然振动是多维和多方向的，但可能影响溶出试验的一些振动类型包括扭转振动、内部振动和外部振动等，其中外部振动也称为环境振动。如Agilent（2020）所述，可能影响溶出试验装置（设备或组件）工作并进而影响溶出试验结果的潜在振动源，可以分为以下几类（见表1.2）：

- 内部；
- 环境（外部）；
- 工作区域/空间（工作台）；
- 其他（未确定，未知）。

表1.2 影响溶出装置的物理因素（Agilent，2020）

来源	因素
内部	• 水浴（相关事项） • 循环器与装置之间的物理接触 • 松动部件；磨损部件 • 驱动机构故障 • 内部零件润滑不足/过度 • 其他
环境（外部）	• 生产设备 • 施工 • 靠近铁路轨道 • 生产设备的移动 • 重型交通的移动 • 介质制备区 • 楼梯和楼梯间人员流动 • 频繁开关门 • 其他

续表

来源	因素
工作区域/空间(工作台)	• 离心机 • 超声波水浴 • 通风柜 • 摇床和混合器 • 真空泵 • 工业打印机和复印机 • 振实密度测量仪器 • 筛检设备 • 其他
其他(未确定,未知)	—

虽然溶出试验装置的制造商还在寻求最小化这些因素的严重程度的方法，但已经提出了合规性限制的标准。此外，虽然对溶出试验组件或设备而言可能不现实，但建议清空工作区域/空间和工作台区域内在物理上相接近的所有仪器和设备。

在此，仅需说明溶出试验既依赖于多学科原则，也取决于一系列因素，这些因素不仅会影响试验工作本身，还会影响试验的结果。虽然由于溶出试验的性质，允许存在一定程度的变异性，但希望已知和未知的影响因素所导致的结果的变异性能保持在最低限度。因此，世界各地的监管机构需不断努力，为各种试验制定标准的机构也应致力于为药物溶出/释放试验的验证和校准建立现行标准。

1.5 药品生命周期：溶出的作用

由于认识到药物溶出试验本身和单独的原料药及其制剂的溶出试验可以应用于成品制剂的质量控制评估之外，因此溶出本身的应用和作用已经在药品生命周期的几乎所有阶段都得到了有效探索。它不仅被用于评估药物从制剂中的体外溶出/释放，而且还通过开发可接受的 IVIVC，基于一些关键假设来预测药物的体内吸收。通过这样做，溶出的作用在 SUPAC 和确定生物豁免的资格中得到了应用。此外，可以通过药品的体外溶出性能来建立、支持和证明基于临床治疗安全性的质量标准。如图 1.1 所示，本书的第 2 章至第 15 章和第 18 章详细讨论了与这些药物开发阶段及以后的各个方面相关的溶出试验的重要性和作用。

药物的开发过程，包括 505(b)(2) NDA 和简略新药申请（ANDA，即仿制药产品），一般经历以下阶段，大致分为临床前开发和临床开发（Ⅰ期到Ⅲ期或Ⅳ期）阶段：

- **早期开发阶段**：先导化合物的确定及优化。
- 临床前开发阶段。
- 处方前研究阶段，包括根据 BCS 对原料药进行分类。

- **小试到中试阶段：**体外-体内相关性（IVIVC）。
- **前期临床试验到关键临床试验阶段：**确定性临床研究。
- 监管提交和审查到临时批准。
- **放大到商业化到批准：**工艺验证。
- SUPAC 和生物豁免。
- **确定质量控制标准：**以功能性能为中心。

类似地，药物系统的药物溶出/释放试验的逐步应用，可以从过去的简单、节省时间和成本的试验追溯到现在更加复杂的试验，如图 1.2 所示（Shah，2015）。

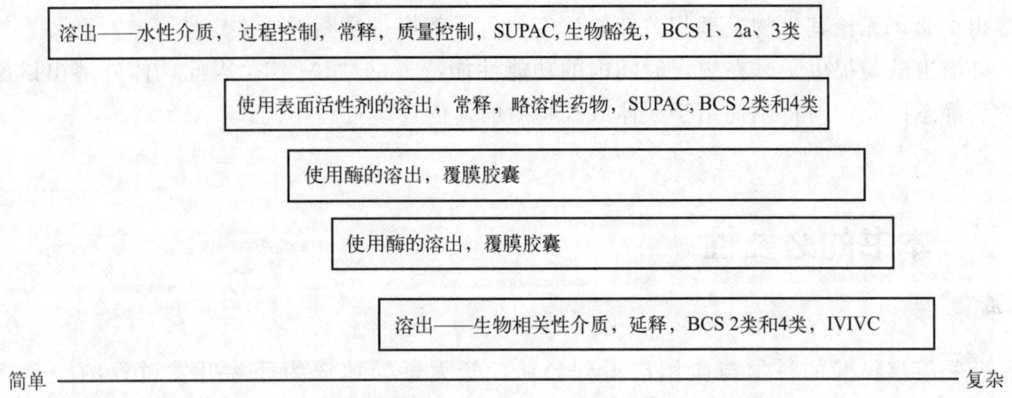

图 1.2　药物溶出/释放试验在过去 50 多年中的逐步应用（Shah，2015）

最近十年，溶出的作用已涉足其他领域，例如生物类似药的功能属性的开发、评估和证明。近年来，溶出在药品的知识产权（IPR）获取和知识产权保护方面的作用得到了认可和有效确立。本书在第 16 章和第 17 章分别讨论了溶出在生物类似药中以及药品专利性中的作用。

1.6　溶出试验：是灵丹妙药还是徒有其表？

随着对药物自身及其制剂溶出过程（固有溶出试验）了解的不断深入，以及溶出试验在药品生命周期中的应用日益广泛，溶出试验被认为是克服药物开发过程中出现的挑战的“灵丹妙药”。现在是时候确定其效用的大小和界限，以及其在药物开发过程和产品生命周期中的潜力了。简而言之，重要的是要了解溶出试验能够实现哪些目的，以及不能实现哪些目的。

首先，必须清楚地理解，药物固有溶出或表观溶出的过程取决于药物在所选水性液体介质中的溶解度，而不是相反。根据制剂的类型和给药途径，可以进行生物生理相关性溶出试验的开发。这种试验的主要目的是密切模拟制剂在用于人类或动物后预期暴露的生理环境和动力学。在开发中试处方的过程中，在开发 IVIVC 时可采用该试验。首先，体外溶出试验是加速试验，而体内溶出的时间将取决于药物递送的生理过程以及体内环境下制剂中药物的释放/溶出。这种体外溶出试验充其量只能接近体内的整体溶出行为。药物的吸收是否受溶出速率的限制或其他情况，将决定药物的 IVIVC 和给药后全身（生物）吸收的可预测性。虽然不能直接确定体内溶出性能，但可以根据药物的药代动力学进行数学计算。因此，本书的第 9、12 和 19 章反复指出，需要进行体外试验、溶出或者其他任何与药物制剂的体内过程直接相关的试验。

产品质量控制中的溶出试验可评估不同批次产品之间药物溶出/释放行为的一致性。尽管在理想的情况下，这种试验在开发时考虑到了与制剂类型和给药途径相关的生物生理学参数，但与产品预期的体内性能之间的相关性极小，甚至没有相关性。

总之，体内溶出是生物利用度的先决条件。因此，应当直接测定体内溶出和吸收，而体外溶出试验，无论其生物生理相关性的程度如何，都将是推测性或推定性试验。此外，制剂的体外溶出试验提供了其在规定时间内的功能性能特征的“快照”。因此，体外溶出试验也被称为静态试验，与将制剂用于人体或动物后的体内连续过程不同。

1.7 本书的必要性

药物溶出试验的科学与应用已得到公认，毫无疑问地成为药物开发过程的一个组成部分，同时可以证明生物有效性（生物利用度和生物等效性）和药品的质量性能。从 20 世纪至今，已有大量文献报道了溶出技术科学及其在药物开发中的应用——从分子基础到先进水平，同时先验地模拟生物药效，到药物的临床评价。另外，还探讨了溶出试验在生物仿制药开发学科中的作用，因此，溶出试验被用于证明和支持与药物系统相关的发明，同时保护知识产权。此外，近年来，在分析和解释溶出试验数据，以向世界各地的监管机构证明药品与安全性和有效性有关的质量方面，一些创造性和创新的方法取得了成功。

世界各地的监管机构正在鼓励和促进药物系统的发展，即通过使用体外和离体替代试验，减少人体和动物试验，同时不影响产品的安全性和质量。全球监管机构也正在向行业提出针对某些类别的原料药和某些制剂的新的、先进且独特的生物豁免方法。与此同时，制剂技术也在快速发展，带来了先进和复杂制剂的开发。在当前的药物开发方案中，药物溶出/释放试验的作用越来越大。

仅在过去的十年中，药物系统中药物溶出试验的广泛、众多和多样化的应用就出现了“信息爆炸”。迄今为止，有一些关于药物溶出试验的相当专业的教材，然而没有一个全面阐述了溶出试验在药物开发中已确立并得到充分证明的作用和新兴的作用（Abdou，1989c；Hanson，1991c；Banakar，1992c；Dressman and Kramer，2005；Tiwari et al.，2015）。需要编写这样一本增值教材，能被大量引用并提供关于药物溶出试验和生物利用度/生物等效性在药物开发中的科学和应用的综合、全面和最新的信息。这样的教材将成为产品开发（制剂）科学家、质量控制和质量保证专业人员、监管事务人员和知识产权评估人员等的宝贵的即用型参考资料。此外，本书将成为学术和其他医疗机构的图书馆的重要补充。

1.8 总结

药物溶出/释放试验在药品生命周期中的作用是明确的、无可争议的。因此，最重要的是，制药科学家必须充分掌握与该试验的科学和应用相关的知识。几十年来，从溶解和扩散等基本物理化学原理开始，人们对该试验及其与药物产品开发等领域相关的广泛潜在效用的理解已经稳步建立。这导致了大量信息的不断积累，这些信息不仅是压倒性的，而且令人望而生畏。有趣的是，这一过程仍在继续，因为还有几个问题尚待解决。*我们越学习，就越发现自己的无知！*此外，本章概述了与药物溶出试验相关的基本信息，即必要的基础，以及推出本书的缘由和其中各个章节所涉及的众多主题。

参考文献

Abdou，H.（1989a）. Chapter 2，Theory of dissolution. In：Dissolution，Bioavailability and Bioequivalence，11-36. Easton，PA：Mack Publishing Company.

Abdou，H.（1989b）. Chapter 4，Effect of the physicochemical properties of the drug on dissolution rate；Chapter 5，Factors affecting the rate of dissolution of solid dosage forms；Chapter 6，Effect of storage and packaging on the dissolution of drug formulations；Chapter 7，Factors relating to the dissolution apparatus；Chapter 8，Effect of the test parameters on dissolution rate；Chapter 9，Dissolution of suspensions；Chapter 10，Dissolution of topical dosage forms（creams，gels and ointments）；Chapter 11，Dissolution of suppositories. In：Dissolution，Bioavailability and Bioequivalence，53-214. Easton，PA：Mack Publishing Company.

Abdou，H.（1989c）. Dissolution，Bioavailability and Bioequivalence. Easton，PA：Mack Publishing Company.

Agilent Product Brochure（2020）. Dissolution Reference Guide. Santa Clara，CA：Agilent Technologies.

Amidon，G.，Lennernas，H.，Shah，V. et al.（1995）. A theoretical basis for a biopharmaceutic drug classification-the correlation of *in-vitro* drug product dissolution and *in-vivo* bioavailability. Pharmaceutical Research 12：413-420. Banakar，U.（1992a）. Chapter 2，Theories of dissolution. In：Pharmaceutical Dissolution Testing，19-52. New York NY：Marcel Dekker，Inc.

Banakar，U.（1992b）. Chapter 5，Factors that influence dissolution testing. In：Pharmaceutical Dissolution Testing，133-188. New York，NY：Marcel Dekker，Inc.

Banakar，U.（1992c）. Pharmaceutical Dissolution Testing. New York，NY：Marcel Dekker，Inc.

Banakar，U.（2015）. Chapter 2，Dissolution science：theories and applications. In：Desk Book of Pharmaceutical Dissolution Science and Applications，1e（eds. S. Tiwari，U. Banakar and V. Shah），1-22. Mumbai：Society for Pharmaceutical Dissolution Science（SPDS）.

Banakar，U. and Block，L.（1983）. Beyond bioavailability testing. Pharmaceutical Technology 7：107-111.

Berthelsen，R.，Müllertz，A.，and Rades，T.（2016）. Evaluating oral drug delivery systems：dissolution models. In：Analytical Techniques in the Pharmaceutical Sciences（eds. A. Müllertz，Y. Perrie and T. Rades），753-771. New York：Springer.

Bochner，F.，Hooper，W.，Tyrer，J. et al.（1972）. Factors involved in an outbreak of phenytoin intoxication. Journal of Neurological Science 16（4）：481-487.

Bruner，L. andTolloczko，S.（1900）. Uber die Auflosungsgeschwindigkeit Fester Korper. Journal of Physical Chemistry

35：283-290.

Campagna，F.，Cureton，G.，Mirigian，R. et al.（1963）. Inactive prednisone tablets，USP XVI . Journal of Pharmaceutical Sciences 52：605-606.

Chapron，D.，Kramer，P.，Mariano，S. et al.（1979）. Effect of calcium and antacids on phenytoin bioavailability. Archives of Neurology 36（7）：436-438.

Danckwerts，P.（1951）. Significance of liquid-film coefficients in gas absorption. Industrial and Engineering Chemistry 43（6）：1460-1467.

Dressman，J. and Kramer，J.（2005）. Pharmaceutical Dissolution Testing. New York，NY：Taylor & Francis Group，LLC.

Dressman，J.，Amidon，G.，and Fleisher，D.（1985）. Absorption potential：estimating the fraction absorbed for orally administered compounds. Journal of Pharmaceutical Sciences 74（5）：588-589.

Edwards，L. J.（1951）. The dissolution and diffusion of aspirin in aqueous media. Transactions of Faraday Society 47：1191-1210.

Hanson，W. A.（1982）. Chapter 5：Controlling variables. In：Handbook of Dissolution Testing，2e，63-90. Oregon：Aster Publishing Corporation.

Hanson，W.（1991a）. Chapter 2，Theoretical concepts. In：Handbook of Dissolution Testing，13-23. Eugene，OR：Aster Publishing Corporation.

Hanson，W.（1991b）. Chapter 5，Controlling variables. In：Handbook of Dissolution Testing，69-92. Eugene，OR：Aster Publishing Corporation.

Hanson，W.（1991c）. Handbook of Dissolution Testing. Eugene，OR：Aster Publishing Corporation.

Higuchi，T.（1961）. Rate of release of medicaments from ointment bases containing drugs in suspension. Journal of Pharmaceutical Sciences 50（10）：874-875.

Hixson，A. and Crowell，J.（1931）. Dependence of reaction velocity upon surface and agitation. Industrial and Engineering Chemistry 23（8）：923-931.

Levich，V.（1962）. Physicochemical Hydrodynamics. Englewood Cliffs，NY：Prentice-Hall.

Levy，G.（1964）. Effect of dosage form properties on therapeutic efficacy of Tolbutamide tablets. Canadian Medical Association Journal 90（16）：978-979.

Macheras，P.，Koupparis，M.，and Apostolelli，E.（1987）. Dissolution of four controlled-release theophylline formulations in milk. International Journal of Pharmaceutics 36（1）：73-79.

MacLeod，C.，Rabin，H.，Ruedy，J. et al.（1972）. Comparative bioavailability of three brands of ampicillin. Canadian Medical Association Journal 107（3）：203-209.

Maheshwari，R.，Tekade，R.，Sharma，P. et al.（2012）. Ethosomes and ultradeformable liposomes for transdermal delivery of clotrimazole：a comparative assessment. Saudi Pharmaceutical Journal 20（2）：161-170.

Martin，C. M.，Rubin，M.，O'Malley，W. G. et al.（1968）. Brand，generic drugs differ in man. The Journal of the Medial Association 205（9）：23-24.

Maturu，P.，Prasad，V.，Worsley，W. et al.（1986）. Influence of a high-fat breakfast on the bioavailability of theophylline controlled release formulations—an *in vitro* demonstration of an *in vivo* observation. Journal of Pharmaceutical Sciences 75（12）：1205-1206.

Miyamoto，S.（1933）. A theory of the rate of solution of solid into liquid. Transactions of the Faraday Society 29：789-794.

Nelson，E.（1957）. Solution rate of theophylline salts and effects from oral administration. Journal of the American Pharmaceutical Association 46（10）：607-614.

Nernst，W. and Brunner，E.（1904）. Theorie der Reaktionsgeschwindigkeit in heterogenen Systemen. Z. Journal of Physical Chemistry 47：52-55.

Noyes，A. and Whitney，W.（1897）. The rate of solution of solid substances in their own solutions. Journal of American Chemical Society 19：930-934.

Oh, D., Curl, R., and Amidon, G. (1993). Estimating the fraction dose absorbed from suspensions of poorly soluble compounds in humans: a mathematical model. Pharmaceutical Research 10 (2): 264-270.

Pedersen, S. (1981). Delay in the absorption rate of theophylline from a sustained release theophylline preparation caused by food. British Journal of Clinical Pharmacology 12 (6): 904-905.

Qiu, Y., Chen, Y., Zhang, G. et al. (2016). Developing Solid Oral Dosage Forms: Pharmaceutical Theory and Practice. Academic Press.

Scheubel, E. (2010). Predictive *in vitro* dissolution tools: application during formulation development. Doctoral dissertation. Université d'Auvergne-Clermont-Ferrand 1, France 15.

Shah, V. (2015). Chapter 1, Historical highlights and the need for dissolution test. In: Desk Book of Pharmaceutical Dissolution Science and Applications, 1e (eds. S. Tiwari, U. Banakar and V. Shah), 1-10. Mumbai: Society for Pharmaceutical Dissolution Science (SPDS).

Shah, V., Prasad, V., Freeman, C. et al. (1983). Phenytoin Ⅱ: *in vitro-in vivo* bioequivalence standard or 100-mg phenytoin sodium capsules. Journal of Pharmaceutical Sciences 72 (3): 309-310.

Shah, V., Yacobi, A., Radulescu, F. et al. (2015). A science based approach to topical drug classification system (TCS). International Journal of Pharmaceutics 491 (1, 2): 21-25.

Siepmann, J. and Siepmann, F. (2013). Mathematical modeling of drug dissolution. International Journal of Pharmaceutics 453 (1): 12-24.

Skelly, J., Yau, M., Elkins, J. et al. (1986). *In vitro* topographical characterization as a predictor of *in vivo* controlled release quinidine gluconate bioavailability. Drug Development and Industrial Pharmacy 12 (8, 9): 1177-1201.

Tekade, R., Maheshwari, R., Soni, N. et al. (2017). Chapter 1, Nanotechnology for the development of nanomedicine A2-Mishra, V. In: Nanotechnology-Based Approaches for Targeting and Delivery of Drugs and Genes (eds. P. Kesharwani, M. Amin and A. Iyer), 389-426. Academic Press.

Tiwari, S., Banakar, U., Shah, V. (2015). Desk Book of Pharmaceutical Dissolution Science and Applications, 1st Edn., Society for Pharmaceutical Dissolution Science (SPDS), Mumbai.

US FDA (1997). Guidance for Industry Extended Release Oral Dosage Forms: Development, Evaluation, and Application of *In Vitro/In Vivo* Correlations. Rockville, MD: U. S. Department of Health and Human Services Food and Drug Administration Center for Drug Evaluation and Research (CDER).

Wang, J. and Flanagan, D. (2009). Chapter 13, Fundamentals of dissolution. In: Developing Solid Oral Dosage Forms: Pharmaceutical Theory and Practice (eds. Q. Yihong, Y. Chen, G. Z. Z. Zhang, et al.), 309-318. Burlington, MA: Academic Press.

Wilderman, M. (1909). Uber die Geschwindigkeit molekularer und chemischer Reaktionen in heterogenen Systemen. Journal of Physical Chemistry 66: 445-495.

Wurster, D. and Taylor, P. (1965). Dissolution rates. Journal of Pharmaceutical Sciences 54 (2): 169-175.

Zdanovskii, A. (1946). The role of the interphase solution in the kinetics of the solution of salts. Russian Journal of Physical Chemistry 20: 869-880.

Zhang, W. and Chatterjee, S. (2015). Influence of residence-time distribution on a surface-renewal model of constant pressure cross-flow microfiltration. Brazilian Journal of Chemical Engineering 32 (1): 139-154.

第2章

生物利用度和生物等效性：制剂开发的基础和应用

2.1 引言

美国国会通过的《药品价格竞争与专利期补偿法案》开创了仿制药时代。该法案授权美国食品药品管理局（FDA）可以通过生物利用度（BA）和生物等效性（BE）研究来批准仿制药。随后美国 FDA 发起了仿制药的申请要求、审核和批准，通常称为简略新药申请（ANDA）。在此背景下，FDA 发布了多项行业指南和特定药品的 BA/BE 指南。这些通用或特定药品指南聚焦于 BA/BE 研究/试验的开展、统计分析和监管建议。因此，BA/BE 研究成为仿制药提交和批准（ANDA）的基础，并且通常是限速步骤。

实际上，基于仿制药与参比制剂（RLD）的 BE 研究而批准 ANDA 的基本假设是，如果能证明两个药品是生物等效的，那么可以假设它们通常会达到相同的治疗效果，或者它们在治疗上是等效的（Chow，2014）。在此种意义上，BE 研究可以被认为是对比型临床试验（CT）的替代试验，用于评估两种药品之间在安全性和有效性方面的治疗等效性（TE）。

在（仿制药）法案实施后，科学界（数学和统计学等）、技术界（药物制剂科学家、工艺科学家、分析和生物分析科学家等）和临床界（BE 研究者、临床医生、处方医师等）对美国 FDA 的 BE 指南表示出一些担忧。这些担忧不仅涉及药品的 BE，还与药品的 TE 有关。随着先进工艺的发展，药品日趋复杂，受关注程度较以往更强。因此，自 20 世纪 80 年代末至 21 世纪初，包括美国 FDA 在内的世界各地的各种监管机构采纳并实施了包括完善指南在内的实质性改进举措。这些改进包括窄治疗指数药物 BE 研究的接受标准，将临床终点评估纳入 BE 研究，基于科学合理性的非常规 BE 研究设计，将体外溶出试验作为终点，体外释放试验（IVRT），局部用药品的体外渗透试验（IVPT）终点等。毋庸置疑，未来将有更多的进展。

BE 评估与药品开发息息相关，本章的主要目的是提供与 BE 评估相关的全面（大量引用）和最新的关键信息。本章将通过关键的参考文献为制药科学家（基础科学家、制剂科学家、BE 主要研究者、临床医生、处方医师等）在与 BE 研究相关的进一步深入研究中提供不同的选项和可及性机会，以及为研究者完成各自项目提供部分品种的适当指示和建议。本章仅限于提供全面了解 BE 所需的要点，这本身就是一项艰巨的任务，在第 14 章讨论了当下与 BE 有关的挑战以及应对和克服这些挑战的可能途径。建议读者将第 2 章和第 14 章结合阅读和学习，以便更全面地了解和认识 BE 在药品设计和开发中的基本原理和应用。

2.2 定义

“生物利用度（BA）是指从药品中吸收并在作用部位可利用的活性成分或活性部分的吸收速率和程度”[21CFR 320.1(a)]。

绝对生物利用度（f）：药物从制剂中（血管外给药）的吸收速率和程度与静脉给予药物溶液作为参比制剂获得的数据的比值。该参数以 0～100％表示。

“生物等效性（BE）是指在一个设计合理的研究中，两个药学等效药品或替代药品中的活性成分或活性部分当以相同的摩尔剂量在相似条件下给药时，在药物作用部位的吸收速率和程度没有显著性差异”（21 CFR 320.1(e)；WHO，1986；US-FDA，2003a）。

实际上，在进行 BA 或 BE 研究时，可能无法定量测定在作用部位的活性物质或活性部分或原料药（API）。因此，进行这些研究可以测定生物基质中活性成分（API）的浓度，优先测定在体循环（血液、血清、血浆等）中的浓度，如果在体循环中不可测得，可测定尿液中的药物浓度作为替代。

基本生物等效性假设（FBEA）：如果两种药品被证明是生物等效的，则假定它们一般会达到相同的治疗效果，或者它们在治疗上是等效的（Chow，2014）。

生物不等效性：在比较两种或多种含有相同原料药的制剂的生物利用度时显示出统计学上的显著差异。

生物类似药：是一种生物制品，与现有的经 FDA 批准的参照药高度类似，并且没有临床意义上的差异（US-FDA，2020，2021）。

生物等效性豁免意味着体内 BA 和/或 BE 研究对于药品的批准来说是非必要的，可以豁免的，从而免去昂贵和耗时的体内研究，消除信息重复以及减少不必要的人体暴露。在这种情况下，从这种精心设计的替代品中获得的原料药的理化性质、药物从制剂中的溶出/释放数据以及药物渗透性数据可以作为药品批准的依据。

临床等效药品是指能引起相同的药理反应并对已确定的临床适应证（疾病）的症状进行相同程度控制的药品（制剂）。

治疗等效药品是指含有相同的原料药或治疗部分并表现出相同的临床安全性和有效性的药品。治疗等效药品既是药学等效又是生物等效的。

药学等效药品是指含有相同数量的相同 API 的药品，即 API 的盐基或酯基相同。然而，这种相同制剂（药学等效药品）不一定含有相同的非活性成分（辅料）。

替代药品是指含有 API 或其前体的药品，但含量或剂型可能不一样，API 的盐基或酯基的形式也可能不一样。

药物（药品）在受试者（患者）中的可互换性一般分为药品可互换性或药品处方可选择性，两者都取决于开处方者（US-FDA，2021）。

药品处方可选择性是指医生在为新患者开具合适的药品时，在一种原研药品和若干已被证明与原研药品生物等效的仿制药之间做出的选择（Chow et al.，2002a，b；US-FDA，2003a；Chow，2014）。

可互换性是指在同一受试者中，从一种药品（如原研药品）转换到另一种药品（如原研药品的仿制药），其药物产品的浓度已被滴定到稳定、有效和安全的水平（US-FDA，2003a）。

2.3 生物等效性试验：基础、进展和全球视角

2.2 节中已经给出了美国 FDA 在 21 CFR 320.1（e）中对 BE 的定义。

> 在速率和程度上无显著差异的药品等价物或药品中的活性成分或活性部分来替代药物作用于药物的作用部位，在类似的条件下以相同的摩尔剂量进行适当的研究设计。
>
> （FDA，2003）

这一定义经过修订，调整为包括了单剂量或多剂量药品的实验条件（FD&C 法案的 505(j)(8)(B)(i) 节；US-FDA，2013a）。与 BA/BE 有关的相关章节如下所示：

- 21CFR 314.94(a)(9)。
- 21CFR 320.1。
- 21CFR 320.21～21CFR 320.30。
- 21CFR 320.38。
- 21CFR 320.63。

就药品开发的所有实际目的而言，BE 研究是对两种药品的 BA 进行比较。因此，需要进行 BA 和 BE 研究以确定以下两者之间的等效性，尤其在进行新药临床试验（IND）、新药申请（NDA）和简略新药申请（ANDA）时：

- 早期和末期的 CT 制剂。
- CT 制剂和即将上市的药品（制剂）。
- 根据个案需要进行的任何其他比较。
- 受试制剂和被仿制的 RLD。
- 成分、组分和/或生产工艺上的变更。
- 放大生产和批准后变更（SUPAC），2 级和 3 级变更。
- 已批准药品生产场地的变更。
- 剂型的变更（如片剂到胶囊，反之亦然）。
- 505(b)(2) NDA。
- 其他。

通常，美国 FDA 和全球大多数监管机构都推荐以下终点用于 BE 研究：

- 药代动力学（PK）。

• 药效学（PD）。
• 临床。
• 体外终点：
-体外-体内相关性（IVIVC）；
-IVRT（一般用于局部用制剂）；
-IVPT（一般用于局部用制剂）。

应注意的是，美国 FDA 不建议对需全身吸收产生治疗作用的药品采用体外方法（US-FDA，2013a）。此外，对于能够在生物基质（血液、尿液和唾液等）中定量检测药物水平的药品，优先选择测定血管生物基质（全血、血浆、血清等）中的药物浓度作为 PK 终点。在特殊情况下，FDA 可能会推荐 PK 和临床终点和/或具有不同终点的多剂量 BE 研究的组合。

一般来说，美国 FDA 在批准仿制药（受试）产品时，需要证明受试制剂和 RLD 之间在药物吸收方面（各自的吸收速率和程度）的平均生物等效性（ABE）。正如 FBEA 所定义的那样，BE 不一定意味着 TE，反之亦然。FBEA 的验证主要由临床试验（CT）完成，这与 ANDA 通过 BE 途径获得批准的目的相违背。在评估 BE 的实践中，可以假设以下四种情形（Midha and McKay，2009；Chow，2014）。

① 药物吸收曲线相似，并且两者是治疗等效的。

② 药物吸收曲线不相似，两者仍然是治疗等效的。

③ 药物吸收曲线相似，两者治疗不等效。

④ 药物吸收曲线不相似，并且两者治疗不等效。

人们对情形④没有异议，情形③是最有争议的，还需要更多的研究来验证情形③。情形①在有 PK/PD 相关证据的情况下似乎是合理的；参比制剂（RLD）和仿制药的开发人员都为各自的利益提出了技术论据。为此，因认为 BE 的接受标准（包括但不限于 ABE）更多的是基于法律平台而非基于科学依据，FBEA 被科学界所批评。

有趣的是，专利药品委员会（CPMP）关于 BA 和 BE 的指南中包含了 TE 的概念，即如果一种药品与另一种有效性和安全性已经证实的药品含有相同的活性物质或治疗部分，且临床上显示与该产品具有相同的有效性和安全性，则两种药品在治疗上是等效的。在实践中，生物等效性研究是证实药品之间（药学等效药品或替代药品）治疗等效性的最合适的方法，并能用于证明药品中的辅料对药品的安全性和有效性没有影响且符合标签要求。然而，在某些情况下会观察到相似的吸收程度但不同的吸收速率，如果这些差异不具有治疗相关性，产品仍可以判定为治疗等效，但很可能需要临床研究来证明吸收速率的差异不具备治疗相关性（CPMP，2000a，b）。

在典型的 BA 和/或 BE 研究中，分别通过测定体循环中的最大药物浓度（C_{max}）和血药浓度-时间曲线下面积（AUC）来测得药物吸收的速率和程度。对于吸收进入体循环的药物来说，通过测定药物吸收的速率和程度以及在作用部位的可利用度（即临床终点评估）对 BA 和/或 BE 进行评估。通常情况下，常释制剂的 BE 研究需要进行单剂量空腹试验，而针对特定的信息，如说明书中规定的用药要求等，则需要进行单剂量食物效应试验。对于调释制剂，例如控释、缓释、迟释、定时释放和延释制剂等，需要进行单剂量空腹试验和单剂量食物效应试验。一般不需要进行多剂量研究，但其适用于一些特殊情况，例如，若药物在生理进程中表现出高变异性，在受试者中明显的个体变异性等。

研究人员需要考虑多种关键因素来确保通过 BA 和/或 BE 研究得到可靠且有效的结果。这些因素包括：

- BA 和/或 BE 研究设计。
- 生物分析方法和验证。
- 样本量。
- 数据分析和 BE 评判标准。
- 统计方面的考量。
- 全球监管考量。
- 其他。

这些因素将在下面的章节中讨论，而其他因素，如建模和模拟在预测 BE 中的作用以及 BA/BE 的体外替代指标，也会作简要讨论，还包括与上述关键因素有关的法规要求及其局限性、假设，以及科学界为解决问题而报道的提议。

2.3.1 BA/BE 研究设计

在确定执行 BE 研究后的第一步是选定研究设计。一般来说，BE 研究至少包含两种制剂在人体和/或动物中进行测试。参与测试的两种制剂分别为受试制剂和对照制剂，又被称为活性药物对照制剂或参比制剂（RLD）。一项 BE 研究方案——试验方案，包含执行研究的必要细节、用于数据分析的信息以及对研究结果进行论证和阐述时参照的接受标准。如表 2.1 所示，汇总了影响 BE 研究设计选择的各种因素，以确保研究结果符合监管机构的预设标准。

表 2.1　影响一项 BE 研究设计选择的因素

因素	描述
原料药	• 理化性质 • 生理性质① • 其他
制剂（药品）	• 制剂类型② • IR 或 MR • 其他
受试者	• 健康人/患者 • 例数 • 变异性③ • 其他
研究中心	• 单个 • 多个 • 其他
其他④	• 具体问题具体分析

①清除率和长半衰期等。
②固体、液体、半固体。
③个体内和个体间。
④延滞效应、合规性和脱落率等。

美国 FDA 建议，对于药物释放后作用于全身的剂型，可在健康人体受试者中使用两周期、两序列、两制剂的单剂量交叉 BE 研究（US-FDA，2013）。其他普遍接受的 BE 研究设计包括：半衰期长（超过 24h）的药物采用单剂量平行设计，个体内高变异性（CV≥30）的药物采用部分或全部重复设计（Davit and Conner，2010b；US-FDA，2013）。此外，如采用适应性设计或其他设计，如序列设计和标度的平均生物等效性方法等，应事先得到 FDA 的批准。

截至目前，能够影响 BE 研究设计的各种因素包括制剂因素和受试者因素（个体内和个体间变异性），收集与这些因素相关的信息并综合分析来最终选定设计方案。表 2.2 提供了过去 20 年中报告过的一部分 BE 研究/试验设计。

总的来说，人们意识到受试者个体内和个体间的变异性问题，这促进了研究设计方面的持续改善。

评估受试者个体内的变异性推荐使用高阶设计。当比较两种以上的药品，建议采用稳定方差的 Williams 设计（Chow，2014）。在一项 BA/BE 研究中，有两个与受试者个体内和个体间变异性有关的重要因素需要考虑。第一，必须明确变异性的来源更多是由于药物的生理过程而非制剂类型。这需要深入评估生物和生理环境及其动力学，以及给予药物（产品）后它们对于药物吸收速率和程度的影响。第二，有一种观念，同样值得关注，即通过增加受试者例数来减少变异性，从而获得生物等效的结果。这种观念是值得商榷的，还需要考虑其他因素，如研究的效能。此外，受试者个体内和个体间变异性以及受试者例数的增加对 1 型和 2 型错误的影响（在本章后面讨论）也需要解决。再者，改良 BE 设计的适应性、招募更多例数的受试者、增加清洗周期数、增加抽血次数等将对研究的经济性和持续时长产生影响。最后，在选择 BE 研究设计时要保持全局观，包括其他剂量规格或 SUPAC 等情况申请生物等效性豁免的要求，以及执行适当的血样采集方案以确保获取最优的 PK 参数用于 BE 评价。

在此我们建议读者查阅以下关键参考文献（包括表 2.2 中引用的文献），以便更好地了解这些 BE 研究设计中的内容（Haidar et al.，2007；Zeng et al.，2017；Bhupathi and Vajjha，2017；Maurer et al.，2018；等）。

表 2.2 BE 研究/试验设计的类别

Ⅰ. 传统/常规设计
• 交叉(2×2:两序列,两周期)设计
• 平行设计
• 重复设计
-部分重复
-完全重复
Ⅱ. 高阶交叉设计(Chow and Liu,2008)
• Balaam 设计
• 两序列、三周期的双重设计
• 两序列、四周期设计
• 两序列、四周期设计
Ⅲ. Williams 设计(Chow and Liu,2008)
• 适用于 3 种药品:6 序列、3 周期(6×3)设计
• 适用于 4 种药品:4 序列、4 周期(4×4)设计

续表

Ⅳ. 非传统和改良设计 • 贝叶斯两阶段适应性设计(Liu et al. ,2019)。 • 两阶段、适应性、序列两周期设计(Behm et al. ,2017)。 • 固定样本设计(Knahl et al. ,2018)。 • 成组序列设计(Potvin et al. ,2008;Knahl et al. ,2018)。 • 三制剂和两阶段设计(Fuglsang,2020)。 • 适应性临床终点 BE 研究(Zhu and Sun,2019)
Ⅳ. 其他(特殊考虑) • 用于交叉 BE 研究的两步设计(Kieser and Rauch,2015)。 • 用于连续取样数据的三阶段 BE 试验(Yan et al. ,2018)。

2.3.2 样本量

在设计一项 BE 研究时，确定样本量（n）是最关键的统计工作之一。可参考不同监管机构的一些指南和其他文献报告来确定 BE 研究的 n 值（Chow and Wang，2001；US-FDA，2001；Tothfalusi and Endrenyi，2012；US-FDA，2016；Lee et al.，2017）。一般来说，BE 研究的样本量取决于研究设计以及针对每个 PK 参数受试者的变异程度，即个体内变异性。因此，所提供的药物生物变异性信息的可靠性应通过现有文献和/或进行预 BE 试验来评估。

采用统计学原理和程序，使用代表受试制剂和参比制剂（RLD）的生物利用度速率和程度的 PK 参数（即 C_{max} 和 AUC）的平均值，基于平均生物等效性（ABE）来决定 n 值。一般来说，使用 BE 研究的标准 2×2 交叉设计以及加法和乘法模型的 Schuirmann 双单侧检验法（TOST）进行效能分析（Chow，2014；Phillips，1990；Liu and Chow，1992；Schuirmann，1987：Chen et al.，1997；Hauschke et al.，1992）。群体和个体 BE 的 n 值确定应以模拟为基础。

在通过模拟和/或已发表的公式确定样本量（n）时，应考虑到两种制剂在等方差以及合理的交互作用情况下平均生物等效性的差异不超过 5%。此外，该研究设计应具有至少 80%的检验效能来得出两种制剂（受试制剂和参比制剂或其他两种制剂）生物等效的结论。当双向单侧方差分析（ANOVA）转化为 90%置信区间（CI），每次检验时，样本量计算都是基于 $\alpha=0.05$（显著性水平）。综合上述收集信息以及鉴于世界范围内采用的 BE 接受标准，即受试制剂和参比制剂均值经对数转换后的比值的 90%置信区间应落在 80%～125%的范围内，即可确定样本量。鉴于在 BE 接受标准范围内受试制剂/参比制剂的不同比值以及受试者个体内变异性在 12.5%～50%范围，表 2.3 列出了不同情况下预估的样本量（US-FDA，2001，2016；Chow and Wang，2001）。

必须注意的是，当一个乘法模型被用于给定的变异值（CV）和给定的受试制剂/参比制剂比值时，n 值将翻倍。当采用平行设计进行 BE 研究时，应考虑将表 2.3 中给出的估算 n 值按研究的每臂转化为 $2\times n$。此外，作为一般观察，随着治疗组数量的变化（部分和/或完全重复）以及方差（受试者个体内变异性）增加，很明显 n 值会不成比例地增加。同样地，当研究的检验效能从 80%增加到 90%时，对于给定的受试者个体内变异值，n 值将会增加。

一般认为，在 BA 研究中，与吸收程度的 PK 参数（AUC）相比药物吸收速率的 PK 参数（C_{max}）更加敏感。因此，在估算药物 BE 研究中的 n 值时，要考虑针对 C_{max} 的受试者个体内变异性（CV）。通过对这些参数进行评估来估算研究的检验效能以及在考虑到 FDA 规定的最小样本量要求的情况下估算 37 项 BE 研究中每一项 n 值（Lee et al.，2017；Yuen et al.，2001）。研究人员得出结论，代表吸收程度的 PK 参数的方差值是相似的，而代表吸收速率的 PK 参数的方差值是变异性的。因此，研究人员认为，应使用由代表吸收程度的 PK 参数（AUC）得出的方差计算 n 值以获得一个充分且实用的检验效能（Lee et al.，2017）。

表 2.3　基于 BE 接受标准的样本量（US-FDA，2001）

CV/%	受试制剂/参比制剂的比值							
	0.85	0.9	0.95	1	1.05	1.1	1.15	1.2
12.5	56	16	10	8	10	14	30	118
15	78	22	12	10	12	20	42	170
17.5	106	30	16	14	16	26	58	230
20	138	38	20	16	18	32	74	300
22.5	172	48	24	20	24	40	92	378
25	212	58	28	24	28	50	114	466
27.5	256	70	34	28	34	60	138	>500
30	306	82	40	34	40	70	162	>500
35	414	112	54	44	52	96	220	>500
40	>500	146	70	58	68	124	288	>500
50	>500	226	108	88	104	192	446	>500

另一个需要考虑的因素是与药物和药品体内性能有关的信息的可获得性。这些信息可协助确定一个合适的概率（80%～85%），即产品将产生 80%～85%的研究效能，以便在 BE 研究中招募足够数量的受试者（Midha and McKay，2009）。上述相关信息涉及药物固有的（生物）变异性和受试制剂与对照制剂/参比制剂之间的几何平均比（GMR）。招募有限数量的受试者（12～18 人）进行预 BE 试验可以获得这些信息。必须注意的是，这样的研究通常会过高估计用于正式 BE 研究的 n 值。

总而言之，在基于产品具有代表性并且其功能特性和预期表现一致的假设下，有足够的文献用于各种类型 BE 研究中 n 值的估算。随着采用先进技术生产的产品变得更加复杂和/或药物的治疗变得更加有效，在确定样本量方面将面临挑战。第 14 章将讨论应对这些新兴挑战的方法和手段。此处需要提醒的是，鼓励读者阅读本章节提供的各种参考文献以便更好地了解 BE 研究中 n 值的估算。

2.3.3　BE（接受）标准和统计学考量

已有文献报道了设置基于统计分析的 BE 标准的起源（Yu et al.，2014；Makhlouf et al.，2014）。尽管证明 FBEA 极其困难，但目前 BE 的检测宽泛地基于两种试验药品之间的平均 BA（暴露率和暴露程度）的对比，其中 PK 参数分别为 C_{max} 和 AUC。

根据 ABE 来判断，BE 的接受标准是对数平均值之间的差值是否在预设的规定范围内：

$$\ln(0.8) \leqslant (\mu_T - \mu_R) \leqslant \ln 1.25 \tag{2.1}$$

式中，μ_T 和 μ_R 分别是经对数转换的受试制剂和参比制剂/对照制剂测量指标的群体均值响应。

目前美国 FDA 的 BE 接受标准是基于两种药品（受试制剂和对照制剂/参比制剂）及其各自 PK 变量的几何平均值（即 GMR）的置信区间的统计学假设检验。如果受试制剂与对照制剂/参比制剂的两个 PK 参数（C_{max} 和 AUC）比值的 90%置信区间（CI）在 80%～120%范围内（非转换数据）和 80%～125%范围内（经对数转换数据），则认为两种产品是生物等效的。这种统计法被称为双单侧检验法（TOST）。TOST 是在显著性水平 $\alpha=0.05$ 以生物不等效作为原假设（H_0）计算的。假定在设计得当（交叉、平行等）的 BE 研究中，两种制剂在受试者中的吸收速率和程度分别表现出相似的体内性能，则否定原假设，两种制剂被视为生物等效，即接受备择假设 H_1。统计方差分析用于分别计算 C_{max} 和 AUC 的误差方差估计值，具体如下：

- 制剂（治疗）效应。
- 受试者效应。
- 组别（序列）效应。
- 阶段（周期）效应。

世界范围内各个监管机构普遍接受和采纳了上述基于一些特定假设的 BE 接受标准。当待评价药物的治疗窗较宽时，存在 PK/PD 关联性并且有可能过度依赖于可预测性的 IVIVC（即采用所谓的生物生理相关的溶出试验）而没有实际进行体内研究。生物变异性，尤其是受试者个体内的生物变异性，是有限的（CV≤30%），并且研究中纳入了足够数量的受试者。

其他统计方法，如 Westlake 对称置信区间法、Chow 和 Shao 联合置信区域法、贝叶斯方法、Wilcoxon-Mann-Whitney 秩和检验，以及 bootstrap 置信区间等，只要提供用于某具体案例中的充分依据，这些方法都可以考虑（Chow and Shao，1990；Chow and Liu，2008）。为了改善可互换性提出了个体生物等效性（IBE）的概念（Patnaik et al.，1997；Haidar et al.，2008）。IBE 的接受标准包括在受试者个体内变异性超过预设范围时按比例缩放 BE 限度、处方影响个体相互作用和受试者个体内变异性等（Tothfalusi et al.，2009）。如下所示，使用 IBE 方法判定两者具有生物等效性：

$$[[(\mu_T - \mu_R)^2 + \sigma_D^2 + (\sigma_{WT}^2 - \sigma_{WR}^2)]/\sigma_{WR}^2] \leqslant \Theta_t \tag{2.2}$$

式中，σ_D^2 是针对处方影响个体相互作用；σ_{WT}^2 和 σ_{WR}^2 分别代表受试制剂和对照制剂/参比制剂的个体内方差；Θ_t 是 IBE 的限度。目前监管机构已经停止/放弃使用 IBE 方法来批准 ANDA（Chen，2001；Hauck et al.，2000）。

对数据集进行统计分析，在不同的显著性水平，例如 $\alpha=0.05$，$\alpha=0.025$，$\alpha=0.01$，对比 GMR 得出的推论会产生两种类型的错误：①Ⅰ类错误，也被称为假阳性，发生于错误地拒绝原假设。②Ⅱ类错误，也称为假阴性，即研究人员未能拒绝实际上错误的原假设并得出结论认为没有显著影响，但实际上存在显著影响。犯这两种错误的可能性是成反比的。简单地说，试图减少Ⅰ类错误会导致Ⅱ类错误的增加，反之亦然。

满足 BE 标准以得到可接受的 BE 结果所需的受试者数量（n）基于 TOST，而 TOST 又基于 $\alpha=0.05$（Ⅰ类错误）。影响 n 值确定的其他因素包括研究的检验效能、GMR 和预期的受试者个体内（受试者内）变异性（Patterson et al.，2001；Phillips，1990）。考虑到固有的Ⅰ类错误结合研究的检验效能（至少80%）以及对GMR的最佳估算，当受试者个体内变异性（CV）超过30%时，n 值大幅度增加（如表2.3所述）。在BE研究中采用交叉设计或重复设计（部分和/或全部）时，情况也是如此。

在BE研究中，两个PK参数（C_{max} 和AUC）的受试者个体内变异性CV≥30%的药物被认为是高变异药物（HVD）。已批准采用重复设计进行BE研究，使用参比制剂标度的平均生物等效性（RSABE）方法证明生物等效性（Davit et al.，2012）。通常，基于美国FDA的消费者风险模型，$\mu_T-\mu_R$ 的限度为

$$-\left[\ln 1.25\left(\frac{\sigma_{WR}}{\sigma_{WO}}\right)\right]\leqslant\mu_T-\mu_R\leqslant\left[\ln 1.25\left(\frac{\sigma_{WR}}{\sigma_{WO}}\right)\right] \tag{2.3}$$

式中，σ_{WR}^2 是代表参比制剂/对照制剂的群体受试者个体内方差；σ_{WO}^2 是监管机构预设的常数。当 $\sigma_{WR}>\sigma_{WO}$ 时，适用于较宽的限度；当 $\sigma_{WR}<\sigma_{WO}$ 时，适用于较窄的限度；当 $\sigma_{WR}=\sigma_{WO}$ 时，适用于使用经对数转换数据的80%～125%的标准限度。FDA倾向于采用混合标度法，并设定 $\sigma_{WO}=0.294$（US-FDA2011；Haidar et al.，2008）。采用RSABE方法，若满足下列条件之一，则两种制剂视为生物等效（Davit et al.，2012；US-FDA 2011）。

如果 $\sigma_{WR}<\sigma_{WO}$，则 $[[(\mu_T-\mu_R)^2]/\sigma_{WO}^2]\leqslant[[(\ln 1.25)^2]/\sigma_{WO}^2]$ (2.4)

如果 $\sigma_{WR}>\sigma_{WO}$，则 $[[(\mu_T-\mu_R)^2]/\sigma_{WR}^2]\leqslant[[(\ln 1.25)^2]/\sigma_{WO}^2]$ (2.5)

根据欧洲药品管理局（EMA）的规定，仅当 C_{max} 参数的受试者个体内变异性CV≤50%，可以使用RSABE方法来判定生物等效性。对于更高的CV值，接受限度仍为69.84%～143.19%（Tothfalusi et al.，2009；Morais and Lobato，2010；EMA 2010）。南非药品管制委员会允许将RSABE方法用于两个PK参数（C_{max} 和AUC），然而这种数据分析方法的应用必须有正当理由并在方案中事先说明（Walker et al.，2006；MCC 2007）。

2.3.4 生物等效性研究：建模和模拟的作用

建模和模拟可以在药品的开发以及标准和控制的制定中发挥重要作用。经验模型是根据观察和经验建立的，而机制模型是基于物理化学和生理学的，包括针对一个明确结果的药理学过程和原理。因此，机制模型是具有挑战性的，因为它们需要对目标和结果有全面和深入的了解，而经验模型相对容易建立，但难以外推。因此，往往要探索混合模型以克服两种方法带来的挑战。

在过去的四五十年里，已有报道尝试使用数学算法来预测生物利用度和生物等效性，基于对药物（预期特性的数学建模）生理进程的理解并随后通过控制和/或改变变量来模拟这些性能。监管机构和科学界最近采取的一项举措是评估基于生理学的药代动力学（PBPK）建模和模拟来预测生物利用度。Zhang（2014）对BA和BE学科中的建模和模拟进行了总体概述。

建模和模拟已被常规地用于NDA的各个阶段，从先导识别到处方设计，再到通过设置其质量控制（QC）属性和控制来预测制剂的体内性能。其中一个重要的贡献是开发药品的

体外-体内相关性。在第5、9、10和11章中广泛讨论了数学方法和与之相关的挑战以及监管方面的考虑。鉴于口服给药后影响药物吸收的各种因素以及体内溶出是吸收的先决条件，这些模型的开发和实施取得了不同程度的成功。大体上，这些模型是房室吸收与转运（CAT）模型及高级溶出、吸收和代谢（ADAM）模型，包括 PK-Sim^{R}、GastroPlus^{TM}、SimCyp^{R} 等模拟软件的使用（Dressman et al.，1985；Sinko et al.，1991；Lawrence and Amidon，1999；Kesisoglou and Wu，2008；Lukacova et al.，2009；Darwich et al.，2010；Thelen et al.，2012；Willmann et al.，2012；Sjogren et al.，2013；等）。此外，建模和模拟已被用于评估潜在的药物-药物相互作用和/或药物-食物相互作用（Wei and Lobenberg，2006；Parrott et al.，2009；Jiang et al.，2011；Fotaki and Klein，2013；等）。

建模和模拟在BE评估方面发挥的作用更大。首先，预测药品（受试制剂和对照制剂/参比制剂）的体内性能（吸收）以及这些药品在生物利用度方面（吸收速率和程度参数）的等效性（Mathias and Crison，2012；Zhang et al.，2011；Tsume and Amidon，2010；等）。其次，研究者已使用建模和模拟选择生物分析物和设计BE研究，为某些药物和药品制定监管指南，以及协助BE指标选择的决策过程（Haidar et al.，2008；Zhang et al.，2013；Gaudreault et al.，1998；Lionberger et al.，2012；US-FDA，2011；Jackson，2000；Karalis and Macheras，2010；Navarro-Fontestad et al.，2010；等）。

对体外溶出测定和模拟平台进行了严格评估，用于预测仿制药的体内性能并为生物等效性豁免证明以及为仿制药开发提供支持（Al-Tabakha and Alomar，2020）。或许，最常用的软件 GastroPlus^{TM}、PK-Sim^{R} 和 SimCyp^{R} 是根据过去十年它们在产品开发中的使用报告进行评估的。有22份报告是基于生物药剂学分类系统（BCS）角度的考量，针对常释制剂中BCS 1类和3类药物的生物等效性豁免以及差异因子 f_1 和相似因子 f_2 的使用进行了评估，得出了一些值得注意的结论。与其他平台相比，某个平台的优势是非决定性的，并将取决于进行建模和模拟的产品的类型和复杂性。更重要的是，或许应该追求前瞻性模型拟合和可预测性而非目前实践中的回顾性。这些计算机模拟模型应结合PBPK考量以变得更具预测性。最后，需要对生物等效性豁免申请中使用的 f_2 值的严格依赖进行调整以反映体内特性。

众所周知，BE研究中的高变异性受检验效能不足的影响（Phillips，1990）。一种相对较新的方法是使用已知方差的折线正态分布的分位数，通过非房室分析（NCA）可以获得 C_{max} 和AUC的BE检验（Möllenhoff et al.，2020）。作者得出结论，这种方法比传统的TOST具有更高效能。

Kano等（2017）探讨了计算机模拟研究在设计两种头孢羟氨苄口服混悬剂BE研究中的实用性，使用蒙特卡罗模拟来确定适当的采血时间表。研究人员对不同的受试制剂采用不同的采血时间表进行了计算机模拟研究。然后，使用这些模拟的结果选出两种制剂进行体内BE研究来对建模进行确认和验证。研究人员认为，当取样时间点包含 T_{max} 时，那么取样时间点偏少或偏多对于检测结果在效果（效率）上没有实质性差异（Kano et al.，2017）。这种方法虽然证明了使用蒙特卡罗模拟的计算机模拟研究是在设计BE研究时的有用工具，然而，这种方法的实际使用相当有限，因为在使用ABE接受标准设计BE研究期间，很难事先确定 T_{max}，更不用说在用于PK和BE评价的数据分析过程中，将其作为取样时间点合并于纳入/排除标准中。

2.3.5 BE的替代

在过去的十年里，全世界的监管机构和药品开发科学家们越来越意识到在开发医疗保健产品的过程中要减少对人类和动物不必要的暴露。药品安全监管机构已经采取了一些举措并向行业和研发机构发布指令以消除重复研究和/或在不影响产品质量的情况下减少人类和动物试验的检测措施。在这一过程中，科学界提出了BE评价的各种替代方法，其中一些替代方法已被世界各地的药品监管机构接受并批准使用。

目前正在使用和/或正在开发的各种BE的替代方法通常有一个共同的目标，即证明生物等效性豁免的合理性，无论是与NDA、505(b)(2)还是ANDA有关。这些替代方法可以分为针对口服给药制剂的生物等效性豁免和针对局部用制剂的生物等效性豁免。概括地说，在申请生物等效性豁免时，可使用以下BA和/或BE评估的替代方法：

- 体外溶出试验。
- IVRT。
- 体外和/或离体渗透试验（IVPT）。
- PBPK建模。
- 其他。

以两个药品之间的BE为目标，在采用体外溶出试验时，必须满足某些条件才能合理地批准生物等效性豁免申请（表2.4）（US-FDA，2015；EMA，2010；WHO，2015；ICH，2019）。

表2.4　为体内BE评估寻求生物等效性豁免时采用溶出试验应遵守的条件

• 不同API规格的制剂
-API的药代动力学(PK)在剂量范围内呈线性
-各种规格的API/辅料比例相同
-两种药品在同一地点生产
• 制剂处方的微小变更
• 生产工艺的微小变更
• 制剂符合以下标准
-药品为溶液且药物以溶解的形式存在于药品中
-没有辅料会影响原料药的吸收
-药品通过吸入(蒸气和/或气体)给药
-药品所含的原料药与已批准的药物/参比制剂/对照制剂的浓度相同
-不需要吸收的口服药品
-发挥局部作用的局部用药产品

体外溶出试验是迄今为止最普遍和最常用的BE替代方法，而药物的BCS分类是详细设计这种BE替代方法的起点。亚洲、欧洲、非洲和北美洲的大多数国家已经接受了基于BCS分类的体外溶出试验作为替代方法（Farah et al.，2020）。但对拉丁美洲的国家监管机构来说仍然是不确定的（Storpirtis et al.，2014；Miranda-Pérez de Alejo et al.，2020）。阿根廷、巴西、智利和乌拉圭引入了基于BCS分类的生物等效性豁免法规，而危地马拉和墨西

哥仅允许其适用于少数药物。其他拉美国家大多数还没有实施。第 7 章和第 12 章已经详细讨论了体外溶出试验的常用参数及其各自的接受标准，以及它们的优势和缺点。最常用的参数分别为差异因子 f_1 和相似因子 f_2。最近，美国 FDA、EMA、WHO 和 ICH 对基于 BCS 分类的生物等效性豁免要求进行了更新（Davit et al.，2016；Khalid et al.，2020；Miranda-Pérez de Alejo et al.，2020）。同样地，也指出了同时在美国 FDA 和 EMA 申请多规格生物等效性豁免时所面临的挑战（Cardot et al.，2018）。

局部用仿制药产品的 BE 评估不仅昂贵，而且是一个耗时的过程，往往涉及临床终点研究。在过去的十年中，研究者们致力于开发和验证分析替代方法。这些方法绝大多数依赖于 IVRT 和 IVPT，研究者们使用这些方法取得了不同程度的成功（Dandamudi，2017；Narkar，2010；Abd et al.，2016；Leal et al.，2017）。角质层（鳞状上皮）往往是局部用药物在被吸收之前跨皮肤递送的限速屏障。采用合成膜来模拟皮肤屏障的 IVRT 和 IVPT 与体内性能不相关。因此，研究人员探索出了采用人类尸体皮肤的离体渗透试验（Lehman and Franz，2014；Franz et al.，2009；等）。IVPT 是透皮给药系统质量控制的一个组成部分，并在 EMA 指南中有所提及。与口服制剂的 BCS 分类一样，局部药物分类系统（TCS）正被开发为局部用药物制剂的 BE 评估的替代方法（Shah et al.，2015；Miranda et al.，2018）。第 6 章提供了有关 IVRT 和 IVPT（包括 TCS）的详细讨论。

衍生自 BCS 分类的 PBPK 建模，也被称为基于生理学的吸收建模，为精准查找生物等效性豁免的候选药物提供了机会（Mitra et al.，2015）。类似地，对于在 15min 内释放/溶出＞85％剂量规格的含有 BCS 1 类药物的快速崩解型固体制剂并且不适用 f_2 检验时，PBPK 建模可用于预测临床（生物）等效性（Kovačević et al.，2009）。随着对 PBPK 建模兴趣的日渐增长，研究者们正在药物开发的众多领域探索它的用途，因此有必要对其在药物开发和批准中的使用进行协调统一。

2.3.6 基于 PD 终点的和基于临床终点的 BE 评估

当药物（或其代谢物）在生物体液（血液和尿液等）中无法测定（或处于可忽略的水平）或是可测得的浓度不能作为用于局部作用药物的安全性和有效性指标时，依赖于基于 PK 终点的 BE 评估的基本生物等效性假设开始出现动摇（US-FDA，2003b，2013b；EMA，2010a，b）。在这种情况下，可使用以下方法之一对产品的生物等效性进行评估（按等级递减顺序）：

- 基于 PD 终点的研究；
- 基于临床终点的研究；
- 体外研究（IVRT、IVPT 等）。

基于临床终点的研究（也被称为 CT）成本高、周期长、灵敏度不足以检测出制剂间的差异，以及具有较高的失败风险。相对而言，基于 PD 终点的 BE 研究持续时间短，有合理的可重复性，相对容易执行，需要少量的受试者，成本也较低。一些药品监管机构已经针对基于 PD 终点的 BE 研究提供了通用和特定药品的评价指南（表 2.5）。

在一项基于 PD 终点的 BE 研究中，研究者检测和比较了两种药品给药后对随时间变化的病理生理过程的影响。一般来说，药品应符合以下标准才适用于基于 PD 终点的 BE 评估

(Mastan et al., 2011)：

- 应在药物的剂量-效应曲线的上升阶段选择剂量。必须使用经过验证的PD测定方法。
- 可以确定合理的PD响应曲线（持续时间足够）。
- 量效关系得到证明（优选但非强制）。

表 2.5　各药品监管机构基于药效学终点的BE研究指南

药品监管机构	类型/产品	参考文献
CDSCO,印度	• 常规	CDSCO(2005)
EMEA	• 常规吸入产品	EMEA(2000,2009)
加拿大卫生部	• 吸入产品(类固醇)	加拿大卫生部(1999,2011)
沙特 FDA	• 常规	沙特 FDA(2005)
美国 FDA	• 常规 • 鼻用喷雾剂和气雾剂 • 局部用产品	美国 FDA(2003,2013)
WHO	• 常规	WHO(2006)

在影响基于PD终点的BE研究结果的众多因素中，PD终点的定义和选择是非常关键的。药理效应和/或治疗效果通常被选为PD终点（Wiedersberg et al., 2008）。一项双盲研究，其中每个受试者/患者暴露于四个变量，例如安慰剂、基线、治疗组A和治疗组B，被认为是基于PD终点的BE研究的理想研究设计（Zhi et al., 1995）。也有人提出交叉和平行设计（US-FDA，2003a）。研究者已针对特定药物，例如吸入产品的PD建模进行了探索，一般建议这种方法应该具体问题具体分析（Treffel and Gabard，1993；Navidi et al., 2008）。美国FDA已经发布了一些针对特定药物和药品类型的指南，并已经有使用了这些指南的研究报道（Lee et al., 2012；Zhi et al., 1995；Navidi et al., 2008；Wiedersberg et al., 2008；Adams et al., 2010；Daley-Yates and Parkins，2011；Evans et al., 2012；等）。在此需说明，虽然基于PD终点的BE研究为监管机构所接受，但目前这些研究仅限于局部用药和经口吸入制剂。或许，识别和验证新的PD终点仍然是一个挑战，并期待进一步的工作。

基于临床终点的BE研究被定义为“利用患者群体进行的临床研究，其中含有相同活性部分（化学等效物）的两种产品以相同的剂型（药学等效物）给药后将活性部分递送至发挥作用的局部位点”（Peters，2014）。基于临床终点的BE通常不是BE的敏感指标；然而，对于某些药品来说，它是可用于证明治疗效果的定量对比（受试制剂和参比制剂/对照制剂之间的临床有效性）的唯一选择（Davit and Conner，2010a）。从这个意义上说，这些研究不应被视为治疗有效性和安全性研究。

这些研究价格昂贵，需要大量的样本量，而且往往持续时间很长。这些研究被设计成盲法、随机、平行、平衡研究，通常有安慰剂组（尽管是非强制性的）。临床终点的选择是非常关键的。在仿制药方面，这个终点通常是说明书中提及的；然而，这样的终点对应着较宽的治疗窗口，阻碍了对研究中临床终点的界定，进而导致需要较大的样本量。一个精心设计的临床终点研究应该有一个重点关注、定义明确的目标，该目标可定量测定并且测定值（包括对比）是统计学可支持的。这类研究取得成功的至关重要的一点在于对疾病的病理生理学和药物治疗学的全面透彻的理解。疾病状态和临床终点的高变异性给设计和执行这些研究带来了重大挑战。此外，应通过受试制剂的物理药剂学研究提供充分的证据，来证明受试制剂和参比制剂/对照制剂之间的微小的差异不会对这两种药品的安全性和有效性产生不利影响，且不会导致不期望的意外结果。

文献中报道了一些基于临床终点的各种类型药品的 BE 研究实例（Bermingham et al.，2012；Ng et al.，2020；Zhu and Sun，2019；等）。概括地说，通过证明治疗效果的等效性可允许人们推断产品是生物等效的。对于局部发挥作用的局部用药物，基于临床终点的 BE 评估可能是提供两种药品等效性有力证据的唯一方法。最后，基于临床终点的 BE 研究的目标与基于 PK 终点的 BE 研究的目标完全相同。

2.3.7 监管要求

在产品开发阶段完成大量且详尽的试验后，最终要确保递交给机构的数据的监管合规性。BA 和/或 BE 研究也不例外！如果药品申请寻求跨国获批，那么这项任务就变得很有挑战性。尽管一项合规并且可接受的 BA 和/或 BE 研究中有关法规的核心要求和期望万变不离其宗，但不同国家对合规性和接受标准的要求存在差异。

表 2.6 列出了制定 BE 和/或生物等效性豁免指南的不同国家/地区或全球的监管机构的清单。同样地，表 2.7 中提供了来自不同国家的药品监管部门在执行 BE 研究中选择标准的对比。BE 研究标准中存在争议并在持续讨论的其中一个标准（未在表 2.6 中列出）是对照制剂/参比制剂的选择。大多数国家和各自的监管机构规定，对于分别在各自国家获批上市的受试制剂的 BE 研究应使用已在这些国家批准的对照制剂/参比制剂，即便对照制剂/参比制剂已在其他国家批准并且已证明受试制剂（预期仿制）与之是生物等效的。因此，证明与对照制剂/参比制剂生物等效的受试制剂不能在其他国家递交注册，必须进行独立的 BE 研究。比如，墨西哥等国家规定，递交给墨西哥药品监督管理局的仿制药 BE 研究只能在墨西哥本国群体中进行。

表 2.6 不同国家/地区或全球监管机构

国家/地区	监管机构
—	ISPE——全球 GMP 监管工作
—	全球协调工作小组
WHO	世界卫生组织
日本	NIHS——全球 GMP 协调
欧盟(EU)	EMEA
东南亚国家联盟(ASEAN)	标准和质量咨询委员会
阿拉伯联合酋长国(UAE)	中东地区监管会议(MERC)
澳大利亚	澳大利亚治疗用品管理局
巴西	巴西卫生监督局(ANVISA)
加拿大	卫生部健康产品和食品局(HPFB)
英格兰[英国(UK)]	英国药品和健康产品管理局(MHRA)
印度	印度中央药品标准控制组织(CDSCO)
墨西哥	墨西哥联邦卫生风险保护委员会(COFEPRIS)
泰国	泰国公共卫生部(MPH)
土耳其	土耳其药品和医疗器械管理局(TMMDA)

表 2.7 执行 BE 研究的选择标准

机构	年龄/岁	BMI/(kg/m²)	性别①(M+F)n②	空腹③	餐后状态④/kcal	餐后状态⑤	液体摄入量/mL	采样标准+采样量	清洗期⑥
ANVISA(巴西)	18～50	NS⑦	(M+F)12～24	隔夜≥10h+给药后 4h	800～1000	NS	200	药物的 PK	≥7
ASEAN	18～55	18～25	(M+F)≥12	隔夜+给药后 4h	800～1000	NS	150	T_{max} 附近密集且充分采样,3～4(终末期)	充分
CDSCO(印度)	NS	NS	(M+F)≥16	隔夜≥10h+给药后 4h;晚上给药前 2h	950～1000	进食后≤15min	标准值	3(吸收),3～4(T_{max} 附近),4(消除期)	≥5
EMEA(欧洲)	≥18	18.5～30.0	(M+F)≥12	≥8h+给药后 4h	800～1000⑧	开始进食后 30min	150	T_{max} 附近密集且充分采样,3～4(终末期)	≥5
HPB(加拿大)	18～55	18.5～30.0	(M+F)≥12	8h	800～1000	NS	150～250	12～18	≤10
TGA(澳大利亚)	18～55	正常值	(M+F)≥12	≥8h+给药后 4h	800～1000	进食后≤30min	150	足以估计 C_{max} 和吸收程度	≥3
美国 FDA	≥18	NS	(M+F)≥12	隔夜≥10h+给药后 4h	800～1000	开始进食后 30min	240	12～18	≥5

①(M+F),男性和女性。
②n,样本量。
③空腹,要求。
④餐后状态,高脂肪的膳食和热量。
⑤餐后状态,给药(h)要求。
⑥清洗期,半衰期的数量。
⑦NS,未规定。
⑧蛋白质、碳水化合物和脂肪的热量分别为 150kcal❶、250kcal❶和 500～600kcal❶。

❶ 1kcal=4.186kJ。

当影响BE评价的生理因素（如胃液酸度等）存在明显的种族差异时，日本药品监管部门要求提供日本种族群体的数据。显然，如果今后BE研究及其结果可以被接受用于受试制剂在不同国家作为仿制药申请多国注册批准，那么针对BE研究标准的进一步协调统一是必不可少的。此外，这种协调统一将减少重复研究以及药物在人体和动物中的暴露。

2.4 当前的挑战和解决方案（对第14章的理解）

过去十年中，分子药理学和处方设计及其各自的相关学科的技术进步致使需要先进思维来评估真正反映药品功能属性的生物药剂学属性（BA和BE）。目前，普遍接受的BA和BE评估标准有其固有的局限性。这两个方面的考量共同带来了一些挑战、整体研究设计考虑和实用性考虑，这也是一项艰巨的任务，需要在药品的生物效力评估（BA和BE）领域加以解决，下面举例说明（部分列出，无等级排序）：

- 复杂仿制药
- 特殊口服固体制剂
- 局部用制剂
- 吸入产品
- 超级仿制药
- 组合产品［固定剂量组合（FDC）和多功能单元］
- 窄治疗指数药物
- 早期暴露和/或部分AUC概念
- 渐进式创新和/或505(b)(2) 药品
- 保健品（天然产物）
- 其他

已在第6、7、9和12章以及相关报道（Gude et al. 2021）中讨论了预测上述体内性能的体外溶出考量。第14章将讨论与生物效力考量（BA和BE）有关的新兴挑战和可能的解决方案。

2.5 总结

生物效力的评估（主要专注于BA和BE）在药品的开发和证明产品的体内功能属性方面起着决定性的作用。在药品申请批准（NDA、ANDA等）时对这些信息进行审查将有助于监管机构允许和/或拒绝批准。世界各地的药品监管机构和科学智囊团将继续为医药产品的BA和BE评估领域提供方向和指南。在此基础上，已批准了数千种新药和仿制药用于患者。然而，它们是否能够适用于所有类型产品中的所有药物以及适用于所有情况，如治疗适应证、治疗靶点以及药物效力等，仍然存在疑问。因此，人们经常指出，虽然指南的协调统一是必要的，但应避免“一刀切”，以免太过武断。同样地，它们也不应过于灵活，以免给最终用户（患者）带来更大的安全风险。遵守这一精准细微的原则是极具挑战性的。在过去的三十年里，研究人员在这方面已经取得了实质性的进展并且有望取得更多成果。我们已经走过了很长的路，但我们知道依然还有很长的路要走！

参考文献

Abd，E.，Yousef，S.，Pastore，M. et al.（2016）. Skin models for the testing of transdermal drugs. Clinical Pharmacology：Advances and Applications 8：163-176.

Adams，W. Ahrens，R.，Chen，M. et al.（2010）. Demonstrating bioequivalence of locally acting Orally Inhaled Drug Products（OIPS）：workshop summary report. Journal of Aerosol Medicine and Pulmonary Drug Delivery 23：1-29.

Al-Tabakha，M. and Alomar，M.（2020）. In vitro dissolution and in silico modeling shortcuts in bioequivalence testing. Pharmaceutics 12（1）：45-61.

Behm，M. O.，Xu，J.，Panebianco，D. et al.（2017）. Relative bioavailability of diazoxide，manufactured at two different international locations，in healthy participants under fasting conditions：an open-label，two-stage，adaptive，sequential two-period crossover study. American Association of Pharmaceutical Scientist Open 3（1）：1-9.

Bermingham，E.，Del Castillo，J. R. E.，Lainesse，C. et al.（2012）. Demonstrating bioequivalence using Clinical Endpoint Studies. Journal of Veterinary Pharmacology and Therapeutics 35：31-37.

Bhupathi，C. and Vajjha，V.（2017）. Sample size recommendation for a bioequivalencestudy. Annals of Statistics LXXVII（1）：65-71.

Cardot，J. M.，Garcia-Arieta，A.，Paixao，P. et al.（2018）. Implementing the additional strength biowaiver for generics：EMA recommended approaches and challenges for a US-FDA submission. European Journal of Pharmaceutical Sciences 111：399-408.

CDSCO-India（2005）. Guidance for bioavailability and bioequivalence studies. New Delhi，India.

Chen，M. L.（2001）. Results from replicate design studies in NDAs and FDA database. In：FDA Advisory Committee for Pharmaceutical Sciences and Clinical Pharmacology Meeting Transcript. US Food and Drug Administration Dockets.

Chen，K.，Li，G.，and Chow，S. C.（1997）. A note on sample size determination for bioequivalence studies with higher-order crossover designs. Journal of Pharmacokinetics and Biopharmaceutics 25：753-765.

Chow，S. C.（2014）. Bioavailability and bioequivalence in drug development. Wiley Interdisciplinary Reviews：Computational Statistics 6（4）：304-312.

Chow，S. and Liu，J.（2008）. Design and Analysis of Bioavailability and Bioequivalence Studies，3e. New York，NY：Chapman Hall/CRC Press/Taylor and Francis.

Chow，S. and Shao，J.（1990）. An alternative approach for the assessment of bioequivalence between two formulations of a drug. Biomedical Journal 32：969-976.

Chow，S. C. and Wang，H.（2001）. On sample size calculation in bioequivalence trials. Journal of Pharmacokinetics and Pharmacodynamics 28（2）：155-169.

Chow，S. C.，Shao，J.，and Wang，H.（2002a）. Statistical tests for bioequivalence. Statistica Sininca 13：539-554.

Chow，S. C.，Shao，J.，and Wang，H.（2002b）. Individual bioequivalence testing under 2x3 designs. Statistics in Medicine 21：629-648.

Committee for Proprietary Medicinal Products（2000a）. Note for Guidance on the Investigation of Bioavailability and Bioequivalence. London：The European Agency for the Evaluation of Medicinal Products（EMEA）-Evaluation of Medicines for Human Use.

Committee for Proprietary Medicinal Products（2000b）. Note for Guidance on the Investigation of Bioavailability and Bioequivalence. London：The European Agency for the Evaluation of Medicinal Products（EMEA）-Evaluation of

Medicines for Human Use.

Daley-Yates，P. and Parkins，D. （2011）. Establishing bioequivalence for inhaled drugs；weighing the evidence. Expert Opinion on Drug Delivery 8：1297-1308.

Dandamudi，S. （2017）. *In vitro* bioequivalence data for a topicalproduct. In：Proceedings of the FDA Workshop on Bioequivalence Testing of Topical Drug Products，vol. 20. Silver Spring，MD，USA.

Darwich，A.，Neuhoff，S.，Jamei，M. et al. （2010）. Interplay of metabolism and transport in determining oral drug absorption and gut wall metabolism：a simulation assessment using the "advanced dissolution，absorption，metabolism （ADAM）" model. Current Drug Metabolism 11：716-729.

Davit，B. and Conner，D. （2010a）. Scaled average bioequivalence approach. In：Generic Drug Product Development-International Regulatory Requirements for Bioequivalence（eds. I. Kanfer and L. Shargel），271-272. New York，NY：Informa Healthcare.

Davit，B. M. and Conner，D. P. （2010b）. The United States of America. In：Generic Drug Product Development：International Regulatory Requirements for Bioequivalence（eds. I. Kanfer and L. Shargel），254-281. New York：Informa Healthcare.

Davit，B.，Chen，M. L.，Conner，D. et al. （2012）. Implementation of a reference-scaled average bioequivalence approach for highly variable generic drug products by the US Food and Drug Administration. The American Association of Pharmaceutical Scientists Journal 14（4）：915-924.

Davit，B.，Kanfer，I.，Tsang，Y. et al. （2016）. BCS biowaivers：similarities and differences among EMA，FDA，and WHO requirements. The American Association of Pharmaceutical Scientist 18（3）：612-618.

Dressman，J.，Amidon，G.，and Fleisher，D. （1985）. Absorption potential：estimating the fraction absorbed for orally administered compounds. Journal of Pharmaceutical Sciences 74：588-589.

EMEA（2000）. Note for guidance on the investigation of bioavailability and bioequivalence. London，England.

EMEA（2009）. Guideline on the requirements for clinical documentation for orally inhaled products（OIP）including the requirements for demonstration oftherapeutic equivalence between two inhaled products for use in the treatment of asthma and chronic obstructive pulmonary disease（COPD）in adults and for use inthe treatment of asthma in children and adolescents. London，England.

European Medicines Agency（2010a）. CPMP/EWP/QWP/1401/98 Rev. 1 Committee for Medicinal Products for Human Use（CHMP）Guideline on the investigation of bioequivalence. London，England.

European Medicines Agency（2010b）. Guideline on the investigation of bioequivalence. London，England.

Evans，C.，David，C.，Tim，C. et al. （2012）. Equivalence considerations for orally inhaled products for local action—ISAM/IPAC-RS EuropeanWorkshop Report. Journal of aerosol medicine and pulmonary drug delivery 25（3）：117-139.

Farah，K.，Syed，M.，Madiha，M. et al. （2020）. Comparative analysis of biopharmaceutic classification system（BCS）based biowaiver protocols to validateequivalence of a multisource product. African Journal of Pharmacy and Pharmacology 14（7）：212-220.

FDA（2011）. Guidance on Zolpidem extended release tablets.

Fotaki，N. and Klein，S.（2013）. Mechanistic understanding of the effect of PPIs and acidic carbonated beverages on the oral absorption of itraconazole based on absorption modeling with appropriate *in vitro* data. Molecular Pharmaceutics 10（11）：4016-4023.

Franz，T. J.，Lehman，P. A.，and Raney，S. G. （2009）. Use of excised human skin to assess the bioequivalence of topical products. Skin Pharmacology and Physiology 22（5）：276-286.

Fuglsang，A. （2020）. A three-treatment two-stage design for selection of a candidate formulation and subsequent demonstration of bioequivalence. The American Association of Pharmaceutical Scientist Journal 22（5）：1-8.

Gaudreault，J.，Potvin，D.，Lavigne，J. et al. （1998）. Truncated area under the curve as ameasure of relative extent of bioavailability：evaluation using experimental data and Monte Carlo simulations. Pharmaceutical Research 15（10）：1621-1629.

Gude，R.，Shirodker，A.，and Banakar，U. Chapter 13，Nutraceuticals and natural products：role of dissolution and release testing. In：Desk Book of Pharmaceutical Dissolution Testing and Applications，2e（eds. S. Tiwari，U. Banakar and V. Shah）. Mumbai：Society for Pharmaceutical Dissolution Science（SPDS）.

Haidar，S.，Davit，B.，Chen，M. L. et al.（2007）. Bioequivalence approaches for highly variable drugs and drug products. Pharmaceutical Research 25（1）：237-241.

Haidar，S.，Davit，B.，Chen，M. L. et al.（2008）. Bioequivalence approaches for highly variable drugs and drug products. Pharmaceutical Research 25：237-241.

Hauck，W. Hyslop，T.，Chen，M. L. et al.（2000）. Subject-by-formulation interaction in bioequivalence：conceptual and statistical terms. Pharmaceutical Research 17：375-380.

Hauschke，D.，Steinijans，V.，Diletti，E. et al.（1992）. Sample size determination for bioequivalence assessment using a multiplicative model. Journal of Pharmacokinetics and Biopharmaceutics 20：557-561.

Health-Canada（1999）. Guidance to establish equivalence or relative potency of safety and efficacy of a second entry short-acting beta2-agonist metered doseinhaler. Ottawa，Canada.

Health-Canada（2011）. Data Requirements for Safety and Effectiveness of Subsequent Market Entry Inhaled Corticosteroid Products For Use In The Treatment Of Asthma. Ottawa，Canada.

Jackson，A.（2000）. The role of metabolites in bioequivalency assessment. Ⅲ. Highly variable drugs with linear kinetics and first-pass effect. Pharmaceutical Research17：1432-1436.

Jiang，W. Kim，S.，Zhang，X. et al.（2011）. The role of predictive biopharmaceutical modeling and simulation in drug development and regulatory evaluation. International Journal of Pharmaceutics 418：151-160.

Kano，E.，Chiann，C.，Fukuda，K. et al.（2017）. Effect of different sampling schedules on results of bioavailability and bioequivalence studies：evaluation by means of Monte Carlo simulations. Drug Research 67（08）：451-457.

Karalis，V. and Macheras，P.（2010）. Examining the role of metabolites in bioequivalence assessment. Journal of Pharmacy and Pharmaceutical Sciences 13（2）：198-217.

Kesisoglou，F. andWu，Y.（2008）. Understanding the effect of API properties on bioavailability through absorption modeling. The American Association of Pharmaceutical Scientist Journal 10（4）：516-525.

Khalid，F.，Hasan，S. M. F.，Mushtaque，M. et al.（2020）. Comparative analysis of BCS based biowaiver protocols to validate equivalence of a multisource product. African journal of pharmacy and pharmacology 17：212-220.

Kieser，M. and Rauch，G.（2015）. Two-stage designs for cross-over bioequivalencetrials. Statistics in Medicine 34（16）：2403-2416.

Knahl，S.，Lang，B.，Fleischer，F. et al.（2018）. A comparison of group sequential and fixed sample size designs for bioequivalence trials with highly variabledrugs. European Journal of Clinical Pharmacology 74（5）：549-559.

Kovačević，I.，Parojčić，J.，Tubić-Grozdanis，M. et al.（2009）. An investigation into theimportance of "very rapid dissolution" criteria for drug bioequivalence demonstration using gastrointestinal simulation technology. The American Association of Pharmaceutical Scientist 11（2）：381-384.

Lawrence，X. Y. and Amidon，G. L.（1999）. A compartmental absorption and transit model for estimating oral drug absorption. International Journal of Pharmaceutics186（2）：119-125.

Leal，L.，Cordery，S.，Delgado-Charro，M. et al.（2017）. Bioequivalence methodologies for topical drug products：*in vitro* and ex vivo studies with a corticosteroid and an anti-fungal drug. Pharmaceutical Research 34：730-737.

Lee，S.，Chung，J.，Hong，K. et al.（2012）. Pharmacodynamic comparison of two formulations of Acarbose 100-mg tablets. Journal of Clinical Pharmacy and Therapeutics 37：553-557.

Lee，Y. L. Mak，W. Y.，Looi，I. et al.（2017）. Presentation of coefficient of variation for bioequivalence sample-size calculation. International Journal of Clinical Pharmacology and Therapeutics 55（7）：633-638.

Lehman，P. and Franz，T.（2014）. Assessing Topical Bioavailability and Bioequivalence：A Comparison of the In vitro Permeation Test and the Vasoconstrictor Assay. Pharmaceutical Research 31（12）：3529-3537.

Lionberger，R.，Raw，A.，Kim，S. et al.（2012）. Use of partial AUC to demonstrate bioequivalence of Zolpidem tartrate extended release formulations. Pharmaceutical Research 29：1110-1120.

Liu，J. and Chow，S. C.（1992）. On power calculation of Schuirmann's two one-sided tests procedure in bioequivalence. Journal of Pharmacokinetics and Biopharmaceutics 20：101-104.

Liu，S.，Gao，J.，Zheng，Y. et al.（2019）. Bayesian two-stage adaptive design in bioequivalence. The International Journal of Biostatistics 16（1）：1-15.

Lukacova，V.，Woltosz，W.，and Bolger，M.（2009）. Prediction of modified release pharmacokinetics and pharmacodynamics from *in vitro*，immediate release，and intravenous data. The American Association of Pharmaceutical Scientists Journal11：323-334.

Makhlouf，F.，Grosser，S.，and Schuirmann，D.（2014）. Chapter 2，Basic statistical considerations. In：FDA Bioequivalence Standards（eds. L. Yu and B. Li），55-94. New York，NY：AAPS Press，Springer.

Mastan，S.，Latha，T.，and Ajay，S.（2011）. The basic regulatory considerations and prospects for conducting bioavailability/bioequivalence（BA/BE）studies-anoverview. Journal of Comparative Effectiveness Research 1：1-25.

Mathias，N. R. and Crison，J.（2012）. The use of modeling tools to drive efficient oral product design. The American Association of Pharmaceutical Scientist Journal 14（3）：591-600.

Maurer，W. Jones，B.，and Chen，Y.（2018）. Controlling the type i error rate in two-stage sequential adaptive designs when testing for average bioequivalence. Statistics in Medicine 37（10）：1587-1607.

Medicines Control Council（2007）. Human medicines guideline，biostudies. MCC Guidelines and Forms. Capetown：South African Registrar of Medicines.

Midha，K. and McKay，G.（2009）. Bioequivalence；its history，practice，and future. The American Association of Pharmaceutical Scientist 11（4）：664-670.

Miranda，M.，Sousa，J.，Veiga，F. et al.（2018）. Bioequivalence of topical generic products. Part 2. Paving the way to a tailored regulatory system. European Journal of Pharmaceutical Sciences 122：264-272.

Miranda-Pérez de Alejo，C.，Aceituno Álvarez，A.，Mendes Lima Santos，G. et al.（2020）. Policy of multisource drug products in Latin America：opportunities and challenges on the application of bioequivalence *in vitro* assays. Therapeutic Innovation & Regulatory Science 55（1）：65-81.

Mitra，A.，Kesisoglou，F.，and Dogterom，P.（2015）. Application of absorption modeling to predict bioequivalence outcome of two batches of Etoricoxibtablets. AAPSPharmSciTech 16（1）：76-84.

Möllenhoff，K.，Loingeville，F.，Bertrand，J. et al.（2020）. Efficient model-based bioequivalence testing. Biostatistics：1-21.

Morais，J. and Lobato，M.（2010）. The new European medicines agency guideline on the investigation of bioequivalence. Basic & Clinical Pharmacology & Toxicology106：251-260.

Narkar，Y.（2010）. Bioequivalence for topical products-an update. Pharmaceutical Research 27：2590-2601.

Navarro-Fontestad，C.，Gonzalez-Alvarez，I.，Fernández-Teruel，C. et al.（2010）. Computer simulations for bioequivalence trials：selection of analyte in BCS drugswith first-pass metabolism and two metabolic pathways. European Journal of Pharmaceutical Sciences 41（5）：716-728.

Navidi，W. Hutchinson，A.，N'Dri-Stempfer，B. et al.（2008）. Determining bioequivalence of topical dermatological drug products by tape-stripping. Journal of Pharmacokinetics and Pharmacodynamics 35：337-348.

Ng，D.，Kerwin，E. M.，White，M. V. et al.（2020）. Clinical bioequivalence of WixelaInhub and Advair Diskus in adults with asthma. Journal of Aerosol Medicine and Pulmonary Drug Delivery 33（2）：99-107.

Parrott，N.，Lukacova，V.，Fraczkiewicz，G. et al.（2009）. Predicting pharmacokinetics of drugs using physiologically based modeling-application to foodef fects. American Association of Pharmaceutical Scientist 11：45-53.

Patnaik，R.，Lesko，L.，Chen，M. L. et al.（1997）. Individual bioequivalence：new concepts in the statistical assessment of bioequivalence metrics. Clinical Pharmacokinetics 33：1-6.

Patterson，S.，Zariffa，N.，Montague，T. et al.（2001）. Nontraditional study designs to demonstrate average bioequivalence for highly variable drug products. European Journal of Clinical Pharmacology 57：663-670.

Peters，J.（2014）. Chapter 10，Clinical endpoint bioequivalence study. In：FDA Bioequivalence Standards（eds. L. Yu and B. Li），243-274. New York，NY：AAPSPress，Springer.

Phillips，K.（1990）. Power of the two one-sided tests procedure in bioequivalence. Journal of Pharmacokinetics and

Biopharmaceutics 18：137-144.

Potvin，D.，DiLiberti，C.，Hauck，W. et al.（2008）. Sequential design approaches for bioequivalence studies with crossover designs. Pharmaceutical Statistics 7（4）：245-262.

Saudi-FDA（2005）. Bioequivalence requirements guidelines（draft）.

Schuirmann，D.（1987）. A comparison of the two one-sided tests procedure and the power approach for assessing the equivalence of average bioavailability. Journal of Pharmacokinetics and Biopharmaceutics 15：657-680.

Shah，V.，Yacobi，A.，Rădulescu，F. et al.（2015）. A science based approach to topical drug classification system（TCS）. International Journal of Pharmaceutics 491（1-2）：21-25.

Sinko，P. J.，Leesman，G. D.，and Amidon，G. L.（1991）. Predicting fraction dose absorbed in humans using a macroscopic mass balance approach. Pharmaceutical Research 8（8）：979-988.

Sjogren，E.，Westergren，J.，Grant，I. et al.（2013）. In silico predictions of gastrointestinal drug absorption in pharmaceutical product development：application of the mechanistic absorption model GI-sim. European Journal of Pharmaceutical Sciences 49：679-698.

Storpirtis，S.，Nella，M.，and Cristofoletti，R.（2014）. Generic and similar products in Latin American countries：current aspects and perspectives on bioequivalence and biowaivers. Pharmaceutical Policy and Law 16：225-248.

Thelen，K.，Coboeken，K.，Willmann，S. et al.（2012）. Evolution of a detailed physiological model to simulate the gastrointestinal transit and absorption processin humans，Part Ⅱ：Extension to describe performance of solid dosage forms. Journal of Pharmaceutical Scientist 101：1267-1280.

Tothfalusi，L. and Endrenyi，L.（2012）. Sample sizes for designing bioequivalencestudies for highly variable drugs. Journal of Pharmacy and Pharmaceutical Sciences 5（1）：73-84.

Tothfalusi，L.，Endrenyi，L.，and Arieta，A.（2009）. Evaluation of bioequivalence forhighly variable drugs with scaled average bioequivalence. Clinical Pharmacokinetics 48：725-743.

Treffel，P. and Gabard，B.（1993）. Feasibility of measuring the bioavailability of topical ibuprofen in commercial formulations using drug content in epidermis and amethyl nicotinate skin inflammation assay. Skin Pharmacology 6：268-275.

Tsume，Y. and Amidon，G. L.（2010）. The biowaiver extension for BCS class Ⅲ drugs：the effect of dissolution rate on the bioequivalence of BCS class Ⅲ immediate-release drugs predicted by computer simulation. Molecular Pharmaceutics 7（4）：1235-1243.

US Food and Drug Administration Dockets（2019）. ICH Harmonized Guideline. Biopharmaceutics Classification System-based Biowaivers M9.

US-FDA（2001）. Guidance for Industry，Statistical Approaches to EstablishingBioequivalence. Rockville，MD：Center for Dug Evaluation and Research（CDER）.

US-FDA（2003a）. Guidance for Industry，Bioavailability and Bioequivalence Studies for Orally Administered Drug Products-General Considerations. Rockville，MD：Centerfor Dug Evaluation and Research（CDER）.

US-FDA（2003b）. Guidance for Industry：Bioavailability and Bioequivalence Studies for Nasal Aerosols and Nasal Sprays For Local Action. Rockville，MD：DHHS，CDER.

US-FDA（2011）. Guidance for Industry，Bioequivalence Recommendations for Progesterone Oral Capsules. Silver Spring，MD：US Department of Health and Human Services Food and Drug Administration Center for Drug Evaluation and Research.

US-FDA（2013a）. Guidance for Industry，Bioequivalence Studies with Pharmacokinetic Endpoints for Drugs Submitted Under an ANDA. Rockville，MD：DHHS，CDER.

US-FDA（2013b）. Guidance for Industry，Bioequivalence Studies with Pharmacokinetic Endpoints for Drugs Submitted Under an ANDA. Springfield，MD：Center for Drug Evaluation and Research（CDER）.

US-FDA（2015）. Draft Guidance for IndustryWaiver of *In Vivo* Bioavailability and Bioequivalence Studies for Immediate-Release Solid Oral Dosage Forms Based on a Biopharmaceutics Classification System. Rockville，MD：CDER.

US-FDA（2016）. Guidance for Industry，Bioequivalence：Blood Level Bioequivalence Study VICH GL52. Rockville，MD：

Center for Veterinary Medicine.

US-FDA (2021). Biosimilar and interchangeable products. (accessed27 August 2021).

Walker, R., Kanfer, I., and Skinner, M. (2006). Bioequivalence assessment of generic products: an innovative south African approach. Clinical Research and Regulatory Affairs 23: 11-20.

Wei, H. and Lobenberg, R. (2006). Biorelevant dissolution media as a predictive tool for glyburide a class Ⅱ drug. European Journal of Pharmaceutical Sciences 29: 45-52.

WHO (2006). WHO expert committee on specifications for pharmaceuticalpreparation. Geneva, Switzerland.

Wiedersberg, S., Leopold, C., and Guy, R. (2008). Bioavailability and bioequivalence of topical glucocorticoids. European Journal of Pharmaceutics and Biopharmaceutics 68: 453-466.

Willmann, S., Thelen, K., and Lippert, J. (2012). Integration of dissolution into physiologically-based pharmacokinetic models Ⅲ: PK-Sim®. Journal of Pharmacyand Pharmacology 64: 997-1007.

World Health Organization (1986). Guidelines for the Investigation of Bioavailability. Copenhagen: World Health Organization Regional Office for Europe.

World Health Organization (2015). Multisource (Generic) Pharmaceutical Products: Guidelines on Registration Requirements to Establish Interchangeability. WHO Technical Report Series, No. 992 annex 7.

Yan, F., Zhu, H., Liu, J. et al. (2018). Design and inference for 3-stage bioequivalence testing with serial sampling data. Pharmaceutical Statistics 17 (5): 458-476.

Yu, A., Sun, D., Li, B. et al. (2014). Chapter 1, Bioequivalence history. In: FDA Bioequivalence Standards (eds. L. Yu and B. Li), 1-28. New York, NY: AAPS Press, Springer.

Yuen, K., Wong, J. Yap, S. et al. (2001). Estimated coefficient of variation values for sample size planning in bioequivalence studies. International Journal of Clinical Pharmacology and Therapeutics 39: 37-40.

Zeng, Y., Singh, S. Wang, K. et al. (2017). Effect of study design on sample size in studies intended to evaluate bioequivalence of inhaled short-acting β-agonistformulations. The Journal of Clinical Pharmacology 58 (4): 457-465.

Zhang, X. (2014). Chapter 15, Bioequivalence: modeling and simulation. In: FDA Bioequivalence Standards (eds. L. Yu and B. Li), 395-417. New York, NY: AAPS Press, Springer.

Zhang, X., Lionberger, R. A., Davit, B. M. et al. (2011). Utility of physiologically based absorption modeling in implementing quality by design in drug development. The American Association of Pharmaceutical Scientist Journal 13 (1): 59-71.

Zhang, X., Zheng, N., Lionberger, R. A. et al. (2013). Innovative approaches for demonstration of bioequivalence: the US FDA perspective. Therapeutic Delivery 4 (6): 725-740.

Zhi, J., Melia, A., Eggers, H. et al. (1995). Review of limited systemic absorption of orlistat, a lipase inhibitor, in healthy human volunteers. Journal of Clinical Pharmacology 35: 1103-1108.

Zhu, L. and Sun, W. (2019). Adaptive clinical endpoint bioequivalence studies with sample size re-estimation based on a Nuisance Parameter. Journal of Biopharmaceutical Statistics 29 (5): 776-799.

第3章

溶解度、溶出、渗透性和分类系统

3.1 引言

溶出试验在创新药和仿制药产品生命周期的几乎所有阶段都发挥着重要作用。从作为潜在药物的新化学和/或新分子实体先导化合物优化的早期阶段，到通过成品表征进行处方开发的所有阶段（包括制定质量标准），以及放大生产和批准后变更（SUPAC）的过程中，都会使用溶出试验。溶出试验是产品开发阶段众多环节之一，尤其是对于那些含有固态原料药的产品如固体制剂（SDF）、口服混悬液和局部制剂（皮肤用药、经皮给药制剂等），以及需要在体循环中吸收的产品。溶出试验的目的是确保药物在体外溶出介质中释放和溶解。这种体外溶出试验将模拟体内环境，从而使试验具有生物生理相关性。这样一来，该试验可作为筛选处方的有效工具，以便选择合适的处方进入下一个开发阶段，即进行临床试验，例如生物利用度（BA）。此外，溶出试验还可用于证明各批次产品质量的一致性，从而使其成为有效的质量控制（QC）工具。因此，体外溶出试验既可用于前瞻性试验（产品早期开发阶段），也可用于回顾性试验（质量控制阶段）。

需要注意的是，不管是前瞻性还是回顾性，体外溶出试验的基本功能要求是，原料药，即活性药物成分（API），必须从其所在的制剂中释放出来，并溶解在介质（水性溶剂/液体）中。制剂中原料药的释放和溶解这两个过程合在一起，被称为制剂（产品）中药物的表观溶出。因此，药物在（水性）介质中的溶解度是其所表现出的制剂（产品）溶出（固有和表观）的先决条件。溶解、溶出以及溶出试验具有生物生理相关性的预期三者之间的交互作用，如图3.1所示。

仔细查看图3.1可以发现，制剂中释放药物的溶解以溶出杯进行表示，溶出杯中含有一定体积的溶出介质，并用旋转桨搅拌（USP装置2的示意图）。将胃部区置于溶出试验的背景中，从而回避了溶出试验具有生物生理相关性的预期。

体外溶出试验可用作生物利用度的替代试验。简单地说，药物从制剂中溶出后，溶出的药物在体循环中被吸收；因此，它成为可生物利用的（参见3.2节中“生物利用度”的定

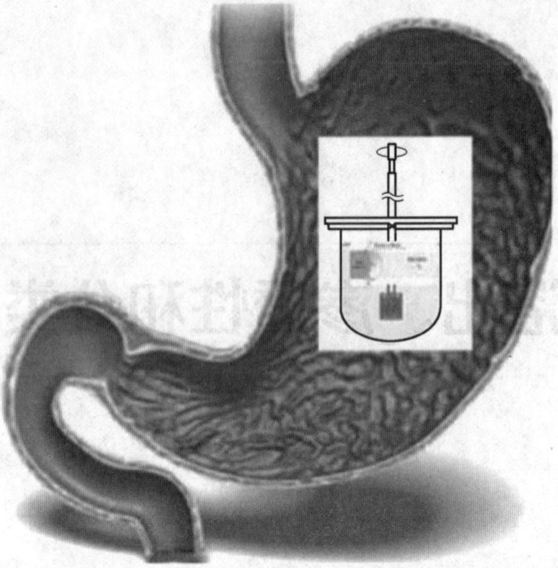

图 3.1　溶解、溶出以及溶出试验具有生物生理相关性的预期三者之间的交互作用示意图

义）。在体循环中，溶解药物的吸收涉及溶解部分（药物分子）通过浓度梯度的扩散过程而穿过吸收膜发生分子转移，即渗透过程。因此，溶出（体外和/或体内）和生物利用度涉及许多物理化学和生理学参数及功能的复杂相互作用，例如溶解度、溶解、溶剂化/溶出、扩散、渗透性和渗透等。

需要注意的是，药物制剂（产品）的功能性表现至关重要，这将是本章中所有信息的重点。本章的主要目的是提供制剂中原料药溶出和溶解药物渗透的基本原理和理论，也会涉及物理有机化学、热力学和分子转移/运动的基本科学原理，即孤立单个粒子的扩散、溶解过程等构成溶出和后续渗透（即吸收）理论的基础。然而，重点将放在制剂中原料药溶出和溶解药物渗透的基本原理和理论上。另一个同样重要的目的是深入了解如何应对与原料药（API）的溶解度和渗透性相关的挑战。最后，将讨论基于溶解度和渗透性的生物药剂学分类系统（BCS）和局部药物分类系统（TCS）的理论与实践考量。

3.2 定义

当制剂中的原料药（API）释放并溶解时，各种物理化学和生理学参数都在起作用，溶解部分（分子形式的药物分子）渗透穿过吸收部位（生物膜）进入体循环，即成为可生物利用的。决定给药后制剂中原料药（API）的溶出和吸收的基本术语定义如下，建议读者在阅读体外和体内溶出以及制剂中原料药（API）吸收的内容时，单独或一起回顾这些术语。

溶解度：根据 IUPAC 定义，溶解度是饱和溶液的分析组成，以指定溶质在指定溶剂中的比值表示。它可以用各种浓度表示，例如物质的量浓度、质量摩尔浓度、摩尔分数、摩尔比、每体积溶剂中所含溶质的质量和其他浓度表示形式。物质的溶解度本质上取决于溶质和溶剂的物理和化学性质，以及温度、压力和溶液中存在的其他化学物质（包括 pH 值的变化）。简单地说，它是一种物质在给定量的另一种物质中溶解的量（Merriam-webster，2020）。溶解度是指一种物质在另一种物质中能够溶解的最大量，是在平衡状态下可以溶解在溶剂中形成饱和溶液的最大溶质的量。

增溶：增溶是指通过添加增溶剂（如表面活性剂），使通常不溶于水或微溶于水的物质（溶质）形成热力学稳定、各向同性的溶液（Tadros，2003）。

溶剂化：它是溶质和溶剂之间的任何稳定作用，或不溶性物质的基团与溶剂之间的类似作用，通常涉及静电力和范德华力以及化学上更具体的效应，如氢键的形成（Muller，1994）。

溶解：溶剂化或溶解是一个动力学过程，表现为溶质（固体）与溶剂（液体）之间的相互作用，从而使溶液中溶质保持稳定。在溶解状态下，溶液中的溶质被溶剂分子包围或络合（IUPAC，1997）。溶解通过其速率进行量化。

扩散：原子或分子从高浓度区域到低浓度区域的运动。原子和小分子可以通过扩散作用穿过细胞膜（Amercan Heritage Science Dictionary，2011）。物质扩散的速率与浓度梯度成正比。

扩散性：扩散性是指在特定浓度梯度下，特定溶质在特定溶剂中移动的难易程度。它也被称为扩散系数，是由分子扩散而产生的摩尔通量与浓度梯度（即引起扩散的驱动力）之间的比例常数。在 Fick 定律（Fick’s law）和许多其他物理化学方程中都会应用扩散性（CRC，2010）。

渗透：渗透通常意味着渗入、穿过，并在某物中广泛分布（Medical Dictionary，2009）。渗透是指分子通过材料膜（例如细胞膜等）的分子扩散速率，其与表层下浓度成反比。它受膜厚度的影响，随温度升高而增加，并与压力无关。

渗透性：渗透性是一种物质的特性，分子在不发生化学或物理变化的情况下能够扩散到另一种介质中的特性。它也是多孔膜传输液体的能力，表示为特定黏度的液体在给定压力的影响下通过具有一定横截面和厚度的膜的速度（Encylopaedia Britannica，2010）。它是衡量一部分（分子）在 1.0mol/L 浓度差驱动下穿过单位面积膜的难易程度的指标，通常以 cm/s 表示（Medical Dictionary，2012）。

生物利用度（BA）：在 CFR 第 21 章第 320.1(a) 部分中，药物的生物利用度被定义为：药物中的活性成分或活性部分被吸收并在药物作用部位的可用程度和速率（Chow，2014）。BA 数据提供了在体循环和/或其他生物流体中药物的吸收分数的估计值，并给出了与药物的药代动力学（PK）相关的信息（US-FDA，2014）。

生物等效性（BE）：在 CFR 第 21 章第 320.1(e) 部分，将 BE 定义为：在适当设计的研究中，当在类似条件下以相同剂量给药时，药学等效药品或药学替代药品中的活性成分或活性部分在药物作用部位的可用速率和程度不存在显著差异（US-FDA，2014）。

3.3 溶解度与溶解：哪一个是开发的关键？

对于药物开发而言，溶解是指固体溶质（原料药）进入水性液体溶剂形成溶液的过程。溶质处于游离状态，既不与辅料结合，从供应商处收到后也不进行二次处理。水性溶剂是包括水在内的生物生理相关性缓冲液。如果溶解度的测定是在 BCS 的背景下进行的，那么介质的体积是固定的，药物溶质的质量（剂量）也是固定的。溶解度原理和固体溶质在液体溶剂中的溶解过程将在后续章节中讨论。此外，本节还讨论了如何应对与溶解度相关的挑战，如增加溶解度。最后，本节还将讨论一个关键问题，即在药物开发以及建立和验证质量控制要求的过程中，溶解度与溶解，哪一个才是开发的关键。

3.3.1 溶解理论

当液体溶剂和固体溶质相互接触时，它们之间的相互作用过程就开始了。这种相互作用是热力学因素以及固体溶质与液体溶剂接触时其表面自由能的中和作用的综合结果。最终的结果是，由于溶质和溶剂这两个实体之间的键的断裂和形成，固体溶质发生相变，成为分子状态。这种相互作用导致固体溶质在给定的液体溶剂中溶解。溶质和溶剂之间的亲和力大小和程度往往决定了溶解的难易程度。

如前所述（3.2 节），溶解度是指在平衡状态下可溶解在溶剂中形成饱和溶液的最大溶质的量。因此，表 3.1 给出了不考虑任何溶剂类型（水或其他溶剂）的情况下，溶解度的广义无量纲定义（USP，2000；The Merck Index，2001）。除非另有说明，这些溶解度定义被认为是一份（mg）溶质所需的水性溶剂的份数（mL）。本节稍后将讨论在原料药表征、处方前研究和药物开发阶段，确定原料药在给定溶剂（优选包括水在内的水性缓冲液）中的溶解度的意义。此外，根据原料药在不同水性溶剂缓冲液中相对于其最高给药剂量的溶解度、其预期生理过程（酶降解、吸收潜力等）、制剂类型和给药途径等，本节后续也将对原料药的分类进行研究。

表 3.1　不考虑任何溶剂类型，溶解度的广义无量纲定义（USP，2000；The Merck Index，2001）

溶解度(描述)	一份溶质所需的溶剂份数
极易溶解	<1
易溶	1～10
溶解	10～30
略溶	30～100
微溶	100～1000
极微溶解	1000～10000
几乎不溶	$\geqslant 10000$

通常，固体溶质（单独颗粒）的溶解过程基本上可以看作两步过程：①溶质在与液体溶剂接触的界面处，由固体状态转变为分子（液体）状态，从而在界面处形成一层饱和溶液；②分子通过扩散过程从饱和溶液层传输到液体溶剂介质中。虽然这两个步骤都与时间有关，但第一个步骤比第二个步骤更快，导致在溶剂介质中形成了浓度梯度，且饱和溶液层起到了屏障扩散的作用。通过在介质中引入搅拌，可以改变屏障层的厚度和浓度梯度，从而改变溶解速率。很明显，溶解至平衡的过程可视为一个扩散依赖性过程，如图 3.2 所示（Wang and Flanagan，2009）。这种溶解的两步过程通常被称为“扩散层模型”。

热力学上讲，溶解过程包括破坏分子内现有的键（溶质-溶质，溶剂-溶剂）和分子间的键（溶质-溶剂）。第一步可视为迅速达到平衡的物理化学反应，达到饱和，即达到溶解度

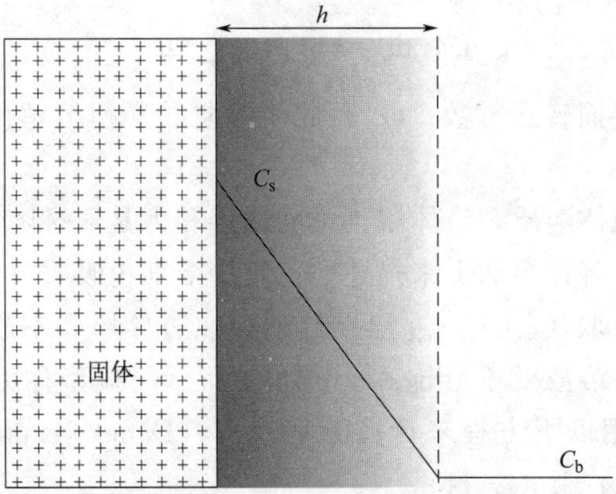

图 3.2　固体溶质表面溶解的示意图（Wang and Flanagan，2009），其中 C_s 是溶解度，C_b 是整体溶液浓度，h 是扩散屏障（层）的厚度

（C_s），并由经典 Gibbs 自由能（ΔG）描述：

$$溶质(药物)+溶剂(水性介质)=溶解的溶质(药物) \tag{3.1}$$

$$\Delta G=\Delta H-T\Delta S \tag{3.2}$$

式中，ΔG 是 Gibbs 自由能；ΔH 是净焓变；ΔS 是净熵变。

根据热力学原理和 Gibbs 自由能，可以解释：第一步即使不是瞬时的，也是非常迅速的；而第二步，即扩散，速度缓慢，因此这使溶解过程成为一个受扩散控制的过程。

或者，另一种假设是导致溶质和溶剂之间的平衡溶解度的界面表面活性可能不是瞬时的。因此，在界面处将形成过渡的浓度梯度，从而减缓穿过屏障层（也称为停滞层或边界层）的扩散速率。该过程的最终结果可能导致屏障层/停滞层/边界层中的溶解速率成为限速步骤，而扩散系数将取决于固体溶质的溶解度 C_s（Higuchi，1967；Kikkawa et al.，2015）。该溶解过程被称为“界面屏障模型”“双屏障机制”或“有限溶剂化理论”，如图 3.3 所示。

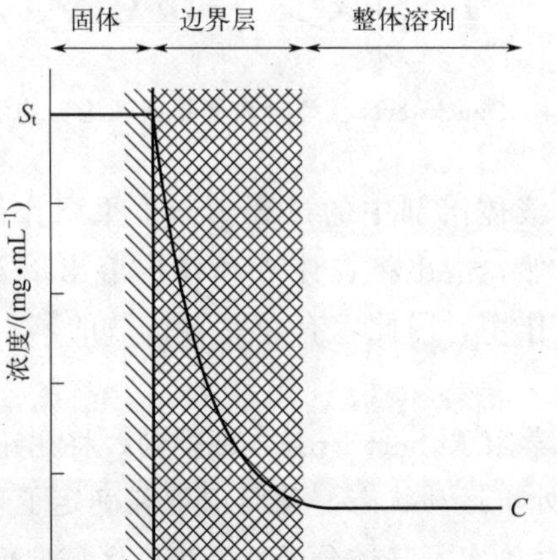

图 3.3　与溶解固体表面相邻的边界层以及穿过边界层（或停滞层、屏障层）的浓度梯度的示意图，其中 S_t 是固体溶质的平衡溶解度（C_s），C 是整体溶液中的溶质浓度

溶解速率 dM/dt 可通过下式计算：

$$dM/dt = k_{(i)} \cdot (C_s - C) \tag{3.3}$$

式中，$k_{(i)}$ 是有效界面转运常数；C_s 是固体溶质的平衡溶解度；C 是整体溶液中的溶质浓度。

在另一种假设中，固体溶质和液体溶剂之间的亲和力是通过随机的溶剂包在涡流扩散的帮助下到达固液界面并附着在界面上来描述的。这些溶剂包吸收溶质并达到饱和，然后离开界面，并被新鲜的溶剂包取代。这一过程导致不存在边界层和不断被新鲜溶剂取代的恒定膜。只要有多余的溶剂，溶液就不会饱和。图 3.4 所示的模型称为“Danckwerts 模型”或“表面更新理论”，可使用以下方程来计算溶解速率（Danckwerts，1951；Higuchi，1967；Banakar，1992；Sarkar et al.，2011)：

$$dM/dt = A \cdot (C_s - C) \cdot \sqrt{r} \cdot D \tag{3.4}$$

式中，A 是表面积；C_s 是固体溶质的平衡溶解度；C 是整体溶液中的溶质浓度；r 是表面更新速率；D 是扩散系数。

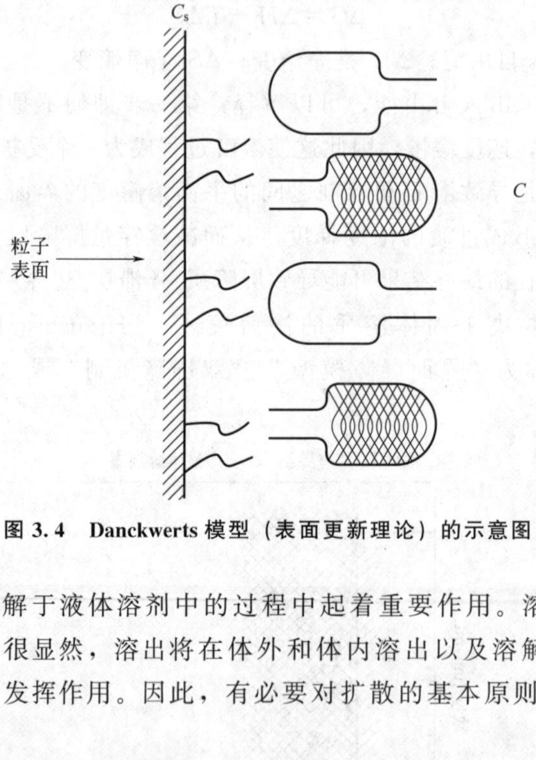

图 3.4　Danckwerts 模型（表面更新理论）的示意图

扩散在固体溶质溶解于液体溶剂中的过程中起着重要作用。溶解是固有溶出和表观溶出的先决条件，所以很显然，溶出将在体外和体内溶出以及溶解的药物分子穿过吸收膜进入体循环的转运中发挥作用。因此，有必要对扩散的基本原则和/或基本原理进行简要讨论。

1827 年，苏格兰的植物学家 Robert Brown 观察到，将比花粉还小的颗粒置于低黏度液体介质（如水）中时其始终处于运动状态，从而识别和确定了现在所谓的“布朗运动”。在接下来的 5 年里，他认识到并确定了气体分子从高浓度区域向低浓度区域的运动，这被认为是扩散现象。Thomas Graham 对气体的扩散进行了实验，而 Adol Fick 在同一时期量化了 Thomas Graham 的实验结果，这被称为 Fick 扩散定律。19 世纪末 20 世纪初，爱因斯坦描述了热能与布朗运动之间的关系，以及由此产生的扩散。

一般来说，分子扩散是基于分子本身的热能，这导致分子具有可移动性并表现出运动(Borg and Dienes，2012)。后续将讨论溶质分子在溶液中的运动，即扩散，以及其在体外和体内溶解和溶出中的作用，而其他除体内溶出之外的作用，例如在药代动力学（吸收、消除等）中的作用，则超出了本章的范围。

对于溶解而言，扩散的基本原理是溶液中的溶质分子在浓度梯度上从浓度较高的区域移动到浓度较低的区域，也称为Fick第一扩散定律。这种现象被称为（扩散）通量，j。扩散分子的流速与浓度梯度成正比。若j为单位时间内通过单位面积基准面的物质量，c为溶质浓度，比例常数为D（扩散系数），则$j=-D(\mathrm{d}c/\mathrm{d}x)$。$\mathrm{d}c/\mathrm{d}x$是浓度梯度，负号表示流动是从高浓度到低浓度。考虑到表面积A，可以确定单位时间穿过面积A的分子质量(Macdonald，2012；Paul et al.，2014)：

$$\mathrm{d}m/\mathrm{d}t=-D\cdot A\cdot(\mathrm{d}c/\mathrm{d}x) \quad (3.5)$$

式中，$\mathrm{d}m/\mathrm{d}t$是单位时间内穿过（横截面）面积A的分子质量；$\mathrm{d}c/\mathrm{d}x$是浓度梯度。虽然Fick第一扩散定律侧重于单位时间内溶质分子在屏障层单位面积上扩散的质量，但Fick第二定律定义了与给定体积（即相对于x、y、z这三个维度）内的局部浓度梯度成比例的浓度消耗（或累积）速率。Siepmann和Siepmann（2013）报告了Fick第二定律的详细描述和分析及其数学解释。给定固定数量的溶质分子，从固定体积溶液中的较高浓度区域移动到较低浓度区域，同时保持溶剂体积大于其容纳固定数量溶质分子所需的体积，例如漏槽条件（溶解固定量的溶质所需溶剂体积的3倍），那么当所有的分子均匀分布在溶液的总体积之中时，将达到平衡。达到稳态扩散条件时，浓度变化率接近为零。有时，在某些情况下，无论是出于选择还是由于可变性，浓度的变化率并不会稳定地接近于零，而是在达到稳定状态之前发生波动。这种状态被称为准稳态或准静止态(Bartosova and Bajgar，2012)。

3.3.2 溶解度：药物开发的挑战！

无论是新药还是仿制药，溶解和溶解度因素都是药物开发过程中几乎所有阶段的关键组成部分。本质上，在描述药物的溶解度和溶解过程，以及药物溶出在制剂开发过程的各个阶段中的功能作用时，追求三个主要目标：①在给药剂量下，具有足够的水溶性；②实现安全有效的生物功效（如BA、BE等）；③建立并证明成品制剂的质量标准和质量控制（QC）要求。在追求这些目标的同时，不同的开发阶段会出现一些挑战，制剂、分析、临床和监管科学家在持续寻求解决方案。鉴于每种原料药在理化性质、生理过程、临床效果和临床目标人群（治疗适应证）方面都有其独特的性质，因此药物最初的表征是其理化性质，然后进行临床前研究（非人体研究），继而在健康人和患者中开展一系列临床研究。在物理化学表征之后，原料药以某种形式的剂型被使用，例如水溶液剂、散剂或其他固体制剂。对药物（制剂）给药的唯一和最关键的期望是它在水性介质中的释放和溶出——体外溶出试验和/或体内环境。因此，药物固有的或通过各种技术获得的水溶性在药物开发过程中至关重要。为了理解溶解度在药物开发中的作用（包括原料药和制剂），表3.2总结了与溶解度和溶解现象有关的各种考虑因素。

表 3.2 药物开发中的溶解和溶解度相关因素

考虑因素	参数	
影响溶解度和溶解现象的因素	• 溶质和溶剂的类型 • 溶质的分子结构 • 溶质的浓度 • 温度 • 压力 • 溶剂的 pH 值 • 盐析 • 同离子效应 • 介电常数 • 溶剂的极性 • 溶剂和 pH 值的综合影响 • 形成复合物 • 增溶剂的存在 • 溶质的粒径 • 其他	
影响溶质(API)溶解度的因素	• 溶剂相关因素	• 极性 • 离子浓度 • pH 值 • 潜溶剂 • 体积
	• 溶质相关因素	• 形态:大小、形状、表面积 • 熔点 • 摩尔体积 • pK_a • 物理形态 -晶体 -无定形 -盐 -多晶型 -其他
	• 制剂相关因素	• 杂质 • 辅料 • 溶质辅料复合物
	• 环境相关因素	• 温度 • 压力
提高原料药溶解度和/或溶解的方法	• API 的化学修饰 • 络合 • 使用前药 • 使用水合物和溶剂化物 • 无定形固体分散体 • 使用增溶剂 • 改变溶剂的 pH 值 • 使用超声 • 改变溶剂介电常数 • 使用潜溶剂 • 助水溶剂 • 球形结晶 • 其他	

假定原料药在化学和物理上都是稳定的，科学家（制剂、分析、临床等）在药物（产品）开发过程中面临的最重要的挑战是药物的水溶性差。此方面可以分两种情况描述：①没有足够体积的水性介质（缓冲液、模拟介质、水等）来溶解给予的原料药的量/质量；②本章后面将讨论的BCS分类。前者与新药的早期开发阶段和先导优化阶段（包括临床前研究）有关，后者与开发的后期阶段有关，包括处方前研究以及后续的处方开发和临床研究。

在新药开发早期的药物发现和先导化合物优化阶段中会面临“水溶性差”的挑战，用于评估几种生物学特性的体外分析试验的性能（细胞培养分析）可能会受到影响，临床前体内数据质量（毒性评估需要更高的药物暴露量以确保安全）也同样会受到影响。药物在试验介质中发生沉淀是一种物理化学上的可能事件，可能导致结果无效。在临床开发过程中，水溶性差将导致BA差，从而限制药物的治疗潜力和/或需要大剂量给药，从而使药物的安全性难以保证。由于药物的水溶性差，开发用于预测体内性能（IVIVC）和用于QC目的的体外溶出试验均将面临许多困难。

过去50多年以来，制剂科学家一直在努力研究增加溶解度、提高溶解和溶出的策略。通常，这些策略可分为两类：①增强原料药（化学实体）在水溶剂中的溶解和溶解度；②增强药物从制剂中的溶出，以获得更好的生物效应，即生物利用度（BA）。对于第二类，科学家探索了各种方法，取得了不同程度的成功（表3.3）。表3.3中列出了几种采用各种创新方法的上市产品（Kawabata et al.，2011）。

表3.3　药物递送系统中应用的克服水溶性差的方法

递送选择	方法	代表性的参考文献
改变晶型	亚稳态多晶型	Pudipeddi and Serajuddin(2005)，Blagden et al.(2007)，Zhang et al.(2004)
	形成共晶	Bak et al.(2008)，Childs et al.(2007)，Jung et al.(2010)，McNamara et al.(2006)
	成盐	Guzman et al.(2007)，Serajuddin(2007)，Li et al.(2005)
无定形	无定形固体分散体(ASD)	Chiou and Riegelman(1971)，Chiba et al.(1991)，Kai et al.(1996)，Law et al.(2004)，Fukushima et al.(2007)，Onoue et al.(2011)，Sinha et al.(2010)，Zhang et al.(2007)
改变pH值		Stephenson et al.(2011)，Badawy and Hussain(2007)，Streubel et al.(2000)，Tatavarti and Hoag(2006)
粒度减小	微粉化	Mosharraf and Nyström(1995)，Scholz et al.(2002)
	纳米晶	Jia et al.(2002，2003)，Xia et al.(2010)，Jinno et al.(2006，2008)，Shegokar and Muller(2010)
	纳米晶固体分散体(NSD)	Liversidge and Cundy(1995)，Kawabata et al.(2010)，Onoue et al.(2010)
API增溶剂络合	环糊精包合	Rajewski and Stella(1996)，Brewster and Loftsson(2007)
自乳化系统	自乳化药物递送系统(SEDDS)	Gursoy and Benita(2004)
	自微乳化药物递送系统(SMEDDS)	Mueller et al.(1994)
	纳米自乳化药物递送系统(SNEDDS)	Kohli et al.(2010)

资料来源：Kawabata et al.，2011。

需要注意的是，水溶性差的药物通常表现出 pH 依赖性溶解度曲线，如图 3.5 所示 (Gould，1986)。虽然药物在一定的 pH 范围内可溶，但在特定 pH（pH_{max}）下沉淀，即溶解度显著降低。如果该 pH_{max} 存在于药物可能被吸收的生理环境中，药物的体内溶出以及药物的吸收将受到影响。虽然药物在 $pH<pH_{max}$ 的缓冲液中表现出可接受的体外溶出度 (即 QC 标准)，但临床结果却远不如预期。

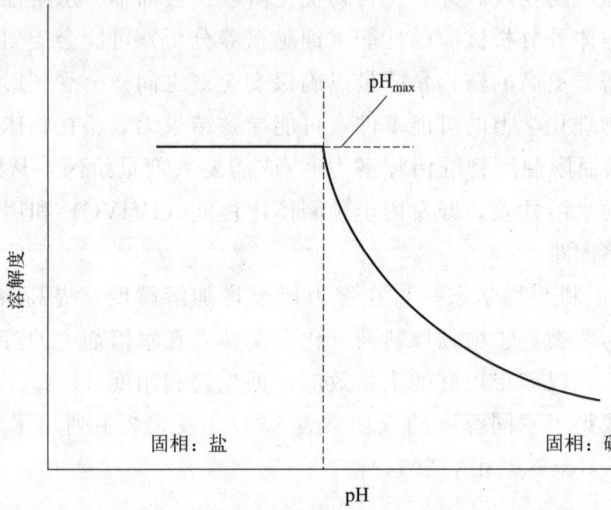

图 3.5　碱性药物 pH-溶解度曲线的示意图

资料来源：Gould，1986

已经探索微粒的优势，用以提高难溶性药物的溶解和/或溶解度。如表 3.4 所示，涉及提高原料药水溶性的多种创新颗粒技术（如聚合物胶束、颗粒工程等）已被成功应用。虽然每种方法都有其自身的优点和局限性，但目前正在探索几种改进的技术，从而为制剂科学家提供大量选择，以进行高效的药物开发。

表 3.4　用于提高原料药水溶性的颗粒技术

项目	代表性的参考文献
固体脂质纳米粒	Hu et al. (2004), Das et al. (2011)
机械微粉化	Jinno et al. (2006), Liversidge and Cundy(1995), Muller and Peters(1998)
新型颗粒工程	Hu et al. (2003), Sajeev Kumar et al. (2014)
固体 SEDDS① 技术	Balakrishnan et al. (2009), Yan et al. (2011)
聚合物胶束	Shin et al. (2009), Yu et al. (1998)
冻干脂质体	Zhang et al. (2005), Ghanbarzadeh et al. (2013)

①自乳化药物递送系统。

例如，使用 Soluplus® 作为基质，采用常规水基球磨制备吡罗昔康纳米混悬剂（Patnaik et al.，2016)。使用 USP 装置 2 对不同比例的吡罗昔康-Soluplus® 纳米颗粒基质进行体外溶出评价。纳米制剂的释放率高于纯药物（图 3.6)。

总而言之，虽然制剂科学家有许多选择，但应当选择明智而实用的方法，从而实现现有产品的快速开发。

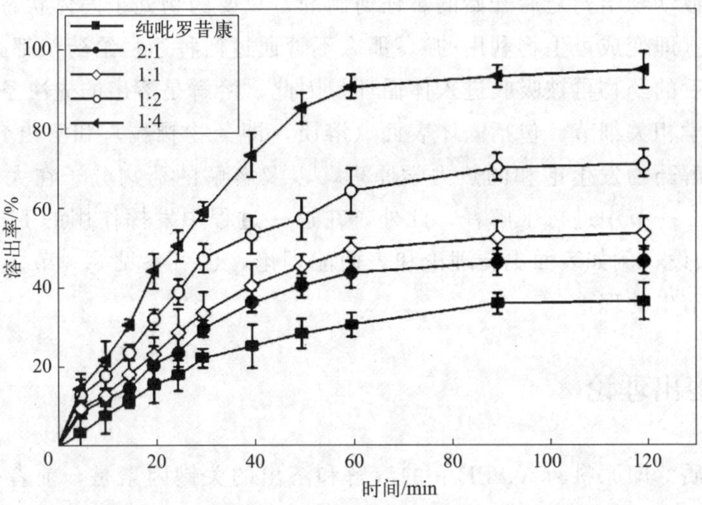

图 3.6　纯药物和各种纳米制剂的体外溶出曲线

3.3.3　增加溶解度：目的、理论和实际考虑！

原料药在水和其他溶剂（包括生物生理相关性溶剂）中的溶解度应在原料药的物理化学表征期间确定。考虑到要加入制剂中的药物剂量和药物的溶解度曲线，制剂研究者将思考原料药是否是水难溶性的。此外，根据 BCS 的背景和知识，将确定原料药的 BCS 类别。此时，考虑到开发的目标制剂所针对的治疗适应证，将出现一个根本性问题：我们是否有兴趣提高 API 的溶解度，或者我们是否有兴趣提高 API 的溶解速率，并可能通过优化制剂以提高制剂中 API 的溶出速率？在制订行动计划之前，必须对有关原料药的现有信息（物理化学和生理学）进行广泛而合理的科学原理调研以及详细深入的分析。

首先，必须承认溶解和溶解度之间存在差异。化合物［固体溶质，即原料药（API）］的化学结构和/或物质状态的变化导致溶解机制的变化，从而导致固体溶质［原料药（API）］的溶解度变化。开始时具有特定原料药状态的制剂特性的变化可能会改变溶出机制，从而导致制剂中药物的溶出速率发生变化。由于明显的原因，处方开发人员对化合物［固体溶质，即原料药（API）］化学结构的改变没有控制权。在实际情况下，除了制备不同的盐型以外，其他提高和/或增强水难溶性药物的溶解度的措施、方法和工具，能够提高和/或增强化合物在水（溶剂）中的溶解速率，而不是溶解度。化合物的溶解度参数是一个常数。考虑到从制剂中溶解的固定剂量，用于改善和/或增强水难溶性药物的溶解度的各种措施、手段和工具实际上会影响溶解和溶出的速率，从而相应地影响体内生物活性。

3.4　溶出：固有溶出 VS 表观溶出

制剂中药物（API）的体外溶出要先将单位制剂置于体外溶出试验装置之后开始，而体内溶出则是在人或动物给药之后开始的。任何制剂，只要药物处于固体状态，并且需要进入体循环中被利用（即变成可生物利用的），那么不管通过何种途径给药，都必须先释放药物，然后溶解，溶解后的药物再被吸收进入体循环。因此，溶解是溶出的先决条件。单个颗粒溶解过程的物理化学相关细节，包括固体表面（溶质，即药物颗粒）和溶出介质（液体溶剂）接触的表面上溶解药物发生饱和的热力学原理，以及溶解的药物分子在大体积介质中的扩散，这些均在 3.3 一节中进行了解释。此外，在这一过程中发挥作用的 Fick 扩散定律以及其他理论和/或假设，例如表面更新理论和表面能理论，也可参见 3.3 节。以下部分将讨论原料药从制剂中溶出的理论。

3.4.1 溶出理论

区分固体溶质［即原料药（API）］的溶解和溶出的关键因素是，前者是固体溶质本身（颗粒、晶体等）在液体溶剂中溶解的过程，而后者是固体溶质从制剂中释放和溶解的过程。有几个因素影响固体溶质在液体介质中的溶解和溶出，其中一些因素对这两种过程都适用，还有一些因素是溶出过程所特有的，例如工艺变量、生产变量等。表 1.1 对其进行了说明，并在第 1 章中进行了讨论。第 4 章讨论了以模型表示的制剂中固体溶质［原料药（API）］的溶出机制，而本节讨论溶出的基本理论。

3.4.1.1 Noyes-Whitney 理论（1897）

这是基于 Fick 扩散定律的基本原理，用于测定制剂中固体溶质的溶出速率，制剂作为涂层置于滚筒上，然后在水性介质中旋转（Noyes and Whitney，1897）。溶出速率可以根据下式计算：

$$\mathrm{d}M/\mathrm{d}t = K \cdot (C_\mathrm{s} - C_t) \tag{3.6}$$

式中，$\mathrm{d}M/\mathrm{d}t$ 是溶出速率；K 是溶出速率常数；C_s 是溶质在实验温度下的平衡溶解度；C_t 是时间 t 时溶液（溶出介质）中溶解溶质的浓度。

该理论的基本假设是，溶出介质的体积大于溶解全部溶质所需的体积，并且在溶解界面瞬间即达到平衡溶解度；因此，形成的浓度梯度（见图 3.2）驱动药物的溶出。与药品开发相关的最重要假设是，界面表面积在整个过程中保持不变，而这对于溶解的颗粒来说实际上是不可能的。

此外，必须注意的是，在所谓的漏槽条件下，即当 $C_t < 15\% C_\mathrm{s}$ 时，C_t 对整体溶出速率的影响可以忽略不计。在这种情况下，整体的药物溶出速率遵循零级溶出动力学。当漏槽条件偏离并接近非漏槽条件时，整体的药物溶出速率遵循一级溶出动力学。

3.4.1.2 Brunner 和 Tolloczko 理论（1900）

科学家们详细探讨了 Noyes-Whitney 理论和 Fick 扩散定律。Bruner 和 Tolloczko（1900）进行了一系列实验，以评估相关参数的影响，如搅拌速率（流体力学）、与介质接触的溶质表面的结构和表面积、温度以及溶出装置的布局。对 Noyes-Whitney 方程进行了修改，以包含与溶出介质接触的固体溶质的表面积 S，如下所示：

$$\mathrm{d}M/\mathrm{d}t = K \cdot S \cdot (C_\mathrm{s} - C_t) \tag{3.7}$$

式中，dM/dt 是溶出速率；K 是溶出速率常数；C_s 是溶质在实验温度下的平衡溶解度；S 是固体溶质与溶出介质接触的表面积；C_t 是时间 t 时溶液（溶出介质）中溶解溶质的浓度。

此外，Bruner 和 Tolloczko 提出，在溶解的固体溶质周围形成一个停滞扩散层（屏障层），溶质分子通过该扩散层扩散到整体溶液中。所有与 Noyes-Whitney 理论和 Fick 扩散定律有关的假设，也同样适用于该理论。

3.4.1.3 Nernst 和 Brunner 理论（1904）

根据 Noyes-Whitney 理论和 Fick 扩散定律，Nernst（1904）和 Brunner（1904）加入了两个其他的参数——与溶出介质接触的固体溶质的表面积 S，以及扩散层（屏障层）的厚度 h（参见图 3.2）。因此，现在可以使用式（3.8）来计算总溶出速率：

$$dM/dt=[(K \cdot S)/(V \cdot h)] \cdot [(C_s-C_t)] \tag{3.8}$$

式中，dM/dt 是溶出速率；K 是溶出速率常数；C_s 是溶质在实验温度下的平衡溶解度；S 是固体溶质与溶出介质接触的表面积；h 是扩散层（屏障层）的厚度；V 是溶出介质的体积；C_t 是时间 t 时溶液（溶出介质）中溶解溶质的浓度。

需要注意的是，由于在大多数情况下跨扩散层（屏障层）的扩散是速率限制的，因此整个溶出过程现在变得均匀，而不是非均匀。扩散层（屏障层）以非搅拌层（屏障层）发挥作用，这在热力学上可能是不现实的。另外，扩散层（屏障层）保持紧密黏附或非常接近于不受流体力学影响的固体表面上。除此以外，假设扩散层的尺寸是均匀的并持续保持不变，这是不现实的。最重要的是，无法根据流体力学计算扩散层（屏障层）的厚度；因此，扩散通量的计算是通过反卷积技术回顾性地完成的。尽管存在这些潜在的局限性，但该理论提供了一个以可追溯的方式和方便的方法来评估复杂溶出过程的机会。

3.4.2 固有溶出与表观溶出

制剂中药物的溶出性能及其随后的生物利用度受到药物固有的固态性质的影响，例如结晶度、无定形、多晶型、水合、溶剂化、粒度、颗粒表面积等。固有溶出速率（IDR）是指当溶出介质的表面积、搅拌速率、pH 值和离子强度等条件保持恒定时，纯药物活性成分的溶出速率。该参数的确定可以用于筛选候选药物，并了解其在不同生物物理条件下的溶液行为。制剂中药物的表观溶出在溶出试验中提供了产品的整体性能，而不考虑可能影响药物从产品中溶出/释放的众多因素（药物的物理化学性质、生产变量、辅料等）。第 5 章详细讨论了固有溶出及其与表观溶出的区别，以及用于固有溶出和表观溶出测试的各种设备。第 1 章讨论了影响固有和表观溶出/释放试验的各种因素。

原料药（API）从不单独使用，而是将其与多种辅料组合在一起加工制成制剂，用于人类或动物给药。药物溶出和溶解的药物被吸收的组合过程，如图 3.7 所示。需要解决的基本问题是：固有溶出和表观溶出在药品生命周期中的作用是什么？

通常，固有溶出侧重于原料药（API），并提供有价值的信息，可用于设定 API 的 QC 标准。此外，IDR 可以帮助制剂科学家制定处方开发的策略，特别是如何避免在实现稳定、安全和有效的制剂开发过程中遇到的陷阱。另一方面，表观溶出提供了有关产品功能性能的

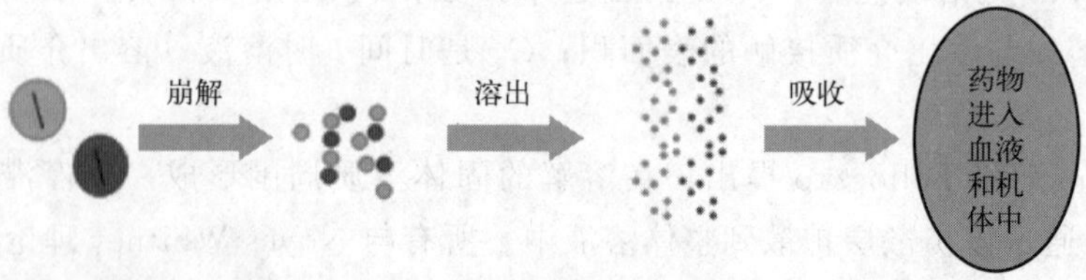

图 3.7 药物从制剂中溶出及其在体循环中被吸收的示意图

有价值信息，可用于探索 IVIVC，并预测产品的体内性能。此外，产品 QC 标准的建立和论证基于其表观溶出性能（曲线）。生物药剂学审查，化学、生产和控制（CMC）审查以及监管批准同样要基于产品表观溶出性能的信息。生物等效性豁免和 SUPAC 也依据制剂中药物的表观溶出曲线信息进行验证。因此，很明显，固有溶出的作用在药物产品开发的早期处方前研究阶段占主导地位，而表观溶出的作用（当然基于固有溶出的信息）在药品整个生命周期中的应用范围更广。关于表观溶出数据解释、表征、应用等的详细讨论和信息将在第 7 章中介绍。

3.5 渗透性与渗透（过程）：生物有效性的关键！

仔细观察图 3.7 可以发现，制剂中的药物在体内溶出后，会被吸收进入体循环中。这一步需要溶解的分子穿过吸收表面进入体循环。这个过程通常被称为渗透，表现出渗透的分子被认为是可渗透的。因此，渗透性是渗透的先决条件，也就是吸收的先决条件。生物利用度是渗透的表现；然而，给定剂量药物的生物利用的程度和范围将受到药物渗透特性的显著影响。

有多种物理化学、生理和制剂因素都可以影响溶解药物的渗透。重要的是要注意，尽管溶解的药物具有渗透性，但并非所有溶解的药物都可以渗透；因此，在一对一的基础上，溶出可能与渗透（即吸收）不一致。IVIVC 的目的是根据行业指南（US-FDA，1997）从体外溶出来预测 BA，但没有说明要至少测定溶解药物的体外渗透性能。另一方面，原料药的 BCS 分类要求通过离体和体外渗透试验来测定渗透性。局部应用的药物申请生物等效性豁免时，局部药物分类系统（TCS）建议使用扩散池通过代表皮肤的膜进行体外渗透试验。因此，在药物开发过程中，渗透性的测定是至关重要的，因为它将制剂开发推向临床应用，即确定药物的生物有效性。

在过去十年中，人们对同时测定药物制剂的体外溶出和体外或离体渗透性的兴趣越来越大。为了方便读者，在此提供一些最新的参考文献（Jacobsen et al.，2019；Li et al.，2018；Miyaji et al.，2016）。

据推测，可以通过在制剂中使用渗透促进剂（PE）来提高（增强和/或改进）药物的 BA。与口服产品相比，制剂中使用 PE 以释放药物用于全身吸收的局部制剂（包括透皮制剂），相对更加成功。因此，人们对将 PE 应用于口服制剂以提高 BA 的兴趣日益增长。然而，也已经指出与 PE 相关的一些安全性问题，如可能会改变肠道屏障的完整性，并且这些问题可能超过这些产品带来的任何健康受益。文献（Maher et al.，2019）对 PE 在大分子口服给药中的应用现状进行了详细而深入的综述。

3.6 分类系统：理论与实用性考量!

新的原料药，即 API，在经过不同的开发阶段并转化为供人类使用的药品时，必须符合各种分类系统，例如治疗分类、监管分类等。这些分类系统主要涉及与不同类别和/或分类（视情况而定）相关的原料药。有两个这样的分类系统，一个已得到官方认可，另一个还在进展中：①生物药剂学分类系统（BCS）；②局部药物分类系统（TCS）。前者可作为行业官方指南（US-FDA，2017），而后者是正在考虑的提案（Shah et al.，2015）。虽然这两种分类系统都基于原料药，但它们与剂型及其性能特征有关。此外，这两个分类系统的共同主要目标是，尝试为希望申请豁免新药临床试验（IND 申请）、新药申请（NDA）和简略新药申请（ANDA）的体内 BA 和/或 BE 研究要求的申办方（研究机构、研究实验室、行业等）提供建议。这样做将减轻监管负担、节约开发时间和成本，同时又不会降低药品的质量要求和批准标准。本节将简要讨论体外药物释放/溶出和体外/离体渗透性测试中的这两种分类系统。此外，还将介绍这些分类系统的优点和局限性，包括它们之间的共性。

通常根据其水溶性和肠道渗透性对原料药进行 BCS 分类（Amidon et al.，1995）。当最高剂量可溶于≤250mL、pH 为 2～6.8 的水性介质中时，该药物被视为具有高溶解性。当肠道吸收程度的绝对 BA≥90%时，该药物被认为具有高渗透性（US-FDA，2017）。溶解度测定可以通过传统的溶解度测定实验来完成。渗透性测定可以通过以下四种方法之一完成：①PK 质量平衡研究；②绝对 BA 研究；③使用合适的动物模型进行肠道渗透性研究（体内、原位或体外）；④通过 Caco-2 细胞单层膜的体外渗透性研究。根据质量平衡测定，当全身 BA 或人体吸收程度≥给药剂量的 85%，且药物在胃肠道中稳定时，该药物被认为具有高渗透性。基于绝对 BA 的测定也是可以接受的。鉴于溶解度和渗透性的各自的任意组合，出现了以下类别：

1 类：高溶解性和高渗透性。

2 类：低溶解性和高渗透性。

3 类：高溶解性和低渗透性。

4 类：低溶解性和低渗透性。

一般来说，BCS 方面的知识有助于制剂科学家基于机制进行产品开发。请务必注意与 BCS 有关的某些重要注意事项。首先，它适用于口服常释固体制剂。BCS 假定溶解药物的渗透发生在肠道区域，吸收遵循被动转运机制。常释制剂被定义和/或指定并进一步分类为那些具有快速溶出（BCS 1 类；在 30min 内 $Q \geq 85$）和具有非常快速溶出（BCS 3 类；在 15min 内 $Q \geq 85$）的制剂。溶出试验优选采用 100r/min 的 USP 装置 1 或 50r/min 的 USP 装置 2（或有适当的理由时，选择 75r/min），溶出介质体积 500mL 或 900mL（有适当的理由），溶出介质包括 0.1mol/L HCl（或模拟胃液）、不含酶的 pH 4.5 缓冲液和不含酶的 pH 6.8 缓冲液（或模拟肠液）。如果由于物理或化学原因，这些缓冲液不适用，则可使用其他缓冲液，但需说明理由。此外，如果需要改变测试条件，以更好地反映体内的快速溶出（如使用不同的转速），那么可以通过比较体外溶出和体内吸收数据来证明这种改变是合理的，这意味着必须确定 IVIVC。

根据指南，基于 BCS 分类的生物等效性豁免申请明确仅限于 1 类和 3 类（可能）速释口服固体制剂。有趣的是，它已经超出这一限制，并包含了含有 1 类或 3 类药物和其他类别的口服调释固体制剂。它也被用于仿制药的受试制剂和参比制剂（RLD）对比。在这种情况下，仅使用相似因子（f_2）比较受试制剂和参比制剂的溶出曲线。第 7 章和第 13 章详细讨论了仅依赖相似因子（f_2）的优点和局限性。虽然相似因子（f_2）的使用对于调释制剂的情况可能具有（或不具有）价值，但此类应用显然超出了本指南的范围和限制。BCS 指南仅限于速释口服固体制剂，但对于 IVIVC 没有说明，这可能是因为 1 类药物的吸收依赖于胃排空，3 类药物的吸收依赖于渗透性，即并不依赖于溶出。此外，IVIVC 对基于 BCS 分类的速释口服固体制剂的预期大多是推测性的（Devane and Butler，1997；Nattee and Natalie，2005）。

由于溶出会影响口服生物利用度，因此必须区分用于评价原料药固有溶解度的标准与用于表征制剂体内溶出的标准。与原料药的评估相比，任何制剂产品的溶出速率（DR）都是其可用表面积（A）、药物扩散系数（D，即其从原料药的未溶解部分移动到周围溶出介质的能力）、有效边界层厚度（h，即在物理上围绕未溶解 API 的水）、在溶出试验条件下 API 的饱和浓度（C_s）、已溶解的药物量（X_d）以及溶出发生所需要的液体体积（V）的函数（Dressman and Reppas，2000）。在可感知的简单的 BCS 分类下存在许多复杂性，无论是体外还是体内，都必须进行评估。因此，有人指出需要根据酸性、碱性和中性对 BCS 2 类和 4 类的原料药进行进一步分类（Tsume et al.，2014）。

此外，目前用于评估药物渗透性的现有体外方法尚未成功提供可外推至人体的数据。因此，别无选择，只能根据绝对生物利用度进行比较，不幸的是，这并不易测定，或不易从文献中获得。因此，应用 BCS 分类来有意义地预测原料药的生物利用度，最多只能限于 BCS 1 类和 2 类原料药的快速崩解和快速溶解的速释固体制剂。

TCS 针对外用药物产品，并面向外用药物产品的仿制药。与 BCS 类似，TCS 的目标之一是为生成体外数据制定实用可行的指南，该体外数据用于支持体内等效性，从而确保仿制药可以生物等效性豁免昂贵且可能高变异的临床研究（包括 BE）。根据 TCS，必须证明外用药品仿制药在三个方面与参比制剂（RLD）相同：①定性，Q1；②定量，Q2；③物质的排列方式和微观结构，Q3。虽然实现 Q1 和 Q2 相对简单，但实现 Q3 却具有挑战性。

涂抹在皮肤上所需部位的局部用制剂（乳膏、凝胶、乳液、软膏等）将药物按顺序递送到皮肤的各层。药物从制剂中释放出来，先穿过（渗透）角质层（通常是限速屏障），然后渗透到皮肤的各个内层，并经循环系统吸收，或者如果设计得当，会沉积在皮肤层中。具有严格统计要求的对比型临床试验（仿制药和参比制剂之间）具有高度的变异性，且对制剂因素的敏感性较低。这意味着它们相对来说不那么具有效力，在某些情况下，也无法得出结论。美国 FDA 的两个里程碑式的指南（US-FDA，2012，US-FDA，2013）包括通过体外的方式建立等效性，并提供了合格标准。体外释放（IVR）被视为关键质量参数，因为其基于局部用制剂的有效性可能取决于药物释放的假设。

Q1、Q2 和 Q3 构成 TCS 的基本支柱，分类的标准是基于相同或缺乏相同，以及尽管没有明确说明，但假定Q1相同时，Q2和Q3方面的差异（表3.5）。提议中还提供了考虑是否授予生物等效性豁免的决策树（Shah et al.，2015）。

表3.5 提议的局部药物分类系统（TCS）

分类	Q1	Q2	Q3
1	未明确说明	相同	相同
2	未明确说明	相同	不同
3	未明确说明	不同	相同
4	未明确说明	不同	不同

TCS严重依赖IVR。简单、可靠、可重复且经验证的使用垂直式扩散池（VDC）和合成膜测定局部给药制剂中药物释放的方法，可用于获取所需的IVR数据（Hauck et al.，2007）。

虽然TCS似乎相对简单，但在制剂不是溶液的情况下，很难直接确认结构等效性（Lionberger，2004）。已有被证明BE和Q1及Q2等效的产品，但表现出Q3的差异（Kryscio et al.，2008）。因此，相似性和/或相同性分析应超越Q1、Q2、Q3和IVR，因为它们可以提供足够的信息，以确保授予生物等效性豁免的仿制药的安全性和有效性。

3.7 总结

从第1阶段药物产品的选择，到药物开发后期（包括SUPAC期间）通过BCS和IVIVC来替代生物等效性研究的标准，溶出在整个药物开发过程中的重要作用已经得到认可。在过去的125年里，与溶出的各个方面相关的信息浩如烟海，但有时也令人困惑。例如，溶解和溶出是过程，而溶解度是参数。理论所依据的单独的颗粒或晶体溶解之间的关系，与制剂中相同的颗粒或晶体溶出的关系大不相同。溶解和溶出之间的关联经常是假定和推测的，但除了这两个过程均以溶解度为先决条件之外，其余的很少得到证实。指南和/或建议都与溶出有关，但对溶解和/或溶出的过程却没有提及。科学性的推理应该清晰且一致，不能将异常现象（例如溶出和溶解的区别）视为语义差异而搁置或忽视。

分类系统不但有一个明确的目标，即减少不必要的测试，以鼓励在不损害产品质量的情况下节约成本，而且在指导符合法规的开发过程中也非常有用。此外，它们具有合理明确的范围和限制。应避免对分类系统进行超出其实际含义的解释，以免“因小失大!”

参考文献

American Heritage Science Dictionary (2011). New York, NY: Houghton Mifflin Harcourt Publishing Co. (accessed 27 September. 2020).

Amidon, G., Lennernas, H., Shah, V. et al. (1995). A theoretical basis for a biopharmaceutics drug classification: the correlation of *in vitro* drug product dissolution and in vivo bioavailability. Pharmaceutical Research 12: 413-420.

Badawy, S. and Hussain, M. (2007). Microenvironmental pH modulation in solid dosage forms. Journal of Pharmaceutical Sciences 96: 948-959.

Bak, A., Gore, A., Yanez, E. et al. (2008). The co-crystal approach to improve the exposure of a water insoluble compound: AMG 517 sorbic acid co-crystal characterization and pharmacokinetics. Journal of Pharmaceutical Sciences 97: 3942-3956.

Balakrishnan, P., Lee, B., and Oh, D. (2009). Enhanced oral bioavailability of dexibuprofen by a novel solid selfemulsifying drug delivery system (SEDDS). European Journal of Pharmaceutics and Biopharmaceutics 72: 539-545.

Banakar, U. (1992). Ch. 2: Theories of dissolution. In: Theories of Dissolution, Pharmaceutical Dissolution Testing, Drugs and The Pharmaceutical Sciences, vol. 49, 19-52. New York, NY: Marcel Dekker, Inc.

Bartosova, L. and Bajgar, J. (2012). Transdermal drug delivery *in vitro* using diffusion cells. Current Medicinal Chemistry 19 (27): 4671-4677.

Blagden, N., deMatas, M., Gavan, P. et al. (2007). Crystal engineering of active pharmaceutical ingredients to improve solubility and dissolution rates. Advanced Drug Delivery Reviews 59: 617-630.

Borg, R. and Dienes, G. (2012). An Introduction to Solid State Diffusion. Philadelphia, PA: Elsevier Publishers.

Brewster, M. andLoftsson, T. (2007). Cyclodextrins as pharmaceutical solubilizers. Advanced Drug Delivery Reviews 59: 645-666.

Bruner, L. andTolloczko, S. (1900). Über die Auflösungsgeschwindigkeit Fester Körper. Z. Journal of Physical Chemistry 35: 283-290.

Brunner, E. (1904). Reaktionsgeschwindigkeit in Heterogenen Systemin. Zeitschrift für Physikalische Chemie 47: 56-102.

Chiba, Y., Kohri, N., Iseki, K. et al. (1991). Improvement of dissolution and bioavailability for mebendazole, an agent for human echinococcosis, by preparing solid dispersion with polyethylene glycol. Chemical and Pharmaceutical Bulletin 39: 2158-2160.

Childs, S., Stahly, G., and Park, A. (2007). The salt-cocrystal continuum: the influence of crystal structure on ionization state. Molecular Pharmaceutics 4: 323-338.

Chiou, W. and Riegelman, S. (1971). Pharmaceutical applications of solid dispersion systems. Journal of Pharmaceutical Sciences 60: 1281-1302.

Chow, S. C. (2014). Bioavailability and bioequivalence in drug development. Wiley Interdisciplinary Reviews: Computational Statistics 6 (4): 304-312.

CRC Press Online (2010). CRC Handbook of Chemistry and Physics, Section 6, 91e. Boca Raton, FL: Taylor & Francis.

Danckwerts, P. (1951). Significance of liquid-film coefficients in gas absorption. Industrial and Engineering Chemistry 43 (6): 1460-1467.

Das, S., Ng, W. K., and Kanaujia, P. (2011). Formulation design, preparation and physicochemical characterizations of solid lipid nanoparticles containing a hydrophobic drug: effects of process variables. Colloids and Surfaces B: Biointerfaces 88: 483-489.

Devane, J. and Butler, J. (1997). The impact of *in vitro-in vivo* relationships on product development. Pharmaceutical Technology 21 (9): 146-159.

Dressman, J. and Reppas, C. (2000). *In vitro-in vivo* correlations for lipophilic, poorly water-soluble drugs. European Journal of Pharmaceutical Sciences 11 (2): S73-S80.

Encyclopaedia Britannica (2010). Physics. Chicago, IL: Encyclopaedia Britannica Inc. (accessed 27 September 2020).

Fukushima, K., Terasaka, S., Haraya, K. et al. (2007). Pharmaceutical approach to HIV protease inhibitor atazanavir for bioavailability enhancement based on solid dispersion system. Biological and Pharmaceutical Bulletin 30: 733-738.

Ghanbarzadeh, S., Valizadeh, H., and Zakeri-Milani, P. (2013). The effects of lyophilization on the physico-chemical stability of sirolimus liposomes. Advanced Pharmaceutical Bulletin 3: 25-29.

Gould, P. L. (1986). Salt selection for basic drugs. International Journal of Pharmaceutics 33 (1-3): 201-217.

Gursoy, R. and Benita, S. (2004). Self-emulsifying drug delivery systems (SEDDS) for improved oral delivery of lipophilic drugs. Biomedicine and Pharmacotherapy 58: 173-182.

Guzman, H., Tawa, M., Zhang, Z. et al. (2007). Combined use of crystalline salt forms and precipitation inhibitors to improve oral absorption of celecoxib from solid oral formulations. Journal of Pharmaceutical Sciences 96: 2686-2702.

Hauck, W., Shah, V., Shaw, S. et al. (2007). Reliability and reproducibility of vertical diffusion cells for determining release rates from semisolid dosage forms. Pharmaceutical Research 24: 2018-2024.

Higuchi, W. (1967). Diffusional models useful in biopharmaceutics. Drug release rate processes. Journal of Pharmaceutical Sciences 56 (3): 315-324.

Hu, J., Johnston, K. P., and Williams, R. O. Ⅲ, (2003). Spray freezing into liquid (SFL) particle engineering technology to enhance dissolution of poorly water soluble drugs: organic solvent versus organic/aqueous co-solvent systems. European Journal of Pharmaceutical Sciences 20: 295-303.

Hu, L., Tang, X., and Cui, F. (2004). Solid lipid nanoparticles (SLNs) to improve oral bioavailability of poorly soluble drugs. Journal of Pharmacy and Pharmacology 56: 1527-1535.

International Union of Pure and Applied Chemistry (IUPAC) (1997). Compendium of Chemical Terminology, 2e. (the "Gold Book") (1997). Online corrected version: (2006-) "solvation" (accessed 27 September 2020).

Jacobsen, A. C., Krupa, A., Brandl, M. et al. (2019). High-throughput dissolution/permeation screening—a 96-well two-compartment microplate approach. Pharmaceutics 11 (5): 227-242.

Jia, L., Wong, H., Cerna, C. et al. (2002). Effect of nanonization on absorption of 301029: *in vivo* and *in vivo* pharmacokinetic correlations determined by liquid chromatography/mass spectrometry. Pharmaceutical Research 19: 1091-1096.

Jia, L., Wong, H., Wang, Y. et al. (2003). Carbendazim: disposition, cellular permeability, metabolite identification, and pharmacokinetic comparison with its nanoparticle. Journal of Pharmaceutical Sciences 92: 161-172.

Jinno, J., Kamada, N., Miyake, M. et al. (2006). Effect of particle size reduction on dissolution and oral absorption of a poorly water-soluble drug, cilostazol, in beagle dogs. Journal of Controlled Release 111: 56-64.

Jinno, J., Kamada, N., Miyake, M. et al. (2008). *In vitro-in vivo* correlation for wetmilled tablet of poorly water-soluble cilostazol. Journal of Controlled Release 130: 29-37.

Jung, M., Kim, J., Kim, M. et al. (2010). Bioavailability of indomethacin-saccharin cocrystals. Journal of Pharmacy and Pharmacology 62: 1560-1568.

Kai, T., Akiyama, Y., Nomura, S. et al. (1996). Oral absorption improvement of poorly soluble drug using solid dispersion technique. Chemical and Pharmaceutical Bulletin 44: 568-571.

Kawabata, Y., Yamamoto, K., Debari, K. et al. (2010). Novel crystalline solid dispersion of tranilast with high photostability and improved oral bioavailability. European Journal of Pharmaceutical Sciences 39: 256-262.

Kawabata, Y., Wada, K., Nakatani, M. et al. (2011). Formulation design for poorly water-soluble drugs based on biopharmaceutics classification system: basic approaches and practical applications. International Journal of Pharmaceutics 420: 1-10.

Kikkawa, N., Wang, L., and Morita, A. (2015). Microscopic barrier mechanism of ion transport through liquid-liquid Interface. Journal of the American Chemical Society 37 (25): 8022-8025.

Kohli, K., Chopra, S., Dhar, D. et al. (2010). Self-emulsifying drug delivery systems: an approach to enhance oral bioavailability. Drug Discovery Today 15: 958-965.

Kryscio, D., Sathe, P., Lionberger, Robert, at al. (2008). Spreadability Measurements to Assess Structural Equivalence (Q3) of Topical Formulations—A Technical Note. American Association of Pharmaceutical Scientists 9: 84-86.

Law, D., Schmitt, E., Marsh, K. et al. (2004). Ritonavir-PEG 8000 amorphous solid dispersions: in vitro and in vivo evaluations. Journal of Pharmaceutical Sciences 93: 563-570.

Li, S., Wong, S., Sethia, S. et al. (2005). Investigation of solubility and dissolution of a free base and two different salt forms as a function of pH. Pharmaceutical Research 22：628-635.

Li，Z.，Tian，S.，Gu，H. et al.（2018）. *In vitro-in vivo* predictive dissolution-permeation-absorption dynamics of highly permeable drug extended-release tablets via drug dissolution/absorption simulating system and pH alteration. AAPS PharmSciTech 19（4）：1882-1893.

Lionberger，R.（2004）. Presentation at the Advisory Committee meeting for pharmaceutical sciences. AAPS PharmSciTech 9：84-86.

Liversidge，G. and Cundy，K.（1995）. Particle size reduction for improvement of oral bioavailability of hydrophobic drugs：I. Absolute oral bioavailability of nano-crystalline danazol in beagle dogs. International Journal of Pharmaceutics 125：91-97.

Macdonald，D.（2012）. Transient Techniques in Electrochemistry. New York，NY：Springer Science & Business Media，Springer Publishing Company.

Maher，S.，Brayden，D.，Casettari，L. et al.（2019）. Application of permeation enhancers in oral delivery of macromolecules：an update. Pharmaceutics 11（1）：41-64.

McNamara，D.，Childs，S.，Giordano，J. et al.（2006）. Use of a glutaric acid cocrystal to improve oral bioavailability of a low solubility API. Pharmaceutical Research 23：1888-1897.

Medical Dictionary（2009）. Medical Dictonary. Huntingdon Valley，PA：Farlex，Inc.（accessed 27 September 2020）.

Medical Dictionary（2012）. Huntingdon Valley，PA：Farlex，Inc.（accessed 27 September 2020）.

Merriam-Webster Dictionary（2020）. Solubility. Merriam-Webster. com Dictionary，Merriam-Webster.（accessed 27 September 2020）.

Miyaji，Y.，Fujii，Y.，Takeyama，S. et al.（2016）. Advantage of the dissolution/permeation system for estimating oral absorption of drug candidates in the drug discovery stage. Molecular Pharmaceutics 13（5）：1564-1574.

Mosharraf，M. and Nyström，C.（1995）. The effect of particle size and shape on the surface specific dissolution rate of microsized practically insoluble drugs. International Journal of Pharmaceutics 122：35-47.

Mueller，E.，Kovarik，J.，van Bree，J. et al.（1994）. Improved dose linearity of cyclosporine pharmacokinetics from a microemulsion formulation. Pharmaceutical Research 11：301-304.

Muller，P.（1994）. Glossary of terms used in physical organic chemistry（IUPAC recommendations 1994）. Pure and Applied Chemistry 66（5）：1077-1184.

Muller，R. H. and Peters，K.（1998）. Nanosuspensions for the formulation of poorly soluble drugs：I. preparation by a size-reduction technique. International Journal of Pharmaceutics 160：229-237.

Nattee，S. and Natalie，D. E.（2005）. *In-vitro-in-vivo* correlation definitions and regulatory guidance. International Journal of Generic Drugs 2：1-11. ISSN：0793758X US/ Canada 1-11.

Nernst，W.（1904）. Theorie der Reaktionsgeschwindigkeit in heterogenen Systemen. Zeitschrift für Physikalische Chemie 47（1）：52-55.

Noyes，A. and Whitney，W.（1897）. The rate of solution of solid substances in their own solutions. Journal of the American Chemical Society 19：930-934.

Onoue，S.，Takahashi，H.，Kawabata，Y. et al.（2010）. Formulation design and photochemical studies on nanocrystal solid dispersion of curcumin with improved oral bioavailability. Journal of Pharmaceutical Sciences 99：1871-1881.

Onoue，S.，Uchida，A.，Takahashi，H. et al.（2011）. Development of high-energy amorphous solid dispersion of nanosized nobiletin，a citrus polymethoxylated flavone，with improved oral bioavailability. Journal of Pharmaceutical Sciences 100：3793-3801.

Patnaik，S.，Chunduri，L.，Akilesh，M. et al.（2016）. Enhanced dissolution characteristics of Piroxicam-Soluplus® nanosuspensions. Journal of Experimental Nanoscience 11（12）：916-929.

Paul，A.，Laurila，T.，Vuorinen，V. et al.（2014）. Fick's laws of diffusion. In：Thermodynamics，Diffusion and the Kirkendall Effect in Solids，115-139. New York，NY：Springer Publishing Company.

Pudipeddi，M. and Serajuddin，A.（2005）. Trends in solubility of polymorphs. Journal of Pharmaceutical Sciences 94：929-939.

Rajewski, R. and Stella, V. (1996). Pharmaceutical applications of cyclodextrins. 2: *In vivo* drug delivery. Journal of Pharmaceutical Sciences 85: 1142-1169.

Sajeev Kumar, B., Saraswathi, R., Venkates, K., .K. et al. (2014). Development and characterization of lecithin stabilized glibenclamide nanocrystals for enhanced solubility and drug delivery. Drug Delivery 21: 173-184.

Sarkar, D., Datta, D., Sen, D. et al. (2011). Simulation of continuous stirred rotating disk-membrane module: an approach based on surface renewal theory. Chemical Engineering Science 66 (12): 2554-2567.

Scholz, A., Abrahamsson, B., Diebold, S. M. et al. (2002). Influence of hydrodynamics and particle size on the absorption of felodipine in labradors. Pharmaceutical Research 19 (1), 42-46.

Serajuddin, A. (2007). Salt formation to improve drug solubility. Advanced Drug Delivery Reviews 59: 603-616.

Shah, V. P., Yacobi, A., Rădulescu, F., S. et al. (2015). A science-based approach to topical drug classification system (TCS). International Journal of Pharmaceutics 491 (1-2): 21-25.

Shegokar, R. and Muller, R. (2010). Nanocrystals: industrially feasible multifunctional formulation technology for poorly soluble actives. International Journal of Pharmaceutics 399: 129-139.

Shin, H., Alani, A., and Rao, D. (2009). Multi-drug loaded polymeric micelles for simultaneous delivery of poorly soluble anticancer drugs. Journal of Controlled Release 140: 294-300.

Siepmann, J. and Siepmann, F. (2013). Mathematical modeling of drug dissolution. International Journal of Pharmaceutics 453 (1): 12-24.

Sinha, S., Ali, M., Baboota, S. et al. (2010). Solid dispersion as an approach for bioavailability enhancement of poorly water-soluble drug ritonavir. AAPS PharmSciTech 11: 518-527.

Stephenson, G., Aburub, A., and Woods, T. (2011). Physical stability of salts of weak bases in the solid-state. Journal of Pharmaceutical Sciences 100: 1607-1617.

Streubel, A., Siepmann, J., Dashevsky, A. et al. (2000). pH-independent release of a weakly basic drug from water-insoluble and-soluble matrix tablets. Journal of Controlled Release 67: 101-110.

Tadros, T. (2003). Surfactants, industrial applications. In: Encyclopedia of Physical Science and Technology, 3e (ed. R. Meyers), 423-438. New York, NY: Elsevier Science Ltd.

Tatavarti, A. and Hoag, S. (2006). Microenvironmental pH modulation based release enhancement of a weakly basic drug from hydrophilic matrices. Journal of Pharmaceutical Sciences 95: 1459-1468.

The Merck Index (2001). The Merck Index, 13e. Merck Research Laboratories: Rahway, NJ.

The United States Pharmacopeia (2000). The USP 24th ed. Philadelphia, PA: by authority of the United States Pharmacopeial Convention, Inc.; printed by National Publishing.

Tsume, Y., Mudie, D. M., Langguth, P. et al. (2014). The biopharmaceutics classification system: subclasses for *in vivo* predictive dissolution (IPD) methodology and IVIVC. European Journal of Pharmaceutical Sciences 57: 152-163.

US-FDA (1997). Guidance for Industry: Extended Release Oral Dosage Forms: Development, Evaluation and Application of *In Vitro/In Vivo* Correlations. Silver Spring, MD: United States Department of Health and Human Services (US-DHHS), Food and Drug Administration (FDA), Center for Drug Evaluation and Research (CDER); Biopharmaceutics.

US-FDA (2012). Food and Drug Administration, Office of Generic Drugs. Draft guidance on acyclovir ointment. (accessed 30 September 30 2020).

US-FDA (2013). Food and Drug Administration, Office of Generic Drugs. Draft guidance on cyclosporine ophthalmic emulsion. (accessed 30 September 2020).

US-FDA (2014). Guidance for Industry Bioavailability and Bioequivalence Studies Submitted in NDAs or INDs—General Considerations, Rockville, MD: U. S. Department of Health and Human Services Food and Drug Administration Center for Drug Evaluation and Research (CDER), Biopharmaceutics.

US-FDA (2017) Guidance for Industry Bioavailability and Bioequivalence Studies for Immediate-Release Solid Oral Dosage Forms Based on a Biopharmaceutics Classification System. Silver Spring, MD: U. S. Department of Health and Human Services Food and Drug Administration Center for Drug Evaluation and Research (CDER), Biopharmaceutics.

Wang, J. and Flanagan, D. (2009). Ch 13: Fundamentals of dissolution. In: Fundamentals of Dissolution, Developing Solid Dosage Forms: Pharmaceutical Theory and Practice, Biopharmaceutical and Pharmacokinetic Evaluations of Drug Molecules and Dosage Forms, vol. Ⅱ, 309-318. Philadelphia, PA: Elsevier Inc. Publishers.

Xia, D., Cui, F., Piao, H. et al. (2010). Effect of crystal size on the in vitro dissolution and oral absorption of nitrendipine in rats. Pharmaceutical Research 27: 1965-1976.

Yan, Y., Kim, J., andKwak, M. (2011). Enhanced oral bioavailability of curcumin via a solid lipid-based self-emulsifying drug delivery system using a spray-drying technique. Biological and Pharmaceutical Bulletin 34: 1179-1186.

Yu, B., Okano, T., andKataoka, K. (1998). Polymeric micelles for drug delivery: solubilization and haemolytic activity of amphotericin B. Journal of Controlled Release 53: 131-136.

Zhang, G., Law, D., Schmitt, E. et al. (2004). Phase transformation considerations during process development and manufacture of solid oral dosage forms. Advanced Drug Delivery Reviews 56: 371-390.

Zhang, J., Anyarambhatla, G., and Ma, L. (2005). Development and characterization of a novel cremophor® EL free liposome-based paclitaxel (LEP-ETU) formulation. European Journal of Pharmaceutics and Biopharmaceutics 59: 177-187.

Zhang, G., Henry, R., Borchardt, T. et al. (2007). Efficient co-crystal screening using solution-mediated phase transformation. Journal of Pharmaceutical Sciences 96: 990-995.

第 4 章

溶出机制的理解：数学模型与模拟

4.1 引言

溶出试验在药品生命周期的几乎所有阶段，从处方前研究到产品的放大生产和批准后变更，均能提供有价值的信息。在不同的产品开发阶段，溶出试验的中心目的始终是提供有关产品功能特性的信息。在产品开发阶段，溶出试验所提供的信息，使制剂科学家能够区分不同的处方；同时，当溶出试验被用于质量控制（QC）时，所提供的信息可以证明不同批次产品质量属性的一致性。因此，可以前瞻性和回顾性地使用溶出试验，用以确保产品的顺利开发和制剂的质量。

从制剂中了解药物（API）的溶出机制，可以追溯到 19 世纪末，当时通过将制剂置于在水介质中旋转的滚筒的表面，来评估溶质在溶液中的溶解速率和溶解度（Noyes and Whitney，1897）。在过去的一百多年中，研究人员发表了大量题为“溶出试验方法”（如第 5 章）或者“……的溶出机制”的报告和出版物，试图阐明药物从制剂中溶出过程的机制。随着先进技术的出现及应用于制剂设计，对于了解药物从这种先进药物制剂（即药物递送系统）中溶出的机制的需求变得越发强烈且日益增长。

有趣的是，仔细推敲这些文献就会发现，一般而言，对了解药物从制剂中溶出的机制的追求要么是出于学术性探讨，要么是试图预测制剂的体内表现，即体外-体内相关性（IVIVC）。然后，术语溶出和溶解被互换使用，或者留给读者去解读差异，从而造成混淆并限制了所提出机制的适用性。最后，也许最重要的是，没有监管部门要求申请人提供药物从产品中溶出的机制。然而，监管部门希望在产品开发过程中尝试建立基于反卷积/卷积的 IVIVC。

本章的主要目的是建立区分药物溶解和溶出机制的基础，特别是当最终目标是了解制剂（组合物）中药物的表观溶出而不仅仅是原料药的溶解时。第二个同样重要的目的是阐述在药品生命周期背景下，理解溶出机制——理论上（如果不是，则是在“一切保持不变”的情况下）与实际应用之间的相关性。如此一来，读者不仅能够回顾本章介绍的众多理论（模型），而且能够了解它们的实际且有意义的应用潜力。

4.2 溶出机制：理论、假设和现实检验

每当讨论所谓的溶解理论时，必须明确讨论的是“溶出”（dissolution）还是“溶解”（solubilization）！虽然文献中报道了许多溶出理论（机制），但很少（如果有的话）从溶解理论的角度进行阐述。这些出版物中的大多数一开始的目的是测定制剂中药物（API）的溶出机制，但很快就跳入了围绕在标准和受控条件下（单个）颗粒物质溶解而进行的讨论和解释。溶解是溶出的先决条件，而不是相反。API 从制剂中溶出的机制很少能保持与 API 本身的溶解机制评价中相同的标准和控制条件。制剂的辅料及制备工艺只是部分影响因素，可以直接/间接影响 API 的单独溶解过程以及 API 与辅料及制备工艺相综合的溶解过程。然而，所提出的溶出理论假定没有这些差异，或者认为“一切均保持不变”，那么所提出的理论将适用。相反，单一固体溶质［原料药（API）］在水溶液（介质）中的溶解机制的理论，在相同原料药（API）与辅料结合并且制剂采用了特定制备工艺时，将会或很可能会改变。虽然固体溶质在液体溶剂中的溶解是一种物理化学现象，但固体溶质［原料药（API）］从制剂中表观溶出是物理化学现象和许多其他影响因素共同作用的结果。因此，物理化学家和制剂科学家在寻求所开发和/或研究产品的制剂中 API 的溶解和/或溶出机制的适用性时，彼此之间会意见不一。

溶解是固体溶质进入液体溶剂形成溶液的过程，即水作为溶剂，API 作为溶质。第 3 章详细讨论了溶解过程的细节、机制以及影响该过程的因素。另一方面，溶出是固体溶质从制剂中释放，然后溶解在液体溶剂中形成溶液的过程，即水作为溶剂，API 作为溶质。因此，制剂中药物的溶出过程是一个复杂、多步骤、时间依赖性过程。对药物而言，溶解和溶出之间的共同点是溶质（API）和水性溶剂之间必须存在一定程度的亲和力。溶质和溶剂之间亲和力的程度将决定 API 在特定溶剂中的溶解度。这种亲和力的程度和强度以及从有限剂量和/或无限剂量制剂中递送的 API 总量，将决定产品的表观溶出性能。固体溶质（API）和液体溶剂（水性介质）之间的相互作用从固体溶质和水性液体溶剂之间的相互作用开始，直至制剂中药物（API）的表观溶出，如图 4.1 所示。

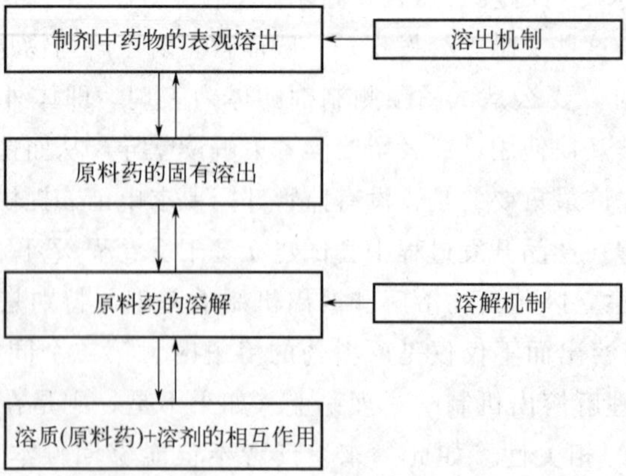

图 4.1 溶质［原料药（API）］和溶剂（介质）之间的相互作用

游离状态的固体溶质与水性溶剂之间的热力学相互作用导致物理化学相互作用，键的断裂/形成使得固体溶质转化为分子状态，从而形成溶液。这是一个时间和能量依赖性过程，在恒定的温度和压力条件下达到平衡，从而产生给定溶质（API）在给定液体溶剂（水介质）中的溶解度参数（常数）。第 3 章描述了潜在分子和传质机制的溶解过程理论，以及影响溶解的因素和提高溶质（API）在水性介质中溶解度的方法。

固体溶质，即 API，当与辅料组合并且所得组合物经过诸如混合、制粒、包衣等工艺后，制得制剂。API 最终在水环境（介质）中释放并溶解的过程取决于许多因素，包括 API 的溶解、API 的特性和工艺参数等。这个过程类似于制剂中药物（API）的表观溶出，而不单单是药物（API）在水性介质中的溶解。此外，如果能消除所有影响药物（API）的表观溶出的外部因素，将原料药（API）压缩成微丸，并且微丸的一个表面在受控的温度和介质离子特性（pH）条件下暴露于水性介质并与其相互作用，那么可以测定药物（API）的固有溶出性能。

很少单独使用原料药（API）来治疗疾病，总是将其与辅料组合，并加工制成美观且稳定的剂型，易于患者给药和/或服用。绝大多数药品是崩解或非崩解的固体制剂（SDF）。在任一种情况下，固体制剂都会释放药物并最终溶解在溶出试验的水性介质中，即表现出表观溶出。简单地讲，药物从固体制剂和其他药物处于固体状态的制剂中的表观溶出，包括两个步骤：①药物的释放；②释放的药物在水性介质中的溶解。药物的释放可以设想为固体溶质（API）和水性介质之间建立物理接触，释放的药物在水性介质中的溶解可以设想为溶液（介质）中可用的药物量。这两个步骤都是时间依赖性的，并在固体溶质（API）和水性介质之间建立接触时开始。

那些快速释放但缓慢溶解的制剂为常释制剂，而那些缓慢释放但快速溶解的制剂为调释制剂，例如控释、延释、长效、定时和缓释制剂等。这些制剂的表观溶出过程如图 4.2 所示

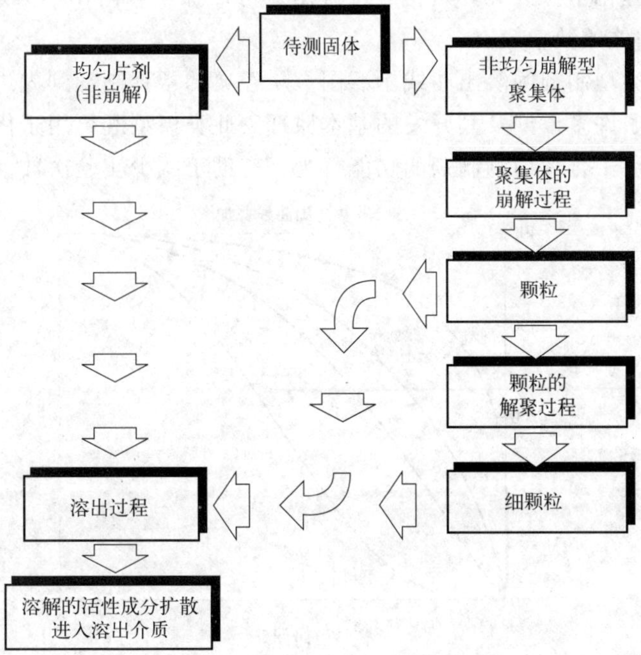

图 4.2　固体制剂溶出过程的示意图（Banakar，1992）

(Banakar，1992)。

总之，重要的是要注意，固体溶质（API）在水性介质（即溶出介质）中的溶解是其从给定制剂中最终和表观溶出的先决条件，对于表观溶出性能的任何表征，即溶出曲线数学建模、反卷积、表征等，必须仔细审查其固有范围、局限性，以及最重要的适应性和应用，以了解产品在其生命周期所有阶段的溶出性能。在4.3～4.5节中介绍并全面总结了各种溶出模型和理论。

4.3 溶出理论/模型

尽管我们掌握了包括制造、加工、分析等在内的所有先进技术，以及拥有充分表征的优质辅料，但制剂开发仍被视为一门艺术，而不是一门绝对的科学。对成品所需属性的概念化和明确表述的意识也有所增强，无论是在质量还是功能特性方面。质量源于设计（QbD）的理念正被整合到药品开发计划中。然而，似乎缺乏以下理解：首先，建立和揭示产品的质量特性；其次，在具有一个或多个明确且令人信服的功能参数（溶出速率或溶出曲线等）的情况下，建立和揭示特定制剂的复杂因素之间的预期联系，例如更换辅料、采用不同的生产工艺。以所涉及过程的机制和以机制为中心的数学建模，可能有助于建立这种有价值的联系。

API呈固态并在给药时需要全身吸收的制剂必须在体内介质中进行溶出/释放。体外溶出试验作为一种替代试验，可以提供有价值的信息并深入了解制剂的药物溶出/释放性能。因此，制剂的体外药物溶出/释放功能表现，可以通过制剂的药物溶出/释放-时间曲线来表征。此外，如果表观溶出/释放曲线可以直接与产品的功能属性相关联，例如特定的工艺参数、API的特定物理化学参数等，这将非常有用。可以探索以溶出/释放过程的机制为中心的药物溶出/释放曲线的数学模型。

图4.3为不同类型制剂的溶出曲线示意图，从经典的常释制剂到先进的调释制剂。文献中已经报道和描述了许多模型及其开发的基本原理。此类模型既可用于优化药品的释放动力学、疗效等，也可用于合理预测制剂的功能行为，有助于减少实验次数。如果在批准后需要

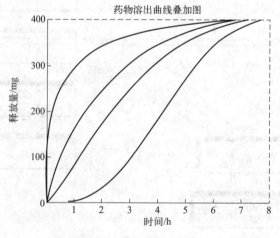

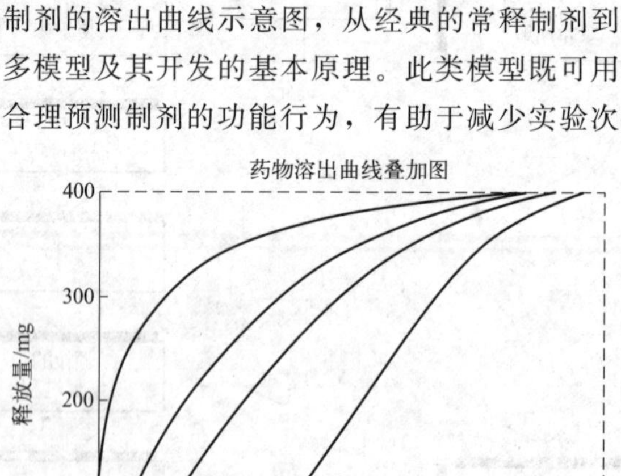

图4.3 溶出曲线示意图

进行变更的话，此类模型和建模方法可用于提供产品质量一致性的依据。然而，对于制剂科学家来说，建模的目标必须很明确，即仅限于溶出曲线的数学表征或了解制剂发挥作用的机制，或两者兼而有之。

已有大量关于药物溶出/释放的文献，涵盖从溶出理论到基于药物溶出/释放试验数据的数学建模。溶出理论已在第 3 章中进行了描述，而溶出机制模型将在以下各节中进行介绍。需要注意的是，为了方便读者，大多数模型都提供了原始来源以供参考。此外，我们还为每个模型提供了足够的信息，以便于读者判断给定模型是否适用于在研项目和将来的项目。

4.4 溶出机制（模型依赖法）

4.4.1 零级模型

药物溶出/释放速率与载药量无关的制剂（组合物）的药物释放机制由以下线性表达式表示：

$$Q_t = Q_0 + K_0 \cdot t \tag{4.1}$$

式中，Q_0 为时间 $t=0$ 时的药物溶解量；Q_t 为时间 t 时的药物溶解量；K_0 为药物溶出速率常数。该等式可以变换为：

$$1-(Q_t/Q_0) = K_0' \cdot t \tag{4.2}$$

式中，$[1-(Q_t/Q_0)]$表示药物在时间 t 时溶解的分数，当绘制为时间的函数时，将得到一条直线。该直线的斜率是零级药物溶出速率常数。通常，低溶解性药物的非崩解型载药基质制剂、渗透药物递送系统、某些包衣制剂、局部/透皮制剂等表现出这种零级释放。

4.4.2 一级模型（Gibaldi-Feldman 模型）

典型一级动力学的药物溶出/释放机制可以用以下公式表示（Gibaldi and Feldman，1967）：

$$M_t = M_0 \cdot \exp(-k_1 \cdot t) \tag{4.3}$$

式中，M_0 和 M_t 分别是 0 和 t 时的药物溶解量；k_1 是一级药物溶出速率常数。当以半对数方式绘制剩余待溶解的药物量与时间的函数时，将得到一条直线。该直线的斜率为一级药物溶出速率常数。总的来说，在多孔基质中含有水溶性药物的制剂会表现出这样的释放动力学。

4.4.3 Makoid-Banakar 模型

固体制剂通常是有限剂型，即每个剂量单元（片剂、胶囊剂等）包含有限剂量（质量）的药物。使用溶出试验测定此类制剂的药物溶出/释放时，溶出试验中包含足够体积的溶出介质（漏槽条件），并有效混合以维持所需的流体力学状态。这些条件在整个试验过程中保持不变，制剂中的药物以渐近方式溶解/释放到介质中（图 4.4）。

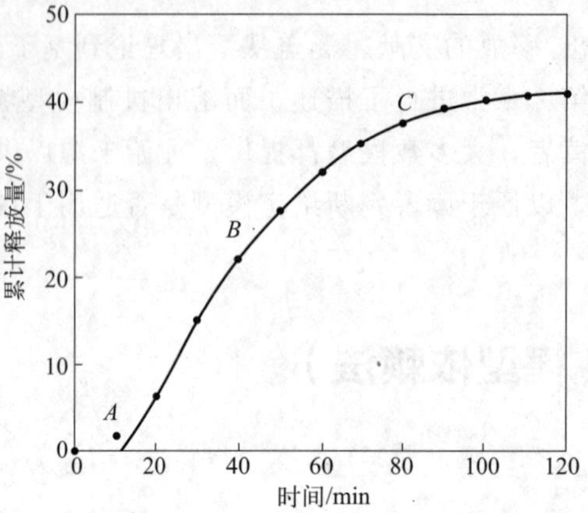

图 4.4　典型药物溶出/释放曲线的示意图。*A*、*B* 和 *C* 分别是初期、中期和后期溶出速率常数

药物溶出释放曲线可以分为初期、中期和后期区域，反映了整个曲线持续时间内释放速率的变化。

根据制剂的类型，例如常释与调释（缓释、延释、控释等）制剂，释放速率将发生相应的变化，这会反映在释放曲线斜率（图 4.4 中 *A*、*B* 或 *C*）的变化上。例如，对于常释制剂，*A* 将接近于零，而 *B* 将非常陡峭。相反，对于缓释制剂，*A* 可以是正值（时间滞后）或负值（突释效应），而 *B* 和 *C* 将显著减缓。因此，一般而言，典型的最优药物释放曲线如图 4.5 所示，其中 $A=0$。

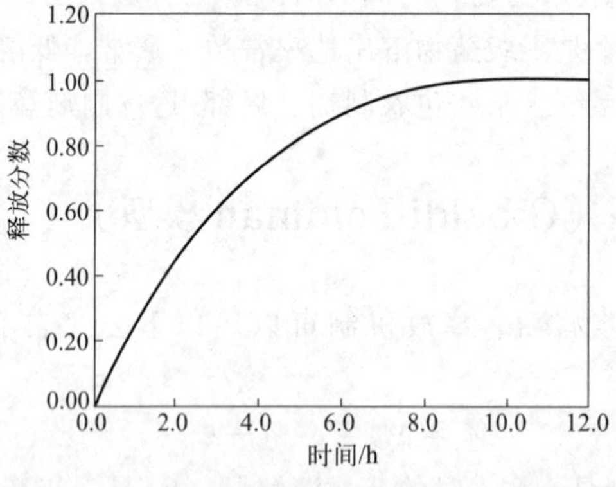

图 4.5　$A=0$ 时的药物溶出/释放曲线示意图

对于具有有限剂量和 $A=0$ 的固体制剂，在漏槽条件下，溶出曲线的初始区域将遵循线性函数（*B*），具有正斜率，后面的区域将遵循指数函数（*C*），具有负斜率，表明释放速率下降。简单地说，Makoid-Banakar 模型是包含零级和一级药物溶出/释放动力学的组合。从制剂单元被置于溶出介质中（$t=0$）到所有药物溶解/释放在介质中（$t=\infty$），溶出过程可用连续函数描述。基于这些前提，可以使用导数函数进行经验推导；这种药物溶出/释放曲线的机制可以通过以下方程确定（Makoid et al.，1993）：

$$F=B\cdot t\cdot[\exp(-C\cdot t)] \tag{4.4}$$

式中，F 是在时间 t 时药物的溶出/释放分数；B 和 C 分别是初始和后期阶段的溶出速率常数。可以适当地修改表达式，以适应那些表现出突释效应（A 为－ve）和表现出时间滞后效应（A 为＋ve）的制剂。

要注意的是，要使该模型有效地拟合，应该有足够数量的数据点来充分表征每个部分，即溶出曲线中的各个速率常数。此外，数据的变异性必须尽可能小，因为高度变异的数据会导致误导性的速率常数，不能真实反映产品的功能性表现。

4.4.4 Hixson-Crowell 模型

Hixson 和 Crowell（1931）评估了流体力学对固体颗粒在液体介质中溶出过程的影响，研究的具体因素包括液体（介质）表面积和流动模式的变化等。纳入了以下几个假设：

① 颗粒呈球形，等量且连续溶解。

② 在整个溶出介质中，流体力学（强度）是均匀且恒定的，无“热点”。

③ 在试验期间，每个颗粒独立溶解，没有堆积和/或聚集。

④ 颗粒的形态保持不变，即在整个试验期间，颗粒没有崩解和/或物理分离（断裂）。

⑤ 其他。

一般而言，Hixson-Crowell 模型指出，在上述假设下，药物溶出速率可以用通常被称为立方根定律的下式表示：

$$\sqrt[3]{M_0}-\sqrt[3]{M_t}=k\cdot t \tag{4.5}$$

式中，M_0 和 M_t 分别是在时间 t_0 和时间 t_∞ 时制剂中的药物量；k 是溶出速率常数。作者认为：“该定律的定量验证取决于粒子溶解时形状相似性持续的程度和维持的时间。如果形状确实发生了变化，那么溶出速率常数也会随之变化……”此外，当搅拌速度过慢时，系统将偏离模型，因为整体的流体力学将不一致且不均匀。然而，尚无方法区分哪种类型和条件的搅拌是缓慢的还是快速的。该因素特别重要，因为搅拌的类型和强度是帮助制剂科学家筛选待测处方以及确定溶出试验区分力的主要因素。

4.4.5 Higuchi 模型

Higuchi 在以下三个模型系统中研究了药物从固体基质中的释放：①具有均匀基质的平面系统；②具有颗粒基质的平面系统；③具有均匀基质的球形组合物，例如微丸（Higuchi，1961，1963，1967）。将药物分散在软膏基质中，并测定释放速率，随后推导并报告了释放速率的数学方程。另外，作者还推测，相同的数学分析和方程也适用于固体基质体系。除此之外，模型的数学处理基于以下几个假设：在整个溶出试验中均保持漏槽条件，扩散率恒定，基质的溶胀可忽略，并且在整个试验过程中基质的形态保持不变。

在具有均匀基质的平面系统中，溶出介质中药物的释放/溶解量 Q 表示为：

$$Q=A\cdot\sqrt{D}\cdot(2C-C_s)\cdot C_s\cdot t \tag{4.6}$$

式中，C_s 是药物的溶解度；C 是药物的初始浓度；t 是时间；A 是面积；D 是药物分子在基质中的扩散系数。

在考虑具有颗粒基质（即非均质基质）的平面系统时，诸如孔隙率（$\in$）和迂曲度

(τ) 等其他因素会影响药物从此类系统中的释放。这种非均质基质中，溶出介质中药物的释放/溶解量 Q 可表示为：

$$Q=\{(\sqrt{D}\cdot\in)/[\tau\cdot(2C-\in\cdot C_s)]\}\cdot t \quad (4.7)$$

作者承认，对于具有均匀基质的球组复合物，例如微丸，“任何推导此类型系统的精确解的尝试都是徒劳的，因为它需要对分散粒子的分布模式进行精确的坐标描述”。因此，在分析制剂中药物释放时，任何数学处理和由此产生的描述药物从此类系统中释放/溶出的数学表达式都需要在应用之前仔细评估其假设是否成立。

作者同时指出，这些数学解均假定基质的表面没有涂层，并且它们在整个试验过程中保持其形态（形状、大小等）不变。此外，当基质中的载药量很高时，基质内介质的浸入会导致基质弱化，从而显著改变释放速率。药物在所选溶出介质中的溶解度以及基质中的载药量会影响药物的总释放速率，从而导致偏离所提出的模型。最后但同样十分重要的是，使用这些模型以药物的溶解/释放量 Q 对时间的平方根作函数图时，有可能导致人为结果，例如图示释放函数的线性化，而这与在溶出过程中发生的基质的物理变化不符。

4.4.6 Baker-Lonsdale 模型

Baker-Lonsdale 模型对 Higuchi 模型进行了修改，以了解基于相同假设的球形基质中的药物释放（Baker and Lonsdale，1974）。球形基质中药物释放的机制，包括释放速率常数 k，可以由下式确定：

$$k\cdot t=1.5\times[1-(1-F)^{2/3}]-F \quad (4.8)$$

式中，F 是在 t 时间药物的释放分数。释放速率常数 k 是药物释放分数对时间的逆根（inverse root）作图所得到的斜率。

使用该模型可以充分表征微球和微囊的药物释放机制（Jitendra and Shah，2014；Lokhandwala et al.，2013）。该模型的另一个重要特征是将药物溶出/释放时间数据线性化。

4.4.7 Korsmeyer-Peppas 模型

此模型中，通过将原料药（API，也称为标记物）纳入多孔亲水性盘中研究其释放机制（Korsmeyer et al.，1983）。研究了几个可能影响原料药表观释放的因素，例如药物的分子大小、是否包含额外的亲水性聚合物、药物/聚合物的比例，以及聚合物基质的动态溶胀和溶出对机制的影响。最终得出基于半经验扩散的模型：

$$[M_t/M_\infty]=k\cdot t^n \quad (4.9)$$

$$(dM_t/dt)=A\cdot n\cdot c_d\cdot k\cdot t^{n-1} \quad (4.10)$$

式中，M_t/M_∞ 是在 t 时间药物（API 或标记物）的溶解分数；k 是溶出/释放速率常数；A 是表面积；c_d 是示踪剂装载浓度；n 是表征药物（API 或示踪剂）释放机制的指数。

使用此模型时需要考虑几个要点。首先，对于亲水性不同的载体（聚合物辅料）及其针对亲脂性聚合物的适用性，尚未评估该模型的适用性。其次，该模型通常会评估 Q 高达 60%的药物释放曲线，即当药物释放分数接近 60%时，以探索参数 n 的影响，而不是整个曲线。再次，该模型可能适用于载药量低于 65%的情景，因为系统会迅速崩解，产生不可重现的结果。聚合物的完整性以及药物/聚合物基质中药物的持续消耗，可能导致整个系统意外崩溃，进而偏离此模型。因此，必须仔细选择构成基质的材料，以确保维持药物/聚合物基质的完整性，并通过至少85%的药物释放来实现可靠的药物释放率。然而，对于正在开发的特定药物产品，制剂科学家并没有这种选择，毕竟开发产品的目标是用于治疗，很少验证药物释放机制（即模型验证）。

4.4.8 Hopfenberg模型

药物制剂通常含有聚合物基质，这些基质在释放介质中不溶解但会溶蚀。通过分析具有多种几何形状（平板、球体和无限圆柱体）的表面溶蚀组合物（微丸和颗粒等）的药物释放，提出了描述这些剂型中药物释放的通用数学方程（Hopfenberg，1976；Katzhendler et al.，1997）：

$$F_t=1-\{1-[(k_o \cdot t)/(C_o \cdot A_o)]\}^n \tag{4.11}$$

式中，F_t 是在 t 时间时药物的溶解分数；k_o 是溶蚀速率常数；C_o 是 t 时间时基质中药物的浓度；A_o 是球体、圆柱体或平板的初始空间维度（半径、半厚度等）；n 是不同几何形状的基质的形状固定参数，例如，球体（$n=3$）、圆柱体（$n=2$）和平板（$n=1$）。

这些溶蚀性聚合物基质在滞后一定时间（ℓ）后才开始释放药物。在这种情况下药物的释放分数可以通过以下方程计算，该方程考虑了时间滞后（ℓ）：

$$F_t=1-[1-k_1 \cdot t \cdot (t-\ell)]^n \tag{4.12}$$

其中，$k_1=k_o/(C_o \cdot A_o)$。

此模型遵循一些很严苛的假设。首先，在降解/溶蚀过程中，表面积保持不变。其次，溶蚀基质的时间依赖性扩散阻力（内部和/或外部）并不影响药物释放的限速步骤。关于含聚合物的组合物的各种几何形状，相关参数 n 的赋值是随意的。当此模型应用于载药的亲脂性微球时，表现出一些有限的成功的适用性。

4.4.9 Gompertz分布模型

Gompertz函数，也称为Gompertz曲线，是一种基于处理S形溶出曲线（类似概率分布曲线）的数学模型。该模型通常通过以下数学表达式来描述体外溶出曲线：

$$C=C_{max} \cdot \exp[-a \cdot e^{(b \cdot \lg t)}] \tag{4.13}$$

式中，C 是在 t 时间时溶解的药物百分比除以100；b 是形状参数；a 是在 t 时间时未溶解的药物。曲线的形状变化对应溶出速率的变化，如分别在常释和缓释（调释）制剂的溶出曲线中观察到的情景。

此模型最初建立于社会科学学科，随后应用于溶出科学领域，描述了溶出速率在溶出曲线的初始和结束阶段十分缓慢，但在溶出曲线的中间区域表现出快速（陡峭）的溶出，从而呈现出渐近模式。因此，该模型更适用于快速释放药物的制剂，以及高溶解性药物的常释制剂。随着释放速率开始放缓，即对于调释制剂的药物溶出/释放曲线，则需要调整此模型，或采用其他模型来描述相应的药物释放机制（Li et al.，2005）。

4.4.10 El-Yazigi 模型

绝大多数用于描述固体制剂的药物溶出/释放时间数据的程序都没有考虑初期时间点，特别是对于常释固体制剂。经典的崩解-溶出模型的药物释放分析是分别独立使用初期数据点和后期数据点测定的。以半对数方式绘制曲线，得到两条直线。推测这两条线的相交处反映了表面积的突然增加，即制剂单元的崩解（Kitazawa et al.，1975，1977）。然而，该假设是缺乏科学性的，因为表面积的变化不是突变，而是一个连续的过程。

文献中报道了一种利用所有数据点（初期和后期）来量化溶出速率常数和估算崩解时间（DT）的简单直接的方法（El-Yazigi，1981）。该方法基于假设溶出和崩解遵循一级动力学的双指数表达式，并采用拉普拉斯变换。药物溶出/释放数据以半对数方式绘制为未溶解的药物量随时间的函数。曲线的斜率反映了表观溶出速率常数，估算的崩解时间可以通过以下表达式量化：

$$\text{溶出速率}=D\cdot[\exp(-k_s\cdot t)-\exp(-k_d\cdot t)] \tag{4.14}$$

$$DT_{calc}=4.158/k_d \tag{4.15}$$

式中，$D=[(k_s\cdot k_d\cdot M_0)/(k_d-k_s)]$；$M_0$ 是药物的剂量；k_d 和 k_s 分别是崩解和溶出速率常数。

需要注意的是，此模型应该有足够数量的数据点，特别是在溶出曲线的初期部分和整个渐近线上。此外，此模型尚未针对缓慢崩解的固体制剂和具有不同比例的常释和缓释组分的调释制剂进行详细试验。

4.5 溶出机制（非模型依赖法）

4.5.1 Weibull 分布模型

提供溶出速率数据的定量解读的基于统计的经验模型，通常采用基于药物溶出/释放曲线形状的通用函数来描述（Weibull，1951）。Weibull 方程将介质中的药物溶解量描述为如下时间的函数：

$$Q=M_0\cdot[1-e^{(t-T/a)b}] \tag{4.16}$$

式中，Q 是作为时间 t 函数的药物溶解量；M_0 是药物释放总量；T 是观察到的滞后时间；a 是描述时间依赖性的标量参数；b 定义了溶出曲线的形状。溶出曲线的表征显著影响参数 b（形状因子）的数值，这反过来又会影响对产品的整体药物溶出/释放速率性能的描述。溶出曲线为指数型时，形状参数 b 的值假定为 1；曲线为渐近线（S 形）时，b 值>1；曲线最初陡峭然后呈指数型时，b 值<1。因此，溶出试验数据的量将在确定曲线形状方面发挥重要作用，即为形状参数 b 分配合适的值。

在使用该模型时，有几个重要的考虑因素（Langenbucher，1972）。首先，与溶出曲线的中心（中间）部分相比，溶出曲线的上下两端显著影响结果。其次，溶出曲线的数据点应稳步接近并达到曲线（完整曲线）的平台，以获得可靠的线性 Weibull 图，否则将会有误导性结果的风险。因此，应使用作为时间函数的原始溶解量，并采用经典的最小二乘法来估计拟合优度，而不是 Weibull 图。

4.5.2 统计平均时间模型

应用统计学和概率论原理，可以假设制剂中的每个药物单位（颗粒）在溶出介质中溶解/释放的机会均等。因此，溶出曲线可以看作是从 $t=0$ 到 $t=\infty$（所有药物溶解/释放在介质中）的频率分布曲线。使用统计矩分析，可以确定该分布函数的零阶矩和一阶矩。一阶矩对应曲线的平均溶出时间（MDT），可以通过如下方法计算（Dost，1968；Voegele et al.，1981；Brockmeier，1982，1986；Brockmeier et al.，1983）：

$$\mathrm{MDT}=\mathrm{ABC}/W_{\infty} \tag{4.17}$$

式中，ABC 是累积溶出曲线下的（梯形）面积；W_{∞} 是药物溶出总量的渐近值。采用经典的一级速率处理，MDT 也可以使用以下表达式计算：

$$\mathrm{MDT}=1/k_{\mathrm{d}} \tag{4.18}$$

式中，k_{d} 是溶出速率常数。

为了准确估计 MDT，必须注意以下几个前提。首先，必须确定药物完全溶解，即应达到与剂量 100％溶解相对应的平台。药物的 MDT 取决于剂量/溶解度的比值，当生物利用度受到溶出速率限制时，剂量/溶解度之比在药物吸收中起重要作用（Rinaki et al.，2003）。必须控制溶出曲线上数据点的数量及其在曲线上的位置，以及是否包含在 MDT 的计算中。计算中应包括不多于 1 个达到平台的数据点和不多于 3 个处于溶出曲线早期阶段的数据点。此外，溶出曲线的上升部分应有足够数量的数据点，并应确保分布良好的最小集群。Podczeck（1993）发表的文章阐述了计算统计矩（包括 MDT）时要满足的标准。

4.5.3 其他基于统计回归的模型

在分析药物溶出/释放-时间曲线（数据）时，研究人员已经探索了一些基于统计原理的回归模型。与稳健回归分析的数据拟合最好的药物溶出/释放曲线，采用一阶和二阶回归模型进行解释（Dash et al.，2010；Hocking，2013）。尝试了许多统计模型后，得出最高“拟合优度”的模型才是解释数据的可接受模型。这种基于统计回归的建模方法最多只能解释数据，却很少能阐明制剂的溶出机制。因此，这种建模可以作为支持信息，以支持/否定整体研究中得出的假设和/或结论。

4.5.4 序贯模型

该模型是一个理论模型，其前提是药物从制剂中溶出/释放的过程遵循线性事件序列。假设溶出介质首先与固体制剂（如片剂）最外层表面相互作用，然后与邻近的下一层（表面）相互作用，并继续单向渗透。介质的这种单向渗透将溶解/释放药物，而溶剂（介质）

前沿将继续进一步渗透。假设多方向渗透（包括介质前沿的反向运动）及其对药物表观溶出的影响极小或不存在，那么含有溶胀基质的制剂的药物溶出机制可能可以用该模型解释。然而，该模型的实际用途仅限于揭示含亲水基质的片剂中，有色染料溶剂的液体前沿随时间的运动。

4.5.5 密度泛函理论（DFT）

溶出过程可以用溶质和溶剂之间的热力学控制的分子相互作用来描述。溶剂和溶质分子的相互作用是分子间和分子内键的可用能级以及与之相关的电子密度的结果。利用计算量子力学的原理，将各种类型的能量，例如势能（离子-离子、离子-电子等）、动能等，组合成所谓的密度泛函参数。该参数是密度泛函理论（DFT）的核心，由 Hohenberg 和 Kohn 提出（Medvedev et al.，2017；Liu et al.，2016）。可以使用该理论解释传质过程，并已在材料科学、基础物理和化学以及最近的溶出科学等学科中得到应用（Sanz-Navarro et al.，2008；Payal et al.，2012；Kubicki et al.，2012；Dello Stritto et al.，2016；等）。

通过能级变化来测量溶出的热力学过程中键的形成和断裂所导致的分子间相互作用（溶质-介质），从而预测系统（药物组合）的溶出机制（Hayakawa et al.，2011；Jiang et al.，2015；Cao et al.，2017）。目前，这种方法的应用似乎更适用于颗粒系统，而不是组合物，即更复杂的系统，如包衣产品和多组分制剂等，此时该方法难以确定基于分子的因果关系。简而言之，很难区分/解释两种不同载药量或不同包衣厚度的制剂在溶出过程中能级的变化。有必要针对这一目标开展更多的调查研究。

4.6 溶出数学模型的相关性

描述制剂体外溶出性能的数学模型在其生命周期的多个阶段，均能提供宝贵信息。在产品设计和开发的早期阶段，它有助于筛选并选择进入下一阶段的最优处方。随后，在处方的优化过程中，可以使用建模方法确保所选处方的功能特性的一致性。

开发 IVIVC 的目标之一是避免人体试验并加快产品开发进度。IVIVC 的开发过程涉及体外溶出曲线的反卷积。虽然没有明确的法规要求对制剂的功能性能进行机制建模，但是，作为溶出曲线的数学表征的反卷积证实了产品开发阶段溶出建模的相关性。

产品的溶出/释放 QC 标准最好来自可接受并充分验证的 IVIVC。溶出曲线的数学模型可在其中发挥较大的作用。此外，世界各地的监管机构都提倡药物溶出/释放 QC 应基于产品的临床结果和安全性。因此，现在更加强调 QC 中数学建模的相关性。

当放大生产和批准后变更（SUPAC）时，体外溶出的数学模型可揭示产品质量的一致性。监管机构针对不同程度的变更制定了具体的指导原则。对于这些不同程度的变更，都有关于药物溶出/释放试验的特定指导原则。可以为产品的 QC 体外药物溶出/释放曲线设置数学模型，并确定参数及其相应的范围。可以分析并证明变更后产品的药物溶出/释放曲线是否符合该数学模型，若参数在变更前的范围内，则满足监管要求，可以保证所请求变更的快速批准。

当前的建模实践中存在诸多不足之处。有大量的不同研究人员（学术界、工业界等）对药物溶出/释放曲线（数据）进行表征（建模）的报告和出版物。此类分析可以大致分为两类：①试图将溶出曲线线性化；②将数据拟合到已知曲线模型，并根据线性回归分析得到的相关系数 r 和决定系数 r^2，根据≥0.95 的接受标准，来证明拟合的合理性（Costa and Sousa，2003；Shoaib et al.，2010）。

首先，药物从有限剂量制剂（大多是该情况）中的溶出/释放默认遵循非线性函数，因此有一个疑问：用非线性回归分析数据是否更有意义？线性化处理数据可能带来的问题包括扭曲实验误差及产生误导性结果。或者，使用可以同时适应线性和非线性函数的模型，例如 Makoid-Banakar 函数等，且不会丢失整条溶出曲线的功能特征。其次，除了少数来源于产品临床效果分析的 Weibull 模型、统计平均时间概念模型外，大部分报道的模型都没有得到产品体内结果的验证。第三，将数据曲线拟合到已知模型的前提是，产品的特征遵守和/或符合模型的所有假设。这不仅会在分析中引入偏差，还会导致模型选择的混乱，并且数据可能符合多个模型的通用接受标准，即 r 和 r^2。即使采用这种方法，建议在决定哪种模型适合数据之前，必须仔细检查模型的要求和限制，并检查现有数据是否符合这些要求和限制。此外，这种方法将导致模型仅针对特定案例。因此，对于此类实践而言，阐明明确且准确的目标至关重要，无论是寻求制剂的真正功能特征，还是“在所有条件下保持不变的情况下”，让数据及其所有固有的（不）连贯性、变异性、（不）一致性等来决定采用哪个（些）模型拟合数据，而不是制剂的真实功能特性。

4.7 有目的的建模和模拟

在产品开发阶段，通过对药物溶出/释放数据建模来确定制剂的功能特征和属性至关重要，特别是如果该开发阶段的目标是建立 IVIVC 时。重要的是要意识到，特定制剂的药物溶出/释放机制的建模和/或测定仅限于通过模型测量的体外性能。专门针对开发中产品报道和/或建立的任何此类数学模型，很少与体内溶出后的体内作用机制（即产品的生物效应）直接相关并得到验证。因此，在这种情况下的任何预测充其量只是推测性的。此外，直接测定体内溶出也是极其困难的。衡量的体内效果（吸收、生物利用度等）是体内溶出后的效果。可以推测，无论体内（或体外）溶出的机制如何（是否遵循模型），观察到的体内效果（吸收、生物利用度等）都是相同的。简单地说就是，同一产品的两种不同处方，服从同一数学模型，可以表现出显著不同的体内效果。相反，分别服从不同数学模型的两种相似处方，它们各自的体内性能可能并没有显著差异。因此，必须仔细评估这种表征产品特性进而建模的目的，并将其限制在体外领域。在此，建议读者参考第 9 章和第 12 章中有关该主题的补充信息。

将药物溶出/释放性能建模作为 QC 的回顾性评估工具，围绕着产品功能特性的定义、建立和验证而展开。因此，可以用来证明批次之间质量属性的一致性。这可以有效地扩展用于证明与 SUPAC 相关的可靠与可重复的产品性能的相似性。虽然对制剂的功能性能进行机制建模没有明确的监管要求，但业界始终欢迎科学合理的推理，即溶出/释放性能的数学建模以及适当使用由此测定的参数！

4.8 总结

通过数学模型来了解制剂中药物溶出/释放机制，产生了文献中的各种模型。它们作为实用工具，可供药物研发人员在产品生命周期的各个阶段（开发阶段、IVIVC 开发阶段、QC 阶段和 SUPAC 阶段等）以数学语言表达和解释药物溶出/释放数据。它们的应用和使用完全由研发人员自行决定。在这种情况下，几个必需的注意事项总结如下。

首先最重要的是，科学家应该有一个清晰明确的研究目标以及在研究中建立药物溶出/释放模型的目的。如果目标是开发 IVIVC，则药物溶出/释放性能所遵循的模型无关紧要。如果目标是确定正在使用的新技术的药物溶出/释放机制，并且是首次开发产品（出于学术好奇心），那么模型的选择将至关重要。细节决定成败，在采用模型之前，必须对其进行彻底详细的审查，特别是作者提出的假设和限制因素。药品的功能特性应反映在其溶出/释放性能上，而与是否符合模型无关；否则，就会出现一个普适的通用模型。简而言之，制剂特征应该决定溶出，而不是相反。因此，在使用这些工具时，应谨慎行事，并应以合理的科学原理为准！

参考文献

Baker，R. and Lonsdale，H. （1974）. Controlled release：mechanism and rates. In：Controlled Release of Biologically Active Agents（ed. R. Baker），15-71. New York，NY：Plenum Press.

Banakar，U. （1992）. Pharmaceutical Dissolution Testing，Chapter 1，vol. 49，1-18. New York，NY：Marcel Dekker Publication.

Brockmeier，D. （1982）. Bedeutung Statistischer Momente der Verweildauer fur die Pharmakokinetik und Biopharmazie. Dissertationsschrift，Giessen：30-31.

Brockmeier，D. （1986）. *In vitro/in vivo* correlation of dissolution using moments of dissolution and transit times. Acta Pharmaceutica Technologica 32：164-174.

Brockmeier，D.，Voegele，D.，and Von Hattingberg，H. （1983）. *In vitro-in vivo* correlation，a time scaling problem? Basic techniques for testing equivalence. Arzneimittel-Forschung 33：598-601.

Cao，B.，Du，J.，Cao，Z. et al. （2017）. DFT study on the dissolution mechanisms of A-Cyclodextrin and Chitobiose in ionic liquid. Carbohydrate Polymers 169：227-235.

Costa，P. and Sousa Lobo，J. （2003）. Evaluation of mathematical models describing drug release from estradiol transdermal systems. Drug Development and Industrial Pharmacy 29（1）：89-97.

Dash，S.，Murthy，P.，Nath，L.，and Chowdhury，P. （2010）. Kinetic modeling on drug release from controlled drug delivery systems. Acta Poloniae Pharmaceutica 67（3）：217-223.

Dello Stritto，M.，Kubicki，J.，and Sofo，J. （2016）. Effect of ions on H-bond structure and dynamics at the quartz（101）water Interface. Langmuir 32（44）：11353-11365.

Dost，F. H. （1968）. Grundkzgen der Pharmakokinetik. Stuttgart：Georg Thieme Verlag.

El-Yazigi, A. (1981). Disintegration-dissolution analysis of percent dissolved time data. Journal of Pharmaceutical Sciences 70: 535-537.

Gibaldi, M. and Feldman, S. (1967). Establishment of sink conditions in dissolution rate determinations. Theoretical considerations and application to non disintegrating dosage forms. Journal of Pharmaceutical Sciences 56 (10): 1238-1242.

Hayakawa, D., Ueda, K., Yamane, C. et al. (2011). Molecular dynamics simulation of the dissolution process of a cellulose triacetate-Ⅱ nano-sized crystal in DMSO. Carbohydrate Research 346 (18): 2940-2947.

Higuchi, T. (1961). Rate of release of medicaments from ointment bases containing drugs in suspension. Journal of Pharmaceutical Sciences 50: 874-878.

Higuchi, T. (1963). Mechanism of sustained-action medication-theoretical analysis of rate of release of solid drugs dispersed in solid matrices. Journal of Pharmaceutical Sciences 52 (12): 1145-1149.

Higuchi, W. (1967). Diffusional models useful in biopharmaceutics drug release rate processes. Journal of Pharmaceutical Sciences 56: 315-324.

Hixson, A. W. and Crowell, J. H. (1931). Dependence of reaction velocity upon surface and agitation theoretical consideration. Industrial and Engineering Chemistry 23: 923-931.

Hocking, R. (2013). Methods and Applications of Linear Models: Regression and the Analysis of Variance. New York: Wiley.

Hopfenberg, H. (1976). Controlled release: mechanism and rate. In: Controlled Release of Biologically Active Agents, ACS Symposium Series 33 (eds. D. R. Paul and F. W. Harris), 26-31. Washington, DC: American Chemical Society.

Jiang, S., Zhang, Y., Zhang, R. et al. (2015). Distinguishing adjacent molecules on a surface using plasmon-enhanced Raman scattering. Nature Nanotechnology 10 (10): 865-871.

Jitendra, A. and Shah, C. (2014). Kinetic modeling and comparison of *in vitro* dissolution profiles. World Journal of Pharmaceutical Sciences 2 (4): 302-309.

Katzhendler, I., Hoffman, A., Goldberger, A. et al. (1997). Modeling of drug release from erodible tablets. Journal of Pharmaceutical Sciences 86 (1): 110-115.

Kitazawa, S., Johno, I., Ito, Y. et al. (1975). Effects of hardness on the disintegration time and the dissolution rate of uncoated caffeine tablets. Journal of Pharmaceutical Sciences 27: 765-767.

Kitazawa, S., Johno, I., Ito, Y. et al. (1977). A comparison of the dissolution rates of caffeine tablets in a rotating-basket with those in a Sartorius dissolution tester. Journal of Pharmaceutical Sciences 29: 453-456.

Korsmeyer, R. W., Gurny, R., Doelker, E. et al. (1983). Mechanisms of solute release from porous hydrophilic polymers. International Journal of Pharmaceutics 15: 25-35.

Kubicki, J., Sofo, J., Skelton, A. et al. (2012). A new hypothesis for the dissolution mechanism of silicates. The Journal of Physical Chemistry 116 (33): 17479-17491.

Langenbucher, F. (1972). Linearization of dissolution rate curves by theWeibull distribution. The Journal of Pharmacy and Pharmacology 24: 979-981.

Li, J., Gu, J. D., and Pan, L. (2005). Transformation of dimethyl phthalate, dimethyl isophthalate and dimethyl terephthalate by Rhodococcus rubber Sa and modeling the processes using the modified Gompertz model. International Biodeterioration and Biodegradation 55 (3): 223-232.

Liu, C., Iddir, H., Benedek, R., and Curtiss, L. (2016). Investigations of doping and dissolution in lithium transition metal oxides using density functional theory methods. Meeting abstracts. Electrochemical Society 3: 452-452.

Lokhandwala, H., Deshpande, A., and Deshpande, S. (2013). Kinetic modeling and dissolution profiles comparison: an overview. International Journal of Pharma and Bio Sciences 4 (1): 728-737.

Makoid, M., Dufoure, A., and Banakar, U. (1993). Modelling of dissolution behavior of controlled release systems. Sciences Techniques et Pratiques Pharmaceutiques Sciences 3: 49-54.

Medvedev, M. G., Bushmarinov, I. S., Sun, J. et al. (2017). Density functional theory is straying from the path toward the exact functional. Science 355 (6320): 49-52.

Noyes, A. andWhitney, W. (1897). The rate of solution of solid substances in their own solutions. Journal of the American Chemical Society 19: 930-934.

Payal, R., Bharath, R., Periyasamy, G. et al. (2012). Density functional theory investigations on the structure and dissolution mechanisms for cellobiose and xylan in an ionic liquid: gas phase and cluster calculations. The Journal of Physical Chemistry 116 (2): 833-840.

Podczeck, F. (1993). Comparison of *in vitro* dissolution profiles by calculating mean dissolution time (MDT) or mean residence time (MRT). International Journal of Pharmaceutics 97: 93-100.

Rinaki, E., Dokoumetzidis, A., and Macheras, P. (2003). The mean dissolution time depends on the dose/solubility ratio. Pharmaceutical Research 20 (3): 406-408.

Sanz-Navarro, C., Astrand, P. O., Chen, D. et al. (2008). Molecular dynamics simulations of the interactions between platinum clusters and carbon platelets. The Journal of Physical Chemistry 112 (7): 1392-1402.

Shoaib, M., Al Sabah Siddiqi, S., Yousuf, R. et al. (2010). Development and evaluation of hydrophilic colloid matrix of famotidine tablets. AAPS PharmSciTech 11 (2): 708-718.

Voegele, D., Von Hattingberg, H., and Brockmeier, D. (1981). Ein einfaches Verfahren zur Ermittlung von *in vitro-/in vivo* Zusammenhangen in der Galenik. Acta Pharm. Technol 27: 115-120.

Weibull, W. (1951). A statistical distribution function of wide applicability. Journal of Applied Mechanics 18: 293-297.

第 5 章

溶出试验方法：发明源自需求

5.1 引言

溶出试验的起源可以追溯到一个多世纪前，在工程和物理科学学科中，人们研究了溶解度和溶液的原理。作为一种物理化学现象，评估固体溶质在液体溶剂（水介质）中的溶解过程，主要是为了了解溶质在其自身溶液中的溶解速率和溶解度等因素，以及它们之间的相互关系，即著名且经常被提及的 Noyes-Whitney 方程（1897）。随后，随着更深入的分析和更详细的试验以及更多数据的获得，更多的理论和该表达式的精练版本被报道出来（Bruner and Tolloczko，1900；Nernst and Brunner，1904；Wilderman，1909；Zdanovzki，1946；Hixon and Crowell，1931；Miyamoto，1933；Filleborn，1948；等）。直到二十世纪中期，溶出试验技术和应用才进入药学学科（Danckwerts，1951；Edwards，1951；Nelson，1957；Levich，1962；Levy and Tanski，1964；Campagna et al.，1963；Martin et al.，1968；Varley，1968；MacLeod et al.，1972；Lindenbaum et al.，1971；Skelly，1988；等）。在此期间，对理解溶出试验技术给予了极大的关注，并努力使这种技术标准化。从那时起，溶出试验开始与药物剂型及其可能对制剂中的活性药物成分（API）的生物有效性（即生物利用度）的影响建立关联。随着时间的推移，溶出试验被逐渐用于建立和证明产品批次之间的质量控制。因此，溶出试验作为一种质量控制工具获得了强有力的支持。在二十世纪的最后三十年里，随着标准化仪器的使用，溶出试验不仅获得了官方/药典的认可，而且全球多部药典和权威机构还出版了数个官方各论和固体制剂（SDF）溶出试验的指南，包括《美国药典》（USP）、《美国国家处方集》（NF）、《欧洲药典》（EP）、《国际药典》（IP）以及国际制药联合会（FIP）和美国食品药品管理局（FDA）等发布的指南。然而，最重要的仍然是更透彻地了解溶出过程（技术）及其与制剂的生物有效性的关系，并将其作为标准化的质量控制试验工具。随着世纪之交的来临，溶解度、溶出和生物有效性的作用在药物开发和质量控制计划中获得了实质性的支持。2000 年，美国 FDA 正式发布了生物药剂学分类系统（BCS），开始探究溶出试验在预测生物有效性、体外-体内相关性（IVIVC）方面的作用，以及在建立和证明产品质量方面的应用。此外，还引入了生物等效性豁免的概念，全球各监管机构拓展了溶出试验的使用范围及其在药物批准过程中的应用。当溶出试验在药物开发过程中的作用日益增强时，在二十世纪的最后二十年里，药物剂型（产品）的设计技术也同时出现了实质性的快速进步，并一直持续到现在。目前正在探索复杂的和所谓困难（有挑战性的）的药物剂型，以应对新出现的治疗挑战。

综合回顾125年来的文献，很明显，体外溶出试验技术和应用在药物产品开发和质量评估项目领域将持续存在。此外，追踪在此期间溶出试验的作用，可分为三个时期：①十九世纪末至二十世纪中叶，了解溶解和溶出过程的科学和技术；②二十世纪中叶至二十世纪末，将溶出试验确立为一种确认性的质量控制试验，并探索其预测生物有效性的能力；③二十一世纪初至今，深入理解溶出试验在生物等效性豁免、超级专业的药物（学）系统以及结合溶出和可能的渗透性试验进行试验设计中的作用。此外，连接这三个时期的一条主线是，在了解溶出机制、了解产品的功能性能和相关技术，以及了解溶出试验在建立产品和/或其生物有效性的质量控制（QC）标准、在作为评估产品潜在生物等效性豁免的标准和作为全球统一技术时的预测能力时，出现了许多问题，而为了回答这些问题，随之出现了众多（数以百计）的溶出试验方法、方法学和设备。本章的主要目的是，概述各种药物溶出/释放试验方法的演变，所针对的药物系统由固体状态的药物组成，这些药物必须经过体外和体内的溶出过程，并最终在体循环中吸收。本章将引用大量的报道各种溶出试验装置的参考文献。因此，请读者查阅和研究与本文讨论的各种药物溶出/释放试验方法相对应的原始参考文献，以了解其详细信息和在药物开发研究中的应用。在此过程中，将讨论溶出科学的基本原理，然后是官方/药典溶出/释放试验方法，并讨论与各种药物系统相关的非药典方法。

5.2 溶出试验方法的需求

医药产品的设计和开发仍然被认为是一门艺术，而不是科学！然而，清楚和全面地了解影响制剂设计和开发的众多因素，包括体外和体内的评价，是成功开发药物制剂的关键。制药科学家，特别是制剂科学家的一贯追求是在开发过程中实施适当的步骤，使最终的制剂（产品）符合预先设定的生物有效性标准，并最终实现临床有效。因此，在药物开发过程的各个阶段，有许多可能与生理相关的前瞻性试验，例如体外溶出试验，被用来筛选处方。这样一来，如果能够适当地使用这些替代试验，那么就会大大提高成功设计、开发和评估不同处方的可能性。因此，溶出试验作为一种前瞻性预测工具，在药物产品开发中的作用变得十分重要。这种作用已经转化为对溶解和溶出过程的机制的理解与制剂的预期的功能性表现相结合，从而产生了各种溶出试验方法和方法学。另一方面，溶出试验也开始被用来评价一种制剂的不同批次之间是否始终如一地以规定/预定的速率和程度释放药物。因此，它被确立为一项质量控制（QC）试验。然而，必须注意的是，当溶出试验在产品开发阶段被用作前瞻性试验时，与在建立质量控制标准期间被用作回顾性试验时，尽管有一定程度的重合，但二者的要求和期望是完全不同的。尽管如此，这两种应用所依据的主要假设是，溶出试验即便不能预测但也能够充分代表药物的生物性能，即生物利用度。

现在，人们毫无疑问地接受了这样的观点：用于全身作用的药品的体内药物释放和溶出是实现其生物有效性的先决条件。此外，体内和/或体外的溶出取决于溶解度。因此，能够严格模仿产品在体内表现的功能要求和期望的体外溶出试验是至关重要的，这一目标被过度简化为“生理相关性溶出试验”方法的开发，特别是在产品开发阶段——正如一个模型中所描述的那样（Shirodker et al.，2018）。各种物理化学、生理和微环境因素都会影响制剂的溶出和/或药物释放，如原料药、辅料、制剂过程以及预期药物释放、溶解和吸收进入体循环的微环境生理动力学等。虽然该模型适用于满足药物在吸收前溶出要求的所有类型的制剂，但其做法往往是针对特定药物和产品的。另一方面，只要基于溶出的生物有效性已经得到了证明，那么在以质量控制为目的的溶出方法开发过程中，通常不需要如此严格的溶出方法开发。因此，虽然不同产品对溶出试验的要求和期望可能不同，但在药物开发阶段以及在产品的整个生命周期中建立质量控制标准时，开发溶出试验方法以及与之相关的方法学是至关重要的。

5.3 溶出试验方法

药物溶出和药物释放试验方法的发展和应用一直是从事溶出试验领域的科学家们持续关注的话题。在药物系统（产品）的设计中使用先进的技术来解决狭义的治疗终点，并要求通过溶出试验来证明产品的功能性特征，这导致了在过去的几十年中，文献中报道了大量的溶出试验方法和设备。有几篇综述文章描述了各种方法/设备。但是这些综述文章大多集中在特定类型的剂型上，其中一些侧重于现有的药典方法，很少有文章对更多种类和类型的药物系统的溶出试验方法进行全面的概述（Banakar，1992；Dokoumetzidis and Macheras，2006；Udin et al.，2011；Rachid et al.，2011；Riley et al.，2012；Hasan et al.，2017；Tiwari et al.，2018；等等）。

仔细查阅有关溶出试验方法、方法学和设备的文献，可以发现，一般来说，开发溶出试验方法的主要目标如下：①同化药物从制剂中释放和溶解的体内微环境；②确保提供足够体积的所选溶出介质；③与被测产品表面直接接触的介质的高效流体力学，以确保最小或不存在表面饱和；④试验具备足够的时间，以确保对于有限剂量系统，溶出不少于剂量的85%，或者对于无限剂量系统，在预先确定的持续时间时，溶出速率达到并保持稳定状态。因此，这种溶出试验方法是为了了解有关产品在受试者给药后的体内表现——在产品的开发阶段，预测性的所谓生理相关性溶出方法更合适。另一方面，溶出试验方法旨在通过其体外溶出行为建立不同批次产品的质量控制，其总体目标与预测性的所谓生理相关性溶出方法的目标相同，除了同化体内微环境之外，这些方法很可能试验时间较短。

5.3.1 溶出科学

如果没有对溶解性和溶出科学的基本了解，就不能启动溶出试验方法的开发。通常通过数学建模、分子力学、一般监管指南等，对在开发和质量控制试验中溶质（原料药）从制剂中的溶解过程和最终溶出有一个基本的了解。然而，直接与药物制剂溶出方法开发相关的实践溶出科学，却很少被提及。

必须再次强调的是，溶质（API）在水中的溶解度是其在选定的水性介质中溶解的前提条件，同样，原料药（API）从药物制剂中释放到选定的溶出介质中也是其表观溶出的前提条件。另外，绝大多数固体制剂（SDF）被认为是有限剂量制剂，而其余的则被认为是无限剂量制剂。而且，固体溶质和液体（水性）介质之间的物理化学作用是必不可少的。对于有限剂量制剂，可以定量测定增溶和最终溶解该剂量所需的介质体积。对于无限剂量制剂，确定该体积则是根据预期或预设的溶出试验时间来计算的，而该时间通常与患者使用该制剂的时间（临床终点）相关。在任何情况下，无论是有限剂量制剂还是无限剂量制剂，所需的溶出介质的总体积（实际体积或表观体积，视情况而定）是确定的，通常认为是 1∶1 的漏槽条件。

虽然可以计算出所需的介质体积，但下一步是要确保在溶出所发生的表面上，溶解的药物应该是最小程度的饱和，最好是没有饱和。可以通过在溶出部位维持足够的流体力学微环境来实现。必须注意的是，溶出发生的表面积以及混合的性质和特点，将共同影响溶出试验的最终结果。因此，在溶出试验过程中保持有效的流体力学（理想情况下是直到所有的药物从制剂中溶解出来），成为直接影响整个溶出过程的另一个重要因素。

溶出介质的选择是另一个影响溶出试验总体结果的逻辑因素。在产品开发阶段，可以主动选择模拟体内环境的溶出介质，而在建立质量控制标准时，溶出介质的选择则围绕诸如 USP、EP、IP 等通常推荐的介质，以及官方数据库（如美国 FDA 溶出数据库）提供的介质。

综上所述，溶出过程的科学可以用以下表达式进行全面和实用的解释（Bruner 和 Tolloczko，1900）：

$$dC/dt = k \cdot S \cdot (C_s - C_t) \tag{5.1}$$

式中，dC/dt 是溶出速率；k 是溶出速率常数；S 是溶解界面的表面积；$(C_s - C_t)$ 是药物溶解度和给定时间的药物溶解量之间的浓度梯度。

目前，公认影响溶出试验的关键因素包括来自制剂（成分、组成及其工艺）的因素（称为制剂因素）、来自设备产生的流体力学的因素以及来自溶出介质特性的因素。仔细研究一下上述表达式，因为它涉及影响药物制剂整体溶出性能的各种因素，可以设想：诸如崩解或不崩解的制剂因素将通过参数“S”来体现；基于药物溶解度和剂量的介质体积，即漏槽条件，通过浓度梯度（$C_s - C_t$）来体现；流体力学的性质和特点（温和或强烈、装置中的混合元件类型、层流和/或湍流模式）通过表观溶出速率参数 dC/dt 来体现。必须着重强调的是，所有影响表观溶出的因素，无论其来源如何，都会共同影响溶出结果。

5.3.2 内在和表观溶出方法

在药物开发的各个阶段，从药物发现和先导化合物优化的早期阶段，到成品溶出度标准的制定，以及在批准后的制剂变更过程中，会出于各种目的，对药物的理化性质进行评估。其中的一个关键性质是测定原料药的固有溶出。固有溶出速率（IDR）的定义是：在恒定的温度和恒定的溶解界面表面积下，纯溶质（原料药）在潜在的生理相关水性介质中的溶出速率（Tseng et al.，2014；Viegas et al.，2001）。固有溶出速率可表示为：

$$\mathrm{IDR}=(\mathrm{d}m/\mathrm{d}t)_{\max}/A \tag{5.2}$$

式中，A 是桨碟的表面积；$\mathrm{d}m/\mathrm{d}t$ 是溶出曲线的最大斜率，表示单位面积的药物溶解量随时间的变化。IDR 的单位是 $\mathrm{mg/(min \cdot cm^2)}$（Noyes et al.，1897)。

测定纯药物的固有溶出所需的设备装置和程序在各种药典中均有所描述，如图 5.1 所示

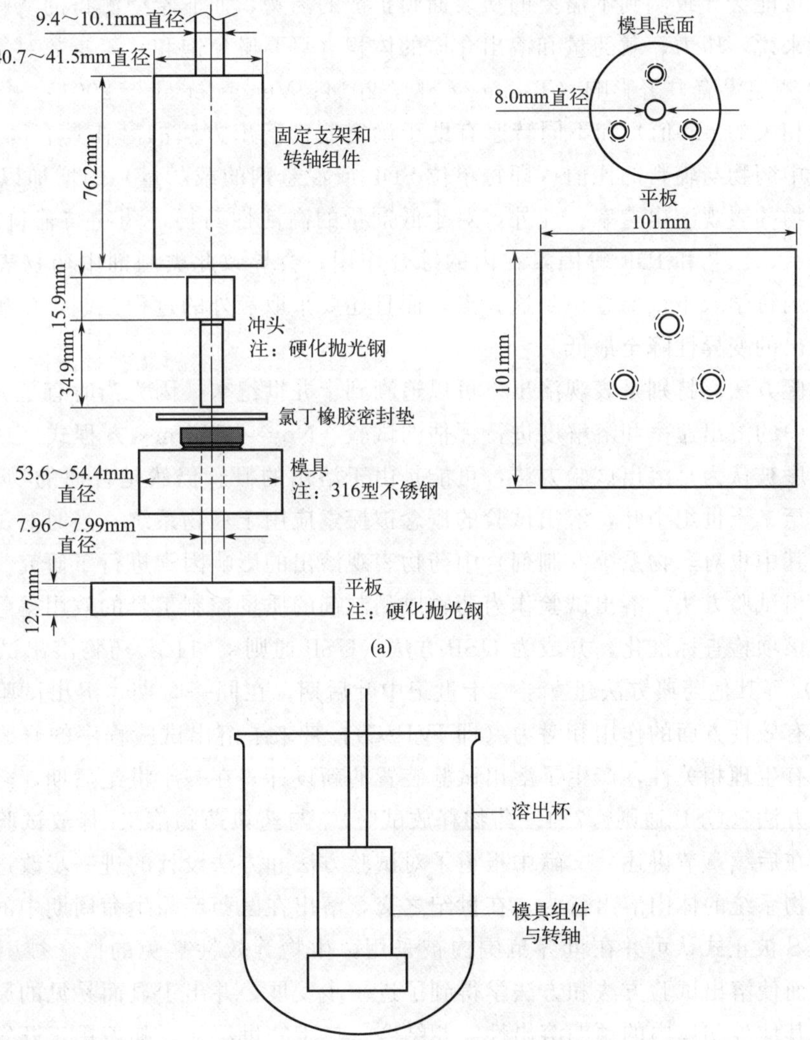

图 5.1 USP35/NF30 通则<1087>中所述的固有溶出试验装置的示意图

的《美国药典》（USP）通则<1087>（USP35/NF30 2010）、《英国药典》（BP 2012）和《欧洲药典》（EP 2011）。通常，先将模具放置在工作台平板上，形成一个模具空腔，在其中放入精确称量的纯药物；将冲头插入模具空腔中，施加压力并维持规定的时间；在不移除冲头的情况下，移除压力；随后，将模具和冲头一起安装到固定支架上［图 5.1(a)］；降低模具组件和转轴，并垂直悬浮在含有所选择介质的溶出杯中［图 5.1(b)］。该组件确保只有一个表面暴露于溶出介质中。带转轴的模具组件以预设的速度带动桨碟旋转，在整个试验过程中取样，以测定药物溶解量与时间的关系。根据得到的数据，计算出 IDR。有关试验准备的详细信息和应遵循的程序可详见上述药典。

主要影响药物 IDR 的因素包括暴露的溶出表面积、原料药的粉体学、药物颗粒的黏附性和可压性、压力及保压时间、介质的 pH 值和离子强度、流体力学的强度以及溶解界面的性质。可以制备具有不同表面积的桨碟，这有助于那些具有较差可压性的原料药，优选具有较小表面积的桨碟。需要注意的是，施加过大的压力可能导致药物颗粒的部分或完全熔化（融合），这可能会导致测到不需要的从表面膜扩散的药物，而非希望测得的从颗粒中溶出的药物。一般来说，压力、载药量和溶出介质的体积（只要避免饱和）等参数对氯霉素和阿替洛尔的 IDR 测定没有显著影响（Tseng et al.，2014；Veigas et al.，2001）。仔细选择溶出介质（生理相关的 pH 值）和不同转速有助于确定制剂溶出方法的潜在具有区分力的条件。同时，制剂中药物与辅料的比值（即每单位 SDF 或混悬剂的载药量）的增加以及 IDR 会影响制剂中药物的表观溶出速率。此外，对于低剂量的高活性药物，药物与辅料的比值较低，由于包括辅料、工艺和 IDR 等因素在内的综合作用，会导致此类制剂中药物表观溶出的高变异性。制剂科学家不仅要意识到这一点，而且还要采取额外的过程控制，以确保将制剂中药物表观溶出的变异性降至最低。

溶出试验方法，特别是表观溶出，可以追溯到十九世纪末，因为当时有了分别对溶质在其自身溶液中的溶出速率和溶解度进行评估的试验［Noyes-Whitney 方程式（1897）］。所采用的试验程序被认为是溶出试验方法，可能是由于溶出的概念仍然是普通的物理科学现象。二十世纪初至二十世纪中叶，溶出试验的概念被探索应用于药物系统，当时对试验装置也进行了改进，其中也对药物系统（制剂）中药物表观溶出的影响因素进行了研究。于是出现了各种表观溶出试验方法。溶出试验作为药物成品制剂的质量控制工具的效用得到了认可和采用，从而使该项检查标准化，并成为 USP 方法（USP 通则<711> 药物溶出试验）。《欧洲药典》（EP）等其他药典方法建立于二十世纪中叶后期。在同一时期，溶出试验在预测药物制剂的生物有效性方面的作用和潜力（即 IVIVC），带来了溶出试验程序的修改和改进，使得试验更具有生理相关性，产生了溶出试验装置的新设计。在二十世纪后期，药物释放试验采用了药典方法（USP 通则<724>药物释放试验）。与药典药物溶出/释放试验方法有关的更多信息将在后续章节讲述。文献中报道了对试验方法和方法设计的进一步改进，试图更准确地模拟药物系统的体内溶出行为。在世纪之交，溶出在医药产品生命周期中的作用被牢牢地确立，BCS 被正式认可并在世界范围内被采用，生物等效性豁免的概念被引入并迅速得到认可，从而使溶出试验方法和方法学得到了进一步发展，并出于显而易见的原因，将药物制剂技术与其体外和体内的预期溶出性能相结合。二十一世纪初，随着用于开发超级专业的药物（学）系统和复杂药物系统的先进技术的出现，需要进一步改进溶出试验方法和溶出试验装置的设计。迄今为止，药物溶出/释放试验方法的进展仍在被持续报道，将在后续章节对其进行讨论。

在对从十九世纪末至今的关于表观溶出试验方法、程序和装置（设备）的文献的全面回顾中，通过其中的几篇综述（Banakar，1992；Kramer，2005；Gray，2005；Dokoumetzidis and Macheras，2006；McAllister，2010；等），可知已经报道了数百种溶出试验装置和方法。广义上讲，各种溶出试验方法（装置）可分为两类：一类是面向药物系统的，另一类是根据各溶出试验所采用的方法（设备）。值得注意的是，能够着重于影响溶出过程的三个关键因素（即漏槽条件、高效且有效的流体力学以及所需溶出介质的特性）的溶出试验，比那些可能局限于药物系统类型的试验具有更广泛的适用性。根据所提供的条件分类的各种溶出试验方法（装置）的详细信息可以在以下引文中找到：

- 自由对流非漏槽方法（Nelson，1958；Levy et al.，1963）。
- 强迫对流非漏槽方法（Wruble，1930；Broadbent et al.，1966；Edmundson and Lees，1965；Levy et al.，1962；Levy and Hayes，1960；Richter et al.，1969；Weintraub and Gibaldi，1970；Cox et al.，1978；Shepherd et al.，1972；Haringer et al.，1973；Shah et al.，1973；Shah and Ochs，1974）。
- 强迫对流漏槽方法（Gibaldi and Weintraub，1970；Ferrari and Khoury，1968；Wurster and Polli，1961；Gibaldi et al.，1967；Barzilay and Hersey，1968；Krogerus et al.，1967）。
- 连续流动（流通池）方法（Baun et al.，1969；Tingstad and Riegelman，1970；Tingstad et al.，1972；Cakiryildiz et al.，1975；Pernarowski et al.，1968；Langenbucher，1969；Rust，1984；Takenaka et al.，1980）。
- 特殊方法（Goldberg et al.，1965；Nasir et al.，1979；Beihn and Digenis，1981；Keshary and Chen，1984；David，1992；Flynn and Smith，1971；Franz，1978；Gummer et al.，1987；Glikfeld et al.，1988；Hawkins and Reifenrath，1986；Southwell and Barry，2015；Tojo et al.，1985；Wurster et al.，1979；Friend，1992；Ashokraj et al.，2019；Rachid et al.，2011）。

需要注意的是，分别对应于 USP 通则＜711＞和＜724＞的药物溶出试验方法和药物释放试验方法，均包括在强迫对流非漏槽方法、流通池法和特殊方法中。此外，已经开发和报道的用于超级专业的药物（学）系统和复杂药物系统［例如药物洗脱支架（DES）和其他注射剂产品和吸入产品等］的药物溶出/释放试验方法，将在后续章节进行讨论。

5.3.3 药典方法与监管视角的对比

在过去的几十年中，有数百种体外溶出方法被报道。随着体外溶出试验被用作质量控制试验，再加上对含有固体状态 API 且用于全身起效的各种剂型的认可，有必要对这种试验进行标准化。此外，在了解溶出过程及其与相应剂型的物理化学和功能性表现的相关性时，进一步纳入了药物溶出/释放试验的标准。考虑到这些因素，USP 通则＜711＞和＜724＞撰写和定稿时，包括了 USP 装置 1～7，并被其他药典如《欧洲药典》(EP)、《英国药典》(BP) 和《国际药典》(IP) 所采用，详见表 5.1。

表 5.1 不同药典中分类的药物溶出/释放试验装置

类型	《美国药典》	《欧洲药典》	《英国药典》	《国际药典》
1	篮法装置	桨法装置	篮法装置	桨法装置
2	桨法装置	篮法装置	桨法装置	篮法装置
3	往复筒法装置		流通池法装置	流通池法装置
4	流通池法装置			
5	桨碟法装置			
6	转筒法装置			
7	往复架法装置			

需要开展体外药物溶出/释放试验的各种类型药品的分类见表 5.2。需要注意的是，含有固态原料药并且预期给药后被全身吸收的任何剂型，无论是什么给药途径，都需要通过体外药物溶出/释放试验，分别建立和证明剂型的功能性指标和质量控制标准。因此，表 5.3 列出了针对不同类型的药物制剂分别推荐的各种药典方法。

表 5.2 不同类型的药物系统（制剂）的分类

分类	描述
物理属性	• 崩解 • 非崩解
基于功能属性(基于法规)	• 速释 • 调释 • 肠溶包衣① • 其他②
基于载体系统	• 固体 • 半固体 • 液体③

①迟释（DR）。

②包括控释（CR）、长释（ER）和缓释（SR）等。

③除溶液外，需开展溶出试验。

表 5.3 药典方法在各类药物制剂中的应用

药典方法(USP,EP,BP,IP)	装置	药物制剂
1	篮法	片剂,胶囊,CR 产品,咀嚼片
2	桨法	片剂,胶囊,CR 产品,咀嚼片,ODT,混悬剂
3	往复筒法	CR 制剂,咀嚼片
4	流通池法	散剂,微丸,微粒,植入剂及含有难溶性药物的制剂
5	桨碟法	外用/透皮制剂
6	转筒法	透皮制剂
7	往复架法	CR 制剂(非崩解型),透皮制剂

注：CR—控释；ODT—口崩片。

药典（USP、EP、BP、IP）装置 1～7 的详细信息可参见各个药典，示意图分别参见图 5.2～图 5.8。同样，对于 USP 装置 1～3，可以参考药典了解其物理和化学校准要求。

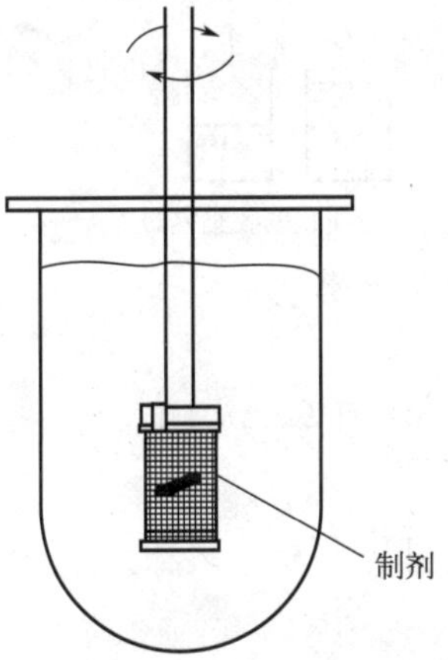

图 5.2　USP/BP 装置 1；EP/IP 装置 2

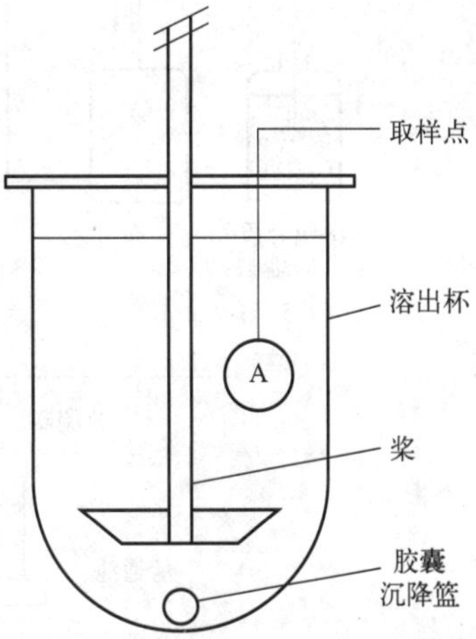

图 5.3　USP/BP 装置 2；EP/IP 装置 1

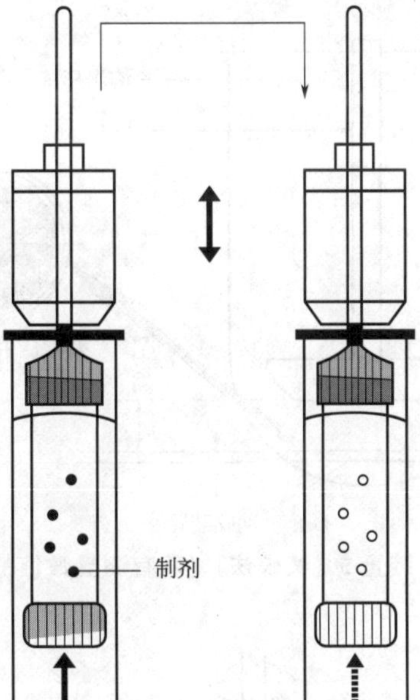

图 5.4　USP 装置 3

USP 装置 1 和 2 仍然是 SDF 药物溶出/释放试验中最常用和最受欢迎的方法，特别是在建立质量控制标准时。目前，USP 装置 3 的校准要求已经适用，该方法更多地被用于设定缓释 SDF 的质量控制标准。同时考虑影响溶出过程和试验结果的两个关键因素，即漏槽条件和流体力学，对各种药典溶出试验方法进行了比较（表 5.4）。此外，2007 年 USP 对机械校验和性能验证试验的程序进行了标准化（表 5.5）。

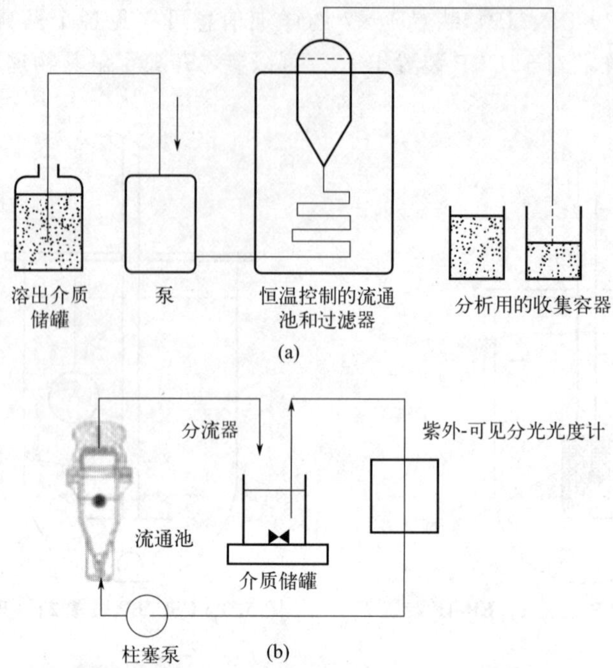

图 5.5 （a）USP 装置 4 和 BP/EP 装置 3（开环）；（b）流通池溶出装置（闭环）

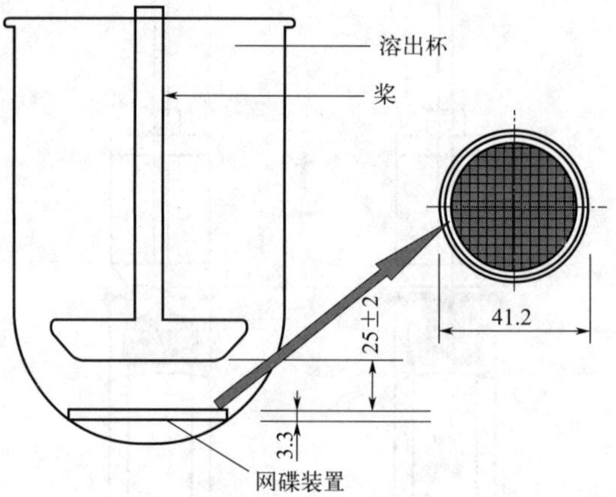

图 5.6 USP 装置 5（桨碟法）（所有测量数值的单位为 mm）

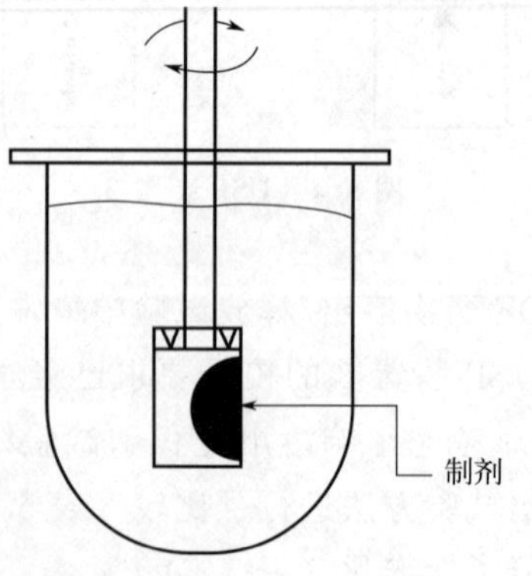

图 5.7 USP 装置 6（转筒法）

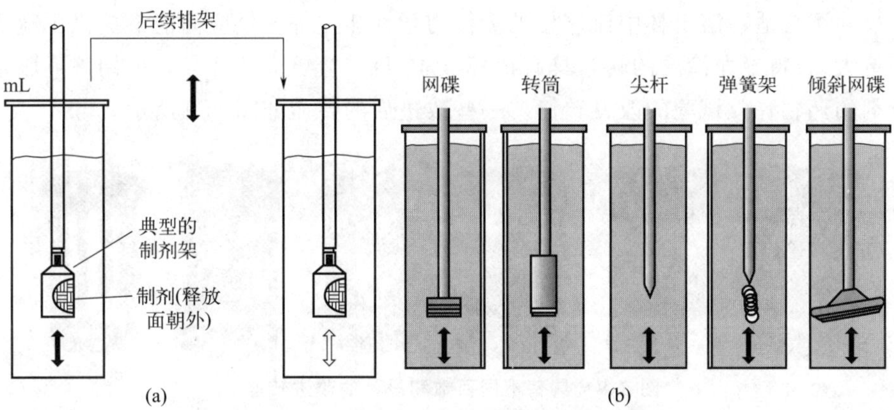

图 5.8 (a) USP 装置 7 (往复架法); (b) 非药典的改进

表 5.4 漏槽体积和流体力学参数的比较

药典方法(USP,EP,BP,IP)	装置	RPM/(r/min)/震荡振幅/cm	介质体积/mL
1	篮法	25～50/NA	500～4000
2	桨法	25～150/NA	500～4000(150～200)①
3	往复筒法	NA/9.9～10.1	250～300
4	流通池法②	NA/NA	最大达 3L/h
5	桨碟法	25～150/NA	500～4000
6	转筒法	25～200/NA	500～4000
7	往复架法	NA/2	可变

注：RPM，转速。

①非药典；NA，不适用。

②不同的尺寸和改动。

表 5.5 对 USP 装置 1 和装置 2 机械校验和性能验证试验的各个参数的标准和公差

参数	ICH(USP,JP,EP)	FDA DPA-LOP.002	ASTM E2503-07	USP 工具包 2.0 版
篮和桨深度	(25±2)mm	(25±2)mm	(25±2)mm(或<8%)	23～27mm
转速	规定转速的±4%	目标转速±2r/min	目标转速±2r/min 或±2%,取较大者	目标转速±1r/min
轴摆动	无明显摆动	总摆动≤1.0mm	总摆动≤1.0mm	总摆动值≤1.0mm
轴垂直度	未测定	偏离垂直≤0.5°	气泡居中	偏离垂直≤0.5°
篮摆动	±1mm	总摆动≤1.0mm	总摆动≤1.0mm	总摆动≤1.0mm
溶出杯与轴的同轴度	偏离轴心不超过 2mm	偏离中心线≤1.0mm	偏离中心线≤1.0mm	偏差不超过 2.0mm(4°～90°位置)
溶出杯垂直度	未测定	偏离垂直≤1.0mm(2°～90°位置)	偏离垂直≤1.0mm(2°～90°位置)	偏离垂直不超过 0.5°
溶出杯水平度	未测定	未测定	未测定	偏离水平不超过 0.5°
性能验证试验(PVT)	USP 泼尼松龙标准片	未测定	未测定	USP 泼尼松龙标准片

使用 USP 装置 1 时，一些经常遇到的困难包括：转篮堵塞、相对于单位制剂而言转篮

的大小和尺寸不合适、溶出杯中流体柱的流体力学性能差等。供应商能够提供更宽更高的转篮（体积更大）。特氟龙涂层的转篮具有比标准 40 目转篮更大的孔径，可用来克服堵塞。也有用于栓剂的药物释放试验的改良转篮。一些改进后的转篮如图 5.9 所示。

图 5.9　具有不同目数和设计的改进转篮

与 USP 装置 1 相比，USP 装置 2 显著改善了整个流体柱的流体力学。USP 装置 2 经常遇到的一些需要注意的困难，如制剂单元的漂浮和/或沉淀在溶出杯底部的颗粒形成的圆锥形堆积。漂浮问题可以使用各种类型的沉降篮（图 5.10）来克服，溶出杯底部形成圆锥形堆积也可以使用尖峰底溶出杯（图 5.11）来加以避免。

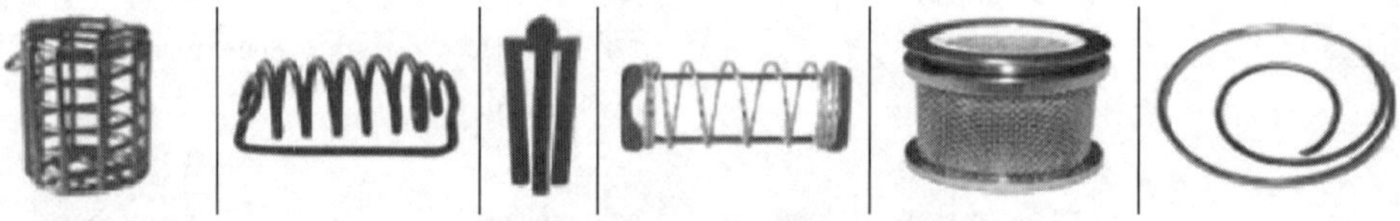

图 5.10　USP 装置 2 中常用的沉降篮

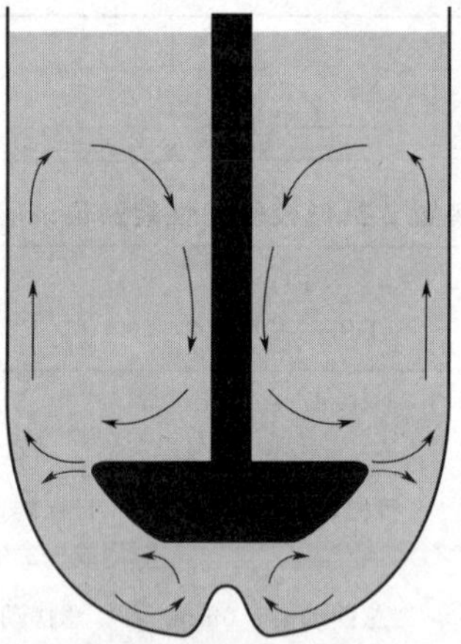

图 5.11　用以避免颗粒在溶出杯底部形成圆锥形堆积的尖峰底溶出杯

5.3.4　预测性试验方法和“生物相关性溶出”方法

口腔给药途径仍然是最受欢迎的给药途径，口服 SDF 如片剂、胶囊等，是最方便的递送全身吸收药物的剂型。因此，体内溶出和吸收过程一直是科学研究和讨论的主题之一。1951 年，Edwards 研究了阿司匹林在水介质中的溶出和吸收情况。从那时起，人们一直在不断地了解影响体外和体内溶出过程的各种因素，并一直持续至今。随着众多溶出试验装置和方法的发展，选定的方法被标准化并被药典收录。各种技术的发展和应用带来了许多药物递送系统，与此同时，用于了解体内溶出和吸收（药代动力学）的定性和定量技术也得到了发展。在整个研究过程中，人们一再认识到体内环境不仅是复杂的，而且是动态的，而体外溶出试验提供了一个封闭的静态环境，与不同部位的胃肠道（GIT）中复杂的流体力学和频繁变化的介质体积的相关性是有限的（Fadda et al.，2009；D'Arcy et al.，2005，2006；Charkoftaki et al.，2010）。受原料药和制剂独特的理化性质所影响的体内溶解度和溶出速率，以及 GIT 中不同解剖部位的内容物、组成和不同的流体动力学等生理因素，进一步增加了预测和表征给药后的药物在体内溶出和吸收的复杂性（Abrahamsson et al.，2004；Boni et al.，2007；Pedersen et al.，2005；等）。因此，与胃肠道的动态环境相关的解剖学和生理学，如胃肠道转运时间、存在和/或不存在食物、内在增溶剂等，对药物体内溶出和吸收的预测造成了重大障碍（Porter et al.，2004；Pedersen et al.，2005）。在这样的情况下，溶出试验作为一种预测工具的作用及其生理相关性（即生理相关性溶出），已经受到极大重视。

在开发体内预测性溶出试验方法，即所谓的“生理相关性溶出”方法时，对影响制剂中药物在体内溶出/释放的各种生物生理因素进行简要回顾也是很重要的。这些因素主要围绕着胃肠道转运和胃肠道流体（表 5.6）。在空腹和餐后状态下，服用非崩解性 SDF 后，GIT 各吸收部位的典型 pH 值保持不变，但胃部的 pH 值除外（表 5.7）。而对于崩解型 SDF，情况可能并非如此，特别是在剂量很大且原料药对 pH 值敏感的情况时。考虑到这些因素，再加上在建立高度模拟体内实时情况的设备和方法方面的实际限制，大多数（如果不是全部）创造性和创新性的“生物相关性试验方法”都单独或组合地集中在以下因素上：

- 介质的 pH 值；
- 流体力学；
- 试验时间。

表 5.6 影响口服制剂药物在体内溶出/释放的生物生理因素

（Lennernas et al.，2007；Wilson and Kilian，2005；Diebold，2005）

胃肠道转运(时间和通道)	胃肠道流体
• 口腔 • 食管 • 胃(滞留和排空) • 小肠(十二指肠、空肠和回肠) • 结肠(气体和流体) • 蠕动 • 其他(年龄、性别等)	• 内容物(空腹 VS 餐后) • 容积 • pH 值 • 离子强度 • 流体力学 • 酶 • 增溶剂(胆汁盐、食物内容物) • 其他(饮食习惯)

表 5.7 胃肠道不同部位的典型（平均）pH 值

胃肠道部位	平均 pH
胃(空腹)	1.5
胃(餐后)	4.0

续表

胃肠道部位	平均 pH
十二指肠	6.0
空肠	6.5～6.8
小肠(回肠)	7.5
结肠	6.0～6.8

表 5.8 列出了一些更常用的所谓“生理相关性”溶出介质，用于 SDF 的药物溶出/释放试验（Shirodker et al.，2018）。类似的尝试也被用于开发生理相关性介质，用于非口服制剂的药物溶出/释放试验，如吸入产品、外用/透皮产品、心血管支架和基于纳米技术的制剂等，将在后续章节中讨论。在所有情况下，用生物相关性介质代表消化道流体的局限性均已被反复报道，刺激了对其内容物的不断完善（Jantratid and Dressman，2008；Lue et al.，2008；Vertzoni et al.，2005，2007；等）。

表 5.8　SDF 药物溶出/释放试验所用的“生理相关性”溶出介质（部分列表）

- 不同 pH 值的缓冲液：1.2，4.5，6.8，7.5，8，9
- 含或不含酶的缓冲液
- 模拟唾液
- 模拟胃液(SGF)±表面活性剂
- 模拟肠液(SIF)
- 空腹模拟小肠液
- 餐后模拟小肠液
- 营养补充物：牛奶
- Hank-Krebs 缓冲液
- McIlvaine 缓冲液
- 助溶剂系统(增溶剂)
- 有机溶剂
- 含气/脱气介质
- 其他

认识到常规的溶出试验法不能模拟和预测药物在体内的溶出/释放行为和吸收，这促使科学家们去开发药物溶出/释放吸收（试验）方法。此外，还开发了将 pH 梯度系统与吸收系统相结合的方法。沿着类似的思路，开发出了“双相溶出-渗透试验方法”。开发了预测产品性能的吸收模拟软件，将体外药物溶出/释放数据作为输入函数，以确定其体内性能（详情请参阅第 11 章）。表 5.9 给出了各种药物溶出/释放试验方法的（部分）列表，这些方法的目的是模拟并潜在地预测药物的体内性能和吸收。第 10 章进行了详细讨论，并提供了开发一种潜在“生理相关性药物溶出/释放试验方法”的路线图。

表 5.9　预测性试验和“生理相关性溶出”方法（部分列表）

药物溶出/释放试验方法	参考文献(部分列表)
Sartorius 吸收模型	Stricker(1969,1973)
胃肠道 pH 梯度模型	Takenaka et al. (1980)
人工胃十二指肠(ASD)模型	Vatier et al. (1988), Carino et al. (2006), Castela-Papin et al. (1999)
生理相关性溶出压力试验装置	Garbacz et al. (2008)

药物溶出/释放试验方法	参考文献(部分列表)
FloVitro 溶出系统	Perng et al. (2003), Sunesen et al. (2005)
IFR 动态肠道模型	Marciani et al. (2001)
TNO TIM-1 装置	Blanquet et al. (2004), Minekus et al. (1995)
双相溶出试验方法	Grundy et al. (1997), Pestieau and Evrard(2017), Phillips et al. (2017), Amaral Silva et al. (2020)
动态体外脂解模型	Zangenberg et al. (2001); Fatouros and Muellertz(2007)
体外溶出吸收系统	Li and Hidalgo(2017)
其他	

注：IFR—食品研究所。

虽然建议读者参考原始文献，以了解各种预测性试验方法的优缺点以及其生物相关性的程度和范围，但本节提供了一些选定方法的概述。

Sartorius 吸收模型包括两个分别储存两种不同溶出介质的储液器，通常为模拟胃液（pH 1～3）和模拟肠液（pH 6.8），以及一个带有脂质膜屏障的典型扩散池，溶解的药物将通过该屏障渗透到扩散池（代表吸收相）。旋转容器产生的流体力学以及介质的流动特性、pH 值和介质体积共同决定了制剂的溶出结果。由 Stricker（模型）改进的该模型的示意图如图 5.12 所示。

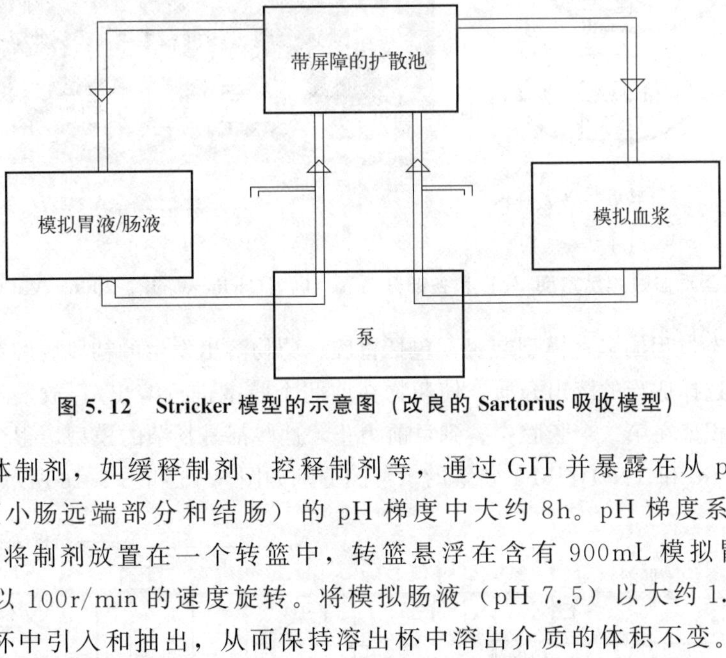

图 5.12 Stricker 模型的示意图（改良的 Sartorius 吸收模型）

改良的固体制剂，如缓释制剂、控释制剂等，通过 GIT 并暴露在从 pH 值 1.2（胃）到 pH 值 6.8（小肠远端部分和结肠）的 pH 梯度中大约 8h。pH 梯度系统的示意图如图 5.13 所示。将制剂放置在一个转篮中，转篮悬浮在含有 900mL 模拟胃液（pH 1.2）的溶出杯中并以 100r/min 的速度旋转。将模拟肠液（pH 7.5）以大约 1.3mL/min 的速度分别从溶出杯中引入和抽出，从而保持溶出杯中溶出介质的体积不变。这样一来，溶出杯中溶出介质的 pH 值在 8h 内从 pH 1.2 逐渐梯度变化到 pH 7.5，推测应与胃肠道中的情况相似。

弱碱性原料药通常表现出较低的水中固有溶解度。更重要的是，虽然这些原料药在胃部介质中溶解，但它们会在肠道介质中沉淀。人工胃十二指肠（ASD）模型已被探索用于评估分别在胃和十二指肠阶段的溶解和沉淀，以反映胃排空对固体制剂中药物溶出的影响。ASD 模型的动态过程示意图以及各部分装置如 5.14 所示。

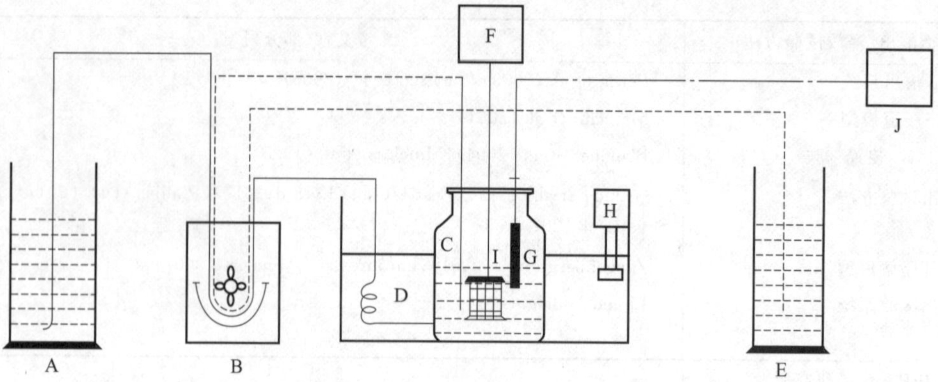

图 5.13 胃肠道 pH 梯度模型的示意图

A—模拟肠液储液器；B—蠕动泵；C—溶出容器；D—水浴；E—收集容器；F—电机；G—pH 电极；H—温度调节器；I—USP 溶出转篮；J—pH 计；(----) 和 (-) —B 部分 Tygon (聚乙烯) 管

来源：重新绘制 (Takenaka et al.，1980)

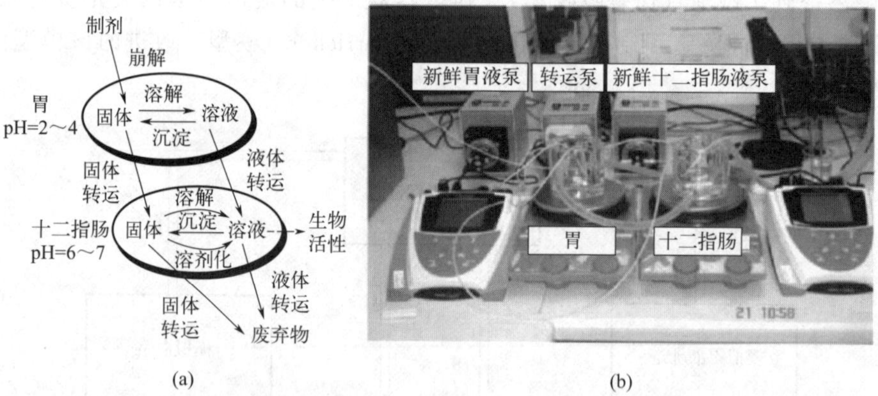

图 5.14 ASD 模型动态过程示意图 (a) 和各部分装置 (b) (Carino et al.，2006；Vatier et al.，1998)

尽量模拟动态过程的多室模型装置，包括胃腔、药物溶出发生的初段肠腔和额外的一个代表吸收的肠腔。选择适当的溶出介质，使药物在前两个腔室进行溶出/释放，随后，溶解的药物通过透析过程积聚在第二个肠腔中。到目前为止，这些都是复杂的模型，很少在药物开发中常规使用。FloVitro 和 TNO TIM-1 装置的示意图分别如图 5.15 和图 5.16 所示。

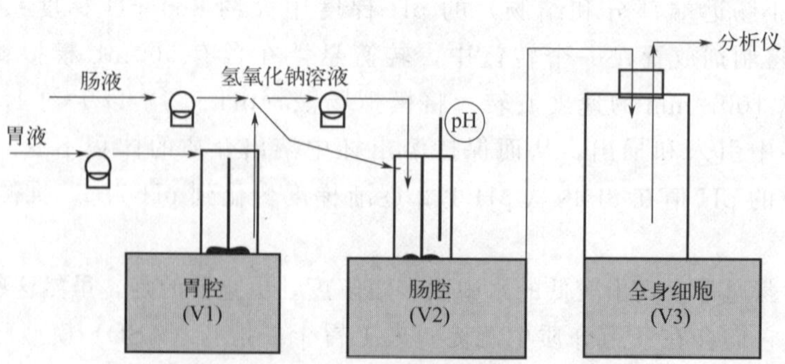

图 5.15 FloVitro 溶出试验装置结构示意图

V1—胃腔；V2—肠腔；V3—额外的肠腔 (吸收腔)

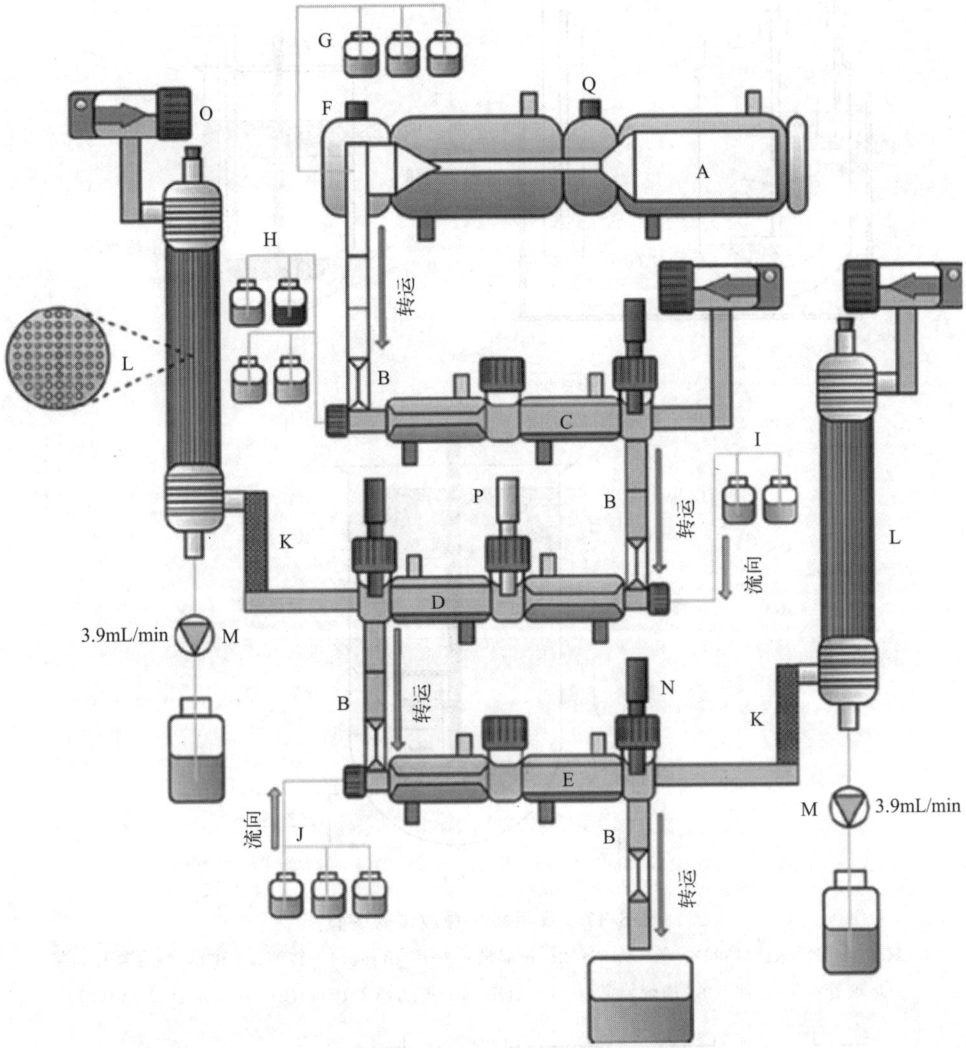

图 5.16 TNO TIM-1 溶出试验装置示意图（Blanquet et al.，2004）

A—胃；B—蠕动阀；C—十二指肠室；D—空肠室；E—回肠室；F—压力传感器；G—胃分泌物；H—十二指肠分泌物；I—空肠分泌物；J—回肠分泌物；K—预滤器；L—半透膜；M—滤液泵；N—pH 电极；O—液位传感器；P—温度传感器；Q—加药口

双相溶出度试验模型由两相组成——一个是用于药物从产品中溶出的水相，另一个是通过分配已溶解药物代表吸收的有机相。因此，这些溶出试验系统可以同时评价药物的溶出和吸收，被用于开发具有合理渗透（吸收）特性的难溶性药物。水相的溶出选择在适当的缓冲液中进行，有机相通常为正辛醇。图 5.17 综合展示了各种装置及其示意图（Hoa and Kinget，1996；Heigoldt et al.，2010；Grundy et al.，1997；Phillips et al.，2017），而图 5.18 中则给出了一种最新的装置的示意图。该体外溶出吸收系统（IDAS）能够同时测量固体制剂中药物的溶出和渗透性，它包括容纳溶出介质的溶出杯和接收体外渗透液的渗透性测量装置，即扩散池。渗透性测量装置覆盖有与水溶性介质接触的膜，从而促使已溶解的药物渗透（吸收）至渗透室。

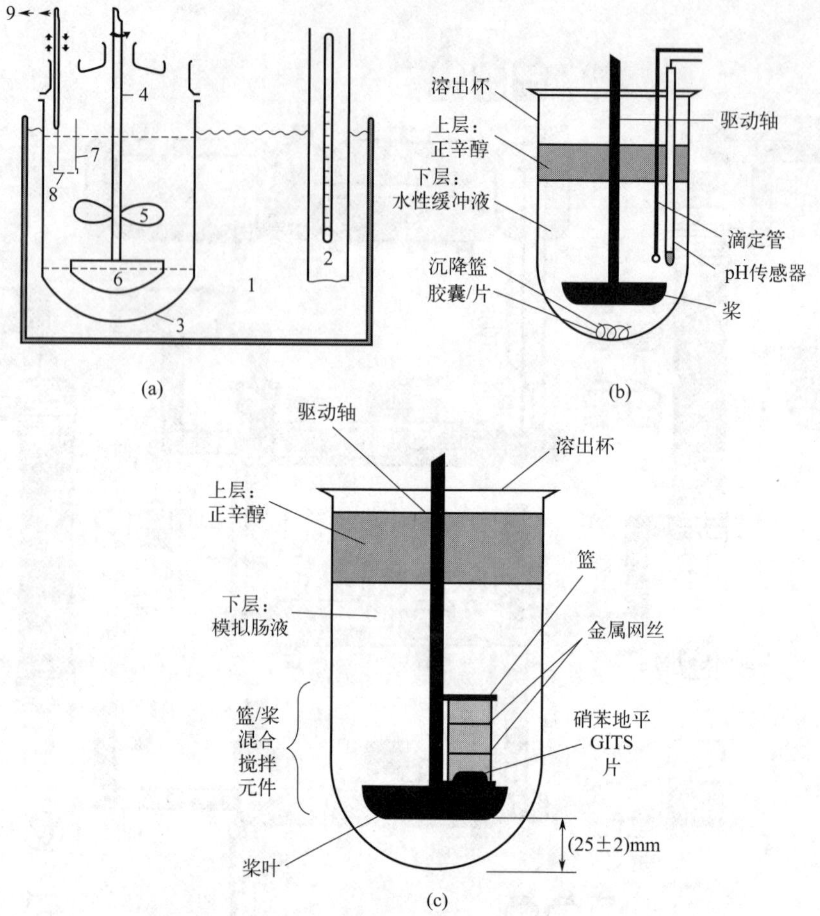

图 5.17　双相药物释放试验装置

（a）Hoa and Kinget（1996）；[1—水浴；2—恒温器；3—溶出杯；4—转轴；5 和 6—混合桨片和桨；7—玻璃管；8—滤膜；9—崩解装置]；（b）Heigoldt et al.（2010）；（c）Grundy et al.（1997）

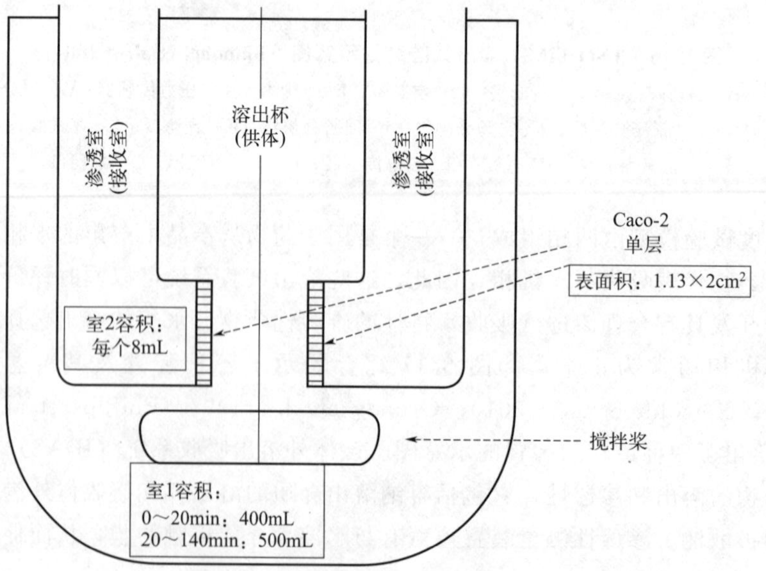

图 5.18　双相溶出试验装置示意图（Li and Hidalgo，2017）

5.4 发明源自需求

自20世纪中期以来，人们对先进药物剂型的兴趣在持续稳步增长，这些剂型通过各种给药途径（包括肠外、鼻腔、肺部、眼部和透皮等）精确地以特定靶点和/或预先设定的速率递送药物。跨学科技术已被成功用于设计此类给药系统（剂型），例如基于纳米技术的药品、脂质体制剂、软胶囊植入剂、载药支架/药物洗脱支架（DES）等。所有这些药物系统的原料药都是固态的，用于全身吸收，以产生特定的治疗反应/效果。因此，在产品开发阶段进行前瞻性药物溶出/释放试验，并在产品质量控制评估期间进行回顾性药物溶出/释放试验，是必不可少的。此外，更重要的是，在开发此类先进和专业的药物系统的过程中，也需要一种可以高度模拟体内微环境的生物生理相关性药物溶出/释放试验方法。

常规的药物溶出/释放试验方法，尤其是常用和首选的USP装置1～4（针对固体制剂）和USP装置5～7（针对局部和透皮制剂），需要进行创造性的改进。在某些情况下，需要设计一种全新的生物生理相关性药物溶出/释放试验方法，以模拟相关产品预期的体内微环境。因此，类似于“发明源自需求”的原则，产品预期的体内功能性表现是设计此类药物溶出/释放试验方法的驱动力。本节简要介绍了为支持各种药物体系的研究而开发的一些“非常规”和非药典的方法（排序不分先后）。

5.4.1 包括药物洗脱支架在内的控释注射系统

注射给药途径提供了通过静脉、肌肉、皮下、关节内、选定部位的眼部植入和食管插入等方式递送药物的机会。各种类型的注射给药系统包括脂质体、脂肪（亲脂性）溶液、原位形成凝胶/固体、乳剂、混悬剂、微球、纳米粒、块体、载药支架/药物洗脱支架（DES）等（Kreye et al.，2008；Gulati and Gupta，2011；Shi and Li，2005）。可以理解的是，由于这些系统在结构方面的多样性，目前没有推荐标准的体外药物溶出/释放试验，由此看来，药典试验和/或专门的体外药物溶出/释放试验方法也是很必要的。

已经报道了几种评价注射剂中药物溶出/释放的创新方法（Seidlitz and Weitschies，2012）。首先，可以对USP装置7往复轴的尖端进行改进以固定注射剂产品（如DES），从而用来评估药物的溶出/释放。类似地，《欧洲药典》（EP，2011）中描述的用于评估含药咀嚼胶（MCG）药物释放的仪器（本节稍后描述），也可以适当地进行改进，用于评估注射剂产品的药物溶出/释放。

总体而言，用于微球、纳米球、脂质体等多颗粒控释注射剂产品的体外药物释放试验方法可分为三类（如图5.19所示）：

• 流池法（USP34/NF39，2011；EP，2011；JP，2006；Bhardwaj et al.，2010；Shiko et al.，2011；Zolnik et al.，2005）。

• 透析法（Chidambaram and Burgess，1999；Larsen et al.，2008；Nie et al.，2011；Pedersen et al.，2005）。

• 取样和分离方法（D'Souza and DeLuca，2005；Peschka et al.，1998）。

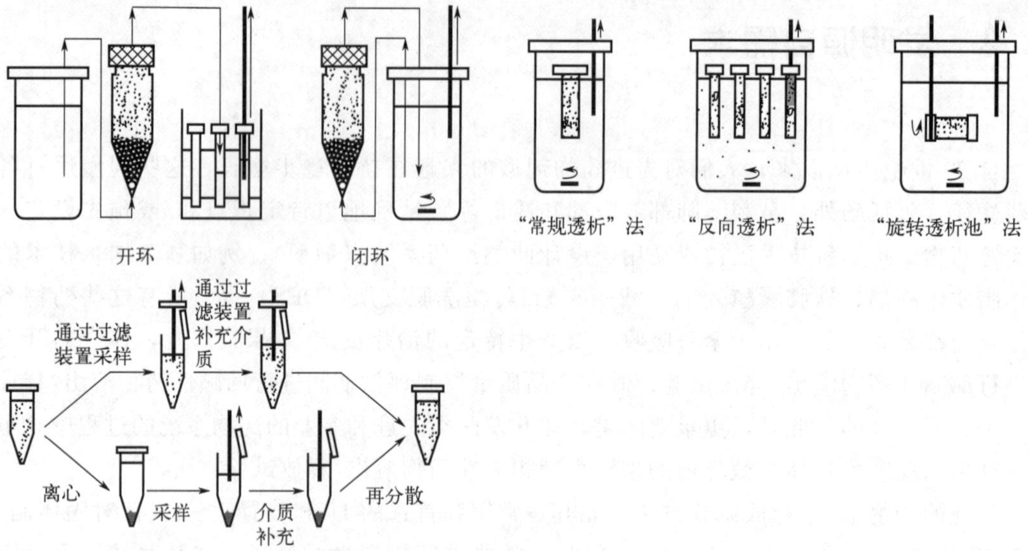

图 5.19　注射剂药物溶出/释放试验方法的示意图（多颗粒系统-分散体）

注意：箭头表示流通装置中的介质流向，透析法中的透析膜用虚线区域表示，采样用样品和分离系统中朝上的箭头表示

DES 本质上是一种金属丝网管，表面覆盖有载药聚合物膜。DES 被永久性地放置在动脉中，使其保持开放，从而促进血液不间断地流动。这种注射装置中的药物释放通常通过适当改进的 USP 装置 4（图 5.20，Seidlitz et al.，2011）和 USP 装置 7 来实现；这种用于支架和小体积溶出杯的定制固定装置（图 5.21）及其流动条件适合于模拟体内释放部位的流动条件（Wang et al.，2010；Rajender and Narayanan，2010；Neubert et al.，2008；Crist，2009）。

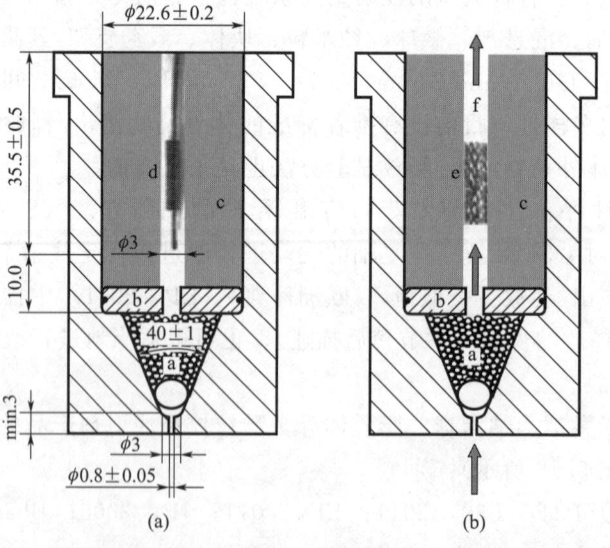

图 5.20　改进以定位和保持支架直立的药物释放试验装置的示意图

a—支架；b—水凝胶；c—介质；d—丙烯酸玻璃盘；e—玻璃珠；f—水浴（尺寸单位：mm）

资料来源：（a）Seidlitz et al.，2011；（b）修改自 Seidlitz et al.，2011

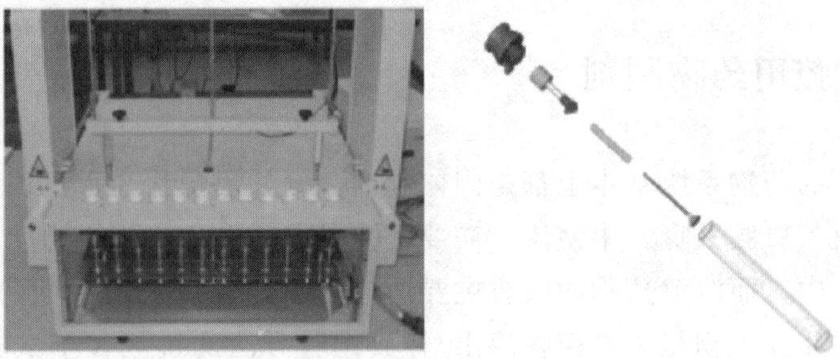

(a)　　　　　　　　　　　　(b)

图 5.21　DES 的药物释放试验装置

(a) 改进的 USP 装置 7；(b) 带小容量溶出杯的支架固定装置

资料来源：安捷伦科技提供

注射剂产品主要用于特定组织给药，所以典型的基于搅拌介质的药物释放试验装置可能无法充分代表生物生理相关性环境。因此一种能够模拟细胞组织环境的方法被开发出来，将单室型皮下植入剂嵌入到毛细生物反应器装置中的玻璃珠中（Iyer et al.，2007），或嵌入到琼脂糖凝胶中（Klose et al.，2008；Thi et al.，2010），分别如图 5.22 和图 5.23 所示。

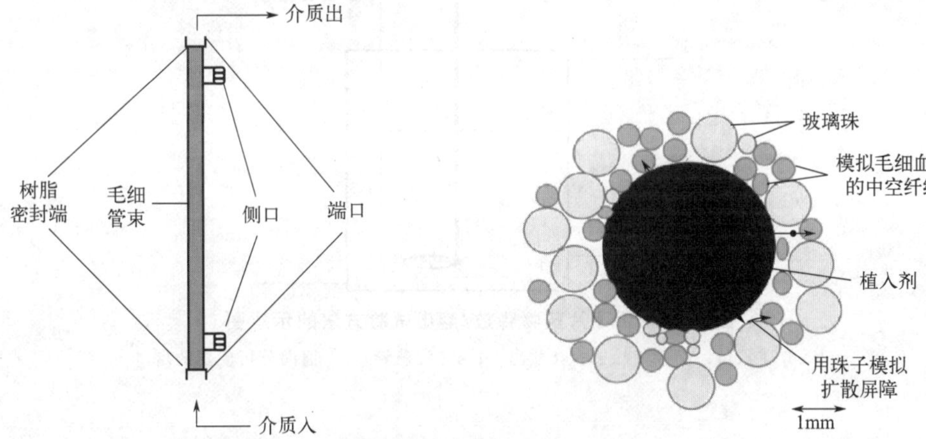

(a)　　　　　　　　　　　　(b)

图 5.22　毛细生物反应器装置示意图

(a) 俯视图；(b) 带嵌入植入剂的横截面

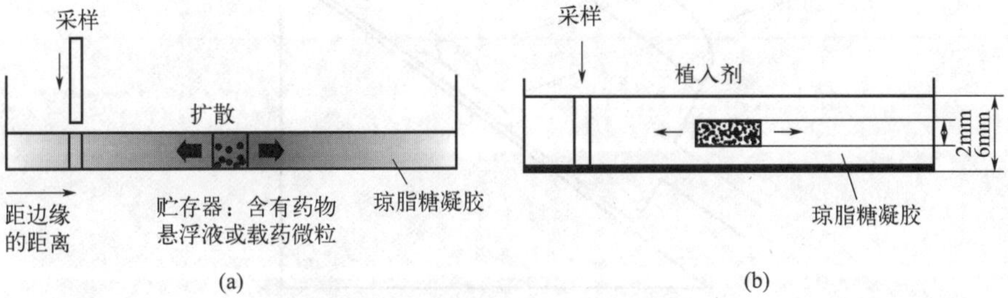

(a)　　　　　　　　　　　　(b)

图 5.23　药物释放试验装置的示意图

(a) 将多颗粒悬浮液置于琼脂糖凝胶中心的孔中；(b) 植入剂完全被水凝胶包围（侧视图）

5.4.2 口腔用药物制剂

针对口腔递送的药物系统基本上都是固体制剂，例如咀嚼片、舌下片、口颊片、口腔黏膜制剂等，均需放入口腔（嘴）中使用。需要注意的是，崩解（如适用）和药物溶出/释放发生在口腔（嘴）中，而溶解药物的吸收主要通过舌下途径以及被吞咽药物的胃肠道途径。因此，设计所谓的体外生物相关性药物溶出/释放试验方法的挑战在于试验装置和口腔中介质的特性，即建立吸收漏槽条件和唾液。以下介绍了针对口腔药物设计的一些重要的体外药物溶出/释放试验方法。

对于口腔和舌下制剂，建议使用 USP 装置 2 进行崩解和药物溶出/释放试验。图 5.24 描述了一种改良的方法，包括一个带有浸渍管的单搅拌连续流通过滤池，用以分离出细小颗粒（Maddineni et al.，2012）。如图 5.25 所示，通过将生物黏附口颊片包埋在石蜡中，然后置于组织/膜上，再放置在溶出池中，并通过维持介质的单向流动对其药物释放进行评价（Maddineni et al.，2012）。通常，该方法需辅以 Franz 扩散池装置，以对含有溶解药物的溶出介质进行渗透试验。

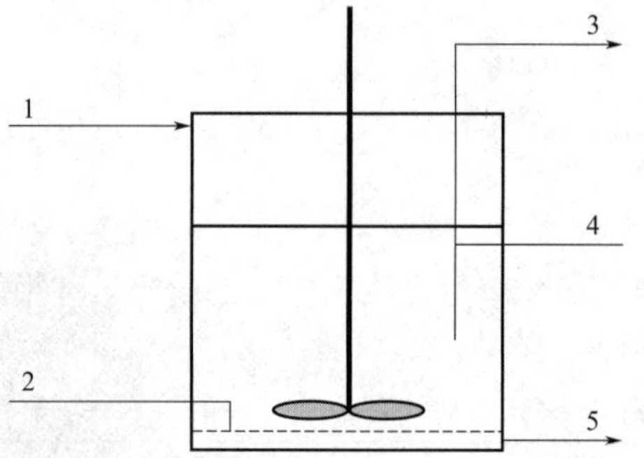

图 5.24 舌下片药物释放/溶出试验方法的示意图

1—介质入口；2—滤膜；3—介质出口；4—浸渍管；5—通向分析仪器的出口

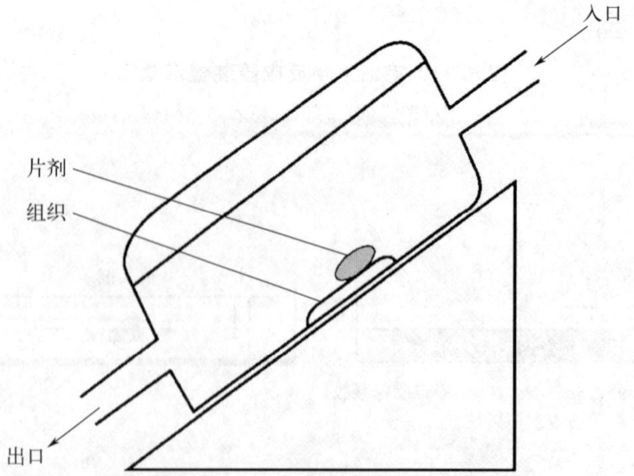

图 5.25 黏膜黏附口颊片的药物释放/溶出试验方法示意图

Rachid 等（2011）报道了一种新的舌下片体外药物溶出试验方法，将尼龙滤膜夹在玻璃漏斗和连接了塞子与收集管的烧结玻璃底座之间，然后再整体接到一个连接了真空泵的布氏烧瓶上。在玻璃漏斗中加入体积经校准的溶出介质，投入舌下片，在特定时间施加真空压力，将溶出介质吸入收集管中并取出，以对溶出的药物进行定量试验。试验装置如图 5.26 所示。

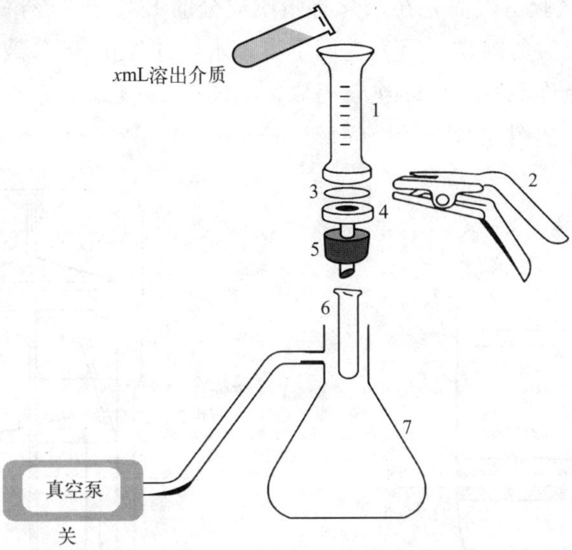

图 5.26　舌下片体外溶出方法的示意图

1—玻璃漏斗；2—夹钳；3—尼龙滤膜；4—烧结玻璃底座；5—塞子；6—收集管；7—布氏烧瓶

含药咀嚼胶（MCG）是一种可发生形变的剂型，由含药的核心胶基组成，可咀嚼但不可吞咽，因此能够缓慢稳定地释放药物（Chaudhary et al.，2010；Naik and Gupta，2010）。咀嚼的频度和程度是影响 MCG 药物释放性能的关键因素。咀嚼包括牙齿研磨和舌头搅拌的相互作用。EP 推荐了一种溶出试验装置（示意图如图 5.27 所示），该装置试图在体外高度

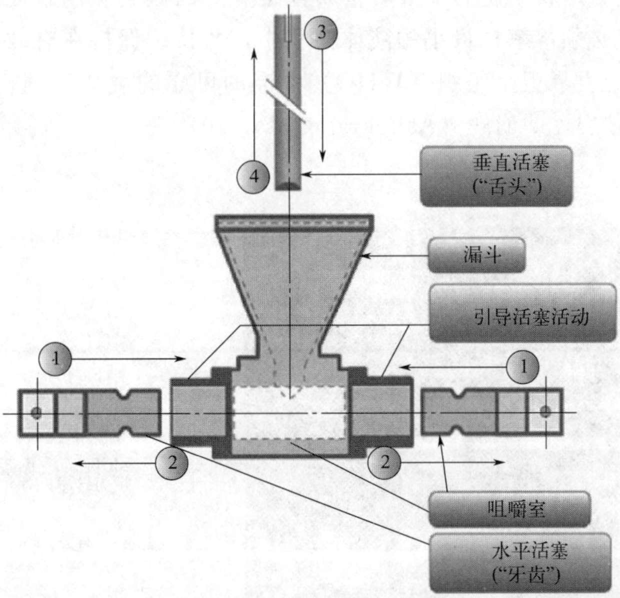

图 5.27　符合 EP 规定的 MCG 溶出试验装置示意图

资料来源：Gadhavi et al.，2011

模拟和标准化咀嚼过程，以评估 MCG 的药物释放（Gadhavi et al.，2011）。

明胶软胶囊（SGC）通常由包封制剂成分的亲水性囊壳（动物来源或植物来源）组成。制剂的内容物可以是亲脂性的，例如填充脂质的 SGC，也可以是传统的干粉辅料以及分散在其中的药物。对于软胶囊，建议使用崩解时限测定法；对于典型的亲水性胶囊，建议使用 USP 装置 2 进行溶出试验。然而，在对含有脂质成分的 SGC 进行药物释放/溶出评价期间，采用药典方法将面临很大的困难，因为它们不溶于水，并且在 SGC 破裂和释放时容易漂浮。双相溶出方法原则上允许药物溶出的连续提取，如图 5.28 所示；根据常规 USP 装置 4 的设计进行改良的流通池，如图 5.29 所示（Maddineni et al.，2012）。

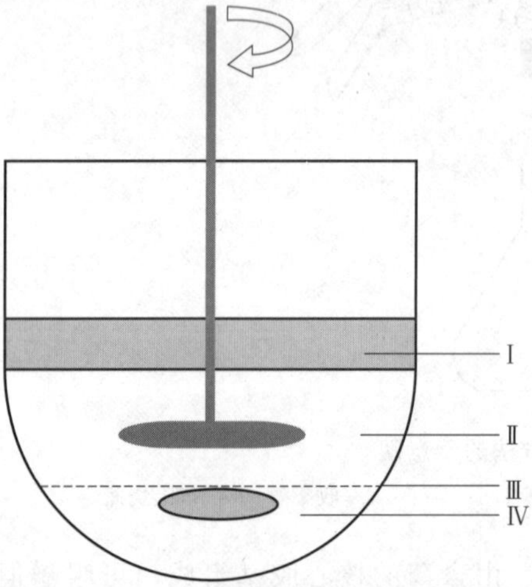

图 5.28　SGC 药物释放试验方法的示意图

Ⅰ—有机相；Ⅱ—水相；Ⅲ—圆形滤网；Ⅳ—软胶囊

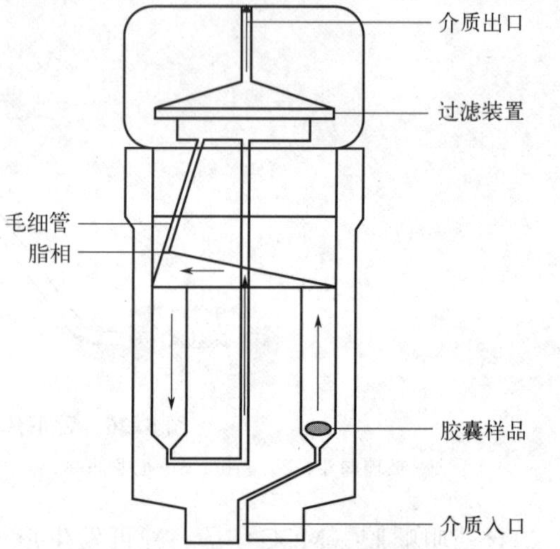

图 5.29　用于评价 SGC 药物释放的改良流通池的示意图

SGC，尤其是直肠用软胶囊的关键质量属性是有效的破裂和崩解以及药物的最终溶出/释放。直肠用软胶囊必须溶解在最小的液体体积中，并持续保持在有效的液体流动状态下。图 5.30 给出了一种经世界卫生组织（WHO）批准的可靠的生物生理模拟方法，可定性地描述直肠用 SGC 的破裂，即崩解（Ashokraj et al.，2019）。

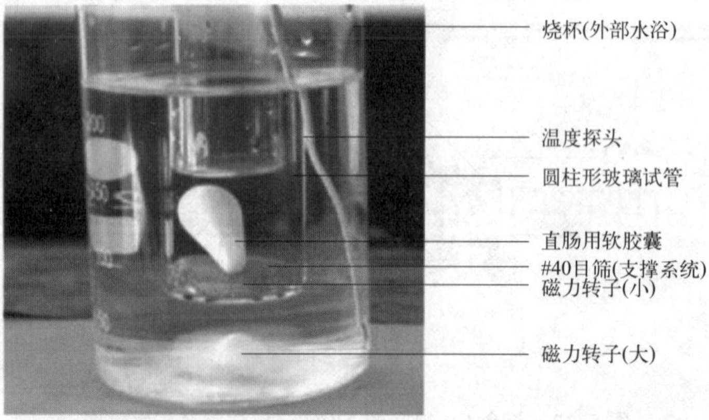

图 5.30　直肠用软胶囊崩解试验装置（Ashokraj et al.，2019）

5.4.3 吸入产品

干粉吸入剂（DPI）和定量吸入气雾剂（MDI）是两种吸入产品。它们包含不同的储罐，该储罐容纳粉末状药物并与喷嘴组件啮合，而喷嘴组件承载驱动药物剂量递送的机制。启动 DPI 或 MDI 后，校准量的细粉物质（药物剂量）被递送至特定部位——深入肺部或鼻腔吸收部位。递送的药物在肺部（肺、气管等）液体中迅速溶解，并被吸收到体循环中。与沉积、溶解、溶出、渗透和清除（黏液和巨噬细胞）有关的因素是吸入产品药物递送的生物药剂学结果。

也许，对这些产品的体外性能测试而言，最重要的步骤是将实际剂量输送和沉积到目标部位，然后评估其溶出和最终的渗透性。虽然使用合适的药物撞击器/采样器（Anderson 多级撞击器）测定药物的递送和沉积，但体外溶出则使用 USP 装置 1 或 2 测定（Laeroyd et al.，2008；Asada et al.，2004；Jaspart et al.，2007）。亚微米级的药物沉积颗粒往往会漂浮、迁移和分散不均匀，导致试验结果的变异度较大。介质体积极小和快速溶出的需求给溶出试验数据的充分表征带来了困难。由于沉积的药物迅速溶解，因此推测药物的吸收依赖于渗透性。改良后的溶出试验被设计为结合一个双级撞击器，将药物直接递送到一个安装在合适的扩散池装置（如 Franz 扩散池）上的膜上（Buttini et al.，2014），并测定渗透率（图 5.31）。

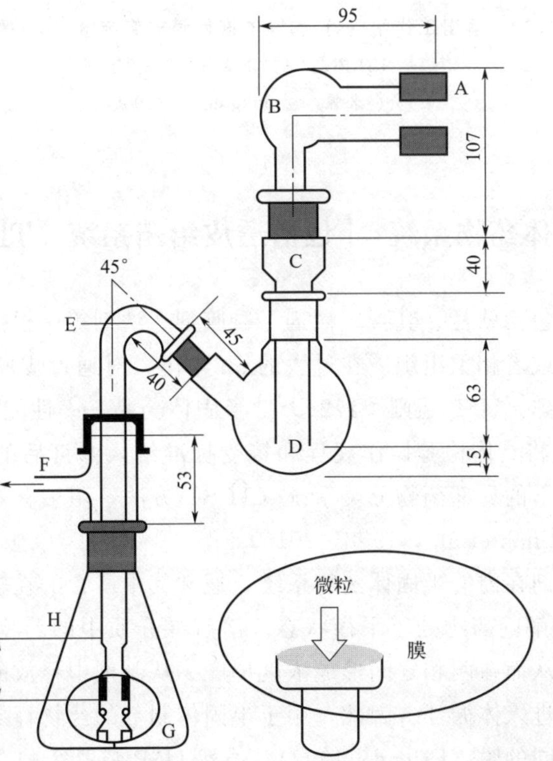

图 5.31 双级撞击器和 Franz 扩散池的示意图，分别用于收集膜上的微粒和测量沉积在膜上的药物的渗透（单位：mm）

资料来源：Forbes（2015），经 John Wiley&Sons 公司许可

其他方法也有报道，例如摇床培养箱法（Ungaro et al.，2006；Kwon et al.，2007；Seville et al.，2008）、改进流通池法（Davies and Feddah，2003）和扩散池法（Sdraulig et al.，2008）。Yon 等（2010）设计并优化了吸入制剂的体外溶出试验方法，该方法加入了所谓的新一代撞击器（NGI），以更好地收集药量。它装有一个撞击嵌件，嵌件内有一层膜，在吸入器多次校准动作后，药物会沉积在膜上。随后，小心地移除撞击嵌件，将其放置在含有介质的 USP 装置 2 溶出杯的底部，并在选定的搅拌桨转速下进行溶出试验（图 5.32）。

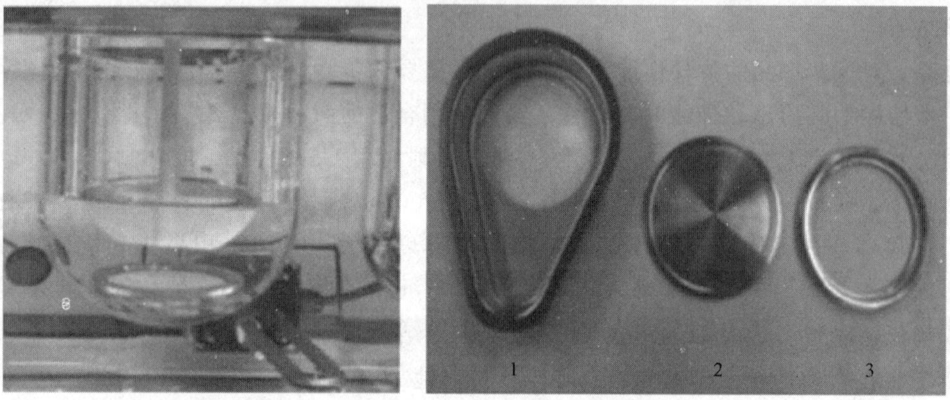

(a) (b)

图 5.32　溶出工作站（a）和撞击嵌件膜支架装置（b）的示意图

1—NGI 杯；2—撞击嵌件；3—固定环

资料来源：Sdraulig et al.（2008）

5.4.4　半固体药物系统［包括透皮给药系统（TDDS）］

半固体药物系统包括软膏、乳膏、糊剂、凝胶剂、洗剂等。根据具体情况，局部给药使药物进入和透过皮肤或者相关组织。在过去的 50 年里，对通过皮肤递送药物及其潜在的治疗方法的理解已经成熟。USP 通则＜1724＞“半固体药品——性能测试”于 2013 年正式生效。此外，USP 建议将具体检验操作规程和接受标准纳入修订后的通则＜724＞。近年来，正在评估一种基于科学的局部药物分类系统（TCS）方法，用于有效表征包括半固体制剂在内的局部药物系统（Shah et al.，1988，2015）。

包括局部外用制剂在内的半固体药物系统，通常其中所含的在辅料（载体）中达到饱和的溶解态 API 与未溶解的药物处于平衡状态。溶解在介质中的药物在使用过程中从制剂中扩散（释放）出来，从而在两相之间形成浓度梯度。从制剂中释放的药物通过扩散穿过上皮组织（限速屏障）并进入体循环。因此，用于半固体制剂的药物释放试验的扩散池装置会使用形式和设计各不相同的膜（Friend，1992）。虽然 USP 装置 2、5、6 和 7 等药典方法可用于半固体外用制剂的药物释放试验，但也有非药典方法的报道，如浸没池、USP 装置 4 上的改进和流通扩散池装置等，如图 5.33～图 5.35 所示。

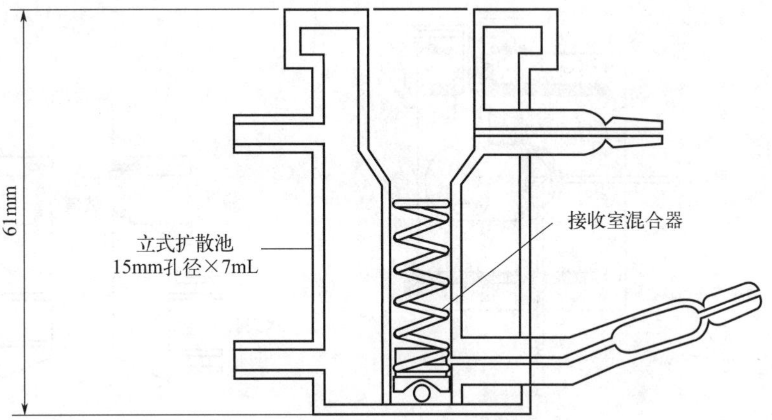

(a)

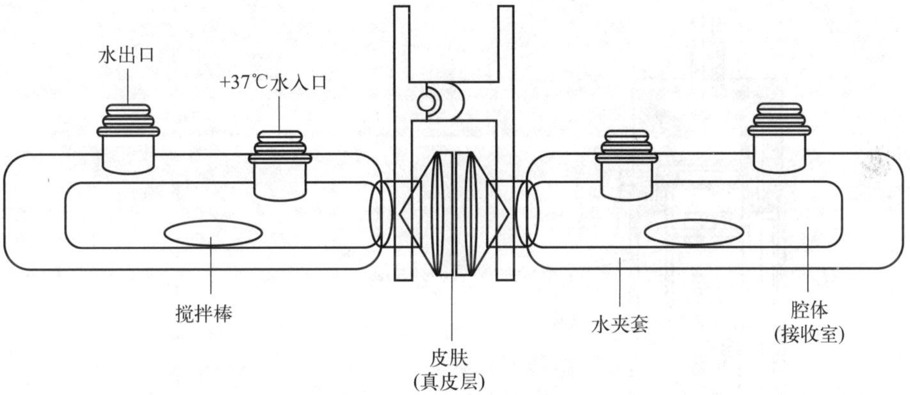

(b)

图 5.33 典型 Franz 扩散池示意图

(a) 立式；(b) 水平式

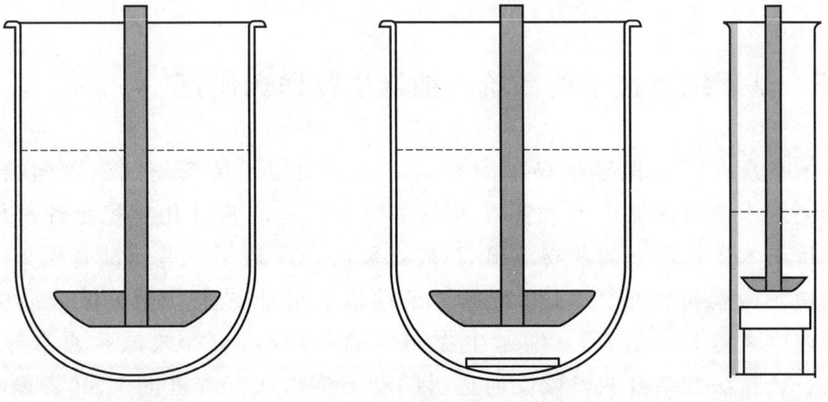

(a) (b) (c)

图 5.34 半固体制剂药物释放试验装置的示意图

(a) USP 装置 2；(b) USP 装置 5；(c) 浸没池

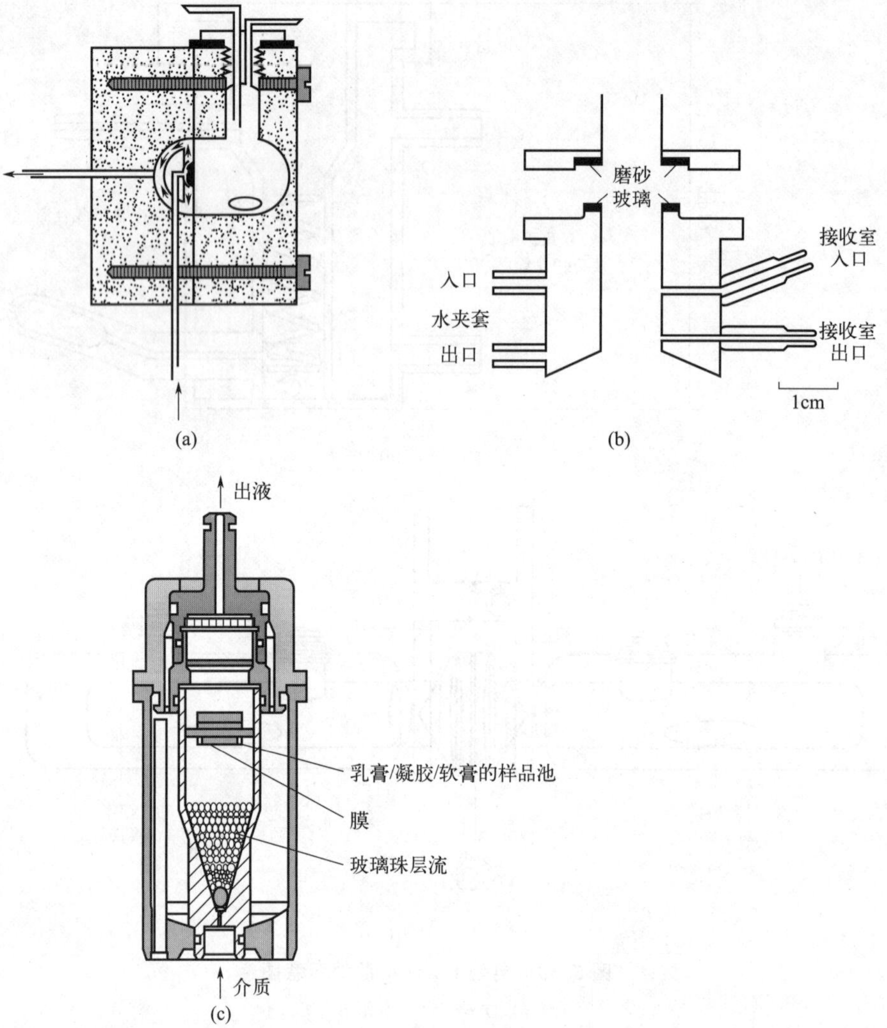

图 5.35　流通扩散池［(a)和(b)］和带膜流通池（c）的示意图

5.4.5　基于纳米技术的系统：纳米生物医药制剂

纳米技术在众多医疗保健学科中的新兴应用，涵盖了传统制剂到靶向给药系统等。微聚体和所谓纳米微粒的加工和表征以及在原型水平上的物理化学稳定性都已经取得了成功。在评价纳米生物制剂的药物溶出/释放试验时，遭遇了一些挑战，例如，纳米粒的难以分离（由其微聚特性导致）、系统的复杂性以及可能的生物相关性介质的确定和组成。如上所述（参考 5.4.1 节），纳米生物制剂的药物溶出/释放试验通常分为三大类：取样分离法、透析法和结合两阶段反向透析的动态溶出法。改进的 USP 装置 1 用透析池（图 5.36，Gao et al.，2013）和/或“分散释放器”（图 5.36）（DE102013015522.3，2013）替换转篮，用于评价纳米生物医药制剂的药物溶出/释放试验。此外，带有透析适配器的 USP 装置 4 也被用于评价纳米生物医药制剂的体外药物溶出/释放性能（图 5.37 和图 5.38）。

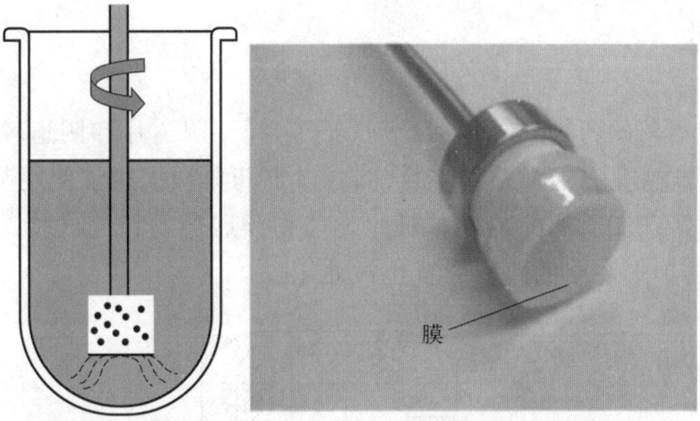

图 5.36 使用改进的带有“分散释放器”的 USP 装置 1 进行纳米生物制剂药物溶出/释放试验的示意图

资料来源：Gao et al.，DE102013015522.3，2013

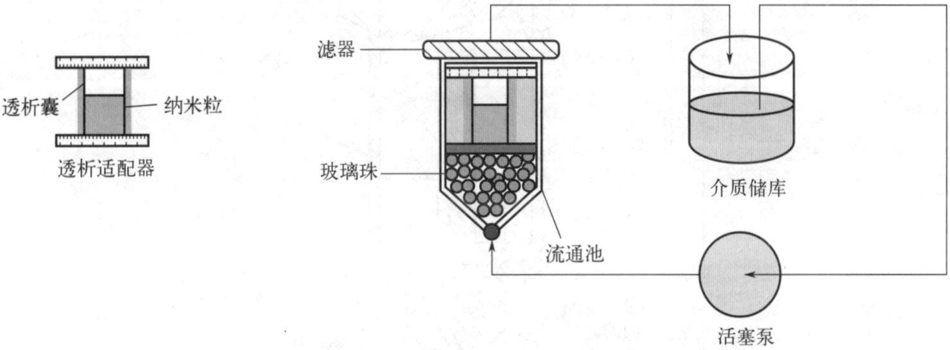

图 5.37 带透析适配器的连续流通池 USP 装置 4 的示意图

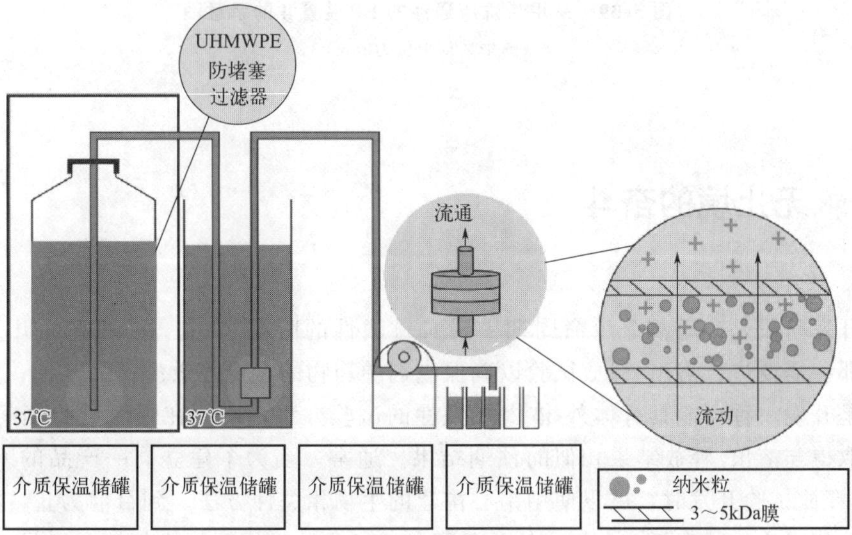

图 5.38 用于评价纳米粒药物系统的包含流通池的药物释放试验装置示意图（Koltermann et al.，2018）

5.4.6 其他

直肠和/或阴道给药的药物系统包括栓剂、子宫托、阴道片和阴道环，这些系统通常被设计成通过软化和/或融化以释放药物。目前，《欧洲药典》描述了使用装置 1（篮法）和采用如图 5.39 所示的特殊流通池的装置 4 对此类药物开展药物释放试验。此外，USP 装置 2 中带有固定篮和旋转锥形烧瓶的改良装置也被使用。

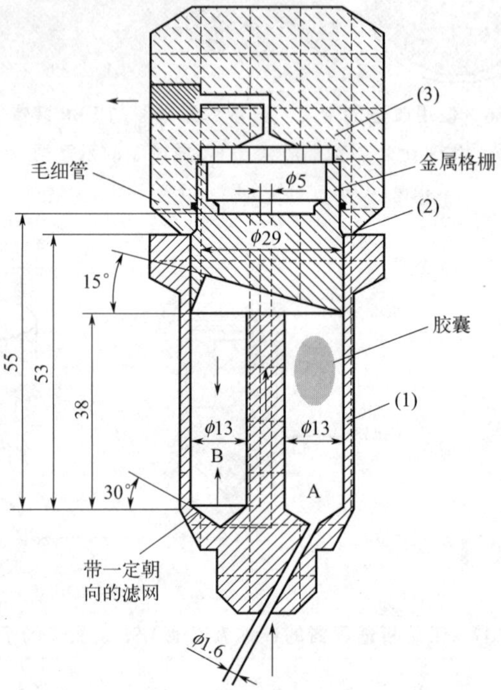

图 5.39　采用特殊流通池的 EP 装置 4 的示意图

（图中数据单位为 mm）

5.5 永无止境的奋斗

产品开发阶段是产品整个生命周期中最具挑战性的阶段之一。在 SDF 的开发过程中，以及对于那些需要进行溶出/释放试验以确保制剂中药物的全身疗效的产品来说，尤其如此。主要工作是开发一种可能具有体外-体内相关性的试验方法，以便在临床试验期间评估受试制剂时可取得与溶出/释放结果相似的预期结果。通常，当为了建立同一产品的 QC 标准而进行溶出/释放试验开发时，可以使用精心构建的生物相关性方法。到目前为止，溶出/释放试验方法有望成为一种方便、友好、快速且可校准的方法。因此，人们倾向于最好的 QC 方法是改动最少的药典方法。实际上，药典方法和监管机构普遍推荐的方法是可能具有区分力，但很可能不是“生物相关性”的，而且方法本身也不会注明其是生物相关性的。人们一直在努力开发一种具有区分力且是生物相关性的，同时又很容易满足 QC 需求的方法。

此外，随着制剂的生产工艺变得越来越复杂，即基于先进技术的药物系统，从生物相关性的角度来看，体外药物溶出/释放性能及其表征变得更具挑战性。因此，制剂科学家了解正在实施的技术的众多因素和其相互关系以及对产品体外和体内功能表现的影响，这至关重要。不幸的是，意外和失败的临床试验，付出了高昂的代价，但为许多产品的药物溶出/释放方法的设计铺平了道路。因此，要使药物溶出试验方法成为一种强有力的前瞻性方法，必须彻底了解影响所开发产品体外性能的常规和特定因素，以及产品的预期生物性能，这一点至关重要。

5.6 总结

制剂技术的进步提供了多种药物递送方法，可通过各种简单到复杂的包含固态药物的系统来递送药物。然而，它们都有一个共同的目标，即通过体内溶出将药物递送至体循环中；因此，体外溶出/释放试验在药物开发过程中以及在为相关药物系统制定 QC 标准中发挥着至关重要的作用。曾被认为适用于大多数（如果不是全部）药物系统的简单、搅拌的体外溶出试验方法，即 USP 装置 1 和装置 2，都需要加以改进。总体而言，这些改进有一个共同的目标，就是在预测开发产品的预期体内性能方面变得更具生理上的相关性，即生物相关性。由于开发采用了不同的技术，对药物溶出/释放试验方法加以改进的必要性也愈加明显，导致存在过多的构建药物溶出/释放试验方法的文献报道。截至目前，建立一种与产品的体内性能一对一直接相关的药物溶出/释放试验方法仍然极具挑战性。建议读者们研究本章中讨论的内容以及第 10 章和第 12 章中讨论的内容，以全面了解生物生理相关性的药物溶出/释放方法，并增强正在开发的药物实现 IVIVC 的前景。

参考文献

Abrahamsson，B.，Albery，T.，Eriksson，A. et al.（2004）. Food effects on tablet disintegration. European Journal of Pharmaceutical Sciences 22（2-3）：165-172.

Amaral Silva，D.，Al-Gousous，J.，Davies，N. M. et al.（2020）. Biphasic dissolution as an exploratory method during early drug product development. Pharmaceutics 12（5）：420-436.

Asada，M.，Takahashi，H.，Okamoto，H. et al.（2004）. Theophylline particle design using chitosan by the spray drying. International Journal of Pharmaceutics 270（1-2）：167-174.

Ashokraj，Y.，Modak，P.，Sawant，K. et al.（2019）. Evaluating a new quality control test for soft gelatin rectal capsules. Pharmaceutical Technology 43（1）：41-45.

Banakar，U.（1992）. Pharmaceutical Dissolution Testing. New York，NY：Marcel Dekker Publn.

Barzilay，R. B. and Hersey，J. A.（1968）. Dissolution rate measurement by an automated dialysis method. Journal of Pharmacy and Pharmacology 20（S1）：232S-238S.

Baun，D. C. and Walker，G. C.（1969）. Apparatus for determining the rate of drug release from solid dosage forms. Journal of Pharmaceutical Sciences 58（5）：611-616.

Beihn, R. M. and Digenis, G. A. (1981). Noninvasive dissolution measurement using perturbed angular correlation. Journal of Pharmaceutical Sciences 70 (12): 1325-1328.

Bhardwaj, U. and Burgess, D. J. (2010). A novel USP apparatus 4 based release testing method for dispersed systems. International Journal of Pharmaceutics 388 (1-2): 287-294.

Blanquet, S., Zeijdner, E., Beyssac, E. et al. (2004). A dynamic artificial gastrointestinal system for studying the behavior of orally administered drug dosage forms under various physiological conditions. Pharmaceutical Research 21 (4): 585-591.

Boni, J. E., Brickl, R. S., and Dressman, J. (2007). Is bicarbonate buffer suitable as a dissolution medium? Journal of Pharmacy and Pharmacology 59 (10): 1375-1382.

Broadbent, J. F., Dollimore, D., Dollimore, J. et al. (1966). The thermal decomposition of oxalates. Part Ⅶ. The effect of prior dehydration conditions upon the subsequent decomposition of cobalt oxalate. Journal of the Chemical Society A: Inorganic, Physical, Theoretical 278: 1491-1493.

Bruner, L. and Tolloczko, S. (1900). Uber die Auflosungsgeschwindigkeit Fester Korper. Z. Journal of Physical Chemistry 35: 283-290.

Buttini, F., Miozzi, M., Balducci, A. et al. (2014). Differences in physical chemistry and dissolution rate of solid particle aerosols from solution pressurized inhalers. International Journal of Pharmaceutics 465 (1-2): 42-51.

Cakiryildiz, C., Mehta, P. J., Rahmen, W. et al. (1975). Dissolution studies with a multichannel continuous-flow apparatus. Journal of Pharmaceutical Sciences 64 (10): 1692-1697.

Campagna, F. A., Cureton, G., Mirigian, R. et al. (1963). Inactive prednisone tablets U. S. P. ⅩⅥ. Journal of Pharmaceutical Science 52: 605-606.

Carino, S., Sperry, D., Hawley, M. et al. (2006). Relative bioavailability estimation of carbamazepine crystal forms using an artificial stomach-duodenum model. Journal of Pharmaceutical Sciences 95 (1): 116-125.

Castela-Papin, N., Cai, S., Vatier, J. et al. (1999). Drug interactions with diosmectite: a study using the artificial stomach-duodenum model. International Journal of Pharmaceutics 182 (1): 111-119.

Charkoftaki, G., Dokoumetzidis, A., Valsami, G. et al. (2010). Biopharmaceutical classification based on solubility and dissolution: a reappraisal of criteria for hypothesis models in the light of the experimental observations. Basic & Clinical Pharmacology & Toxicology 106: 3168-3172.

Chaudhary, S., Shahiwala, A. et al. (2010). Medicated chewing gum a potential drug delivery system. Expert Opinion on Drug Delivery 7 (7): 871-885.

Chidambaram, N. and Burgess, D. (1999). A novel in vitro release method for submicron-sized dispersed systems. American Association of Pharmaceutical Scientists 1 (3): 32-40.

Cox, D. C., Douglas, C. C., Furman, W. B. et al. (1978). Guidelines for dissolution testing. Pharmaceutical Technology 2: 41-53.

Crist, G. (2009). Trends in small-volume dissolution apparatus for low-dose compounds. Dissolution Technologies 16: 19-22.

Danckwerts, P. V. (1951). Significance of liquid-film coefficients in gas absorption. Industrial & Engineering Chemistry 43 (6): 1460-1467.

D'Arcy, D. M., Corrigan, O. I., and Healy, A. M. (2005). Hydrodynamic simulation (computational fluid dynamics) of asymmetrically positioned tablets in the paddle dissolution apparatus: impact on dissolution rate and variability. Journal of Pharmacy and Pharmacology 57 (10): 1243-1250.

D'Arcy, D. M., Corrigan, O. I., and Healy, A. M. (2006). Evaluation of hydrodynamics in the basket dissolution apparatus using computational fluid dynamics-dissolution rate implications. European Journal of Pharmaceutical Sciences 27 (2-3): 259-267.

David, F. (1992). *In vitro* skin permeation techniques. Journal of Controlled Release 18 (3): 235-248.

Davies, N. and Feddah, M. (2003). A novel method for assessing dissolution of aerosol inhaler products. International Journal of Pharmaceutics 255 (1-2): 175-187.

Diebold, S. (2005). Chp. 6, Physiological parameters relevant to dissolution testing: hydrodynamic considerations. In: Pharmaceutical Dissolution Testing (eds. J. Dressman and J. Kramer), 127-192. New York: Francis and Taylor LLC.

Dokoumetzidis, A. and Macheras, P. (2006). A century of dissolution research: from Noyes and Whitney to the biopharmaceutics classification system. International Journal of Pharmaceutics 321 (1-2): 1-11.

D'Souza, S. and DeLuca, P. (2005). Development of a dialysis in vitro release method for biodegradable microspheres. American Association of Pharmaceutical Scientists 6 (2): E323-E328.

Edmundson, I. C. and Lees, K. A. (1965). A method for determining the solution rate of fine particles. Journal of Pharmacy and Pharmacology 17: 193-201.

Edwards, L. (1951). The dissolution and diffusion of aspirin in aqueous media. Transactions of the Faraday Society 47: 1191-1210.

European Pharmacopoeia (2011). Current Ed., 7.2, Mon. 2.9.25. Strasbourg: Council of Europe.

Fadda, H. M., McConnell, E. L., Short, M. D. et al. (2009). Meal-induced acceleration of tablet transit through the human small intestine. Pharmaceutical Research 26: 356-360.

Fatouros, D. and Muellertz, A. (2007). Lipid based formulations for Oral drug delivery. In: Drugs and the Pharmaceutical Sciences (ed. D. Hauss), 257-273. Taylor & Francis.

Ferrari, A. and Khoury, A. J. (1968). A new concept for automated drug-dissolution study. Annals of the New York Academy of Sciences 153 (2): 660-671.

Filleborn, V. M. (1948). A new approach to tablet disintegration testing. American Journal of Pharmaceutical Science 120 (7): 233-255.

Flynn, G. L. and Smith, E. W. (1971). Membrane diffusion I: design and testing of a new multi-featured diffusion cell. Journal of Pharmaceutical Sciences 71: 1713-1717.

Forbes, B. (2015). Pulmonary Drug Delivery: Advances and Challenges, 1e. New York, NY: Wiley.

Franz, T. J. (1978). The finite dose technique as a valid *in vitro* model for the study of percutaneous absorption in man. Current Problems in Dermatology 7: 58-68.

Friend, D. R. (1992). *In vitro* skin permeation techniques. Journal of Controlled Release 18 (3): 235-248.

Gadhavi, A., Patel, B., Patel, D. et al. (2011). Medicated chewing gum-a 21st century drug delivery system. International Journal of Pharmaceutical Sciences and Research 2 (8): 1961-1974.

Gao, Y., Zuo, J., Bou-Chacra, N. et al. (2013). *In vitro* release kinetics of antituberculosis drugs from nanoparticles assessed using a modified dissolution apparatus. BioMed Research International 136590: 1-9.

Garbacz, G., Wedemeyer, R. S., Nagel, S. et al. (2008). Irregular absorption profiles observed from diclofenac extended release tablets can be predicted using a dissolution test apparatus that mimics *in vivo* physical stresses. European Journal of Pharmaceutics and Biopharmaceutics 70 (2): 421-428.

Gibaldi, M. and Feldman, S. (1967). Establishment of sink conditions in dissolution rate determinations. Theoretical considerations and application to non-disintegrating dosage forms. Journal of Pharmaceutical Sciences 56 (10): 1238-1242.

Gibaldi, M. and Weintraub, H. (1970). Quantitative correlation of absorption and *in vitro* dissolution kinetics of aspirin from several dosage forms. Journal of Pharmaceutical Sciences 59 (5): 725-726.

Glikfeld, P., Cullander, C., Hinz, R. S. et al. (1988). New systems for *in vitro* studies of iontophoresis. Pharmaceutical Research 5: 443-447.

Goldberg, A., Gibaldi, M., Kanig, J. et al. (1965). Increasing dissolution rates and gastrointestinal absorption of drugs via solid solutions and eutectic mixtures Ⅲ: experimental evaluation of griseofulvin-succinic acid solid solution. Journal of Pharmaceutical Sciences 55 (5): 487-492.

Gray, V. (2005). Compendial testing equipment: calibration, qualification, and sources of error. In: Pharmaceutical Dissolution Testing (eds. J. Dressman and J. Kramer), 39-68. New York: Francis and Taylor LLC.

Grundy, J. S., Anderson, K. E., Rogers, J. A. et al. (1997). Studies on dissolution testing of the nifedipine gastrointestinal therapeutic system. I. Description of a two-phase *in vitro* dissolution test. Journal of Controlled Release

48: 1-8.

Gulati, N. and Gupta, H. (2011). Parenteral drug delivery: a review. Recent Patents on Drug Delivery & Formulation 5: 133-145.

Gummer, C., Hinz, R., Maibach, H. et al. (1987). The skin penetration cell: a design update. International Journal of Pharmaceutics 40 (1-2): 101-104.

Haringer, G., Poulsen, B. J., Havemeyer, R. N. et al. (1973). Variation on the USP-NF rotating-basket dissolution apparatus and a new device for dissolution rate studies of solid dosage forms. Journal of Pharmaceutical Sciences 62 (1): 130-132.

Hasan, M., Rahman, M., Islam, M. et al. (2017). A key approach on dissolution of pharmaceutical dosage forms. Journal of Pharmaceutical Innovation 6 (9): 168-180.

Hawkins, G. S. and Reifenrath, W. G. (1986). Influence of skin source, penetration cell fluid, and, partition coefficient on in vitro skin penetration. Journal of Pharmaceutical Sciences 75 (4): 378-381.

Heigoldt, U., Sommer, F., Daniels, R. et al. (2010). Predicting *in vivo* absorption behavior of oral modified release dosage forms containing pH-dependent poorly soluble drugs using a novel pH-adjusted biphasic *in vitro* dissolution test. European Journal of Pharmaceutics and Biopharmaceutics 76: 105-111.

Hixon, A. W. and Crowell, J. H. (1931). Dependence of reaction velocity upon surface and agitation. Journal of Industrial Engineering and Chemistry 23: 923-931.

Hoa, N. and Kinget, R. (1996). Design and evaluation of two-phase partition-dissolution method and its use in evaluating artemisinin tablets. Journal of Pharmaceutical Sciences 85 (10): 1060-1063.

Iyer, S. S., Barr, W. H., Dance, M. E. et al. (2007). A "biorelevant" system to investigate in vitro drug released from a naltrexone implant. International Journal of Pharmaceutics 340: 104-118.

Jantratid, E. and Dressman, J. (2008). Biorelevant dissolution media simulating the proximal human gastrointestinal tract: an update. Pharmaceutical Science 25 (7): 1663-1676.

Japanese Pharmacopoeia (2006). Edn. 5, Mon. 6. 10. Tokyo, Japan: The Ministry of Health, Labor and Welfare.

Jaspart, S., Bertholet, P., Piel, G. et al. (2007). Solid lipid microparticles as a sustained release system for pulmonary drug delivery. European Journal of Pharmaceutics and Biopharmaceutics 65 (1): 47-56.

Keshary, P. and Chien, Y. (1984). Mechanisms of transdermal controlled nitroglycerin administration (I): development of a finite-dosing skin permeation system. Drug Development and Industrial Pharmacy 10: 883-890.

Klose, D., Azaroual N., Siepmann F., Vermeersch G. and Siepmann J. (2008). Towards more realistic in vitro release measurement techniques for biodegradable microparticles. Pharmaceutical Research 26 (3): 691-699.

Koltermann, J., Keller, J., Vennemann, A. et al. (2018). Abiotic dissolution rates of 24 (nano) forms of 6 substances compared to macrophage-assisted dissolution and *in vivo* pulmonary clearance: grouping by biodissolution and transformation. NanoImpact 12: 21-41.

Kramer, J. (2005). Chp. 1: Historical development of dissolution testing. In: Pharmaceutical Dissolution Testing (eds. J. Dressman and J. Kramer), 1-38. New York: Francis and Taylor LLC.

Kreye, F., Siepmann, F., Siepmann, J. et al. (2008). Lipid implants as drug delivery systems. Expert Opinion on Drug Delivery 5 (3): 291-307.

Krogerus, V. E., Kristoffersson, E. R., Kehela, P. et al. (1967). Farmaceutiskt Notisbl 76: 122.

Kwon, M. J., Bae, J. H., Kim, J. et al. (2007). Long acting porous microparticle for pulmonary protein delivery. International Journal of Pharmaceutics 333 (1-2): 5-9.

Langenbucher, F. (1969). *In vitro* assessment of dissolution kinetics: description and evaluation of a column-type method. Journal of Pharmaceutical Sciences 58 (10): 1265-1272.

Larsen, C., Ostergaard, J., Larsen, S. et al. (2008). Intra-articular depot formulation principles: role in the management of postoperative pain and arthritic disorders. Journal of Pharmaceutical Sciences 97 (11): 4622-4654.

Lennernas, H. (2007). Modeling gastrointestinal drug absorption requires more *in vivo* biopharmaceutical data: experience from *in vivo* dissolution and permeability studies in humans. Current Drug Metabolism 8 (7): 645-657.

Levich, V. G. (1962). Physio-Chemical Hydrodynamics, 39-72. Englewood Cliffs, NJ: Prentice Hall.

Levy, G. (1963). Effect of certain tablet formulation factors on dissolution rate of the active ingredient. I. Importance of using appropriate agitation intensities for *in vitro* dissolution rate measurements to reflect *in vivo* conditions. Journal of Pharmaceutical Sciences 52: 1039-1046.

Levy, G. and Hayes, B. A. (1960). Physicochemical basis of the buffered acetylsalicylic acid controversy. The New England Journal of Medicine 262: 1053-1058.

Levy, G. and Sahli, B. A. (1962). Comparison of the gastrointestinal absorption of aluminum acetylsalicylate and acetylsalicylic acid in man. Journal of Pharmaceutical Sciences 51: 58-62.

Levy, G. and Tanski, J. W. (1964). Precision apparatus for dissolution rate determinations. Journal of Pharmaceutical Sciences 53 (6): 679-679.

Li, J. and Hidalgo, J. (2017). System for the concomitant assessment of drug dissolution, absorption and permeation and methods of using the same. US Patent 9, 546, 991.

Lindenbaum, J., Mellow, M. H., Blackstone, M. O. et al. (1971). Variation in biologic availability of digoxin from four preparations. The New England Journal of Medicine 285: 1344-1347.

Lue, B., Nielsen, F., Magnussen, T. et al. (2008). Using biorelevant dissolution to obtain IVIVC of solid dosage forms containing a poorly-soluble model compound. European Journal of Pharmaceutics and Biopharmaceutics 69 (2): 648-657.

MacLeod, C., Rabin, H., Ruedy, J. et al. (1972). Comparative bioavailability of three brands of ampicillin. Canadian Medical Association Journal 107 (3): 203.

Maddineni, S., Chandu, B., Ravilla, S. et al. (2012). Dissolution research—a predictive tool for conventional and novel dosage forms. Asian Journal of Pharmacy and Life Science 2 (1): 119-134.

Marciani, L., Penny, A., Gowland, A. et al. (2001). Assessment of antral grinding of a model solid meal with echo-planar imaging. American Journal of Physiology Gastrointestinal and Liver Physiology 280 (5): G844-G849.

Martin, C. M., Rubin, M., O'Malley, W. G. et al. (1968). Brand, generic drugs differ in man. The Journal of the Medical Association 205 (9): 23-24.

McAllister, M. (2010). Dynamic dissolution: a step closer to predictive dissolution testing? Molecular Pharmaceutics 7 (5): 1374-1387.

Minekus, M., Marteau, P., Havenaar, R. et al. (1995). A multicompartmental dynamic computer-controlled model simulating the stomach and small intestine. Alternatives to Laboratory Animals: ATLA 23 (2): 197-209.

Miyamoto, S. (1933). A theory of the rate of solution of solid into liquid. Bulletin of the Chemical Society of Japan 8 (10): 316-326.

Naik, H. and Gupta, S. (2010). Medicated chewing gums—updated review. International Journal of Pharmaceutical Research and Development 2 (11): 66-76.

Nasir, S. S., Wilken, L. O. Jr., and Nasir, S. M. (1979). New *in vitro* dissolution test apparatus. Journal of Pharmaceutical Sciences 68 (2): 177-181.

Nelson, E. (1957). Solution rate of theophylline salts and effects from oral administration. Journal of the American Pharmaceutical Association 46 (10): 607-614.

Nelson, E. (1958). Comparative dissolution rates of weak acids and their sodium salts. Journal of the American Pharmacists Association 47: 297-299.

Nernst, W. and Brunner, E. (1904). Theorie der Reaktionsgeschwindigkeit in heterogenen Systemen. Z. Journal of Physical Chemistry 47: 52-55.

Neubert, A., Sternberg, K., Nagel, S. et al. (2008). Development of a vessel-simulating flow-through cell method for the *in vitro* evaluation of release and distribution from drug-eluting stents. Journal of Controlled Release 130 (1): 2-8.

Nie, S., Hsiao, W. L., Pan, W. et al. (2011). Thermoreversible pluronic F127-based hydrogel containing liposomes for the controlled delivery of paclitaxel: *in vitro* drug release, cell cytotoxicity, and uptake studies. International Journal of Nanomedicine 6: 151-166.

Noyes, A. and Whitney, W. (1897). The rate of solution of solid substances in their own solutions. Journal of the American Chemical Society 19 (12): 930-934.

Pedersen, B., Ostergaard, J., Larsen, S. et al. (2005). Characterization of the rotating dialysis cell as an *in vitro* model potentially useful for simulation of the pharmacokinetic fate of intra-articularly administered drugs. European Journal of Pharmaceutical Sciences 25 (1): 73-79.

Pernarowski, W., Woo, W., Searl, R. O. et al. (1968). Continuous flow apparatus for the determination of the dissolution characteristics of tablets and capsules. Journal of Pharmaceutical Sciences 57 (8): 1419.

Perng, C.-Y., Kearney, A. S., Palepu, N. R. et al. (2003). Assessment of oral bioavailability enhancing approaches for SB-247083 using flow-through cell dissolution testing as one of the screens. International Journal of Pharmaceutics 250 (1): 147-156.

Peschka, R., Dennehy, C., Szoka, F. C. L. et al. (1998). A simple *in vitro* model to study the release kinetics of liposome encapsulated material. Journal of Controlled Release 56: 41-51.

Pestieau, A. and Evrard, B. (2017). In vitro biphasic dissolution tests and their suitability for establishing *in vitro-in vivo* correlations: a historical review. European Journal of Pharmaceutical Sciences 102: 203-219.

Phillips, D., Pygall, S., Cooper, V. et al. (2017). Overcoming sink limitations in dissolution testing: a review of traditional methods and the potential utility of biphasic systems. Journal of Pharmacy and Pharmacology 64: 1549-1559.

Porter, A. E., Botelho, C. M., Lopes, M. A. et al. (2004). Ultrastructural comparison of dissolution and apatite precipitation on hydroxyapatite and silicon-substituted hydroxyapatite in vitro and *in vivo*. Journal of Biomedical Materials Research Part A: An Official Journal of The Society for Biomaterials 69 (4): 670-679.

Rachid, O., Qalaji, M., Simons, K. et al. (2011). Dissolution testing of sublingual tablets: a novel in vitro method. AAPS PharmSciTech 12 (20): 544-552.

Rajender, G. and Narayanan, N. G. (2010). Liquid chromatography-tandem mass spectrometry method for determination of Sirolimus coated drug eluting nano porous carbon stents. Biomedical Chromatography 24 (3): 329-334.

Richter, A., Myhre, B., Khanna, S. C. et al. (1969). An automated apparatus for dissolution studies. The Journal of Pharmacy and Pharmacology 21 (7): 409-414.

Riley, T., Christopher, D., Arp, J. et al. (2012). Challenges with developing *in vitro* dissolution tests for orally inhaled products (OIPs). AAPS PharmSciTech 13 (3): 978-989.

Rust, T. M. (1984). Deutsche Arzneimittel Codex. West Germany. Sdraulig, S., Franich, R., Tinker, R. A. et al. (2008). *In vitro* dissolution studies of uranium bearing material in simulated lung fluid. Journal of Environmental Radioactivity 99 (3): 527-538.

Seidlitz, A. and Weitschies, W. (2012). *In-vitro* dissolution methods for controlled release parenterals and their applicability to drug-eluting stent testing. Journal of Pharmacy and Pharmacology 64 (7): 969-985.

Seidlitz, A., Nagel, S., Semmling, B. et al. (2011). Examination of drug release and distribution from drug-eluting stents with a vessel-simulating flow-through cell. European Journal of Pharmaceutics and Biopharmaceutics 78 (1): 36-48.

Seville, P., Learoyd, T., Burrows, J. et al. (2008). Chitosan-based spray-dried respirable powders for sustained delivery of terbutaline sulfate. European Journal of Pharmaceutics and Biopharmaceutics 68: 224-234.

Shah, A. C. and Ochs, J. F. (1974). Design and evaluation of a rotating filter-stationary basket in vitro dissolution test apparatus. Ⅱ. Continuous fluid flow system. Journal of Pharmaceutical Sciences 63 (1): 110-113.

Shah, A. C., Pest, C. B., Ochs, J. F. et al. (1973). Design and evaluation of a rotating filter-stationary basket *in vitro* dissolution test apparatus. I. Fixed fluid volume system. Journal of Pharmaceutical Sciences 62: 671-677.

Shah, V. P., Tymes, N. W., and Skelly, J. P. (1988). Comparative *in vitro* release profiles of marketed nitroglycerin patches by different dissolution methods. Journal of Controlled Release 7 (1): 79-86.

Shah, V. P., Yacobi, A., Rădulescu, F. S. et al. (2015). A science based approach to topical drug classification system (TCS). International Journal of Pharmaceutics 491 (1-2): 21-25.

Shepherd, R. E., Price, J. C., Luzzi, L. A. et al. (1972). Dissolution profiles for capsules and tablets using a magnetic basket dissolution apparatus. Journal of Pharmaceutical Sciences 61 (7)：1152-1156.

Shi，Y. and Li，L. C. (2005). Current advances in sustained-release systems for parenteral drug delivery. Expert Opinion on Drug Delivery 2 (6)：1039-1058.

Shiko，G.，Gladden，L. F.，Sederman，A. J. et al. (2011). MRI studies of the hydrodynamics in a USP 4 dissolution testing cell. Journal of Pharmaceutical Sciences 100 (3)：976-991.

Shirodker，A.，Banakar，U.，and Gude，R. (2018). Predicting bioavailability from dissolution：unlocking the mystery (ies)!! Pharma Times 50 (6)：41-47.

Skelly，J. P. (1988). Bioavailability of sustained release formulations-relationship with in vitro dissolution. In：Oral Sustained Release Formulations：Design and Evaluation (eds. A. Yacobi and E. Halperin-Walega)，Pergamon Press：New York，p 51.

Southwell，D. and Barry，B. W. (2015). Penetration enhancers for human skin：mode of action of 2-pyrrolidone and dimethylformamide on partition and diffusion of model compounds water，n-alcohols，and caffeine. Journal of Investigative Dermatology 80：507-514.

Stricker，H. (1969). Die *in-vitro*-Untersuchung der Verfügbarkeit von Arzneistoffen im Gastrointestinaltrakt. Die Pharmazeutische Industrie 31：794-799.

Stricker，H. (1973). Die Arzneistoffresorption im Gastrointestinaltrakt-*in vitro*-Untersuchung Lipophiler Substanzen. Die Pharmazeutische Industrie 35 (1)：13-17.

Sunesen，V. H.，Pedersen，B. L.，Kristensen，H. G. et al. (2005). *In vivo in vitro* correlations for a poorly soluble drug，danazol，using the flow-through dissolution method with biorelevant dissolution media. European Journal of Pharmaceutical Sciences 24 (4)：305-313.

Takenaka，H.，Kawashima，Y.，Lin，S. et al. (1980). Preparation of enteric-coated microcapsules for tableting by spray-drying technique and *in vitro* simulation of drug release from the tablet in GI tract. Journal of Pharmaceutical Sciences 69 (12)：1388-1392.

The British Pharmacopoeia (2012). Appendix Ⅻ B. Stationary Office，London：The British Pharmacopoeia.

The European Pharmacopoeia (2011). The EP 7th Ed.；Eur. Direct. Qual. Med. Healthcare. Strasbourg：Council of Europe.

The United States Pharmacopoeia and National Formulary USP35/NF30 (2010). Gen. Chp. Rockville，MD：The USP Convention，Inc.

Thi，T. H.，Chai，F.，Leprêtre，S. et al. (2010). Bone implants modified with cyclodextrin：study of drug release in bulk fluid and into agarose gel. International Journal of Pharmaceutics 400 (1-2)：74-85.

Tingstad，J. E. and Riegelman，S. (1970). Dissolution rate studies. I. Design and evaluation of a continuous flow apparatus. Journal of Pharmaceutical Sciences 59 (5)：692-696.

Tingstad，J.，Gropper，E.，Lachman，L. et al. (1972). Dissolution rate studies Ⅱ：modified column apparatus and its use in evaluating isosorbide dinitrate tablets. Journal of Pharmaceutical Sciences 61 (12)：1985-1990.

Tiwari，S.，Shah，V.，and Banakar，U. (2018). Desk Book of Dissolution Testing and Applications. Mumbai：SPDS Publn.

Tojo，K.，Ghannam，M.，Sun，Y. et al. (1985). In vitro apparatus for controlled release studies and intrinsic rate of permeation. Journal of Controlled Release 1：197-203.

Tseng，Y.，Patel，M.，Zhao，Y. et al. (2014). Dissolution Technologies 21 (2)：24-29.

Udin，R.，Saffoon，N.，Sutradha，K. et al. (2011). Dissolution and dissolution apparatus：a review. International Journal of Current Biomedical Pharmaceutical Research 1 (4)：201-207.

Ungaro，F.，De Rosa，G.，Miro，A. et al. (2006). Cyclodextrins in the production of large porous particles：development of dry powders for the sustained release of insulin to the lungs. European Journal of Pharmaceutical Sciences 28 (5)：423-432.

USP34/NF39，(2011). S1，Mon. 711. Rockville，MD：USP Convention Inc. Varley，A. B. (1968). The generic inequivalence of drugs. The Journal of American Medical Association 206：1745-1748.

Vatier, J. , Célice-Pigneaud, C. , Farinotti, R. et al. (1998). A computerized artificial stomach model to assess sodium alginate-induced pH gradient. International Journal of Pharmaceutics 163 (1-2): 225-229.

Vertzoni, M. , Dressman, J. , Butler, J. et al. (2005). Simulation of fasting gastric conditions and its importance for the *in vivo* dissolution of lipophilic compounds. European Journal of Pharmaceutics and Biopharmaceutics 60 (3): 413-417.

Vertzoni, M. , Pastelli, E. , Psachoulias, D. et al. (2007). Estimation of intragastric solubility of drugs: in what medium? Pharmaceutical Research 24 (5): 909-917.

Viegas, T. X. , Curatella, R. U. , Van Winkle, L. L. et al. (2001). Measurement of intrinsic drug dissolution rates using two types of apparatus. Pharmaceutical Technology 25 (6): 44-53.

Wang, G. X. , Luo, L. L. , Yin, T. Y. et al. (2010). Ultrasonic atomization and subsequent desolvation for monoclonal antibody (mAb) to the glycoprotein (GP) Ⅲa receptor into drug eluting stent. Journal of Microencapsulation 27 (2): 105-114.

Weintraub, H. and Gibaldi, M. (1970). Rotating-flask method for dissolution-rate determinations of aspirin from various dosage forms. Journal of Pharmaceutical Sciences 59 (12): 1792-1796.

Wilderman, M. (1909). LXI. On velocity of molecular and chemical reactions in heterogeneous systems. The London, Edinburgh, and Dublin Philosophical Magazine and Journal of Science 18 (106): 538-577.

Wilson, C. and Kilian, K. (2005). Chp. 5: Gastrointestinal transit and drug absorption. In: Pharmaceutical Dissolution Testing (eds. J. Dressman and J. Kramer), 97-126. New York: Francis and Taylor LLC.

Wruble, M. (1930). Enteric coatings. American Journal of Pharmaceutics 102: 318. Wurster, D. E. and Polli, G. P. (1961). Journal of Pharmaceutical Sciences 53: 311.

Wurster, D. E. , Ostrenga, J. A. , and Matheson, L. E. (1979). Sarin transport across excised human skin. I. Permeability and adsorption characteristics. Journal of Pharmaceutical Sciences 68: 1406-1409.

Yon, J. , Horng, M. , Copley, M. et al. (2010). Optimization of an *in vitro* dissolution test method for inhalation formulations. Dissolution Technologies 17 (2): 6-13.

Zangenberg, N. H. , Müllertz, A. , Kristensen, H. G. et al. (2001). A dynamic *in vitro* lipolysis model. Ⅱ: evaluation of the model. European Journal of Pharmaceutical Sciences 14 (3): 237-244.

Zdanovski, A. B. (1946). Rate of Solution of Sodium Chloride and Potassium Chloride Crystals. Russian Journal of Physical Chemistry 20: 379-386.

Zolnik, B. S. , Raton, J. L. , and Burgess, D. J. (2005). Application of USP apparatus 4 and in situ fiber optic analysis to microsphere release testing. Dissolution Technology 12 (2): 11-14.

第6章

药物系统溶出试验的要点

6.1 引言

体外溶出试验是药物系统开发过程中使用的一种非常强大的工具，这里所说的药物系统即最终体现的成品制剂。该试验几乎用于制剂生命周期的所有阶段。在开发的早期阶段，如处方前阶段，药物在各种水性介质、生物生理相关介质或其他介质中溶解度曲线的测定，结合固有溶出试验，所提供的数据和信息可用于设计预期的最终剂型的合适的表观溶出试验。在处方的开发阶段，设计了潜在的生物生理相关溶出试验，目的是预测体内溶出性能并建立体外-体内相关性（IVIVC）。基于具有区分力的溶出试验，优化处方，并生产适当批量的所选处方的样品，随后研究它们各自的体内性能，从而证明（如果没有验证）体外溶出试验的结果。在成功获得体内结果的过程中，处方制剂进入商业批次的生产，为使商业化批次制剂能够通过 QC 质量标准，溶出试验被开发/建立用来证明多批次产品具有质量一致性。所以，很明显，无需考虑原料药的性质和类型或剂型的类型（即药物系统），溶出试验实际上用于所有生产开发阶段。

虽然，从广义上讲，虽然药物产品开发的过程对所有类型的药物系统进行了优化，但药物系统的功能属性各不同。溶出试验，通常针对两个结果，而与药物系统的类型无关：①从系统中累积溶出/释放的药物量至少接近标示量的 85%；②规定的试验持续时间。结果，文献中报道的任何类型的药物系统都提供了这些信息，导致信息过载。该领域的可用数据非常庞大，每篇文章都与任何类型系统中的每种原料药有关，涉及制剂开发的每个阶段以及溶出试验之后的报告数据。本章的主要目的是提供有关药物从各种药物系统中溶出/释放的关键基本考量，并辅以最近文献中报道的几个例子。本章的第二个目的是提供与给定主题相关的大量关键参考资料，以使读者受益。因此，如果读者希望深入了解细节，可参考本章内容。此外，鉴于溶出试验本身和药物系统的多学科性质，第 5 章和第 10 章提供的信息将对本章内容进行补充。

6.2 药物系统溶出试验的目的

首先，不同类型的药物系统可以大致分为以下几类：

- 固体制剂（SDF）。
- 液体制剂（LDF）。
- 半固体制剂。
- 气体制剂。

从功能的角度来看，不同类型的药物系统可以大致分为以下几类：

- 常释（IR）/速释系统。
- 调释（MR）系统。

根据给药途径和/或应用，不同类型的药物系统可以大致分为以下几类：

- 注射途径。
- 口服途径。
- 局部途径。

毋庸置疑，每个分类/类别都可以细分，各种类型药物递送系统，即药物（学）系统，已被开发并应用。原料药，即活性药物成分（API），在任何药物系统中处于颗粒（固体）状态，将被全身吸收以引发生理反应；需要对该药物系统（制剂）进行溶出试验。因此，考虑到药物系统的生命周期，各药物系统开展溶出试验的目的可以概括（但不限于）如下：

- 确定药物从制剂中的溶出/释放性能。
- 确定不同时间从剂量单位中溶出/释放的累积药物量。
- 确定从剂量单位中溶出/释放的药物不少于标示量 85%所需的时间。

此类溶出/释放试验所得数据的分析和使用不在本章的讨论范围内，但在第 3、4、5、7、9、10、13、15 和 17 章中提供。以下章节讨论了各种药物系统的溶出试验的要点。

6.3 口服固体制剂

现已开发了多种口服固体制剂，并用于治疗各种疾病。它们是最常用的处方药，不仅使用方便，而且也被消费者普遍接受。在口服固体制剂的诸多显著特征中，例如美观和稳定等，有限定性是其最显著的特征。它们包含固定剂量的活性成分，在预设的时间内（速释、常释和调释）释放药物，在此期间，预计它们会以与制药过程中使用技术相关的方式释放全部剂量。简而言之，口服固体制剂在 $T=0$ 到 $T=\infty$ 的时间段内会溶出/释放全部剂量的至少 85%的药物（即 Q 不低于 85%）。虽然在制剂开发过程中以接近 100%的 Q 为目标，但从制剂（单位）中药物的溶出/释放曲线来看，85%的 Q 值足以证明不同批次制剂的质量。口服固体制剂以及其他剂型制剂的第二个重要特征是制剂的药物溶出/释放曲线应反映其功能特性，即制剂中选择/使用的辅料的影响、制剂的加工过程（湿法/干法制粒、热熔挤出制粒）、组成成分的压缩/硬度（片剂、颗粒剂等）、包衣厚度等。

此外，在这些制剂的开发过程中，这些制剂的体外药物溶出/释放试验的主要目的是预测它们各自的体内性能，从而预测潜在的生物利用度，即体外-体内相关性（IVIVC）。随后，在成功实现 IVIVC 后，体外溶出/释放试验的目的转变为证明和建立产品的质量控制（QC）标准。关于口服固体制剂体外溶出/释放试验的这些和其他显著特征的详细讨论已在本书的各个章节中展开。

一般来说，口服固体制剂可大致分为两大类：

- 常释口服固体制剂。
- 调释口服固体制剂。

前者包括速释固体制剂，后者包括许多调释口服固体制剂——控释、缓释、延释、长效、定时释放和迟释的制剂。常释口服固体制剂和调释口服固体制剂的假设体外溶出/释放曲线如图 6.1 所示。

类似地，图 6.2 展示了一些选定和经常报道的调释口服固体制剂的假设体外溶出/释放曲线。

考虑到口服固体制剂的上述显著特征，以下部分将讨论各种口服固体制剂（含有有限剂量 API）的体外溶出/释放性能。虽然关于这个主题有大量文献，但是关于口服固体制剂的体外溶出/释放试验需要考虑的相关信息，最新的高质量参考文献却很少。

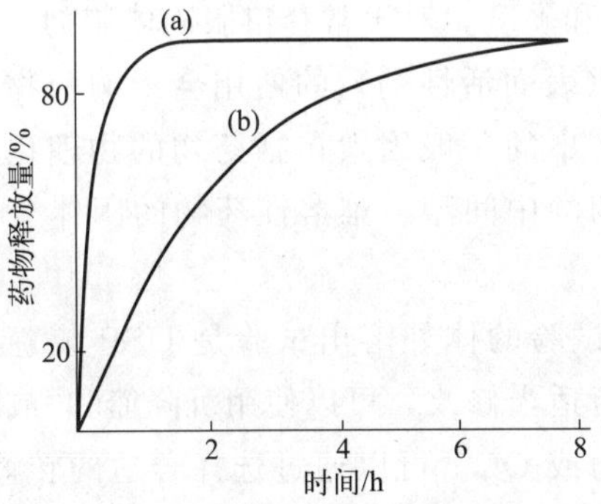

图 6.1　常释口服固体制剂
(a) 和调释（缓释）口服固体制剂
(b) 的体外药物溶出/释放曲线示意图

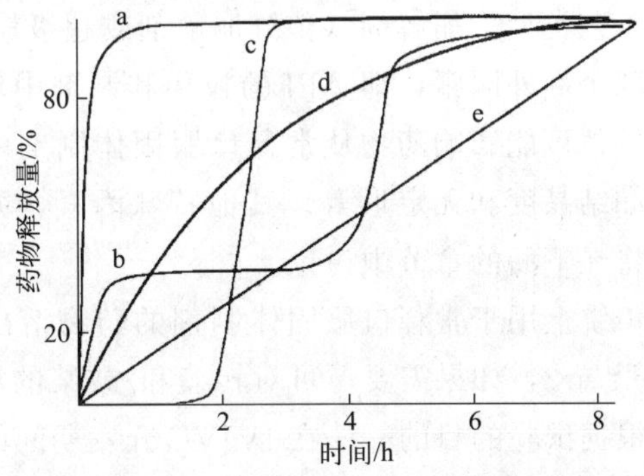

图 6.2　所选调释口服固体制剂的体外药物溶出/释放曲线示意图

a—常释；b—脉冲释放；c—迟释；
d—缓释（一级）；e—缓释（零级）

6.3.1　常释/速释口服固体制剂

通常，常释口服固体制剂在合适的体外溶出试验中，预计会在≤30min 内释放/溶出剂量的 85%（Sharma et al，2019）。然而，对于含有高溶解度药物的常释口服固体制剂，溶出标准为 30min 内 $Q=80\%$（US-FDA，2018；Hens et al.，2018）。这些制剂可快速崩解，并将药物释放/溶出（在体外溶出试验选定的溶出介质中）。（译者注：根据美国 FDA 要求

Q=80%即释放达到85%。）这些制剂通常使用某种形式（干法、湿法和喷雾干燥等）的制粒技术进行生产。一些先进的和新颖的制粒技术，如冻干、软材挤出、冷冻制粒、固体分散、水分活化干法制粒（MADG）和TOPO真空制粒技术等已被采用（Rajni and Sandeep，2018；Sood et al.，2012；Muralidhar et al.，2016；Agrawal and Naveen，2011；Pande et al.，2016；Haack et al.，2012）。

总的来说，绝大多数常释口服固体制剂是片剂和胶囊剂。图6.3显示了数十年间报告的IR SDF药物溶出/释放工艺的经典代表。该工艺的基本推定为API全部释放并溶解，且该工艺在产品的整个有效期内可继续重复。

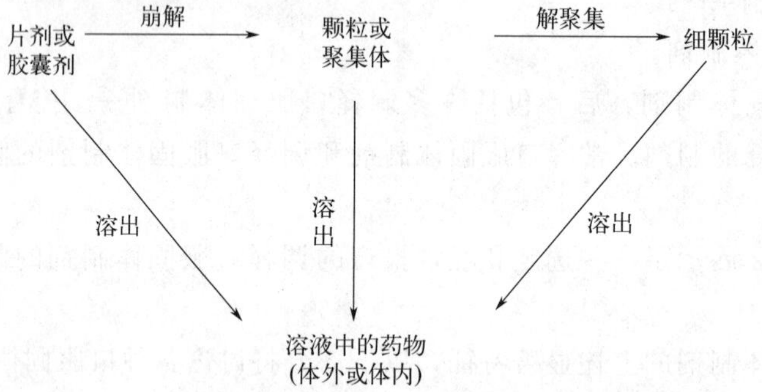

图6.3 API从常释口服固体制剂中溶出/释放过程的示意图

在影响水溶性药物从常释口服固体制剂中溶出的各种制剂因素中，主要因素包括制剂的制粒工艺类型、崩解剂（传统崩解剂或超级崩解剂）和硬度。对于常释口服固体制剂，还有另外两个额外因素，即API的粒径和制剂中增溶剂（表面活性剂）的使用会影响药物的溶出。其他可能影响药物从常释口服固体制剂中表观溶出的一般因素包括药物的物理化学性质，如结晶度和无定形等。其他特殊因素，如原料药的中间型、难溶性药物的固体分散体等，将在下面的章节中讨论。

传统上用于常释口服固体制剂的药物溶出/释放试验的体外溶出试验是USP装置1和USP装置2，如果需要，可对转篮和/或桨的尺寸进行适当修改，可以使用沉降篮和/或增溶剂。根据试验的目的——在IVIVC开发期间的区分力或QC，可以通过选择合适的转篮和/或桨的转速来控制流体力学。通常适用于常释口服固体制剂体外溶出性能的数学模型如下：

- Weibull函数（Weibull，1951）。
- Hixson-Crowell立方根函数（Hixson and Crowell，1931）。
- Nernst-Brunner函数（Nernst，1904）。
- Makoid-Banakar函数（Makoid et al.，1993）。

其他成功的数学模型/函数也有相关报道。

6.3.1.1 常规常释口服固体制剂（重点：提高溶解度的最新进展）

常规常释口服固体制剂包括散剂、颗粒剂、袋剂、胶囊剂、片剂（未包衣和薄膜包衣）等。鉴于溶出是吸收和最终生物反应的先决条件，首先，要重点关注原料药的溶解度和制剂的溶出功能和性能。其次，为了在服用制剂（剂型）后快速起效，尽一切努力确保常释口服固体制剂的快速崩解以及药物从常释固体制剂中快速溶出。再次，假设药物在体内介质（生物体液）的快速溶出过程中，溶解的药物会被快速吸收，这可能是每个常释口服固体制剂的情况，也可能不是。当原料药在水性生理相关介质和用于质量控制目的的体外溶出介质中的固有溶解度较低时，药物在体内环境中的快速溶出以及从体内环境中的全身吸收面临挑战。因此，为了提高原料药的溶解度，一直在不断地进行大量探索并尝试多种方法。在过去一个世纪发表的科学文献中，科学家们把注意力集中于提高难溶性药物溶解度这一单一目标。本节将介绍提高溶解度方面的一些最新进展。

众所周知，结晶形式的药物通常在水性介质中表现出较差的溶解度，而其无定形状态表现出增强的水溶性。因此，在制剂中使用难溶性药物的无定形形式。然而，无定形状态的表面自由能很高，可导致原固态结晶形成一种更稳定的形式，使水溶性降低（Serajuddin，1999；Matsumoto and Zografi，1999）。因此，在药物-辅料和/或药物-增溶剂络合物、复合物、固体分散体等的形成过程中，无定形状态通常是稳定的。随着时间（保质期）和/或在加工过程中，此类络合物、复合物、固体分散体等存在一部分无定形药物不经意地发生结晶的风险，从而导致最终制剂的溶出速率下降。当使用药典溶出试验时，这一挑战被放大了，因为药典溶出试验强调漏槽条件的重要性，降低了试验的区分力。因此，在制剂溶出试验期间，不符合规范的非漏槽条件是首选。简单地说，无定形固体分散体等的体外溶出试验条件，在确定和选择此类药物-辅料复合物的漏槽或非漏槽条件时，尚无统一的标准——这是一个需要注意的特性（Sun et al.，2016；Purohit et al.，2018）。

研究小组研究了无定形他克莫司（胶囊）中随时间推移而发生的部分结晶的影响［与新制备的仿制药他克莫司（胶囊）相比］，以及《美国药典》（USP）和非药典溶出度试验条件的区分力（Purohit et al.，2018）。结果表明溶出试验可能无法充分区分无定形制剂中结晶度的存在［图 6.4(a)、(b) 和图 6.5］。

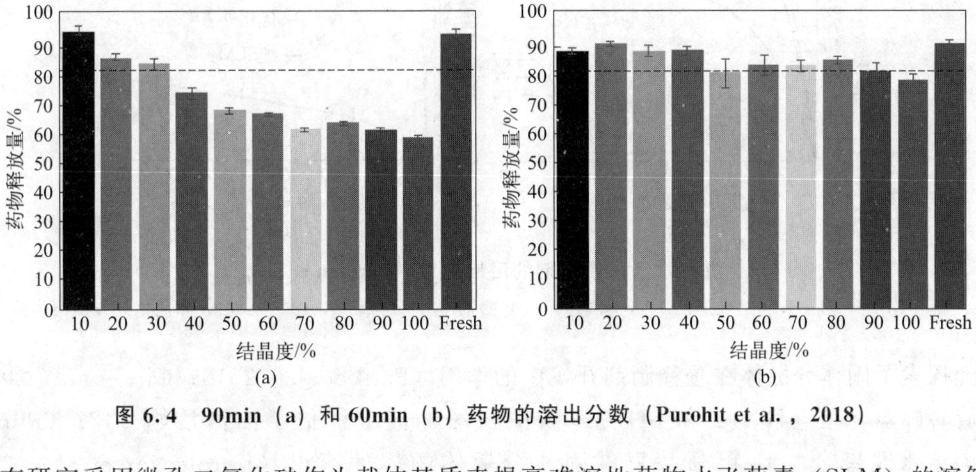

图 6.4　90min（a）和 60min（b）药物的溶出分数（Purohit et al.，2018）

有研究采用微孔二氧化硅作为载体基质来提高难溶性药物水飞蓟素（SLM）的溶解度，制备了基于冻干介孔二氧化硅纳米球（MSN）的片剂（Ibrahim et al.，2020）。与纯 SLM 的溶出相比，这些片剂的溶出曲线表明溶出速率有所提高（图 6.6）。

近年来，人们对二元混合物、固体分散体、热熔挤出物、药物-辅料复合物等技术重新产生了兴趣，其中难溶性药物与可溶性辅料密切混合或结合。难溶性药物与增溶剂（聚合物等）形成的固体分散体已被用于提高常释口服固体制剂中难溶性药物的溶出速率。然而，现

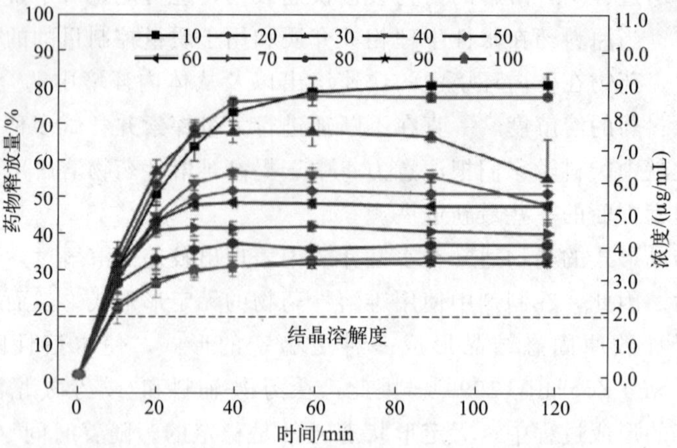

图 6.5　他克莫司从含有不同程度结晶度（%）的胶囊中的药物溶出曲线（Purohit et al.，2018）

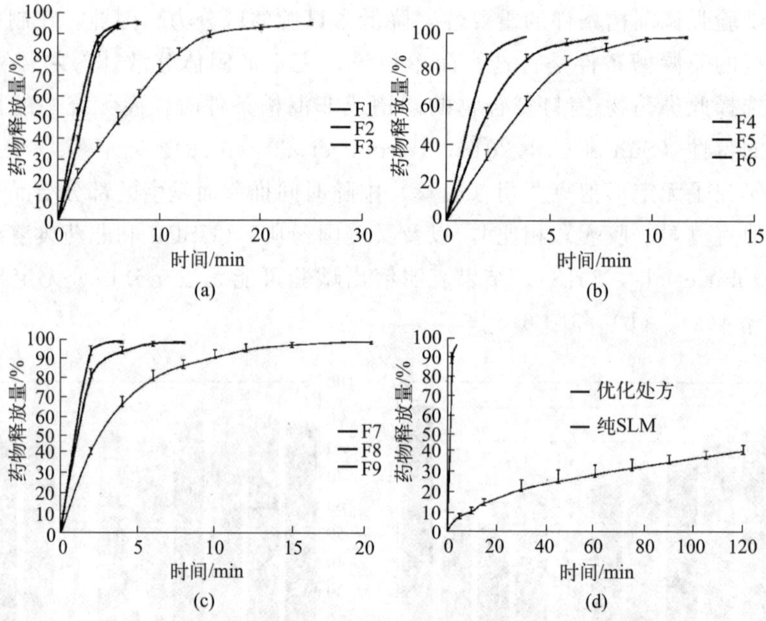

图 6.6　九种水飞蓟素制剂的溶出曲线（Ibrahim et al.，2020）

（a）制剂 F1、F2 和 F3；（b）制剂 F4、F5 和 F6；（c）制剂 F7、F8 和 F9；（d）纯 SLM 和优化处方的溶出曲线

在已经探索了固体分散体在缓释制剂开发中的作用（Patil et al.，2010；Giri et al.，2012）。使用旋转圆盘法在 pH 1.2 和 pH 6.8 磷酸盐缓冲液中评估了泊洛沙姆 F127（Pluronic F127，亲水性聚合物）-伊马替尼碱固体分散体的体外溶出（Karolewicz et al.，2017；Haznar-Garbacz et al.，2017）。如图 6.7 所示，与单纯药物相比，包含不同比例的药物/泊洛沙姆 F127 的制剂的溶解度和溶出速率显著提高。

Maestrelli 等（2020）评价了片剂制剂，其由纳米黏土中的环糊精和氢氯噻嗪二元混合物组成，使用烧杯和搅拌器（3 叶桨）以 100r/min 的转速在 pH 5.5 磷酸盐缓冲液中旋转，评价其药物释放性能。增溶剂二元混合物的协同效应显示为与单独给药相比，药物溶解度增加了 12 倍。

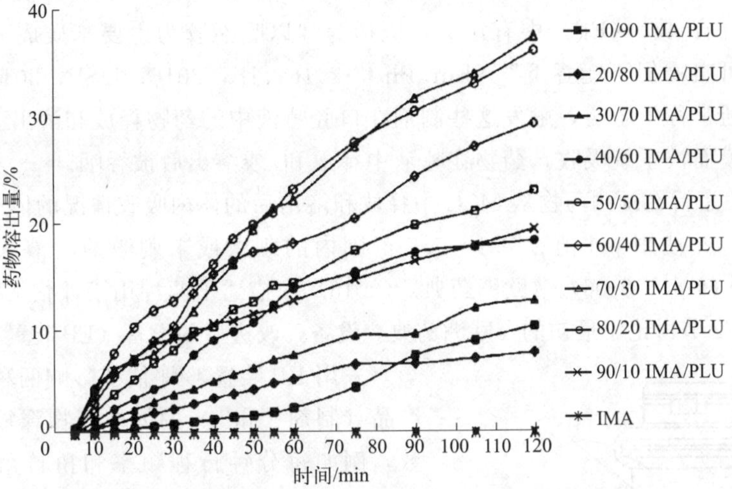

图 6.7　药物的体外溶出曲线：不同比例的药物/泊洛沙姆 F127 和纯药物（Karolewicz et al.，2017）

6.3.1.2　咀嚼片和咀嚼胶

一些技术已被探索用于提高难溶性药物的体外溶出/释放。它们包括表面活性剂的使用、API 粒径减小、基于脂质的制剂、自乳化药物递送系统和自微乳化药物递送系统（SMEDDS）等（Sriamornsak et al.，2015；Lee et al.，2018；Qiao et al.，2018；Gursoy and Benita，2004）。使用超级崩解剂和吸附剂，通过湿法制粒制备了含有芝麻油和大豆油以及表面活性剂的阿苯达唑咀嚼片（Sawatdee et al.，2019）。使用 USP 装置 2，转速为 50r/min，以 pH 1.2 模拟胃液作为溶出介质，评估了所得咀嚼片的体外溶出。随后，检测了这些制剂在大鼠中的生物利用度。与市售的常规阿苯达唑常释片相比，阿苯达唑 SMEDDS-咀嚼片（F2 和 F1）的溶出曲线表现出更高的溶出速率（图 6.8）。研究人员报告，阿苯达唑 SMEDDS-咀嚼片的生物利用度比常规阿苯达唑常释片高约 30%。

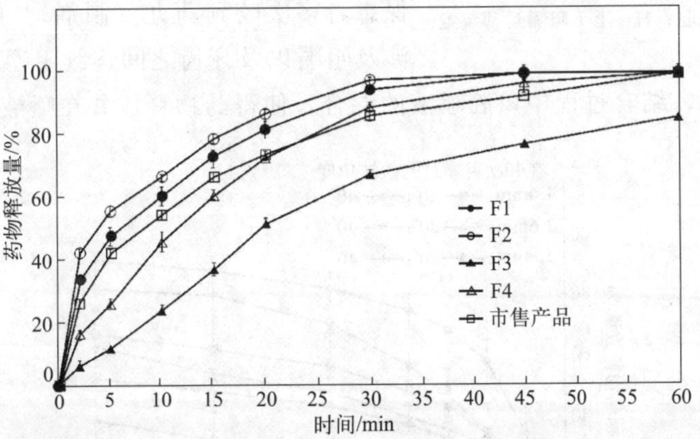

图 6.8　各种 SMEDDS-咀嚼片和市售（常规）阿苯达唑常释片的体外溶出曲线（Sawatdee et al.，2019）

口腔黏膜途径已被探索用于治疗性药物递送，通过在咀嚼胶中装载 API 来实现全身发挥作用。这些含药咀嚼胶（MCG）旨在用于口腔中发挥局部作用，以及通过口腔黏膜独立和/或与胃肠道吸收相结合的方式用于全身吸收。MCG 在《日本药典》(JP)、《美国药典》(USP) 和《欧洲药典》(EP) 中有定义，概括为“以咀嚼胶为主要基质成分的固体、单剂量制剂，旨在可咀嚼但不能吞下”(Eur. Ph.，2016；JP，2016；USP，2018)。咀嚼 MCG 的物理过程，通常称为咀嚼，触发这些制剂在口腔唾液中的药物释放和溶出。然后溶解的药物通过口腔黏膜而被系统吸收，药物在唾液中释放和/或溶出后被吞咽。

有研究开发了旨在预测药物从 MCG 中释放和溶出后的体内吸收情况的体外溶出试验，以模拟咀嚼过程，并使用 pH 值在 6.1～7.7 范围内的刺激或未刺激的唾液 (Gittings et al.，2015；Aframian et al.，2006)。《欧洲药典》(2016) 中描述了两种用于评估 MCG 体外溶出性能的设备。5.4.2 节讨论了最初的《欧洲药典》设备，改进后的设备 (EP 装置 B) 见图 6.9。

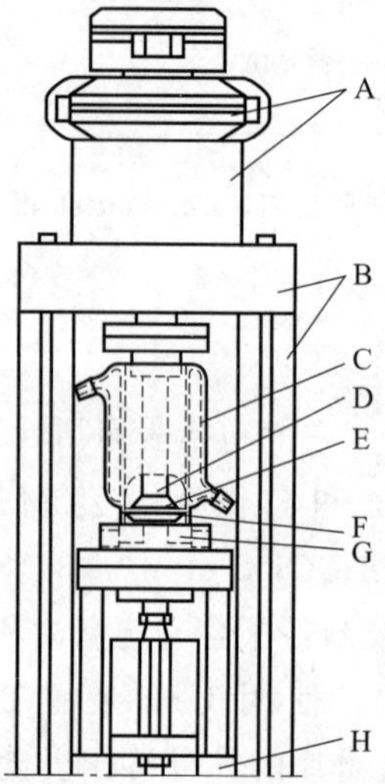

图 6.9　改进后的《欧洲药典》装置 B 的示意图

A—上咀嚼面的旋转装置；B—支架；C—试验池；D—轴；E—上咀嚼面；F—下咀嚼面；G—基腔；H—上下咀嚼运动装置

采用 EP 装置 B 评估了影响两种尼古丁咀嚼胶产品 (制剂 a 和 b) 的体外药物释放试验装置的参数，例如每分钟行程频率和扭转角度 (Zieschang et al.，2018)。使用相同的试验参数，从“制剂 a”的药物释放曲线与“制剂 b”的药物释放曲线中观察到，它们的释放速率存在显著差异 (图 6.10)。

用于治疗失眠的温和镇静剂 (例如唑吡坦等) 的 MCG 制剂已被报道 (Singh，2010)。这些制剂在口腔给药和开始咀嚼后的几分钟内释放药物。

由于咀嚼口服固体制剂的砂砾感和恶心感以及大块制剂难以吞咽，因此其存在依从性挑战，人们正在探索软咀嚼制剂作为口服咀嚼固体制剂的替代品。软咀嚼制剂旨在没有任何液体的情况下口服给药。这些制剂是在唾液存在的情况下通过牙齿 (后牙) 和舌头共同咀嚼的。患者在咀嚼期间，臼齿不应相互接触，即制剂始终存在于它们之间，从而确保患者多次咬到药丸 (制剂)。体内咀嚼循环通常涉及咀嚼以及牙齿之间连续咀嚼的物质的滑动。这样做几个咀嚼循环，结合过程中口腔唾液的混合，使得药物释放并在唾液中溶出。

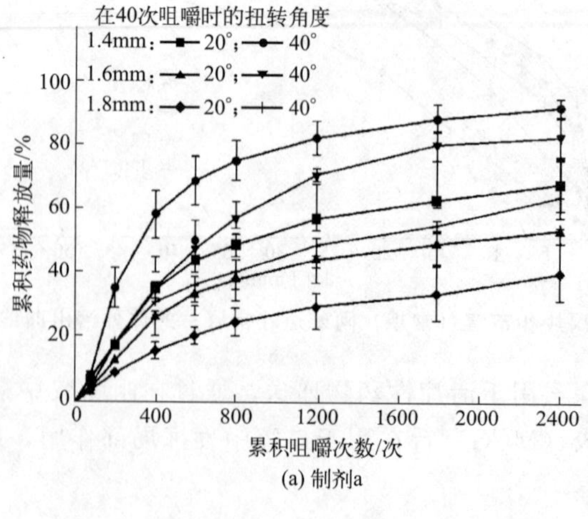

(a) 制剂a

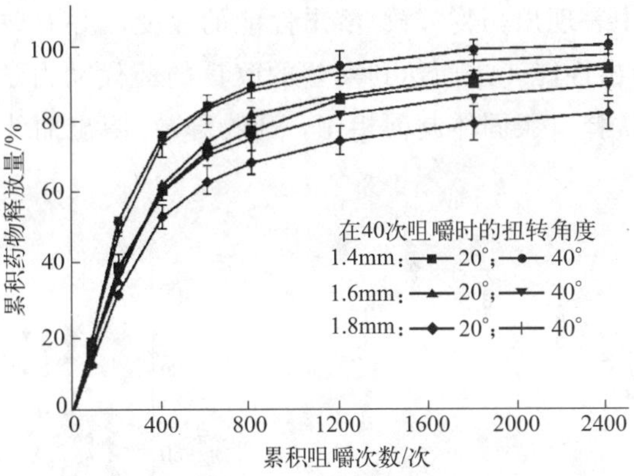

(b) 制剂b

图 6.10　两种尼古丁咀嚼胶制剂（a 和 b）使用改进的 EP 装置 B 的体外药物释放曲线（Zieschang et al.，2018）

一种新的溶出试验被开发，在咀嚼模拟器中模拟四尖臼齿单元，该模拟器包含滑动（研磨）和咀嚼（挤压）过程，如图 6.11 和图 6.12 所示（Stamberg et al.，2017）。

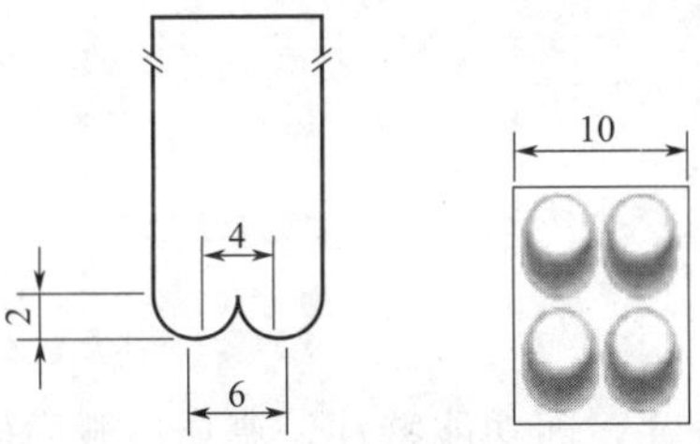

图 6.11　四尖臼齿的正视图（左）和仰视图（右）（单位：mm）（Stamberg et al.，2017）

图 6.12　咀嚼模拟器的照片

资料来源：Stamberg et al.（2017），经 Springer Nature 许可

使用桨法（100r/min），以水作为溶出介质，采用新的咀嚼模拟器方法评估含有吡喹酮作为 API 的软咀嚼制剂。在桨法试验中，软咀嚼制剂在试验的初始阶段的溶出速率缓慢，随后在后期阶段溶出速率加快（图 6.13）。然而，在新的咀嚼模拟器方法中，软咀嚼制剂的溶出速率在早期始终保持快速，这反映了咀嚼的效果——一种生理相关现象（图 6.14）。

6.3.2　调释口服固体制剂

调释口服固体制剂是那些按照预设程序释放药物的制剂，该程序涉及溶出/释放速率和整个剂量药物在环境（体外和/或体内溶出介质）中释放/溶出的持续时间。在当前可用的药典等参考资料（药典、机构指南等）中，没有统一的关于调释口服固体制剂的定义。然而，一般而言，根据 USP 和美国 FDA 分类，所有的调释口服固体制剂分为两类：缓释口服固体制剂和迟释口服固体制剂。另一方面，根据《欧洲药典》，调释口服固体制剂涵盖缓释、迟释和脉冲释放制剂（Eur. Ph.，2011；USP，2011）。显而易见，调释口服固体制剂首先在体外环境（溶出介质）中表现出药物释放/溶出性能的改变，并有望在目标的体内环境中表现出类似的药物释放/溶出性能，进而达到期望的改良的药代动力学特征。实际上，调释口服固体制剂与其对应的常释口服固体制剂相比，药物释放/溶出曲线在速率方面存在本质差别，如图 6.14 所示。

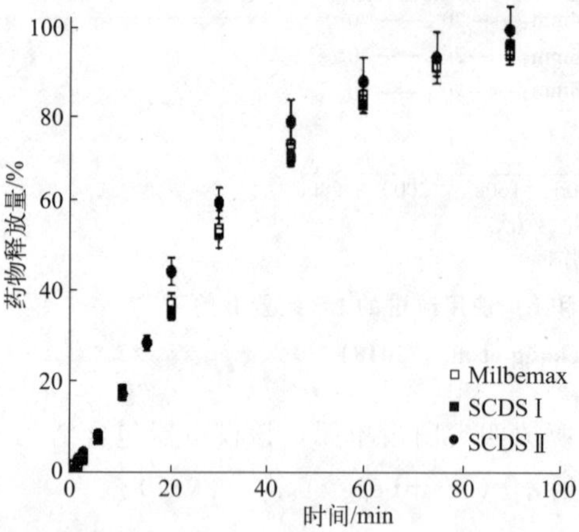

图 6.13 使用桨法试验的吡喹酮软咀嚼制剂的体外溶出曲线（Stamberg et al.，2017）

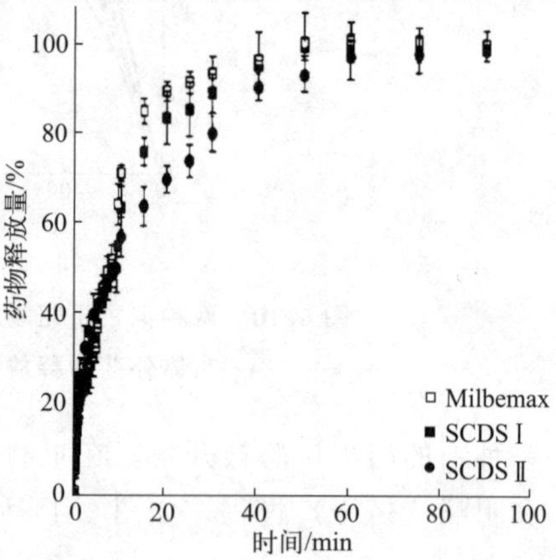

图 6.14 使用新型咀嚼模拟器方法试验的吡喹酮软咀嚼制剂的体外溶出曲线（Stamberg et al.，2017）

基于结构角度，在文献中将调释口服固体制剂分类如下：

- 骨架系统。
- 膜控系统。
- 渗透泵控制系统。

根据药物在体外和/或体内介质中释放/溶出的方式，即功能特性，调释口服固体制剂还可以分类如下：

- 溶出限制的。
- 扩散限制的。
- 溶出-扩散限制的（组合系统）。

通常假设扩散限制的系统是高溶解性药物的选择，而溶出-扩散过程与释放限制聚合物的溶蚀是难溶性药物的选择（Reynolds et al.，1998）。最后，鉴于各种分类，基于基本的区别，调释口服固体制剂可分为以下几类：

- 单个单元制剂。
- 多单元（多颗粒）制剂——均质的和/或异质的。

表 6.1 呈现了骨架型调释口服固体制剂的更详细分类。

表 6.1 骨架型调释口服固体制剂的分类（Basak et al.，2006；Varshosaz et al.，2006；Rao et al.，2009；Shivhare et al.，2009；Bermejo et al.，2020）

基于速率控制组件	基于速率控制组件的孔隙率
• 亲水性的 -基于纤维素的 -基于非纤维素的	• 无孔 • 大孔 • 微孔

续表

基于速率控制组件	基于速率控制组件的孔隙率
• 疏水性的 • 生物可降解的 • 脂质 • 矿物质 • 组合/复合	

释放速率控制因素（包括但不限于）对骨架型调释口服固体制剂的药物释放的影响（Brahmankar and Jaiswal，2000；Patel et al.，2011；Kalbhare et al.，2020）：

- 载药量。
- 药物溶解度。
- 溶液稳定性。
- 稀释剂和辅料。
- 聚合物水合作用。
- 聚合物溶胀。
- 聚合物的扩散系数：
  -聚合物的黏度；
  -聚合物的浓度；
  -聚合物的粒径。
- 扩散层的厚度。
- 弯曲度。
- 聚合物溶蚀。
- 组合因素。

用于调释口服固体制剂药物释放试验的体外释放/溶出方法如下（Koziolek et al.，2014；Kim et al.，2017；Klein et al.，2008；Jantratid et al.，2009；Andreas et al.，2016；Stefanic et al.，2014；Ruiz Picazo et al.，2018；Garbacz and Klein，2012；Vardakou et al.，2011a，b；Garbacz et al.，2015；等）：

- USP 装置 1、2、3、4。
- 小杯法。
- 转碟法。
- 转瓶法。
- 篮法。
- 固定篮法和旋转桨法。
- 动态胃模型。
- GastroDuo 或动态流通法。
- 其他。

有很多研究小组已提出并探索了一些尝试模拟胃肠动态环境的先进方法（Honigford et al.，2019；Carino et al.，2010；Matsui et al.，2017；Hens et al.，2018；Bermejo et al.，2019；Kourentas et al.，2018；Patel et al.，2019；Stupák et al.，2017；Čulen et al.，

2015；Silchenko et al.，2020；Phillips et al.，2012；Miyaji et al.，2016；Takano et al.，2012；Xu et al.，2018；Tsume et al.，2018；Merchant et al.，2014；Goyanes et al.，2015；Garbacz et al.，2013，2014)：

- 基于 USP 装置 2 的递送系统。
- Golem 模型。
- 模拟胃十二指肠模型。
- 人工胃十二指肠（ASD)。
- 胃肠道模拟器（GIS）模型。
- 生物相关性胃肠道转运系统。
- 基于 USP 装置 2 和 USP 装置 4 的双相溶出系统。
- 结合了双相溶出系统的胃肠道模拟器（GIS)。
- IDAS 系统。
- pHysio-stat 和 pHysio-grad 装置。
- 自动 pH 系统^{TM}。

调释口服固体制剂药物释放的数学表征通常采用下列模型进行报告：

- 零级模型。
- 一级模型。
- 二级模型。
- Weibull 模型。
- Hixon-Crowell 模型。
- Higuchi 模型。
- Baker-Lonsdale 模型。
- Makoid-Banakar 模型。
- Korsmeyer-Peppas 模型。
- Rigter-Peppas 模型。
- Gompertz 模型。
- Quadratic 模型。
- Hopfenberg 模型。
- Logistic 模型。

这些模型的细节，已在第 4 章中进行了讨论。

文献中大多数都是关于调释口服固体制剂药物释放-时间函数相关的数据报告。本节讨论使用非常规试验方法评估调释口服固体制剂（所有类型，包括渗透泵药物递送系统）的示例，和/或那些使用新型的药物释放试验方法来模拟胃肠道动力学以增强对体内溶出的可预测性的示例。

使用 pH 调节的双相溶出装置，评估了 pH 依赖性的难溶药物双嘧达莫和 BIMT-17 的不同类型调释口服固体制剂（喷雾上药微丸、包衣片、缓释骨架片、微丸）的体外释放(Heigoldt et al.，2010)。改进的装置包括两个不相溶的相（水相和正辛醇相）以及一个 pH 控制器，具体装置如图 6.15 所示。

使用 pH 调节的双相溶出装置检测了微丸制剂 D-2 和 BIMT-17 骨架片制剂中双嘧达莫

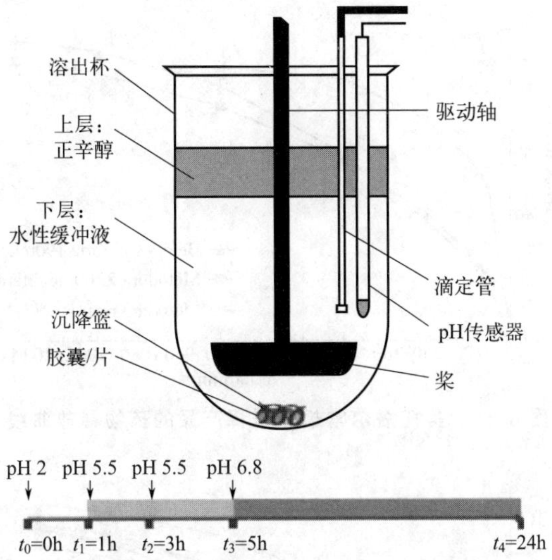

图 6.15　pH 调节的双相溶出装置示意图以及 pH 调节程序（Heigoldt et al.，2010）

的体外释放，如图 6.16 所示。研究人员继续对这些制剂进行了生物利用度评价，并报告了定性 IVIVC。

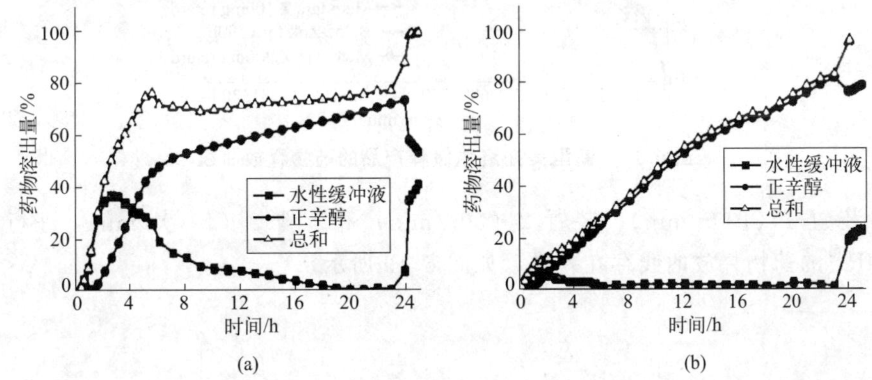

图 6.16　双嘧达莫微丸制剂 D-2（a）和 BIMT-17 骨架片制剂（b）的体外释放曲线

现在已经认识到，药典方法和/或美国 FDA 通过其溶出方法数据库推荐的方法用于质量控制目的，但很少用于预测相关产品的生物利用度。这些推荐的方法不能全面反映剂量单位在通过并暴露在胃肠道时的胃肠道体内动力学。因此，pH 梯度溶出试验方法将更适合评估调释口服固体制剂的药物释放。研究人员分别采用单一缓冲液溶出试验（USP 装置 2）和 pH 梯度溶出试验（USP 装置 3）评估了各种市售的美托洛尔调释固体制剂（常规的和新型的），并比较了结果（Klein and Dressman，2006）。在 USP 装置 2 中检测的各种美托洛尔调释口服固体制剂的药物释放曲线的释放速率没有显著差异。然而，在 USP 装置 3 中检测到的溶出速率存在显著差异（图 6.17 和图 6.18）。研究人员假设并推测，在禁食状态下给药时，pH 梯度法可能是评估潜在相似制剂的可互换性的有用工具。

同样，使用不同的仪器（USP 装置 1、2 和 3）在各种试验条件（搅拌速度、pH 缓冲液等）下，评价了两种难溶性药物格列齐特的调释口服固体制剂（Skripnik et al.，2017）。当

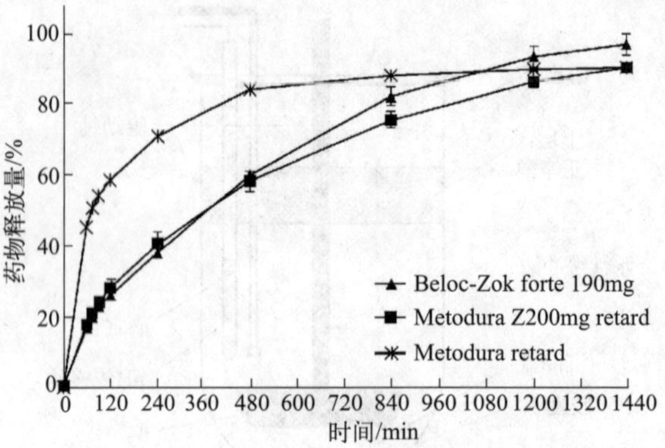

图 6.17 美托洛尔常规和缓释产品的药物释放曲线

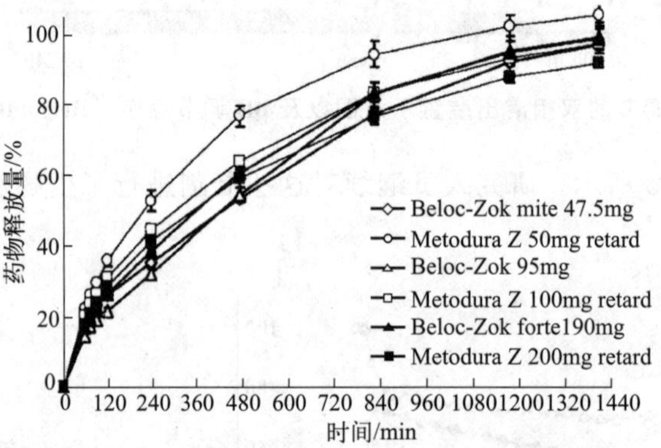

图 6.18 新型美托洛尔缓释产品的药物释放曲线

使用 USP 装置 1（100r/min）、装置 2（50r/min）和装置 3（10 次/min）进行试验时，Azukon MR® 的药物释放曲线存在差异，如图 6.19 所示。

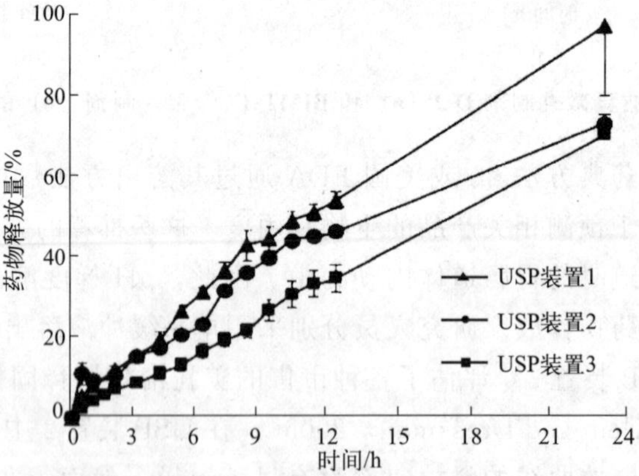

图 6.19 使用 USP 装置 1（100r/min）、2（50r/min）和 3（10 次/min）检测的 Azukon MR® 的药物释放曲线（Skripnik et al.，2017）

靶向结肠药物递送的调释口服固体制剂经口服用后，通过胃肠道并进入结肠区域。在该过程中，药物暴露于 pH 值、药物溶出介质体积、诱导物理应力的蠕动运动和许多其他生理因素的变化中。这可能导致药物的潜在沉淀和沉淀药物的再溶解。研究人员开发了一种模拟结肠环境动力学的新型动态结肠模型（DCM）方法，并用于评价茶碱缓释片的药物释放（Stamatopoulos et al.，2016）。这种先进的方法使用正电子发射断层显像（PET）技术，评估药物从制剂中释放的过程。DCM的示意图见图6.20。

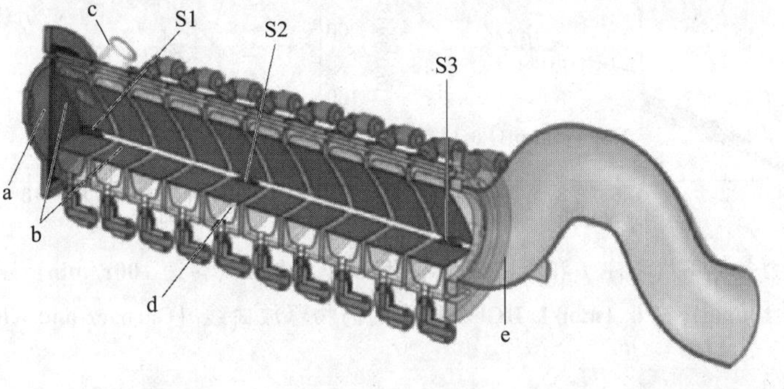

图6.20　使用 ANSYS Space Claim 2015 制作的 DCM 管的 3D 模型。DCM 管由以下部分组成：a—盲肠的半球形丙烯酸体；b—弹性膜；c—回结肠连接区的入口；d—具有特征性结肠袋的三角形结构段；e—肝脏活动的刚性虹吸管。S1、S2 和 S3 是沿 DCM 管的取样点

来源：Stamatopoulos et al.（2016）/Elsevier/CC BY 4.0

在测定药物释放曲线时，研究人员评估了各种生理相关因素，如液体黏度和蠕动运动[即诱导的应力（压力）]、样品探针的位置等。观察到药物释放速率的差异，释放速率受介质黏度和DCM管内流体力学的影响；因此，可以证明该方法的生理相关性。

Garbacz 和 Klein（2009）试图通过开发动态胃模型（DGM）来模拟胃肠道的pH梯度以及物理动力学（由蠕动运动引起的），如图6.21所示。

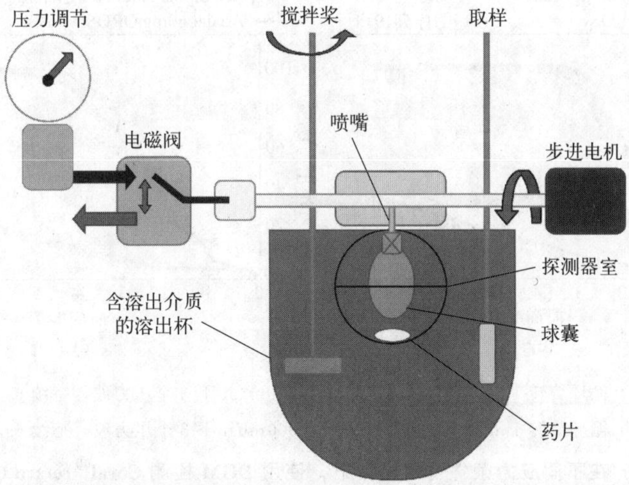

图6.21　生物相关动态胃模型（DGM）的示意图（Garbacz and Klein，2012）

在两种应力条件下（程序1和程序2），采用USP装置2（转速100r/min）评价了思瑞康®缓释片（50mg和100mg）在0.1mol/L HCl介质中的药物（硝苯地平）释放，结果见图6.22。此外，在不同应力条件（程序）下，使用DGM评价了两种类型的硝苯地平缓释制剂（Coral® retard 60mg 和 Adalat OROS® 60mg）的药物释放曲线，结果见图 6.23。

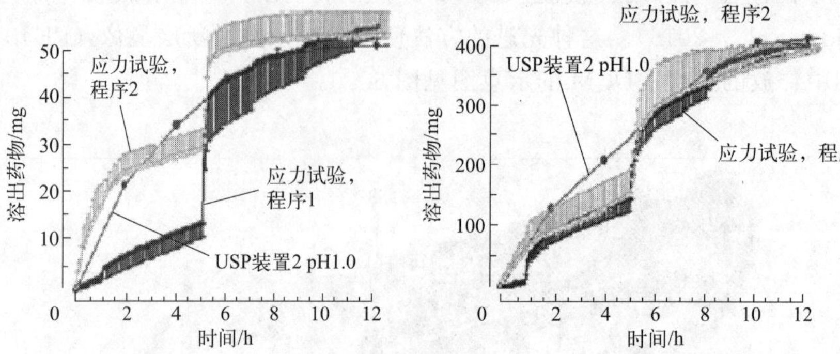

图 6.22　在两种应力条件下（程序 1 和程序 2），使用 USP 装置 2（转速 100r/min）评价了思瑞康® 缓释片（50mg 和 100mg）在 0.1mol/L HCl 介质中的药物释放曲线（Garbacz and Klein，2012）

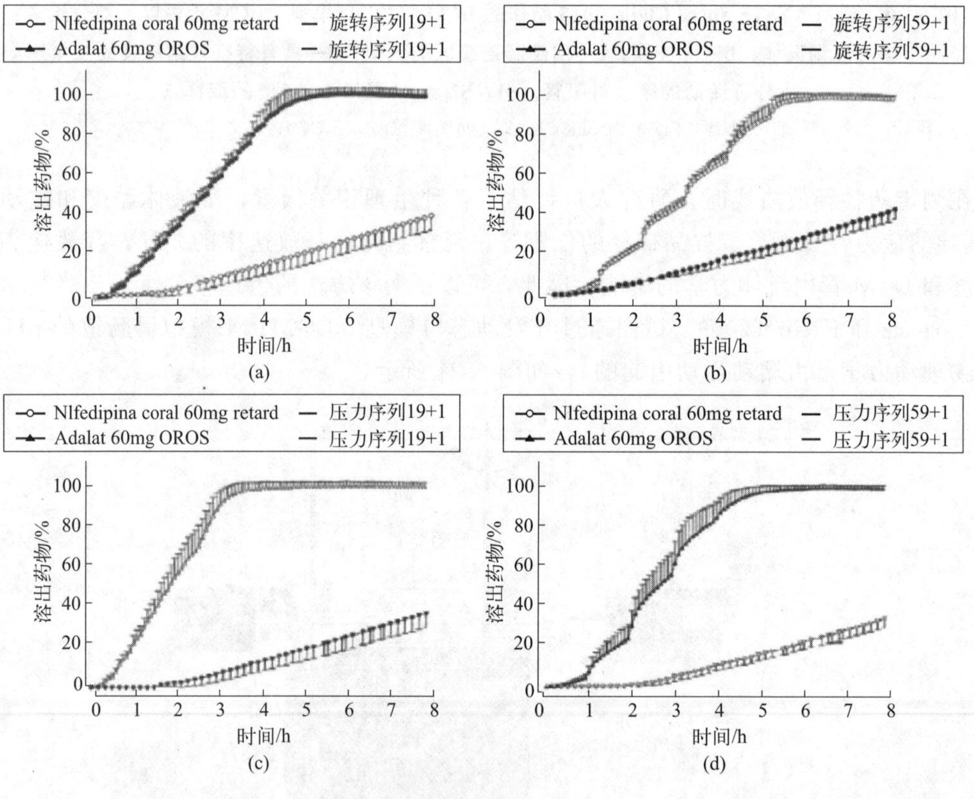

旋转序列 19＋1：每 19min 循环旋转 1min　压力序列 19＋1：300mbar 下 3 个压力波，持续 6s，每 19min 循环一次

旋转序列 59＋1：每 59min 循环旋转 1min　压力序列 59＋1：300mbar 下 3 个压力波，持续 6s，每 59min 循环一次

图 6.23　在不同应力条件（程序）下，使用 DGM 检测 Coral® retard 60mg 和 Adalat OROS® 60mg 的药物释放曲线

(a) 1min/20min；(b) 1min/60min；(c) 每 20min；(d) 每 60min 的 3 个压力波（300mbar❶，每个压力波持续 6s）；$n=6$，平均值±SD（Garbacz and Klein，2012）

❶ 1mbar＝10Pa。

不同溶出试验装置［药典装置和动态胃模型（DGM）］中的特定调释口服固体制剂溶出曲线的差异，说明了调释口服固体制剂的药物释放过程不同。此外，DGM 中不同类型调释口服固体制剂表现出的表观药物释放速率差异进一步证明了新型 DGM 在调释口服固体制剂开发阶段的用途。

如果不考虑渗透控制型调释药物递送系统，那么对调释口服固体制剂药物释放的讨论是不完整的。渗透压原理被用于开发渗透控制型调释口服固体制剂。与调释口服固体制剂相关的其他技术相比，这种药物递送技术不仅可以可预见地（可靠的）递送药物，而且可以在预定时间以预定速率递送药物。此外，这些药物递送系统不受它们所处的体内环境中的生物生理学因素的影响，因此，它具有可接受的体外-体内相关性（IVIVC）。文献中已经广泛综述了各种类型的渗透控制型调释口服固体制剂（表 6.2），例如单室和多室渗透泵以及用于结肠靶向、脉冲释放和/或突释系统的其他几种特殊类型的渗透泵（Patel and Parikh，2017；Syed et al.，2015；Shahi et al. 2015；Herrlich et al.，2012）。

表 6.2　渗透控制型调释口服固体制剂的类型

（Patel and Parikh，2017；Syed et al.，2015；Shahi et al.，2015；Herrlich et al.，2012）

血管内（植入式等）	血管外（口服、眼用等）	其他
• Higuchi-Theeuwes 渗透泵 • Rose-Nelson 渗透泵 • 植入式微型渗透泵 • 微孔渗透泵	单室渗透泵 • 初级渗透泵 • 控释微孔渗透泵 多室渗透泵 • 推拉式渗透泵 • 具有固定结构的第二腔室的渗透泵 调释的口服渗透泵 • 单室型 • 夹芯 • 骨架片 • 迟释递送 • 突释（定时释放） • 液体控制释放 • 微丸 • 结肠靶向 • 其他	• Zeros 片剂技术® • Port System® • DURIN® • 体积放大递送装置 • Portab 系统® • Ensotrol 技术® • 泡腾渗透泵片 • 自乳化片 • 用于延迟释放的伸缩胶囊 • 不对称膜片

渗透控释型调释口服固体制剂本质上由片芯（包括原料药、渗透剂和其他辅料）经压片成型，随后用半透膜包衣。包衣材料的半渗透性和包衣厚度将影响其突释的时间，导致在预定时间形成药物释放脉冲。如果释放受到控制，则在包衣层上钻孔形成孔道，从而达到零级药物释放速率。一般而言，影响这些递送系统药物释放的关键因素总结如下：

- 活性药物成分（API）的溶解度。
- 半透膜的特性。
- 渗透压。
- 渗透剂。
- 递送孔道的尺寸（直径）和数量。
- 芯吸剂的使用。
- 增塑剂的类型和数量。
- 其他。

虽然渗透压控制的调释口服固体制剂的药物释放在数学上表现出零级药物释放曲线，其药物释放动力学通常表示为：

$$dM/dt = [(A \cdot K)/h] \cdot [(\Delta\Pi - \Delta\rho) \cdot C_i] \tag{6.1}$$

式中，A 是面积；h 是膜厚度；$\Delta\Pi$ 是渗透压差；$\Delta\rho$ 是静水压差；C_i 是制剂中的药物浓度。不同水溶性的药物可以包含在制剂中；然而，极大的剂量可能导致此类产品尺寸较大，给患者服用带来困难，从而导致依从性问题。

一些渗透泵控释固体制剂（产品）已成功开发上市，并被列在许多近期的综述文章中（Patel and Parikh，2017；Syed et al.，2015；Shahi et al.，2015；Herrlich et al.，2012）。最近报告的选定产品例证了这些渗透泵控释固体制剂的独特特征——零级释放速率，无论这些递送系统设计中使用了哪种技术（Wang and Jiang，2014；Gan et al.，2014）。

研究人员开发了一种控释微孔渗透泵片，通过在半透膜中加入致孔剂来控制药物释放的孔隙率，从而避免了药物控释孔的要求（盐酸文拉法辛和酒石酸美托洛尔等，Wang and Jiang，2014）。这种控释微孔渗透泵片的累积药物释放曲线见图 6.24。

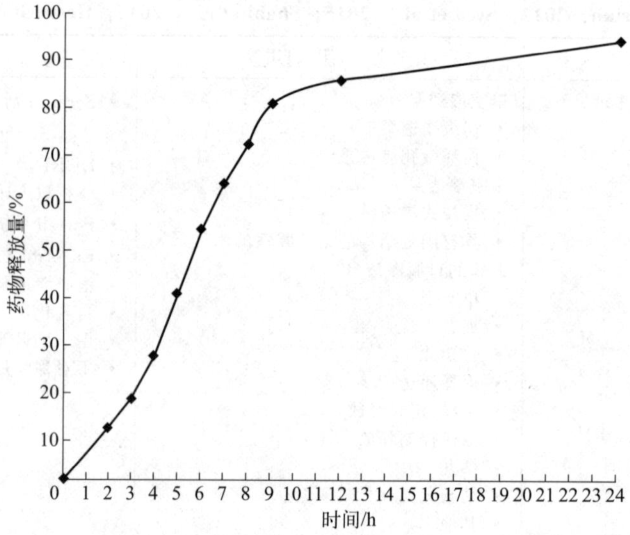

图 6.24　文拉法辛控释微孔渗透泵片的累积释放曲线（Wang and Jiang，2014）

Gan 等（2014）报告了一种帕利哌酮双层控释渗透泵片，包括硬质半透膜、助推层、药物层和隔离（分离）层以及致孔剂和/或增塑剂。该制剂可以有一个或多个药物释放孔，以在较长时间内控制药物释放率。帕利哌酮双层控释渗透泵片的平均释药率见图 6.25。

研究人员对口腔膜剂在局部和全身口服药物递送中的潜力也进行评价。这些口腔膜剂分为以下类型（Preis et al.，2013）：

- 黏膜黏附口颊膜（MBF）。
- 口溶膜（ODF）。
- 口腔黏膜贴剂（ORP）。

监管机构强制要求对这些口腔膜剂进行药物释放/溶出试验，《欧洲药典》（2012 年版）中已经收录了“口腔黏膜制剂”专论。采用薄膜浇铸法制备了茶碱的常释、中间释放和缓释口溶膜（ODF）。随后使用 USP 装置 4（闭环流通池法）并辅以采用 3D 打印技术设计和构

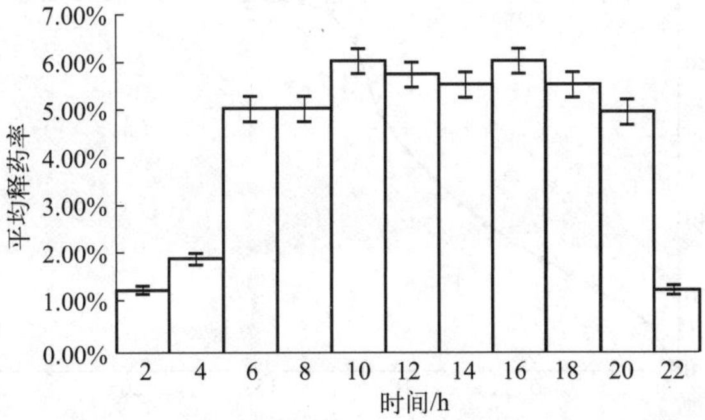

图 6.25 帕利哌酮双层控释渗透泵片的释放速率曲线（Gan et al.，2014）

建的定制膜支架来评价药物释放（Speer et al.，2019）。然后将该闭环流通装置连接至 USP 装置 2（桨法），应用 50r/min 的转速和适当的溶出介质（pH 1.2、6.8 或 7.35）。$ODF_{PR500\sim715}$ 处方在人工唾液中释放 3min，随后在人工胃液中释放 120min，最后在人工肠液中释放，药物累积释放百分比的组合曲线见图 6.26。

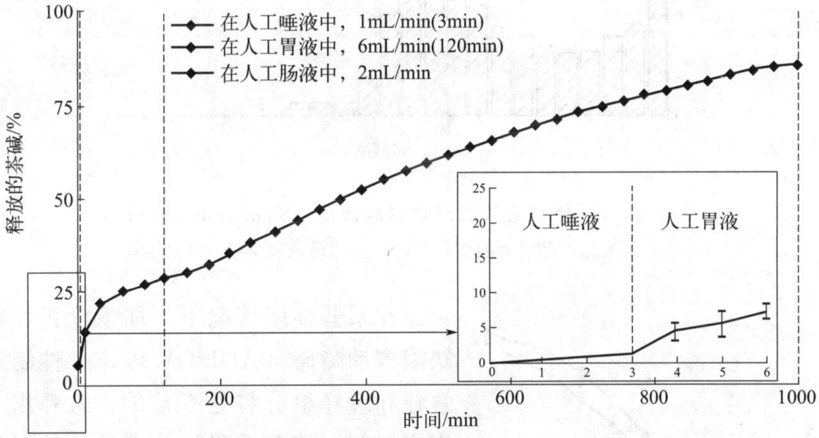

图 6.26 $ODF_{PR500\sim715}$ 处方依次在人工唾液、人工胃液和人工肠液中的药物累积释放百分比的组合曲线（Speer et al.，2019）

6.3.3 高端/创新调释口服固体制剂

口服缓释制剂设计的主要概念是在 12～14h 内维持相对稳定的治疗药物水平。只有当胃肠道在吸收方面作为一个均一腔室发挥作用时，零级释放能够维持恒定的药物浓度的理念才是合理的（Banakar，1990）。通常情况下，药物吸收在胃部是缓慢的，在肠近端区域迅速吸收，在肠远端吸收再次减缓。因此，表现出双峰释放特征（补偿胃肠道吸收模式的变化）的药物递送系统在提供相对稳定的血液药物浓度方面更有意义（Banakar，1990；Streubel et al.，2000；Kovacic et al.，2011；Poonuru and Gonugunta，2014；Usman et al.，2018）。

治疗药物（阿司匹林、阿地唑仑、布洛芬、茶碱和对乙酰氨基酚等）与某些类型的羟丙甲纤维素（HPMC）醚混合，并压成固体制剂（Shah et al.，1989；Streubel et al.，2000）。这些固体制剂的药物释放呈双峰曲线，在溶出后期药物释放速率增加（图 6.27 和图 6.28）。

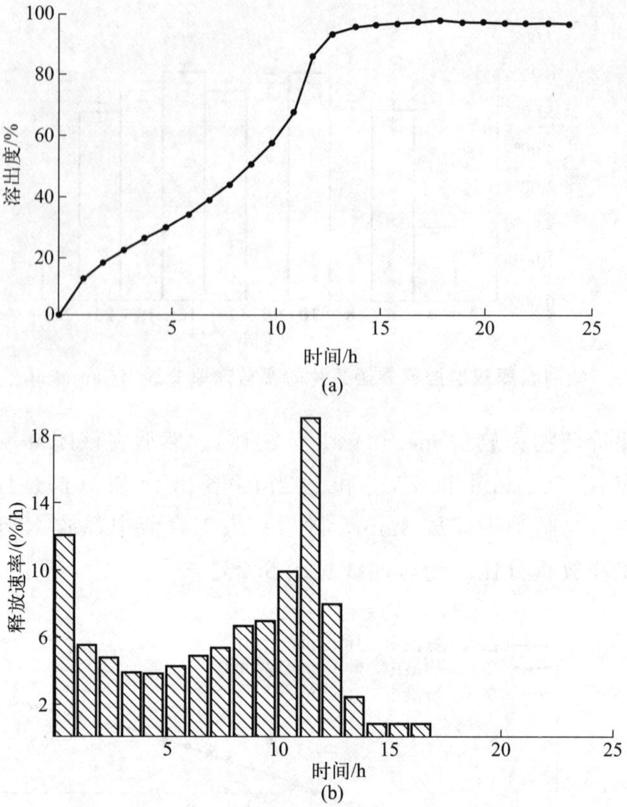

图 6.27　阿地唑仑片的双峰释放曲线（Shah et al. 1989）

（a）药物溶出度随时间的变化；（b）药物释放速率随时间的变化

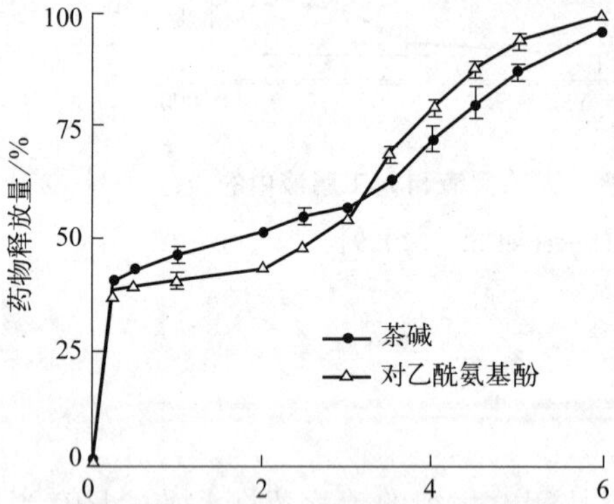

图 6.28　骨架片的双峰药物释放曲线（Streubel et al.，2000）

在某些临床情况下，如治疗慢性疼痛和注意缺陷多动障碍（ADHD）等，一种制剂同时包含常释和缓释组分将是有益的，常释组分提供即时疼痛缓解，随后缓释组分在较长的时间内释放率增加。Lam 等（2005）开发了一种盐酸哌甲酯推拉式渗透泵药物递送系统，具有活性药物包衣层，随后为美观进行薄膜包衣。口服给药后，活性药物包衣层迅速溶解，快速释放，随后药物从渗透泵核心释放的速率增加（图 6.29）。

研究人员制备了由多个具有不同载药量的"单一单元剂量单位"组成的调释口服固体制剂。每个单元被指定在较长时期内的不同时间释放其内容物，以便在持续期内维持稳定的释放。这些单元以不同的比例组合在胶囊剂中。胶囊壳崩解后将释放所有组分。所有组分将共同在较长的时间内（12h 或 24h）产生稳定和恒定的药物释放（Rudnic and Belendiuk，1994；Mehta et al.，1998；等）。

哌甲酯的调释口服固体制剂包括两组药物单元。第一组快速释放药物，而第二组在经口

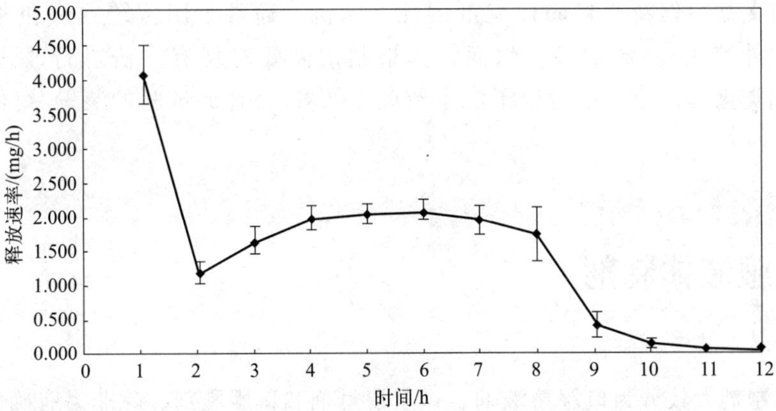

图 6.29　推拉式渗透泵固体制剂（带有快速释放活性包衣）的药物释放速率曲线

服给药后 2～7h 释放药物（Mehta et al.，1998）。两组的累积释放曲线见图 6.30。同样，调释口服胶囊制剂中三组微丸（常释、缓释和迟释）的药物释放曲线见图 6.31。

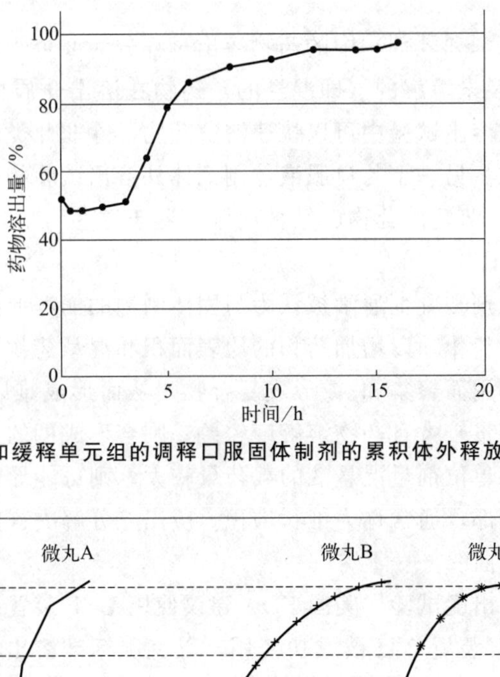

图 6.30　包括常释单元组和缓释单元组的调释口服固体制剂的累积体外释放曲线（Mehta et al.，1998）

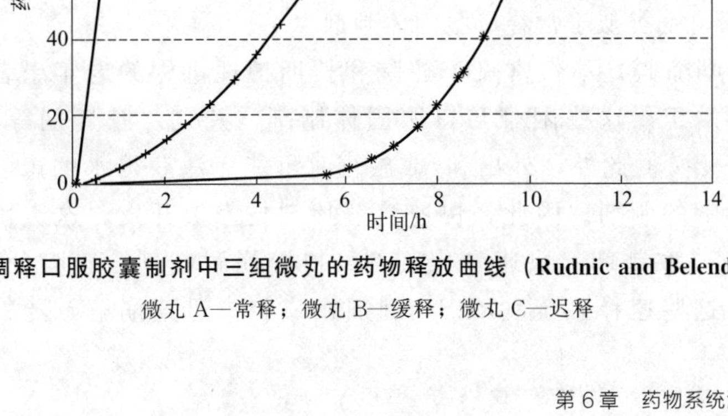

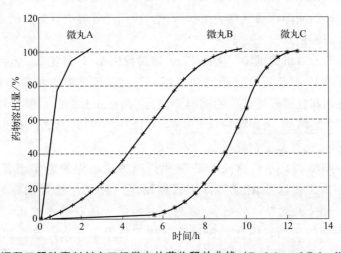

图 6.31　调释口服胶囊制剂中三组微丸的药物释放曲线（Rudnic and Belendiuk，1994）

微丸 A—常释；微丸 B—缓释；微丸 C—迟释

这些只是文献中创新调释固体制剂的几个示例。通常采用传统方法和药典方法对这些制剂进行体外溶出/释放试验。然而，如果制剂需要对现有方法进行改进或开发新方法，则进行此类操作。第 5 章讨论了产生新型体外溶出/释放试验的装置/组件的一些此类改良法。

6.4 口服液体制剂

口服液体制剂大致分为口服溶液剂、口服混悬剂和口服乳剂。除非另有确凿的证据表明口服溶液是真溶液，否则所有类型的口服液体制剂都必须进行溶出试验。在口服溶液剂中，药物完全溶解；因此，不需要进行体外溶出试验。对于口服混悬剂，药物的水溶性较低。因此，在混悬液中，药物在介质中部分溶解至饱和，另一部分药物以颗粒形式悬浮在介质中。对于口服乳剂，药物被分配（即溶解）到水相和油相中，并且部分药物可能未溶解在任何一相中而是悬浮在制剂中。

口服液体制剂（混悬剂和乳剂）中的药物溶出过程分为 2 个步骤：最初溶解的药物快速从制剂中扩散/释放，以及未溶解的（即混悬的）药物在溶出介质里从制剂中溶出。总体而言，这些口服液体制剂在溶出试验中可以快速溶解药物，除非此类制剂中存在无法快速崩解的复合物、团块或聚集体。另一个与口服液体制剂体外溶出试验相关的重要考虑是，在溶出试验开始之前，混悬的/未溶解的药物已经被润湿。鉴于这些考虑，通常需要将早期采样点纳入溶出试验方案中。

总的来说，口服混悬剂和乳剂通常被认为与固体制剂的崩解形式相似。考虑到药物的水溶性差，药物通常会被微粉化，以增加药物的比表面积和混悬药物颗粒上的表面电荷。这可能导致药物与辅料相互作用而聚集和/或形成复合物，从而形成难以崩解和溶解的沉淀和块状物。此外，如果单位剂量较大且药物溶解度较差，则会形成稠的（黏的）混悬液，导致溶出速率降低。此外，如果单位剂量混悬液的载药量较大，则可能导致混悬液（未溶解药物的部分）沉降在溶出杯的底部，通常称为锥状堆积。应当充分解决这些挑战以努力实现制剂的一致和可重现的药物溶出曲线。

对于口服混悬剂的溶出度试验，美国 FDA 建议使用 USP 装置 2。然而，USP 装置 3 和配备尖峰底溶出杯的 USP 装置 2 已被成功使用，以克服标准溶出杯底部锥状堆积的挑战。通常用于口服混悬剂和乳剂溶出试验的溶出介质为 0.1mol/L HCl、模拟胃液和水，每种介质均可以含有或不含增溶剂/表面活性剂。从体外溶出试验和此类试验所得数据的分析方面，可认为口服混悬剂/乳剂类似于常释口服固体制剂。

吞咽困难（吞咽障碍）不仅常见于住院和长期护理机构的老年患者，也常见于正常健康人群的所有年龄组。这些困难与口服固体制剂（片剂、胶囊剂等）的大小、形状、味道、表面特征等相关。此外，外出和/或旅行时可能无法获得水的患者偏好不用水即可轻松服用且易于吞咽的制剂。因此，快速溶解片剂技术被开发，这类快速溶解片通常称为口溶制剂、快速分散制剂、快速融化制剂、口腔崩解制剂、口腔分散剂等。服用后，在唾液的辅助下，这些速释系统（RRS）制剂在口腔中迅速崩解，药物溶于唾液中。此外，溶解的药物有机会通过舌下和口腔黏膜途径快速吸收。本节讨论了近年来报告的溶出试验在选定RRS中的作用。

一般而言，用于制备RRS制剂（口溶片、口腔崩解片等）的先进技术包括：

- 成型。
- 直接压片。
- 棉花糖工艺。
- 纳米化。
- 速溶膜。
- 相转变过程。
- 喷雾干燥。
- 冷冻干燥。
- 熔融制粒。
- 升华。
- 软材挤出。
- 其他。

如果活性药物成分（API）与其他辅料一起表现为较差的溶解度，则这些制剂总是包含与超级崩解剂和/或增溶剂密切相关的活性药物成分（API）（Fu et al.，2010；Mathew and Agrawal，2011；Singh，2010；Lawrence et al.，2016）。常用的体外溶出试验采用USP装置2（桨法），转速为50r/min，以磷酸盐缓冲液（pH 6.8）作为溶出介质；随后采用USP装置3（往复筒法），第1排的往复速度为5～10次/min，以去离子水和/或磷酸盐缓冲液（pH 6.8）作为溶出介质。图6.32举例说明了6种硫酸特布他林快速熔化片的累积释放百分比随时间的变化。

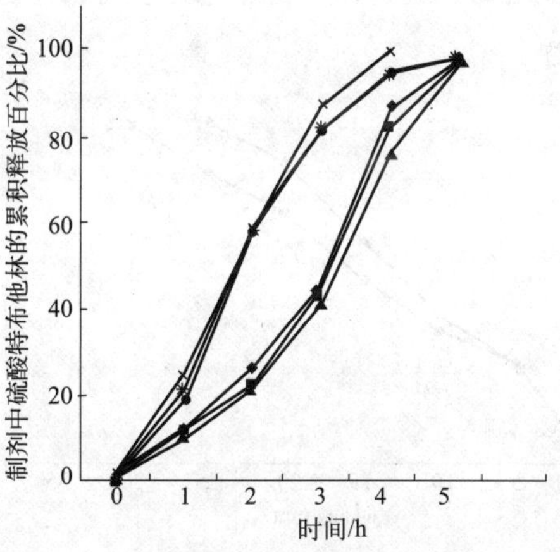

图6.32　6种硫酸特布他林快速熔化片的累积释放百分比随时间的变化（Mathew and Agrawal，2011）

研究人员制备了快速崩解唑吡坦口颊制剂（含片），包括与崩解剂紧密混合的药物以及作为功能性辅料的缓冲组分（Singh，2010）。口服后，含片可迅速崩解并与口腔唾液中的缓冲成分一起溶解药物，使其pH值升至6.8或更高（图6.33），这有助于溶解的药物通过舌下和口颊途径被快速吸收。

以pH 6.8的缓冲液作为溶出介质，采用USP装置2（桨法），在100r/min的转速下评价了一种旨在掩味的快速崩解片（含有盐酸左西替利嗪、孟鲁司特钠和超级崩解剂）的崩解和每种原料药的溶出（Gupta et al.，2014）。两种受试制剂中左西替利嗪和孟鲁司特的累积药物释放百分比（CDR）分别见图6.34和图6.35。

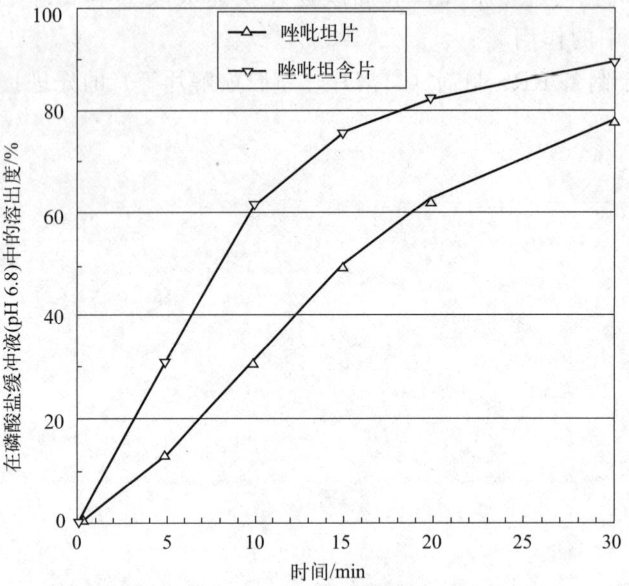

图 6.33　唑吡坦含片和常规唑吡坦片的体外溶出曲线（Singh，2010）

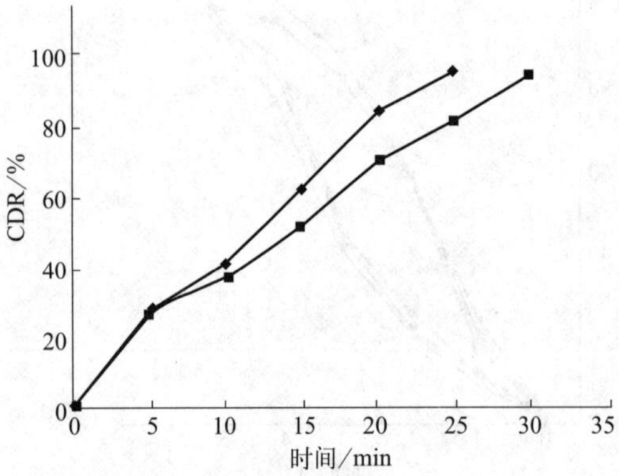

图 6.34　左西替利嗪的累积药物释放百分比（Gupta et al.，2014）

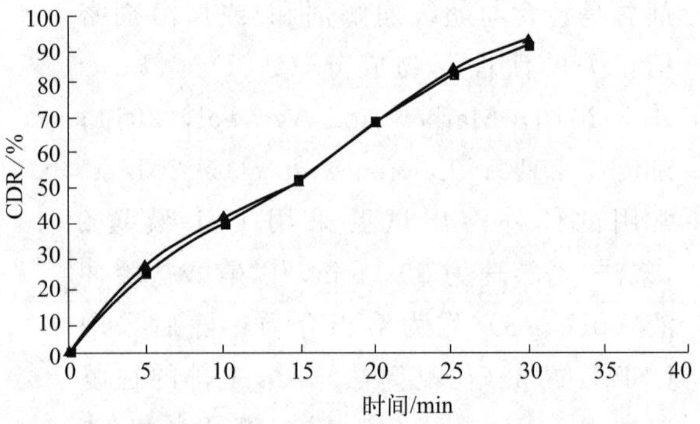

图 6.35　孟鲁司特的累积药物释放百分比（Gupta et al.，2014）

一种由药物和崩解剂组成的用于治疗甲状腺功能亢进的钙受体活性化合物的快速溶解片被制备出（Lawrence et al.，2016）。目标是，在体外溶出试验［USP 装置 2（桨法），75r/min，0.05mol/L HCl］中，制剂应快速崩解，并且药物溶出应在标示量的 50%～125%。本品 3 种制剂的药物释放曲线数据见表 6.3。

表 6.3　三种快速溶解片的药物释放曲线数据（Lawrence et al.，2016）

时间/min	30mg 片剂/%	60mg 片剂/%	90mg 片剂/%
15	85.3	81.9	80.8
30	95.2	93.8	93.4
45	97.7	97.7	97.9
60	98.7	98.8	99.8

6.5 非口服制剂

有一些药物系统（剂型）通过口服以外的途径给药（表 6.4）。这些剂型包括固态的活性药物成分（API），预期在生物介质中递送（即释放/溶出），并被全身吸收。因此，必须评价这些制剂的体外药物释放/溶出和/或体外溶出后的体外药物渗透。在过去十年中，有大量文献报道了这些剂型的各种体外药物释放试验方法（常规方法/药典方法和新型方法）。本节将全面列出适用于非口服途径给药剂型的各亚类制剂的药物释放试验的不同方法。

表 6.4 通过口服途径以外的途径给药的药物系统

途径	系统
局部	常规 • 撒布剂 • 洗剂 • 软膏 • 乳膏 • 其他 经皮 • 骨架型 • 贮库型 • 混合/联合 • 电控 • 离子导入递送 • 其他 非常规 • 鼻 • 耳 • 眼部 • 阴道 • 其他
注射剂	• 注射剂 • 植入剂 -药物洗脱支架 -皮下 • 贮库型 • 其他
吸入	• 定量吸入气雾剂(MDI) • 干粉吸入剂(DPI) • 经口吸入产品(OIP)

6.5.1 外用制剂

外用剂型通常应用于皮肤的不同区域（位置）。这些产品预期用于局部起效和/或全身吸收，即在体循环中发挥治疗作用。体外药物释放试验与体外渗透试验相结合至关重要，因为原料药以固体/颗粒、分子或内消旋体三种形式中的一种形式存在于这些制剂中。这些剂型也称为非限定给药制剂，因为给药时（即应用于皮肤时）没有可用的单位剂量。

将制剂应用于皮肤时，由于制剂中药物与皮肤上药物之间存在浓度梯度，溶解的药物（分子状态）在皮肤上释放。用在皮肤上时，如果药物以颗粒状态存在，例如肉眼可见的撒布剂，则药物溶于皮肤表面的残留皮肤液中。随后，当药物可用于全身摄取和/或沉积在皮肤的一层或多层时，由于药物分子穿过皮肤的过程中所遵循的扩散机制，跨过皮肤的各层形成了一系列药物浓度梯度。因此，在药品开发过程中，需结合这些制剂的体外药物释放试验和体外渗透试验进行评估，以确定这些外用制剂的功能性能。然而，采用适当控制（方法和持续时间）的体外药物释放试验足以确立这些产品的质量控制标准。

6.5.1.1 传统外用制剂

撒布剂、洗剂、软膏剂、乳膏剂等类似剂型通常被认为是用于局部和/或全身介导治疗活性的传统外用剂型。其组分中包括与辅料一起分散的药物，并加工成散装制剂。随后将其分配至适当的应用容器中，如可挤压管、瓶、罐等。

通常采用以下方法评价这些制剂的药物释放性能：

- USP 装置 2（桨法）。
- USP 装置 5（桨碟法）。
- USP 装置 6（转筒法）。
- USP 装置 7（经/未经改良的往复支架法）。
- 扩散池装置（Franz 型——垂直、水平和其他改良型）
- 渗透浸没池。
- 上述组合。
- 其他。

使用扩散池装置时特别要注意的是选择溶解药物扩散所需的膜。虽然在这些产品的开发阶段推荐使用多种生物（裸小鼠、兔、蛇、绵羊、豚鼠、人尸体等）的皮肤膜，但建议使用醋酸纤维素硝酸盐合成膜作为常规药物释放/渗透试验以及这些产品的质量控制试验中所需的膜。此外，生物生理学相关的介质和产品质量控制试验期间使用的介质为含/不含促渗剂的 pH 7.4 和/或 pH 6.8 的磷酸盐缓冲液。

6.5.1.2 透皮给药系统

透皮给药系统通常称为透皮贴剂，是一种以预定速率通过皮肤将药物直接递送至血液系统的含药贴剂。该剂型提供了一种非侵入式的药物递送系统，避免首关代谢，规避胃肠道，同时确保在较长时间内稳定恒定释放药物。此外，这些药物递送系统有可能提供多日治疗效果，并可通过移除贴剂随时终止治疗。

虽然透皮给药系统大致分为两种类型——贮库型和带/不带速率控制膜的骨架型，但它们通常由以下组分组成（Wokovich et al.，2006）：

- 防黏层。
- 背衬层。
- 保护膜。
- 控释膜。
- 含/不含促进剂和/或增溶剂的辅料。

然而，透皮给药系统的药物递送阶段按顺序包括以下内容（Savale，2015）：

- 药物从溶剂中释放。
- 药物透过皮肤。
- 药物的全身摄取。

药物通过真皮屏障的渗透涉及以下步骤（Chinchole et al.，2016）：

- 被角质层（速率控制屏障）吸附。
- 穿透活性表皮。
- 通过毛细血管网，药物被全身摄取。

骨架型或贮库型的透皮给药系统的药物释放动力学通常分别表现出时间滞后效应和/或突释效应。由于药物分子在不同浓度梯度中的运动例证了药物从递送系统的释放和渗透，因此药物释放机制可以通过Fick扩散定律解释。透皮给药系统在药物释放功能方面的独特之处在于，一旦确定速率控制屏障——鳞状表皮（离体或体内试验）或合成膜（体外试验），其可随时间推移达到恒定的释放速率（即遵循零级模型），而与系统类型无关。描述透皮给药系统的药物释放动力学最常用的数学建模如下：

- 零级模型。
- 一级模型。
- Higuchi模型。
- Korsemeyer-Peppas。

除USP装置2（桨法）外，用于评价药物释放性能的各种体外和/或离体药物释放试验方法和释放介质与用于评价上述传统局部剂型的方法和介质相同。更多详情请参见5.4.4节。

6.5.1.3 鼻、眼、耳、阴道和直肠制剂

有几种非传统的局部给药途径已被开发用于从各种药物递送系统中递送药物。这些途径包括但不限于以下内容：

- 鼻。
- 指（趾）甲。
- 眼。
- 耳。
- 直肠。
- 阴道。
- 其他。

与任何其他给药途径一样，研究人员已开发了几种类型的药物递送系统，并在体外和体内进行了评估，以递送药物达到局部和/或全身起效。药物递送系统（剂型）类型的选择取决于原料药的理化特性、在应用部位递送的药物量以及递送部位药物的生理过程等。虽然可以使用各种常规和/或改良的药典方法和新方法评价这些制剂的体外药物释放，但这些产品的最终功能性能（即治疗效果）通过释放/溶出在该部位的可用的黏膜液（介质）中的药物的渗透来决定。因此，采用各种类型的扩散池装置开展的体外和/或离体渗透研究是开发期间评价这些药物递送系统的主要组成部分，同时定义并确立了成品制剂的质量控制标准。本节讨论了为这些非传统局部给药途径开发的药物递送系统的一些值得注意的考量。

不同类型的经鼻给药递送系统分类如下：

- 鼻散剂。
- 鼻滴剂。
- 鼻喷雾剂。
- 鼻凝胶剂。
- 其他。

总的来说，这些制剂包含增溶剂/表面活性剂和/或渗透促进剂以及其他辅料。虽然Transwell型装置被用来评估体外释放研究，但Franz扩散池装置单元被用来评估这些制剂中溶解药物的体外渗透。此外，还使用兔子模型进行了离体鼻渗透研究（Chhajed et al.，2011）。Luppi等（2010）使用Transwell型装置评估了冻干壳聚糖/果胶鼻腔插入剂的抗精神病药物的释放。装载了药物的插片被放置在烧结玻璃滤板坩埚中，该坩埚随后被垂直放置在装有释放介质的容器中，并精确调整至介质的高度，确保多孔玻璃膜被浸润但不被淹没（Luppi et al.，2010）。图6.36和图6.37分别显示了各种药物-壳聚糖/果胶复合物的体外药物释放分数随时间的变化曲线以及透过绵羊鼻上皮的离体渗透曲线（Luppiet al.，2010）。

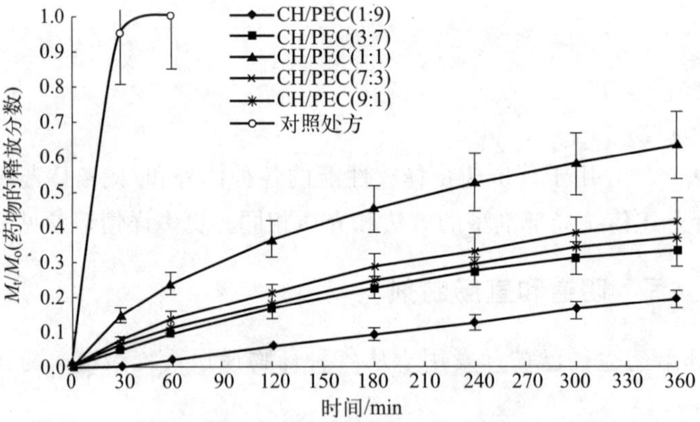

图6.36　不同药物-壳聚糖/果胶复合物在缓冲液（pH 5.5）中盐酸氯丙烷的释放分数随时间的变化曲线（Luppi et al.，2010）

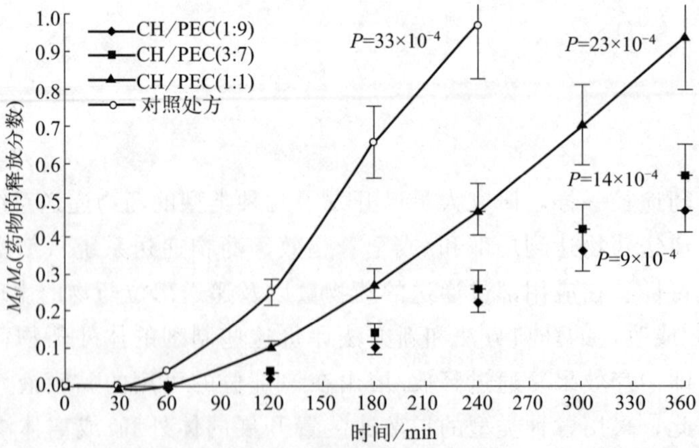

图6.37　各种药物-壳聚糖/果胶复合物通过绵羊鼻上皮的体外渗透曲线（Luppi et al.，2010）

在过去的几十年里，通过对眼部给药途径的探索，已取得了不同程度的成功。总的来说，虽然通过角膜的渗透与眼区的血管相结合，提供了快速的系统利用度，但由于眼泪的作用，制剂在眼囊和/或角膜上的停留时间较短，这对应用眼部药物递送系统以实现高效的药物递送和吸收造成了重大挑战。

眼部药物递送系统可大致分类如下。

- 传统型：
  - -溶液剂；
  - -混悬剂；
  - -软膏剂；
  - -其他。
- 缓释系统：
  - -眼用薄膜；
  - -胶原蛋白屏障；
  - -眼部插入剂；
  - -纳米混悬剂/纳米颗粒系统；
  - -脂质体；
  - -树枝状聚合物；
  - -眼部离子电渗疗法；
  - -原位凝胶；
  - -其他。

通常情况下，通过单独或组合使用以下试验设备来评估眼部药物递送系统的药物释放：USP 装置 1、2、4、5、6 和 7。通常情况下，将眼用制剂的药物渗透研究作为这些研究的补充，渗透研究采用的是某种形式和/或设计的配有复合合成膜或来自各种动物的角膜的扩散池装置。

人们对开发眼部原位胶凝系统的兴趣越来越高，它不仅能延长制剂在眼部的停留时间，还能使药物缓慢释放（Hosny，2010；Rajoria and Gupta，2012）。研究人员制备了环丙沙星的缓释脂质体水凝胶制剂，并使用扩散池装置对其体外药物释放行为和跨角膜渗透特性进行了评估（Hosny，2010）。研究人员体外药物释放研究是通过将单位质量的脂质体水凝胶置于装有透析膜的玻璃杯中进行的，该透析膜预浸在 pH 7.4 的磷酸盐缓冲液中。该装置悬浮在装有溶出/释放介质（pH 7.4 的磷酸盐缓冲液）的溶出杯中，并以 75r/min 转速搅拌。脂质体水凝胶和脂质体混悬液的药物释放曲线和药物渗透曲线分别如图 6.38 和图 6.39 所示（Hosny，2010）。

在过去的几十年里，人们一直在探索通过耳部途径给药，而且这种兴趣还在继续增长。一般来说，通过耳部途径给药遵循以下三种途径：局部给药、全身给药或植入给药。表 6.5 列出了通过耳部途径给药的各种途径和相应的剂型（Liu et al.，2018）。

表 6.5　通过多种耳部途径递送药物的不同剂型

可用性	途径	剂型
局部	耳蜗内	• 溶液剂
	鼓室内	• 水凝胶 • 混悬剂

续表

可用性	途径	剂型
局部	鼓室内	• 纳米药物
	经鼓室	• 水凝胶 • 纳米药物
	外用	• 溶液剂 • 混悬剂 • 乳膏 • 凝胶 • 纳米药物
全身	静脉	• 溶液剂 • 纳米药物
	口服	• 胶囊剂 • 片剂
植入		

来源：数据来自 Liu et al.（2018）

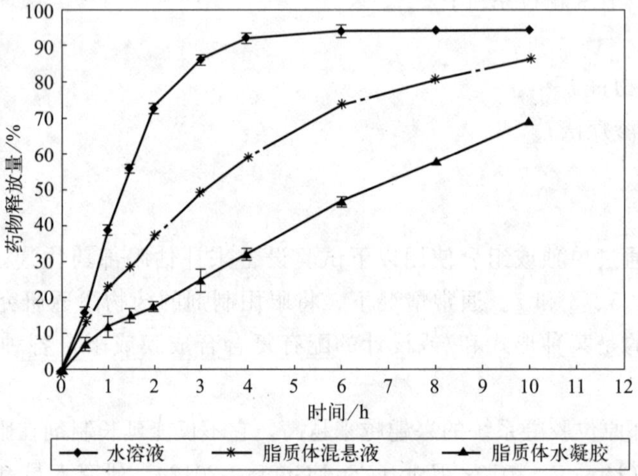

图 6.38　脂质体水凝胶和脂质体混悬液中环丙沙星的体外释放曲线（Hosny，2010）

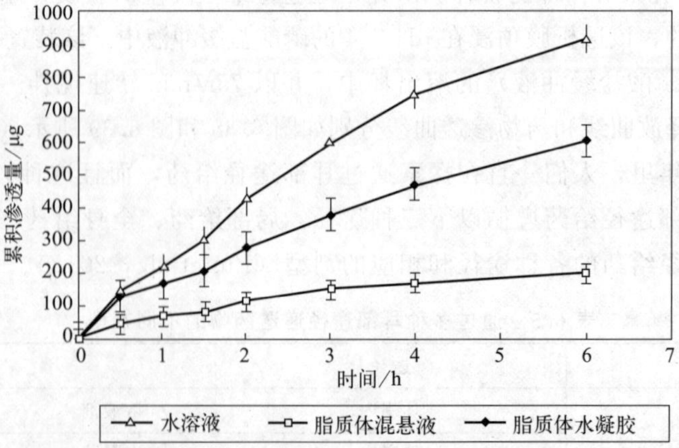

图 6.39　脂质体水凝胶和脂质体混悬液中环丙沙星的体外渗透曲线（Hosny，2010）

Liu 等（2018）详细总结了耳部制剂原理以及耳部给药系统的最新进展。在治疗方面，向内耳递送药物已经相当成功，可能是由于制剂在血管区域的停留和接触时间较长，促进了药物释放和快速的系统吸收。因此，耳部制剂基本上是使用传统的《美国药典》装置 2 和 3 进行药物释放评估，而且是小介质体积。一般来说，体外药物释放信息由药物渗透研究来补充。前一项试验也被用于制定耳部制剂的质量控制标准。

黏膜药物递送，特别是黏膜黏附药物递送，旨在通过药物跨黏膜表面的吸收来同时提供全身和局部的药物作用。这些药物递送系统包括通过黏膜途径给药的阴道、直肠、鼻腔、眼和口腔黏膜制剂。直肠制剂包括固体制剂（SDF）（栓剂、阴道栓剂、插入剂等）、半固体制剂（栓剂、乳膏剂、凝胶剂、软膏剂等）和液体制剂（灌肠剂、溶液、混悬剂、气雾剂、泡沫剂等）。阴道给药系统分为局部性、系统性和固体聚合物载体。此外，这些系统还包括半固体、片剂、胶囊剂、阴道栓剂、液体制剂、阴道膜、阴道环、泡沫剂和棉条。用于阴道给药的最广泛使用的半固体制剂包括乳膏剂、软膏剂和凝胶剂（Vermani and Garg，2000；Jug et al.，2018）。阴道给药的未来有望见证生物黏附片剂、微粒、脂质体和类脂囊泡（非离子表面活性剂与胆固醇的混合物水合形成的囊泡载体）等药物递送系统，它们能够提供真正稳定的可控药物递送。

各种药典的和非药典的药物溶出/释放试验装置已被推荐用于评估直肠和阴道黏膜给药系统的药物释放（Hori et al.，2017；JP，2017；USP，2017；Eur.，Ph.，2017；等）。

- 直肠制剂：
  -USP 装置 1（篮法）；
  -USP 装置 1（Palmieri 篮法）；
  -USP 装置 4（流通池）；
  -双室流通池；
  -其他。
- 阴道制剂：
  -USP 装置 1（篮法）；
  -USP 装置 2（桨法）；
  -恒温振荡培养箱；
  -其他。

一般来说，所使用的溶出/释放介质通常是 pH 值在 6.8～7.5 之间的磷酸盐缓冲液。以阴道制剂为例，也曾使用过模拟阴道液（Owen and Katz，1999）。除了体外药物释放研究外，还使用 Franz 型扩散池装置开展了扩散研究。此外，跨过 HT-29 和/或 Caco-2 细胞形成的单层膜的药物转运研究也被普遍采用。

有研究评估了含有甲硝唑的可变形丙二醇脂质体水凝胶的新型阴道药物递送系统的药物释放和溶解药物的扩散（Vanić et al.，2014）。脂质体水凝胶被放置在玻璃瓶中，其中，使用琼脂糖层将水凝胶与接受介质（模拟阴道液）隔开。该装置在 37℃下孵育，并在预设的时间间隔内更换接收液。记录药物释放随时间的变化（图 6.40）。

研究人员使用传统的 USP 装置 2（100r/min，2%十二烷基硫酸钠溶液作为溶出介质）、轨道振动培养箱（模拟阴道液）和含有模拟阴道液的双腔室乳胶气球（壁厚 5mm，模拟阴道组织），评估了双硫仑常释和缓释片在 24h 内的药物释放（Baffoe et al.，2014）。图 6.41

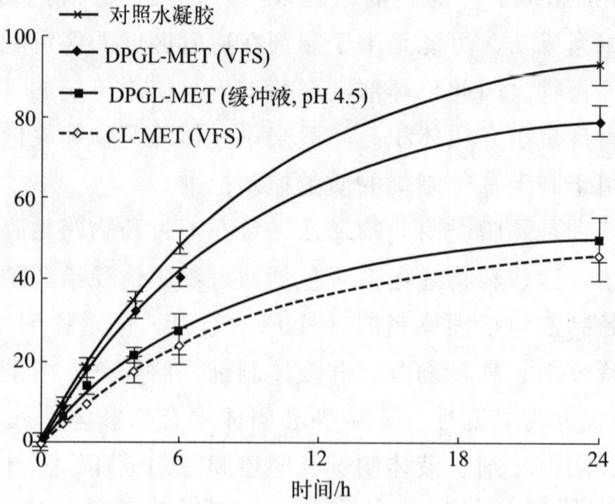

图 6.40　脂质体水凝胶阴道药物递送系统中甲硝唑的体外释放曲线（Vanić et al.，2014）

和图 6.42 分别描述了使用传统的 USP 装置 2 和生物生理相关的双腔室乳胶气球法测得的药物体外释放情况（Baffoe et al.，2014）。

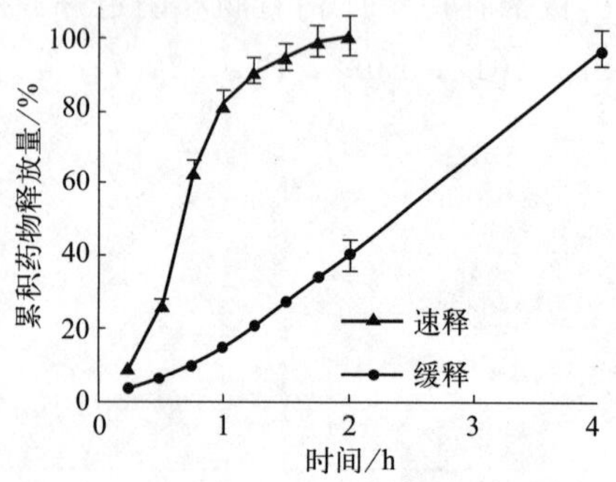

图 6.41　使用传统的 USP 装置 2 测得的药物体外释放曲线（Baffoe et al.，2014）

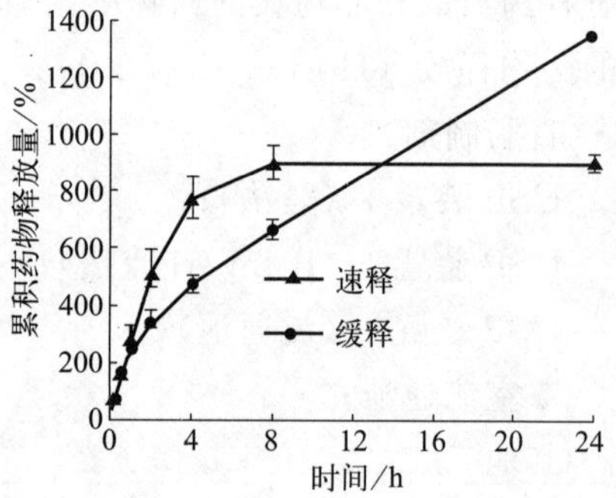

图 6.42　使用生物生理相关的双腔室乳胶气球法测得的药物体外释放曲线（Baffoe et al.，2014）

在治疗真菌感染和指甲银屑病方面，通过/穿过指甲的局部给药方式，也被称为经指甲给药，已引起了制药科学家的关注（Pati et al.，2012；Shanbhag and Jani，2017）。治疗指甲疾病的各种局部制剂已经报道。

- 散剂。
- 溶液。
- 凝胶。
- 气雾剂/喷雾剂/泡沫剂。
- 胶体系统。
- 糊剂。
- 漆剂。
- 脂质体。
- 其他。

影响药物转运进入指甲和渗透穿过指甲的因素大致包括：

• 药物的物理化学特性（电荷、形状和大小、疏水性/亲水性等）。

• 制剂的特性（pH 值、辅料、载药量、渗透/渗透促进剂等）。

• 指甲的特性（硬度、干燥度/水化度、厚度等）。

• 指甲的角蛋白网络。

• 其他。

最后，涂在在指甲上的药物制剂，如载药的漆剂/膜剂，会在指甲上形成一层与其紧密接触的薄膜，并将递送的药物渗透到指甲中。很少有对应用于指甲的药物递送系统进行体外药物释放的研究。然而，更多的是通过指甲板进行离体扩散研究。这些研究是使用改良的单室 Franz 扩散池来进行的。指甲被安装在供体室上，确保释放液在整个研究过程中始终与指甲持续接触。常用的释放介质包括磷酸盐缓冲液和正辛醇等。释放介质的 pH 值在 3～8 之间变化。渗透系数通常是评价制剂功能功效的关键参数。

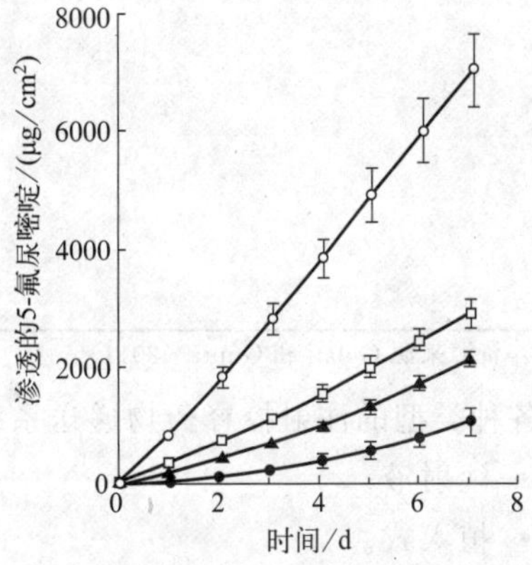

图 6.43　5-氟尿嘧啶通过指甲板的不同区域时的渗透曲线（Kobayashi et al.，1999）

▲—腹侧区域；●—全厚度区域；○—背侧和腹侧区域；□—背侧区域

例如，图 6.43 展示了 5-氟尿嘧啶的不同指甲表面形态的渗透曲线（Kobayashi et al.，1999；Murdan，2002）。虽然人们对探索指甲给药途径的兴趣越来越高，但还需要更多的数据来达到这样一个阶段：可以制定正式的指导原则来实现药物释放和吸收研究方法的标准化，为行业提供框架指导。

6.5.2　注射剂

USP24/NF19（1995）将注射剂定义为："那些通过皮肤或其他外部边界组织注射而不通过消化道的制剂，以便将活性物质直接注入血管、器官、组织或病变部位。"广义上讲，各种注射给药的途径包括（但不限于）以下几种：

• 静脉注射。

• 肌内注射。

• 动脉注射。

• 鞘内注射。

• 皮下注射。

• 真皮下注射和真皮内注射。

• 其他。

通过在注射部位形成药物贮库，注射途径已被成功探索用于在系统循环中提供恒定的药物浓度。这种储备在长达数周的较长时间内提供药物的可控释放。表 6.6（Gulati and Gupta，2011）列出了通过注射途径给药的各类制剂。

表 6.6 注射剂的类型

传统的	先进的/特殊的
• 溶液剂 • 混悬剂 • 乳剂 • 其他	• 原位形成贮库的系统 -溶出控制的 -吸附型 -包埋型 -酯化型 • 微粒/纳米粒 -脂质 -纳米乳 -纳米混悬液 • 脂质体 • 类脂囊泡 • 聚合物粒子 -丙交酯/乙交酯 -聚己内酯 -聚原酸酯 -其他 • 其他

注：资源来源 Gulati 和 Gupta（2011）。

各种类型的注射控释药物递送系统包括（但不限于）以下几种：

- 注射液。
- 植入式。
- 输液设备。
- 先进的专用给药设备。
- 其他。

药物递送系统的形态（大小、形状、方向等）以及载药量和组成特征通常决定了溶出/释放试验条件和设备的类型，以有效地评估药物释放曲线。5.4.1 节讨论了各种类型的注射剂的药物溶出/释放试验方法。本节介绍了最近关于这些产品的功能性能（药物释放曲线）的一些报道。

采用 SABER® 技术开发出了伊洛呱酮长效贮库型注射剂，无须使用丙交酯和/或乙交酯等控速聚合物（Dubey and Saini，2018）。这种长效贮库型注射剂在一个月内释放药物。如表 6.7 所示，使用水浴振摇培养箱装置评估了药物释放随时间的变化。

表 6.7 伊洛哌酮长效贮库型注射剂的体外累积释放百分比

制剂批号	体外累积药物释放百分比/%					
	第 1 天	第 3 天	第 7 天	第 15 天	第 22 天	第 30 天
IL/IS/PRE1	21.81±2.25	38.17±0.86	56.38±3.29	72.81±2.66	79.42±0.81	85.9±2.40
IL/IS/PRE2	3.18±0.57	13.93±0.61	28.96±3.28	42.22±2.34	46.74±3.07	52.13±2.77
IL/IS/PRE3	8.61±0.82	16.28±1.75	26.85±2.79	45.32±2.29	57.38±2.46	68.69±1.43
IL/IS/PRE4	99.16±3.88	—	—	—	—	—

Schwendeman 等（2014）对大分子贮库型控释注射剂的开发和药物释放进行了广泛综述。文中报道了一种免疫反应性分子（TT）的贮库型注射剂，该制剂使用可生物降解聚合物和具有主动自愈包埋特性的 W/O/W 乳液微球（Desai and Schwendeman，2013）。图 6.44 显示了这种贮库型注射剂的药物释放情况，该制剂表现出初期的突释效应，随后在 28 天内可控释放。

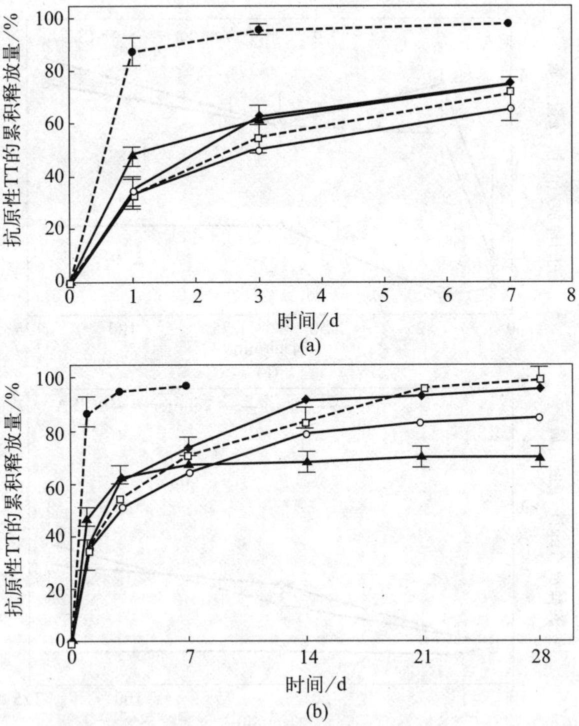

图 6.44 贮库型注射剂中免疫反应性分子的体外释放：突释（a）和缓释（b）（Desai and Schwendeman，2013）

铁的注射递送通常是通过静脉注射铁胶体来完成的。一般来说，在体外介质中测定铁的释放是具有挑战性的。因此，有研究使用人 THP-1 和 HepG2 细胞等生物标志物进行体外铁的测定（Sun et al.，2018；Praschberger et al.，2013）。图 6.45 描述了两种静脉注射胶体制剂和对照制剂利用人细胞系检测铁的释放情况。

半个多世纪以来，人们一直在探索以肺作为给药部位的肺部药物递送，以实现全身和局部疾病的治疗（Sanders，2007；Ruge et al.，2013）。虽然肺部是一个有吸引力的药物递送靶向位置，但在证明这些产品的治疗效果时，它带来了一些科学、技术和监管方面的挑战。这些挑战主要围绕着吸入颗粒的生命周期，这些颗粒会发生嵌入、沉淀、扩散、细胞畸变等，取决于它们的大小和沉积剂量的粒度分布。毋庸置疑，这些颗粒的体内溶出和吸收可在剂量之间和剂量内以及患者之间和患者体内发生变化，因此，治疗结果也是大不相同。这些仅仅是各种吸入制剂给药后吸入的药物的体内过程所面临的一些挑战。

吸入剂的一些常见类型包括定量吸入气雾剂（MDI）、干粉吸入剂（DPI）、软雾吸入剂和雾化吸入剂。经口给药的吸入药物制剂，通常被称为经口吸入药物制剂（OIDP），通常用于各种不同的医疗条件，其中肺部和呼吸系统疾病是最常见的。一般来说，空气动力学粒度分布被认为是这些产品的关键性能参数。单独的标准化体外溶出试验，或与体外渗透试验的结合，目前仍有待开展（Floroiu et al.，2018；Radivojev et al.，2019）。影响吸入药物递送系统的溶出试验的各种因素概述如图 6.46（Velaga et al.，2018）。

这些递送系统的药物溶出试验已经采用各种试验仪器完成，并得了不同程度的成功：

- USP 装置 1、2、3、4、5、6 和 7——单独或组合使用。

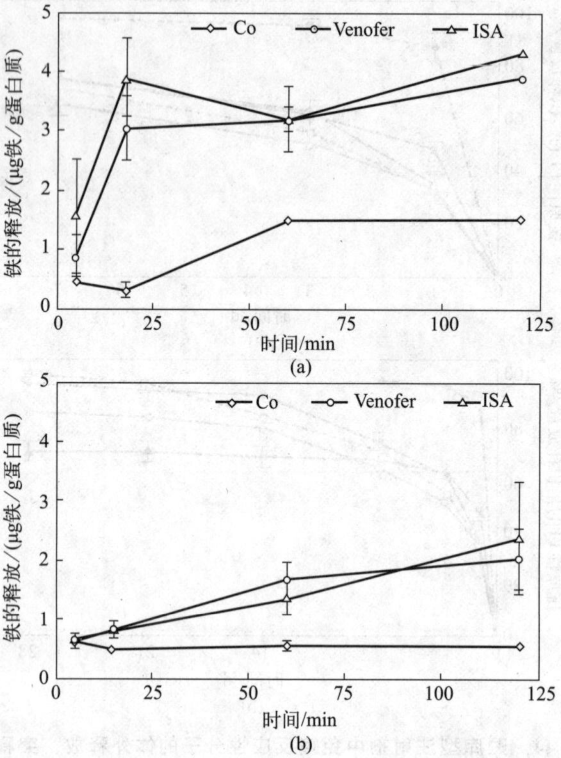

图 6.45 静脉注射剂中铁的释放曲线：HepG2 细胞（a）和 THP-1 细胞（b）（Praschberger et al.，2013）

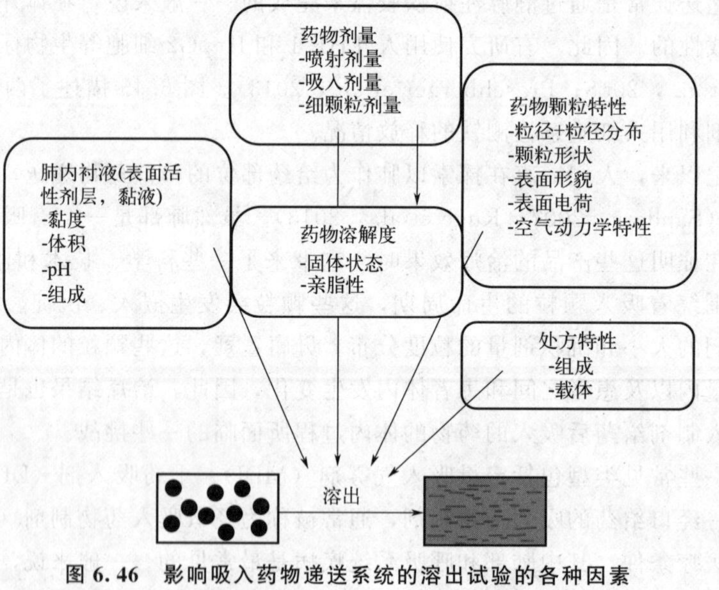

图 6.46 影响吸入药物递送系统的溶出试验的各种因素

资料来源：Velaga et al.，2018

- 扩散池装置/组件——垂直、水平并排等。
- Transwell 组件。

在使用扩散池装置/组件时，膜的选择是关键。类似地，生物生理学相关的溶出介质的选择也同样关键。此外，吸入和沉积的药物的溶出必须在小体积内完成；因此，实现足够的漏槽条件是一个重大挑战，特别是通过吸入给药的难溶性药品。最近有发表关于这些问题考量的综述（Floroiu et al.，2018；Radivojev et al.，2019）。有趣的是，通常有报告称，USP 装置 2（桨法）、USP 装置 4（流通池）和垂直扩散池装置已经成功地提供了有区分力的溶出方法，并表现出合理的数据可重复性（Son et al.，2010；Floroiu et al.，2018）。此外，5.4.3 节和 10.4 节提供了有关各种药物溶出试验和潜在生物生理相关介质清单的详细讨论。

6.6 基于纳米技术的药物递送系统

在过去 20 年里，纳米技术在药物制剂中的应用一直在稳步发展，并取得了一定程度的成功。通过定点和靶向精确给药，纳米技术在治疗慢性病方面具有优势。纳米医学学科的研究，即基于纳米技术的药物递送系统，以及纳米材料在提高新药、老药（包括天然产物）功效方面的应用正在不断增加。最近该学科发表了多篇深度综述（D'Souza 2014；Patra et al. 2018；Simonazzi et al. 2018；等）。总的来说，众多基于纳米技术的药物递送系统包括（但不限于）以下内容：

- 固体脂质纳米粒。
- 脂质体。
- 微乳。
- 纳米乳。
- 富勒烯。
- 树枝状聚合物。
- 碳纳米材料。
- 磁性纳米粒子。
- 其他。

所有这些类型的基于纳米技术的药物递送系统的共同特点是，原料药具有纳米尺寸，在体外和体内的释放/溶出性能方面都具有显著优势。因此，药物从这些系统中释放/溶出的信息是由这些系统中溶解药物的渗透数据进行补充。所以，各种药物释放和/或溶出试验装置将溶出/释放试验装置与渗透试验装置相结合。推荐和采用的各种体外药物释放/溶出试验装置如下：

- USP 装置 1 和 2。
- USP 装置 4。
- 透析试验组件。
- 反向透析组件。
- 并列式透析组件。
- 连续流动透析组件。
- 与透析适配器相适应的 USP 装置 4。
- 微透析组件。

• 电化学池组件。

• 其他。

基于纳米技术的药物递送系统的药物释放通常表现为以下一种或多种机制（Ding and Li，2017；Lee and Yeo，2015）。

• 扩散。

• 化学反应（pH 值、水解、酶等）。

• 溶剂介导的。

• 刺激控制的释放（光、磁、温度、超声、离子强度等）。

• 其他。

5.4.5 节详细讨论了基于纳米技术的药物递送系统的药物释放试验。

6.7 保健品和天然产物

治疗性生物碱——植物基的（茶碱）和动物基的（利血平），可以追溯到 19 世纪，已经成功地用于治疗各种疾病，如心血管、中枢神经系统（CNS）、内分泌、代谢和其他疾病。即使在今天，天然产物也被用作治疗各种疾病和管理生活方式的“替代药物”或“支持性治疗”。世界各地的许多药物监管机构，如世界卫生组织（WHO）、欧洲药品管理局（EMA）、美国食品药品管理局（FDA）等，已经认识到天然产品的治疗效果，并正在努力对其进行监管。可以说，在二十一世纪，人们对进一步探索天然产物和保健品（包括草药产品）在治疗中的使用仍然保持着兴趣。

天然产物是一种生物体产生的化合物或物质，即在自然界中发现的物质。从最广泛的意义上讲，天然产物包括由生命产生的每一种物质。保健品被描述为“营养的医学化”，即以各种传统剂型（如片剂和胶囊剂等）的方式获取预期营养的产品。

保健品行业的三个主要部分包括：

• 草药（天然）产品。

• 膳食补充剂。

• 功能性食品。

用于制造保健品的天然食物来源大致分类如下（Sangeeta et al.，2018）：

• 膳食纤维。

• 益生菌。

• 益生元。

• 多元不饱和脂肪酸。

• 抗氧化剂维生素。

• 多酚类物质。

• 香料。

与保健品和天然产物相关的主要挑战如下：

• 质量评估和制定质量标准。

• 低水溶性。

• 制剂因素。

保健品和天然产物在识别和鉴定提取物中的治疗性活性成分方面面临着严峻的挑战，首先出现的问题是在进行溶出试验时要跟踪哪些成分。有几种方法被推荐/遵循：识别和跟踪混合物中最有定量意义的成分，识别并在成分中或在试验中加入一个可以在试验中跟踪的标记物。

与药品和食品不同，保健品不属于美国食品药品管理局的直接关注范围，但根据 1994 年的《膳食补充剂健康和教育法案》（DSHEA），保健品作为“膳食补充剂”受到监控。《美国药典》为膳食补充剂规定了各种试验，如崩解试验和溶出试验等。到目前为止，美国 FDA、EMA 和加拿大 NNHPD 在对天然产物进行分类和制定崩解和溶出试验要求方面走在世界前列。欧盟和亚洲的其他国家也正在跟进。一些监管机构已经强制要求出口的保健品必须提交溶出曲线。表 6.8 中列出了不同国家/地区对天然产物的溶出试验的规定。

表 6.8　不同国家/地区的草药（天然产物）药物溶出试验法规（Disch et al.，2017）

国家/地区	监管机构	天然产物的分类	溶出试验
加拿大	NNHPD	天然保健品	根据天然保健品质量指南推荐
中国	国家药品监督管理局	中药(TCM)/天然药物	未要求
欧洲	欧洲药品管理局(EMA)	标准化提取物(A 型)：具有药理活性的成分是已知的	欧洲药品管理局质量标准指南要求：草药物质、草药制剂和草药产品/传统草药产品的试验方法和接受标准
		定量提取物(B1 型)：对药理活性具有协同作用的成分是已知的	未要求
		其他提取物(B2 型)：具有药理活性或协同作用的成分是未知的	未要求
印度	FDA，AYUSH 部门		未要求
日本	MHLW	汉方药物	未要求
韩国	MFDS	保健功能食品	未要求
		韩国传统药物(TKM)/韩邦	未要求
		草药产品	未要求
美国	美国食品药品管理局	膳食补充剂：植物剂型	《美国药典》＜2040＞的要求

对于含有定量或其他提取物的控释天然产物的体外溶出试验，要选择分析标记物。这些标记物是草药来源，对药理活性几乎没有协同反应，因此假定体外溶出曲线和体内性能有相关性。用于评估这些产品的标记物似乎是定量分析的间接手段。标记物和成分的表征是通过开发过程来跟踪的，以此确定产品的规格。这主要可以通过溶出试验来实现。

在大多数国家，还没有提出关于溶出试验的具体指导原则，溶出度也没有被视为草药质量控制试验的一个先决工具。然而，根据 1994 年的《膳食补充剂健康和教育法案》（DSHEA），美国 FDA 将天然产物归为膳食补充剂。这些产品被分类为维生素矿物质制剂、植物制剂，以及涵盖顺势疗法和印度草医学的其他营养物质。《美国药典》＜2040＞规定了膳食补充剂的溶出试验。单个各论中列出了一种或多种分析标记物的溶出曲线进行 6 次测定。除了每个溶出杯中测试一个植物剂量单位外，还允许在每个容器中检查两个或多个植物剂量单位。除非单个各论未规定任何溶出要求，否则要求在 1h 内至少释放 75%的标记成分。

美国FDA的食品安全与营养中心负责监管食品、维生素、矿物质、膳食补充剂和化妆品。《美国药典》部分描述了维生素和钙补充剂的各论试验方法。试验是基于产品的最终用途和规格。

由于生产商无法控制产品的最终用途，他们有责任确保被试验的产品在整个保质期内都能通过崩解和溶出试验（表6.9）。

表6.9　具有各自溶出试验要求的《美国药典》分类（USP23/NF18，1995；S4，1996a；S5，1996b；S7，1997）

类别	活性成分	剂型	溶出试验
Ⅰ	油溶性维生素	片剂和胶囊剂试验	未要求
Ⅱ	水溶性维生素	片剂试验	1指标性维生素；叶酸（如果存在）
Ⅲ	水溶性维生素和矿物质	胶囊剂试验	1指标性维生素+1指标性元素；叶酸（如果存在）
Ⅳ	油溶性和水溶性维生素	片剂和胶囊剂试验	1指标性水溶性维生素；叶酸（如果存在）
Ⅴ	油溶性和水溶性维生素及矿物质	胶囊剂试验	1指标性水溶性维生素+1指标性元素；叶酸（如果存在）
Ⅵ	矿物质	片剂和胶囊剂试验	1指标性元素

一般来说，推荐用于指标性维生素和矿物质的体外溶出试验条件可归纳为以下几点。

- USP装置1或2。
- 溶出介质：0.1mol/L盐酸。
- 溶出介质的体积：900mL和1800mL（核黄素含量大于25 mg的产品）。
- 转速：100r/min（USP装置1用于胶囊剂）和75r/min（USP装置2用于片剂）。
- 试验时间：1h。

现在越来越需要对法规的理解和建立标准化的保健品溶出试验方法。自1995年以来，虽然制定了少部分标准/各论，但更多的标准/各论仍在制定中。加快保健品制剂的开发和质量控制，以确保其质量，符合研究人员、学者和工业界的最大利益。

6.8　结论：需要进行有目的的溶出/释放试验!

药物溶出/释放试验的目的随着产品在其生命周期中的各个阶段而变化，而不考虑产品的类型和原料药的理化性质。该试验的重要性与药物的水溶性、药物从制剂中溶出/释放的速率成反比。然而，在产品生命周期的所有阶段，不管剂型的类型和其中所含的原料药如何，该试验的范围和限度基本上都是不变的。简单地说，在某个产品的试验结束后，所得到的数据应该证明药物在规定的时间内从产品中完全溶出/释放出来。在产品的开发阶段，这些信息的目的和作用是预测体内性能。然而，在产品的质量控制阶段，它是为了确保各批次产品的稳定性和一致性。因此，在开发阶段，这项试验的目的是能够有效地区分基于有目的的差异而制备的各种制剂，例如药物-辅料比例、辅料类型的变化以及加工变量的变化等。同样，在产品的质量控制阶段，该试验的目的围绕着其检测同一制剂的不同批次生产过程中可能发生的任何变化的能力，即证明该试验的灵敏性。

在产品生命周期的每一个阶段，都需要彻底了解和明确界定药物系统的功能特性。虽然试验的目的保持不变，但产品的功能特性在开发过程中会发生变化，例如，在某一特定药物的常释（IR）制剂的基础上开发一个调释（MR）制剂。随着功能特性的变化，需要对试验进行适当的修改，试验条件也需要进行修改，以便所得到的数据能够反映产品的真实功能特性，也就是满足在规定时间内药物从产品中完全溶出/释放。当产品进入其生命周期的质量控制阶段时也是如此。这样一来，试验的目标就可以充分实现。

目前的溶出试验主要是由来自监管指南和/或建议的标准操作程序（SOP）所引导，要求在规定的时间内溶出/释放药物的累积量，基本上，对产品功能特性的关注很少或没有。试验装置/设置和试验方法的所有修改和/或调整都是为了满足这些要求。因此，往往可以满足要求，但不能达到目的，例如，体外-体内相关性（IVIVC）不佳，批次之间的结果有不可接受的变化、无法解释等。为了避免这种不必要的结果并确保有目的的溶出试验，应该采用以下关键原则："系统应该推动试验并确定结果，而不是反过来！"

参考文献

Aframian, D. J., Davidowitz, T., and Benoliel, R. (2006). The distribution of oral mucosal pH values in healthy saliva secretors. Oral Diseases 12 (4): 420-423.

Agrawal, R. and Naveen, A. (2011). Pharmaceutical processing a review on wet granulation technology. International Journal of Pharmaceutical Frontier Research 1 (1): 65-83.

Andreas, C. J., Tomaszewska, I., Muenster, U. et al. (2016). Can dosage form-dependent food effects be predicted using biorelevant dissolution tests? Case example extended release nifedipine. European Journal of Pharmaceutics and Biopharmaceutics 105: 193-202.

Baffoe, C., Nguyen, N., Boyd, P. et al. (2014). Disulfiram-loaded immediate and extended release vaginal tablets for the localized treatment of cervical cancer. Journal of Pharmacy and Pharmacology 67 (2): 189-198.

Banakar, U. (1990). Design Considerations and Mechanistic Evaluation of Oral Controlled Release Systems, CRS and AAPS Western Regional Meeting, 6. Reno, Nevada, AAPS, Arlington, VA.

Basak, S. C., Reddy, B. J., and Mani, K. L. (2006). Formulation and release behaviour of sustained release ambroxol hydrochloride HPMC matrix tablet. Indian Journal of Pharmaceutical Sciences 68 (5): 594-598.

Bermejo, M., Kuminek, G., Al-Gousous, J. et al. (2019). Exploring bioequivalence of dexketoprofen trometamol drug products with the gastrointestinal simulator (GIS) and precipitation pathways analyses. Pharmaceutics 11 (3): 122.

Bermejo, M., Sanchez-Dengra, B., Gonzalez-Alvarez, M. et al. (2020). Oral controlled release dosage forms: dissolution versus diffusion. Expert Opinion on Drug Delivery 17 (6): 791-803.

Brahmankar, H. and Jaiswal, S. (2000). Biopharmaceutics and Pharmacokinetics A Treatise, 348-357. New Delhi: Vallabh Prakashan.

Carino, S., Sperry, D., and Hawley, M. (2010). Relative bioavailability of three different solid forms of PNU-141659 as determined with the artificial stomach-duodenum model. Journal of Pharmaceutical Sciences 99 (9): 3923-3930.

Chhajed, S., Sangale, S., and Barhate, S. D. (2011). Advantageous nasal drug delivery system: a review. International Journal of Pharmaceutical Sciences and Research 2 (6): 1322-1336.

Chinchole, P., Savale, S., and Wadile, K. (2016). A novel approach to transdermal drug delivery systems [TDDS]. World Journal of Pharmacy and Pharmaceutical Science 5 (4): 832-858.

Culen, M., Tuszynski, P. K., Polak, S. et al. (2015). Development of *in vitro-in vivo* correlation/relationship modeling approaches for immediate release formulations using compartmental dynamic dissolution data from "golem": a novel apparatus. BioMed Research International 2015, Article ID 328628: 1-13.

Desai, K. and Schwendeman, S. (2013). Active self healing encapsulation of vaccine antigens in PLGA microspheres. Journal of Controlled Release 165: 62-74.

Ding, C. and Li, Z. (2017). A review of drug release mechanisms from nanocarrier systems. Materials Science and Engineering 76: 1440-1453.

Disch, L., Drewe, J., and Fricker, G. (2017). Dissolution testing of herbal medicines: challenges and regulatory standards in Europe, the United States, Canada, and Asia. Dissolution Technology 24: 6-12.

D'Souza, S. (2014). A review of *in vitro* drug release test methods for Nano-sized dosage forms. Advanced Pharmaceutical Bulletin 4: 1-12.

Dubey, V. and Saini, T. (2018). Development of long acting depot injection of iloperidone by SABER technology. Indian Journal of Pharmaceutical Sciences 80 (5): 813-819.

European Pharmacopeia 9.0 (2017). Dissolution Test for Lipophilic Dosage Forms, 340-344. Strasbourg: European Directorate for the Quality of Medicines and HealthCare.

European Pharmacopoeia (2011). Ph. Eur., 7e. Vol. 7. Strasbourg: Council of Europe.

European Pharmacopoeia (2012). Oromucosal Preparations. Strasbourg: European Directorate for the Quality of Medicines (EDQM).

European Pharmacopoeia (2016). Chewing Gums, Medicated, 9e, 855. Strasbourg, FR: European Directorate for the Quality of Medicines, Council of Europe.

Floroiu, A., Klein, M., Krämer, J. et al. (2018). Towards standardized dissolution techniques for in vitro performance testing of dry powder inhalers. Dissolution Technology 25: 6-18.

Fu, Y., Pai, C. M., Park, S. Y. et al. (2010). Highly plastic granules for making fast melting tablets. US Patent 7, 749, 533.

Gan, Y., Zhu, C., Yang, Q. et al. (2014). Paliperidone double-layered osmotic pump controlled release tablet and preparation method thereof. US Patent 8, 920, 835.

Garbacz, G. and Klein, S. (2012). Dissolution testing of oral modified-release dosage forms. Journal of Pharmacy and Pharmacology 64 (7): 944-968.

Garbacz, G., Kołodziej, B., Koziolek, M. et al. (2013). An automated system for monitoring and regulating the pH of bicarbonate buffers. AAPS PharmSciTech 14 (2): 517-522.

Garbacz, G., Kołodziej, B., Koziolek, M. et al. (2014). A dynamic system for the simulation of fasting luminal pH-gradients using hydrogen carbonate buffers for dissolution testing of ionisable compounds. European Journal of Pharmaceutical Sciences 51: 224-231.

Garbacz, G., Rappen, G. M., Koziolek, M. et al. (2015). Dissolution of mesalazine modified release tablets under standard and bio-relevant test conditions. Journal of Pharmacy and Pharmacology 67 (2): 199-208.

Giri, T., Kumar, K., Alexander, A. et al. (2012). A novel and alternative approach to controlled release drug delivery system based on solid dispersion technique. Bulletin of Faculty of Pharmacy, Cairo University 50 (2): 147-159.

Gittings, S., Turnbull, N., Henry, B. et al. (2015). Characterization of human saliva as a platform for oral dissolution medium development. European Journal of Pharmaceutics and Biopharmaceutics 91: 16-24.

Goyanes, A., Hatton, G. B., Merchant, H. A. et al. (2015). Gastrointestinal release behaviour of modified-release drug products: dynamic dissolution testing of Mesalazine formulations. International Journal of Pharmaceutics 484 (1-2): 103-108.

Gulati, N. and Gupta, H. (2011). Parenteral drug delivery: a review. Recent Patents on Drug Delivery & Formulation 5 (2): 133-145.

Gupta, M., Gupta, N., Chauhan, B. et al. (2014). Fast disintegrating combination tablet of taste masked levocetrizine dihydrochloride and montelukast sodium: formulation design, development, and characterization. Journal of Pharmaceutics 2014 (568320): 1-15.

Gursoy, R. and Benita, S. (2004). Self-emulsifying drug delivery system (SEDDS) for improved oral delivery of lipophilic drugs. Biomedicine and Pharmacotherapy 58 (3): 173-182.

Haack, D., Gergely, I., and Metz, C. (2012). The TOPO granulation technology used in the manufacture of effervescent tablets. Techno Pharma 2 (3): 186-191.

Haznar-Garbacz, D., Kaminska, E., Zakowiecki, D. et al. (2017). Melts of octaacetyl sucrose as oral-modified release dosage forms for delivery of poorly soluble compound in stable amorphous form. AAPS PharmSciTech 19 (2): 951-960.

Heigoldt, U., Sommer, F., Daniels, R. et al. (2010). Predicting *in vivo* absorption behavior of oral modified release dosage forms containing pH-dependent poorly soluble drugs using a novel pH-adjusted biphasic *in vitro* dissolution test. European Journal of Pharmaceutics and Biopharmaceutics 76 (1): 105-111.

Hens, B., Bermejo, M., Tsume, Y. et al. (2018). Evaluation and optimized selection of supersaturating drug delivery systems of posaconazole (BCS class 2b) in the gastrointestinal simulator (GIS): an *in vitro*-in silico-*in vivo* approach. European Journal of Pharmaceutical Sciences 115: 258-269.

Herrlich, S., Speith, A., Messner, S. et al. (2012). Osmotic micropumps for drug delivery. Advanced Drug Delivery Reviews 64 (14): 1617-1627.

Hixson, A. and Crowell, J. (1931). Dependence of reaction velocity upon surface and agitation theoretical consideration. Industrial Engineering and Chemistry 23 (8): 923-931.

Honigford, C. R., Aburub, A., and Fadda, H. M. (2019). A simulated stomach duodenum model predicting the effect of fluid volume and prandial gastric flow patterns on nifedipine pharmacokinetics from cosolvent-based capsules. Journal of Pharmaceutical Sciences 108 (1): 288-294.

Hori, S., Kawada, T., Kogure, S. et al. (2017). Comparative release studies on suppositories using the basket, paddle, dialysis tubing and flow-through cell methods I. Acetaminophen in a lipophilic base suppository. Pharmaceutical Development and Technology 22: 130-135.

Hosny, K. (2010). Ciprofloxacin as ocular liposomal hydrogel. AAPS PharmSciTech 11 (1): 241-246.

Ibrahim, A., Smått, J., Govardhanam, N. et al. (2020). Formulation and optimization of drug-loaded mesoporous silica nanoparticle-based tablets to improve the dissolution rate of the poorly water-soluble drug silymarin. European Journal of Pharmaceutical Sciences 142: 105103.

Jantratid, E., De Maio, V., Ronda, E. et al. (2009). Application of biorelevant dissolution tests to the prediction of *in vivo* performance of diclofenac sodium from an oral modified-release pellet dosage form. European Journal of Pharmaceutical Sciences 37 (3-4): 434-441.

Japanese Pharmacopoeia (2017). "Supplement I to The Japanese Pharmacopoeia" 17e. Japan: The Ministry of Health, Labor and Welfare.

Japanese Pharmacopoeia, English version (2016). General rules for preparations, Preparations for Oro-mucosal Application, 17e, 12p. Ministry of Health, Labor and Welfare.

Jug, M., Hafner, A., Lovric, J. et al. (2018). An overview of *in vitro* dissolution/release methods for novel mucosal drug delivery systems. Journal of Pharmaceutical and Biomedical Analysis 147: 350-366.

Kalbhare, S., Bhandwalkar, M., Pawar, R. et al. (2020). Sustained release matrix type drug delivery systems-an overview. European Journal of Pharmaceutical and Medical Research 7 (5): 606-608.

Karolewicz, B., Gajda, M., Gorniak, A. et al. (2017). Pluronic F127 as a suitable carrier for preparing the Imatinib Base solid dispersions and its potential in development of a modified release dosage forms. Journal of Thermal Analysis and Calorimetry 130 (1): 383-390.

Kim, T. H., Shin, S., Bulitta, J. B. et al. (2017). Development of a physiologically relevant population pharmacokinetic *in vitro-in vivo* correlation approach for designing extended-release oral dosage formulation. Molecular Pharmaceutics 14 (1): 53-65.

Klein, S. and Dressman, J. B. (2006). Comparison of drug release from metoprolol modified release dosage forms in single buffer versus a pH-gradient dissolution test. Dissolution Technologies 13 (1): 6.

Klein, S., Rudolph, M. W., Skalsky, B. et al. (2008). Use of the Biodiss to generate a physiologically relevant IVIVC. Journal of Controlled Release 130 (3): 216-219.

Kobayashi, Y., Miyamoto, M., Sugibayashi, K. et al. (1999). Drug permeation through the three layers of the human nail plate. Journal of Pharmacy and Pharmacology 51 (3): 271-278.

Kourentas, A., Vertzoni, M., Barmpatsalou, V. et al. (2018). The BioGIT system: a valuable *in vitro* tool to assess the impact of dose and formulation on early exposure to low solubility drugs after oral administration. American Association of Pharmaceutical Scientists 20 (4): 1-12.

Kovacic, B., Vrecer, F., Planinsek, O. et al. (2011). Design of a drug delivery system with bimodal pH dependent release of a poorly soluble drug. Pharmazie 66 (6): 465-466.

Koziolek, M., Görke, K., Neumann, M. et al. (2014). Development of a bio-relevant dissolution test device simulating mechanical aspects present in the fed stomach. European Journal of Pharmaceutical Sciences 57: 250-256.

Lam, A., Shivanand, P., Ayer, A. et al. (2005). Methods and devices for providing prolonged drug therapy. US Patent 6, 919, 373.

Lawrence, G., Alvarez, F., Lin, H. R. et al. (2016). Rapid dissolution formulation of a calcium receptor-active compound. US Patent 9, 375, 405.

Lee, J. and Yeo, Y. (2015). Controlled drug release from pharmaceutical nanocarriers. Chemical Engineering Science 125: 75-84.

Lee, J., Kim, H., Cho, Y. et al. (2018). Development and evaluation of raloxifenehydrochloride loaded super saturable SMEDDS containing an acidifier. Pharmaceutics 10 (3): 78-82.

Liu, X., Li, M., Smyth, H. et al. (2018). Otic drug delivery systems: formulation principles and recent developments. Drug Development and Industrial Pharmacy 44 (9): 1395-1408.

Luppi, B., Bigucci, F., Abruzzo, A. et al. (2010). Freeze-dried chitosan/pectin nasal inserts for antipsychotic drug delivery. European Journal of Pharmaceutics and Biopharmaceutics 75 (3): 381-387.

Maestrelli, F., Cirri, M., Garcia-Villen, F. et al. (2020). Tablets of "hydrochlorothiazide in cyclodextrin in nanoclay": a new Nanohybrid system with enhanced dissolution properties. Pharmaceutics 12 (2): 104-120.

Makoid, M., Dufoure, A., and Banakar, U. (1993). Modelling of dissolution behavior of controlled release systems. S. T. P. Pharma Pratiques 3: 49-54.

Mathew, T. and Agrawal, S. (2011). Design and development of fast melting tablets of terbutaline sulphate. Research Journal of Chemical Sciences 1 (1): 105-110.

Matsui, K., Tsume, Y., Takeuchi, S. et al. (2017). Utilization of gastrointestinal simulator, an in *vivo* predictive dissolution methodology, coupled with computational approach to forecast oral absorption of dipyridamole. Molecular Pharmaceutics 14 (4): 1181-1189.

Matsumoto, T. and Zografi, G. (1999). Physical properties of solid molecular dispersions of indomethacin with poly (vinylpyrrolidone) and poly(vinylpyrrolidone-co-vinyl-acetate) in relation to indomethacin crystallization. Pharmaceutical Research 16 (11): 1722-1728.

Mehta, A. M., Zeitlin, A. L., Dariani, M. M. (1998). Delivery of multiple doses of medications. US Patent 5, 837, 284.

Merchant, H. A., Goyanes, A., Parashar, N. et al. (2014). Predicting the gastrointestinal behaviour of modified-release products: utility of a novel dynamic dissolution test apparatus involving the use of bicarbonate buffers. International Journal of Pharmaceutics 475 (1-2): 585-591.

Miyaji, Y., Fujii, Y., Takeyama, S. et al. (2016). Advantage of the dissolution/permeation system for estimating oral absorption of drug candidates in the drug discovery stage. Molecular Pharmaceutics 13 (5): 1564-1574.

Muralidhar, P., Bhargav, E., and Sowmya, C. (2016). Novel techniques of granulation: a review. International Research Journal of Pharmacy 7 (10): 8-13.

Murdan, S. (2002). Drug delivery to the nail following topical application. International Journal of Pharmaceutics 236 (1-2): 1-26.

Nernst, W. (1904). Theorie der Reaktionsgeschwindigkeit in heterogenen Systemen. Zeitschrift für Physikalische Chemie 47 (1): 52-55.

Owen, D. H. and Katz, D. F. (1999). A vaginal fluid simulant. Contraception 59 (2): 91-95.

Pande, V., Karale, P., Goje, P. et al. (2016). An overview on emerging trends in immediate release tablet technologies. Austin Therapeutics 3 (1): 1026.

Patel, H. and Parikh, V. (2017). An overview of osmotic drug delivery system: an update review. International Journal of Bioassays 6 (7): 5426-5436.

Patel, H., Panchal, D., Patel, U. et al. (2011). Matrix type drug delivery system: a review. Journal of Pharmaceutical Science and Bioscientific Research 1 (3): 143-151.

Patel, S., Zhu, W., Xia, B. et al. (2019). Integration of precipitation kinetics from an *in vitro*, multicompartment transfer system and mechanistic oral absorption modeling for pharmacokinetic prediction of weakly basic drugs. Journal of Pharmaceutical Sciences 108 (1): 574-583.

Pati, B., Dey, B., Das, S. et al. (2012). Nail drug delivery system: a review. Journal of Advanced Pharmacy Education and Research 2 (3): 101-109.

Patil, S. A., Kuchekar, B. S., Chabukswar, A. R. et al. (2010). Formulation evaluation of extended-release solid dispersion of metformin hydrochloride. Journal of Young Pharmacists 2 (2): 121-129.

Patra, J. K., Das, G., Fraceto, L. F. et al. (2018). Nano based drug delivery systems: recent developments and future prospects. Journal of Nanobiotechnology 16 (1): 71-104.

Pharmacopeia, U. S. (2017). < 1004 > Mucosal drug products-performance tests, 829-832. The United States Pharmacopeia, USP 40/The National Formulary, NF 35. Rockville, MD: US Pharmacopeial Convention.

Phillips, D. J., Pygall, S. R., Cooper, V. B. et al. (2012). Toward biorelevant dissolution: application of a biphasic dissolution model as a discriminating tool for HPMC matrices containing a model BCS class Ⅱ drug. Dissolution Technology 19 (1): 25-34.

Poonuru, R. and Gonugunta, S. (2014). Bimodal gastroretentive drug delivery Systems of lamotrigine: formulation and evaluation. Indian Journal of Pharmaceutical Sciences 76 (6): 476-482.

Praschberger, M., Cornelius, C., Schitegg, M. et al. (2013). Bioavailability and stability of intravenous iron sucrose originator versus generic iron sucrose AZAD. Pharmaceutical Development and Technology 20 (2): 176-182.

Preis, M., Woertz, C., Kleinebudde, P. et al. (2013). Oromucosal film preparations: classification and characterization methods. Expert Opinion on Drug Delivery 10 (9): 1303-1317.

Purohit, H., Trasi, N., Sin, D. et al. (2018). Investigating the impact of drug Crystallinity in amorphous Tacrolimus capsules on pharmacokinetics and bioequivalence using discriminatory *in vitro* dissolution testing and physiologically based pharmacokinetic modeling and simulation. Journal of Pharmaceutical Sciences 107 (5): 1330-1341.

Qiao, J., Ji, D., Sun, S. et al. (2018). Oral bioavailability and lymphatic transport of Pueraria flavone-loaded self-emulsifying drug-delivery systems containing sodium taurocholate in rats. Pharmaceutics 10 (3): 147.

Radivojev, S., Zellnitz, S., Paudel, A. et al. (2019). Searching for physiologically relevant in vitro dissolution techniques for orally inhaled drugs. International Journal of Pharmaceutics 556: 45-56.

Rajni, D. and Sandeep, K. (2018). Immediate release dosage forms: thrust areas and challenges. International Journal of Current Advanced Research 7 (5): 12550-12555.

Rajoria, G. and Gupta, A. (2012). In-situ gelling system: a novel approach for ocular drug delivery. American Journal of PharmTech Research 2 (4): 24-53.

Rao, R., Gandhi, S., and Patel, T. (2009). Formulation and evaluation of sustained release matrix tablets of tramadol hydrochloride. International Journal of Pharmacy and Pharmaceutical Sciences 1 (Suppl 1): 61-70.

Reynolds, T. D., Gehrke, S. H., Hussain, A. S. et al. (1998). Polymer erosion and drug release characterization of hydroxypropyl methylcellulose matrices. Journal of Pharmaceutical Sciences 87 (9): 1115-1123.

Rudnic, E. M. and Belendiuk, G. W. (1994). Advanced drug delivery system and method of treating psychiatric, neurological and other disorders with carbamazepine. US Patent 5, 326, 570.

Ruge, C., Kirch, J., and Lehr, C. M. (2013). Pulmonary drug delivery: from generating aerosols to overcoming biological barriers therapeutic possibilities and technological challenges. The Lancet Respiratory Medicine 1 (5): 402-413.

Ruiz Picazo, A., Martinez-Martinez, M. T., Colón-Useche, S. et al. (2018). *In vitro* dissolution as a tool for formulation selection: telmisartan two-step IVIVC. Molecular Pharmaceutics 15 (6): 2307-2315.

Sanders, M. (2007). Inhalation therapy: an historical review. Primary Care Respiratory Journal 16 (2): 71-81.

Sangeeta, D., Kazi, M., Sandeep, K. et al. (2018). Role of nutraceuticals on health promotion and disease prevention: a review. Journal of Drug Delivery and Therapeutics 8 (4): 42-47.

Savale, S. (2015). A review—transdermal drug delivery system. Asian Journal of Research in Biological and Pharmaceutical Sciences 3 (4): 150-161.

Sawatdee, S., Atipairin, A., Sae Yoon, A. et al. (2019). Formulation development of albendazole-loaded self-microemulsifying chewable tablets to enhance dissolution and bioavailability. Pharmaceutics 11 (3): 134-154.

Schwendeman, S., Shah, R., Bailey, B. et al. (2014). Injectable controlled release depots for large molecules. Journal of Controlled Release 190: 240-253.

Serajuddin, A. (1999). Solid dispersion of poorly water-soluble drugs: early promises, subsequent problems and recent breakthroughs. Journal of Pharmaceutical Sciences 88 (10): 1058-1066.

Shah, A., Britten, N., Olanoff, L. et al. (1989). Gel-matrix systems exhibiting bimodal controlled release for oral drug delivery. Journal of Controlled Release 9 (2): 169-175.

Shahi, S., Zadbuke, N., Jadhav, A. et al. (2015). Osmotic controlled drug delivery systems: an overview. Asian Journal of Pharmaceutical Technology and Innovation 3 (15): 32-49.

Shanbhag, P. P. and Jani, U. (2017). Drug delivery through nails: present and future. New Horizons in Translational Medicine 3 (5): 252-263.

Sharma, N., Pahuja, S., and Sharma, N. (2019). Immediate release tablets: a review. International Journal of Pharmaceutical Sciences and Research 10 (8): 3607-3618.

Shivhare, U. D., Adhao, N. D., Bhusari, K. P. et al. (2009). Formulation development, evaluation and validation of sustained release tablets of Aceclofenac. International Journal of Pharmacy and Pharmaceutical Sciences 1 (2): 74-80.

Silchenko, S., Nessah, N., Li, J. et al. (2020). *In vitro* dissolution absorption system (IDAS2): use for the prediction of food viscosity effects on drug dissolution and absorption from oral solid dosage forms. European Journal of Pharmaceutical Sciences 143: 105164.

Simonazzi, A., Cid, A., Villegas, M. et al. (2018). Chp. 3: nanotechnology applications in drug controlled release. In: Drug Targeting and Stimuli Sensitive Drug Delivery Systems, 81-116. William Andrew Publishing.

Singh, N. (2010). Compositions for delivering hypnotic agents across the oral mucosa and methods of use thereof. US Patent 7, 682, 628.

Skripnik, K. K. S., Riekes, M. K., Pezzini, B. R. et al. (2017). Investigation of the dissolution profile of gliclazide modified-release tablets using different apparatuses and dissolution conditions. AAPS PharmSciTech 18 (5): 1785-1794.

Son, Y. J., Horng, M., Copley, M. et al. (2010). Optimization of an *in vitro* dissolution test method for inhalation formulations. Dissolution Technologies 17 (2): 6-13.

Sood, R., Rathore, M., Sharma, A. et al. (2012). Immediate release antihypertensive valsartan oral tablet: a review. Journal of Scientific Research in Pharmacy 1 (2): 20-26.

Speer, I., Preis, M., and Breitkreutz, J. (2019). Novel dissolution method for oral film preparations with modified release properties. AAPS PharmSciTech 20 (1): 1-12.

Sriamornsak, P., Limmatvapirat, S., Piriyaprasarth, S. et al. (2015). A new self-emulsifying formulation of mefenamic acid with enhanced drug dissolution. Asian Journal of Pharmaceutical Sciences 10 (2): 121-127.

Stamatopoulos, K., Batchelor, H., and Simmons, M. (2016). Dissolution profile of theophylline modified release tablets, using a biorelevant dynamic colon model (DCM). European Journal of Pharmaceutics and Biopharmaceutics 108: 9-17.

Stamberg, C., Kanikanti, V. R., Hamman, H. J. et al. (2017). Development of a new dissolution test method for soft chewable dosage forms. AAPS PharmSciTech 18 (7): 2446-2453.

Štefanic, M., Vrecer, F., Rizmal, P. et al. (2014). Prediction of the *in vivo* performance of enteric coated pellets in the fasted state under selected biorelevant dissolution conditions. European Journal of Pharmaceutical Sciences 62：8-15.

Streubel，A.，Siepmann，J.，Peppas，N. et al.（2000）. Bimodal drug release achieved with multi-layer matrix tablets：transport mechanisms and device design. Journal of Controlled Release 69（3）：455-468.

Stupák，I.，Pavloková，S.，Vysloužil，J. et al.（2017）. Optimization of dissolution compartments in a biorelevant dissolution apparatus golem v2，supported by multivariate analysis. Molecules 22（12）：2042.

Sun，D. D.，Wen，H.，and Taylor，L. S.（2016）. Non-sink dissolution conditions for predicting product quality and *in vivo* performance of supersaturating drug delivery systems. Journal of Pharmaceutical Sciences 105（9）：2477-2488.

Sun，D.，Rouse，R.，Patel，V. et al.（2018）. Comparative evaluation of U. S. brand and generic intravenous sodium ferric gluconate complex in sucrose injection：physicochemical characterization. Nanomaterials 8（1）：25-32.

Syed，S.，Farooqui，Z.，Mohammed，M. et al.（2015）. Osmotic drug delivery system：an overview. International Journal of Pharmaceutical Research and Allied Sciences 4（3）：10-20.

Takano，R.，Kataoka，M.，and Yamashita，S.（2012）. Integrating drug permeability with dissolution profile to develop IVIVC. Biopharmaceutics and Drug Disposition 33（7）：354-365.

Tsume，Y.，Igawa，N.，Drelich，A. J. et al.（2018）. The combination of GIS and biphasic to better predict *in vivo* dissolution of BCS class Ⅱb drugs，ketoconazole and raloxifene. Journal of Pharmaceutical Sciences 107（1）：307-316.

United States Pharmacopeia and National Formulary USP 41-NF 36，（2018）. ＜1151＞ Pharmaceutical Dosage Forms，1543-1568. Rockville，MD：The United States Pharmacopeial Convention，Inc.

United States Pharmacopeia，the National Formulary（1995）：USP24/NF19，1775-1777. Rockville，MD：US Pharmacopeial Convention.

United States Pharmacopoeia（1995）. USP 23/NF18，General Chapters ＜661＞ and ＜671＞. Rockville，MD：United States Pharmacopeial Convention.

United States Pharmacopoeia（1996a）. USP 23/NF18；S4. Rockville，MD：United States Pharmacopeial Convention.

United States Pharmacopoeia（1996b）. USP 23/NF18；S5. Rockville，MD：United States Pharmacopeial Convention.

United States Pharmacopoeia（1997）. USP 23/NF18；S7. Rockville，MD：United States Pharmacopeial Convention.

United States Pharmacopoeia（2011）. USP 34/NF 29，USP 34 edition. Rockville，MD：United States Pharmacopoeia Convention.

US-FDA（2018）. Guidance for Industry：Dissolution Testing and Acceptance Criteria for Immediate-Release Solid Oral Dosage Form Drug Products Containing High Solubility Drug Substances. Silver Spring，MD：United States Department of Health and Human Services（US-DHHS），Food and Drug Administration（FDA），Center for Drug Evaluation and Research（CDER）；Biopharmaceutics.

Usman，M. S.，Hussein，M. Z.，Fakurazi，S. et al.（2018）. A bimodal theranostic nanodelivery system based on [graphene oxide-chlorogenic acid-gadolinium/gold] nanoparticles. PLoS One 13（7）：e0200760.

Vanić，Ž.，Hurler，J.，Ferderber，K. et al.（2014）. Novel vaginal drug delivery system：deformable propylene glycol liposomes-in-hydrogel. Journal of Liposome Research 24（1）：27-36.

Vardakou，M.，Mercuri，A.，Barker，S. A. et al.（2011a）. Achieving antral grinding forces in biorelevant in vitro models：comparing the USP dissolution apparatus Ⅱ and the dynamic gastric model with human *in vivo* data. AAPS PharmSciTech 12（2）：620-626.

Vardakou，M.，Mercuri，A.，Naylor，T. A. et al.（2011b）. Predicting the human *in vivo* performance of different oral capsule shell types using a novel *in vitro* dynamic gastric model. International Journal of Pharmaceutics 419（1-2）：192-199.

Varshosaz，J.，Tavakoli，N.，and Kheirolahi，F.（2006）. Use of hydrophilic natural gums in formulation of sustained-release matrix tablets of tramadol hydrochloride. AAPS PharmSciTech 7（1）：E168-E174.

Velaga，S. P.，Djuris，J.，Cvijic，S. et al.（2018）. Dry powder inhalers：an overview of the *in vitro* dissolution methodologies and their correlation with the biopharmaceutical aspects of the drug products. European Journal of Pharmaceutical Sciences 113：18-28.

Vermani，K. and Garg，S.（2000）. The scope and potential of vaginal drug delivery. Pharmaceutical Science & Technology

Today 3 (10): 359-364.

Wang, J., Jiang, H. (2014). Controlled porous osmotic pump tablets of high permeable drugs and the preparation process thereof. US Patent 8, 703, 193.

Weibull, W. (1951). A statistical distribution function of wide applicability. Journal of Applied Mechanics 18 (3): 293-297.

Wokovich, A., Prodduturi, S., Doub, W. et al. (2006). Transdermal drug delivery system (TDDS) adhesion as a critical safety, efficacy and quality attribute. European Journal of Pharmaceutics and Biopharmaceutics 64 (1): 1-8.

Xu, H., Shi, Y., Vela, S. et al. (2018). Developing quantitative *in vitro-in vivo* correlation for fenofibrate immediate-release formulations with the biphasic dissolution-partition test method. Journal of Pharmaceutical Sciences 107 (1): 476-487.

Zieschang, L., Klein, M., Krämer, J. et al. (2018). *In vitro* performance testing of medicated chewing gums. Dissolution Technology 25: 64-69.

第7章

溶出/释放试验数据（曲线）：要求、分析和监管预期

7.1 引言

二十世纪七十年代，《美国药典（USP）-国家处方集》小组研究了药物从制剂中释放的机制和由此产生的生物利用度（BA）之间的关系，以确保药物的有效性。体外溶出试验收载于USP专论中，最初采用USP篮法，随后增加USP桨法。二十世纪八十年代，USP生物药剂学专家委员会推荐以去离子蒸馏水作为溶出介质，使用上述方法的任何一种进行单点溶出测定（45min内75%Q）。USP体外-体内相关性（IVIVC）通则和美国食品药品管理局（FDA）工业指南（1997a，b）要求确定药品的整个溶出/释放曲线，而不是仅测定单点。虽然没有明确说明，但主要目的是获得有关药物溶出/释放速率的信息。从那时起，人们对开发和理解溶出/释放过程的机制模型，以及由此产生的对整个制剂的溶出/释放过程的兴趣逐步增加，不仅仅是原料药本身。随着先进的技术用于剂型设计，了解溶出/释放过程的机制及其对最终BA的影响变得更加重要。因此，除了作为药品的质量控制（QC）试验外，溶出试验作为开发工具的作用变得更加突出。

含有原料药且制成固体剂型的药物制剂，需经历体内溶出和吸收过程，即BA。药物系统可按照表7.1进行分类。

表7.1 药物系统的分类

性质	描述
理化性质	• 崩解型 • 非崩解型
功能性指标(基于监管)	• 常释(IR) • 调释(MR) -肠溶 -其他①

续表

性质	描述
载体系统	• 固体制剂(SDF)② • 半固体制剂② • 液体制剂③

① 控制释放、延迟释放、持续释放和延长释放等。
② 需开展溶出试验。
③ 除真溶液外，需开展溶出试验。

最常见的固体制剂（SDF）[片剂（薄膜包衣或未包衣）和胶囊剂]——崩解型或非崩解型的溶出机制模型是基于检查 SDF 整体溶出过程的每个步骤。崩解型薄膜包衣 SDF 的整体溶出过程为：脱去薄膜衣→片芯崩解成颗粒→颗粒崩解→API 溶出。非崩解型薄膜包衣 SDF 的溶出过程为：脱去薄膜包衣→片芯溶蚀→API 溶出。过程的总持续时间取决于 SDF 是 IR 制剂还是 MR 制剂。通常，IR 制剂的药物溶出/释放试验（即溶出/释放曲线）的持续时间在 0.5～2h 之间，而 MR 制剂的持续时间在 3～24h 之间，具体取决于药物的目标给药间隔。因科学家、处方设计师、监管机构审评员的偏好以及药物的开发阶段等不同，开展制剂的药物溶出/释放曲线研究的目的也不同。同样，药物溶出/释放曲线的特征以及与之相关的数学论证也会发生变化。药物溶出/释放曲线的目的、特征描述和数学论证相结合将决定数据要求。本章的主要目的是全面了解药物溶出/释放试验数据的要求、分析和监管期望。在此过程中，一旦药物溶出/释放试验的目的确定，本文提供的信息将有助于科学家设计和执行有效的试验方案，以满足药物溶出/释放试验数据的要求、分析和监管期望。

7.2 学术探索

活性药物成分（API），也称为原料药，在水性介质中的溶解度是其从制剂中溶出的先决条件。因此，自二十世纪初以来，溶解现象和过程一直是科学家感兴趣和学术探索的主题。溶解现象和过程已在理化因素、分子转移和转运、相变等方面进行了研究，主要限于固体溶质（API 或原料药、固体颗粒等）。以数学模型、理论、统计方法、模拟、算法、反卷积技术、基于热力学的质量传输过程等形式报道了多种理论（表 7.2），目的是深入了解溶出过程。这些理论和模型已扩展到表征药物系统（制剂）中固体溶质（API 或原料药、（固体）颗粒等）的溶出，包括形状因子、密度因子等参数。只有少数几种方法可以直接应用于药物表观体外溶出性能的表征。从这个意义上讲，科学家和读者在应用这些理论/模型描述药品的体外溶出性能之前，必须对原始报告（出版物）进行审查和研究。

表 7.2 表征固体溶质在水性溶剂（介质）中溶解/溶出过程的理论/模型/方法

模型	
溶出理论	• Fick 第一定律(1985 修正) • Fick 第二定律(1985 修正) • Noyes-Whitney(1897) • Nernst(1904)和 Brunner(1904) • Brunner 和 Tolloczko(1900)

续表

	模型
溶出理论	• Hixson 和 Crowell(1931) • Higuchi(1961) • 有限溶剂化 • 表面更新理论(Danckwerts 1951) • 表面能理论
溶出机制(模型依赖法)	• 零阶 • 一阶 • Higuchi 模型(1961) • Korsmeyer-Peppas(1983) • Hixson 和 Crowell(1931) • Weibull • Baker-Lonsdale • Hopfenberg • Gompertz • 序贯模型 • El-Yagizi
非模型依赖法	• 差异因子(f_1) • 相似因子(f_2) • 多元置信度(BOOTSTRAP)
统计方法	• 线性回归模型 • 二次回归模型
IR① 制剂溶出	• Nernst 和 Brunner • Weibull • Hixson 和 Crowell(1931) • Makoid-Banakar 函数(Makoid et al.,1993)
CR② 制剂释放	• 贮库系统 • 渗透 CR 系统 • Ritger 和 Peppas(1987a,b) • Makoid-Banakar 函数(Makoid et al.,1993)

① IR 表示速释。
② CR 表示控释。

此外，值得注意的是，大多数报告的理论和模型旨在理解溶质颗粒的溶解过程，而非制剂中溶质颗粒的溶解及其在药物制剂中的表观溶出。事实上，这些报告中的绝大多数都提供了与建议模型相关的限制。此外，所提出的理论和/或模型的稳健性和有效性评估了可能影响预期结果的物理和化学因素，而很少或根本不考虑它们与药物制剂中固体溶质（API或原料药、固体颗粒）的体内溶出和吸收的相关性。药物系统（剂型、药品、药物递送系统等）的溶出速率和程度的测定及其与表征溶解过程的理论/模型的关系几乎为零。因此，应慎重使用这些理论/模型解释和表征原料药从药品中的溶出。

第 3 章和第 4 章讨论了表征固体颗粒溶解过程的各种理论和模型，第 6 章讨论了表征不同剂型药物外溶出过程的各种理论和模型。

7.3 早期开发

二十世纪中期，人们认识到药物溶出/释放试验在药物开发和最终药物质量标准控制中的作用。USP 纳入了溶出度试验通则<711>，随后又纳入了几个专论。此后不久，USP 纳入了 7 种药典方法。与此同时，美国 FDA 发布了生物药剂学分类系统（BCS），该系统根据药物的溶解性和渗透性对其进行定义和分类（Amidon et al.，1995；Yu et al.，2002）。1997 年，美国 FDA 发布了 IVIVC 和 IR 固体制剂溶出度试验行业指南，随后发布了基于 BCS 的生物等效性豁免行业指南（多次修订）（FDA，2017 行业指南），欧洲药品管理局（EMA）（2014）和 ICH M9（2018）采用了该指南。质量源于设计（QbD）的考虑作为监管机构（美国 FDA）的一项举措被引入，并被药品开发科学家在开发和定义药品质量时采用（Yu et al.，2014）。美国 FDA 的基于问题的审评（QbR）和基于科学的审评（SbR）倡议进一步强调溶出试验和试验产生的数据在定义和确定药品质量方面的作用（Yu et al.，2007）。

在深入审查上述来源信息以及关于药品开发和评估及成品制剂质量定义的大量文献中，溶出试验几乎在所有阶段都起着至关重要的作用。通过监管机构批准最终药物的药品开发可大致分为六个阶段：

① 早期开发。

② 处方前/原型药物开发。

③ 药物优化和放大。

④ 临床评估（试验）。

⑤ 注册申请/批准。

⑥ 放大生产和批准后变更（SUPAC）。

溶出试验几乎贯穿所有阶段，药物溶出/释放数据用于支持药物从开发至获批和 SUPAC 所有阶段的所开展的各种试验结果。

BCS 是药物早期开发阶段的核心部分。主要目的是，在给定药物剂量的情况下，确定药物在各种水性介质（不同 pH 值的缓冲液）中的溶解度，包括潜在的生物生理相关介质。原料药在各种介质中相对于最高剂量药物的相对溶解度（分别对应于每种溶出介质和/或生物生理相关介质），确定测定药品从制剂中表观溶出度的体积要求（漏槽条件）。此外，测定原料药的固有溶解度（质量/单位面积）数据，且制剂类型（药物除外）将在目标制剂中呈固态。药物在各种水性介质中的溶解度、药物的 BCS 分类以及药物的固有溶解度的综合信息，可用于设计目标制剂的表观溶出度试验。在这个阶段，确定药物从制剂中的溶出速率和程度的机会非常有限，更不用说比较制剂之间的药物溶出/释放曲线了。

7.4 药物开发阶段

药物的设计、开发和评估需要经过多个步骤，每个步骤都有明确的目标。由于药物溶出/释放试验数据通常用于解释和证明目标是否已成功实现，因此在每个步骤中，溶出试验的作用都是至关重要的。然而，挑战在于开发和使用一种具有生物生理相关性、实用性且具有区分力的溶出试验方法，由此产生的数据能够提供药物从制剂中溶出/释放的速率和程度的直接信息。除此之外，最重要的是溶出试验和结果数据能够表征药物的功能性能。需要注意的是："制剂应该驱动药物的溶出/释放，即溶出试验，而不是相反。"

药品中药物的溶出/释放受多种因素的影响，这些因素可分为五类：

- 药物的理化性质。
- 药品处方因素。
- 药品工艺因素。
- 与溶出仪有关的因素。
- 与溶出试验参数有关的因素。

在过去的一个世纪里，已发表了100多篇报告和文章，而且还有更多即将发表的文章。在评估单个或组合因素的影响时，药物溶出/释放曲线通常以下列方式之一呈现：

- 作为时间函数的累积药物释放量。
- 作为时间函数的剂量/标示释放量百分比（Q）。
- 作为时间函数的剩余待溶出/释放量。

值得注意的是，在评估任何单一或组合因素对制剂的表观药物溶解度和/或溶出/释放的影响时，有一种重要的方法：药物溶出/释放曲线的比较。尽管试验的总体目标可能有所不同，但根据曲线确定的药物溶出/释放速率可明确或间接地与假设进行比较。其中一个常见假设是所有试验因素保持不变，两个符合预设标准（如45min内75%Q）的药物溶出/释放曲线，将具有相似的药物溶出/释放速率，这可能未必正确。

随着QbD在药物开发中的出现和实施，在各个开发阶段的进程中，通过药物溶出/释放曲线的比较来完成药物制剂的关键物料属性（CMA）、关键产品参数（CPP）等的评估。仅举几个例子，最终决定药物关键质量属性（CQA）的CMA和CPP包括但不限于：API的晶型和粒度，辅料及其等级，工艺因素（压缩力、混合时间、制粒终点、水分含量、聚合物包衣的固化等），基质的大小、形状和结构，增溶剂和/或表面活性剂，（非）药典溶出试验方法中实施的控制措施（混合类型、介质特性、单阶段或多阶段溶出试验、试验持续时间等），“功能性”辅料，API/辅料比例，以及反映在曲线中的影响药物从制剂中的溶出/释放速率的其他类似因素，（Lin et al.，2016；Nanjwade et al.，2010；Panda et al.，2015；Gökçe et al.，2009；Zhao et al.，2017；Xia et al.，2010；Cheney et al.，2010；Bharate et al.，2010；Kalivoda et al.，2012；Li et al.，2014；Malviya et al.，2011；Phillips et al.，2012；Chowhan and Chow，1981；Dannenfelser et al.，2004；Higuchi et al.，1954；Li and Wu，2014；等）。

通常，会制定一个通用的药物溶出/释放试验方案，用于说明试验目的、试验方法以及相应的收集、整理、计算和呈现数据的方法学。如果无缺项的话，通常缺少的是收集、整理、计算和呈现数据的方法学与试验目的之间的联系。例如，试验目的是比较制剂之间的药物溶出/释放速率及其从 T_0 到 T_∞ 的各自药物溶出/释放曲线，同时确保溶出超过85%Q。此外，曲线中只有2个或3个采样点。虽然从技术上来说，人们可以从这样的曲线图中计算出溶出/释放速率参数，甚至可以在各种受试制剂之间进行比较，但如果这种比较是为了预测体内溶出和吸收速率，即BA，那么这种比较的价值是非常有限的。然而，在建立和证明药物的QC标准时，对制剂之间的溶出曲线进行此类比较可能是有用的。因此，重要的是要认识并注意到，不仅试验目的应该清晰明确，而且对药物溶出/释放数据的要求和分析应该能够充分满足试验目的的预期。在药物开发的不同阶段，试验目的及其与收集、整理、计算和呈现数据的方法学之间的联系，也会发生变化。因此，应当适时修改试验目的。后续章节结合试验目的阐明了比较药物溶出/释放曲线（数据）的各种方法学及其各自优缺点。此外，还将讨论部分监管机构的监管预期，这些机构仅限于美国 FDA、EMA、墨西哥联邦卫生风险保护委员会（COFEPRIS）、巴西卫生监督局（ANVISA）以及日本药品和医疗器械管理局（PMDA）。

7.5 比较分析

药物溶出和/或释放是指制剂中的固体溶质（API）溶解在水性溶剂（溶出介质）中形成溶液的过程。溶出试验可用于前瞻性——开发具有适当药物释放特性的制剂，并可用于回顾性——以评估剂型是否以规定/预定的速率和程度释放药物。溶出试验这两种用途的共同主要假设是，溶出试验即使不能预测，也能充分代表药物的生物性能，即 BA。

在药物开发的早期阶段，溶出试验用于表征和可能预测生物有效性［BA 和生物等效性（BE）］，而在后期阶段，通过基于药物溶出/释放的 QC 标准支持药物的上市注册和 SUPAC。世界各地的监管机构都有官方指南、指令、专论、说明和法规，涉及本试验的各个方面，如仪器、程序、方法数据库、评估和接受标准［如 USP＜711＞、＜724＞、＜1092＞、＜1088＞和＜1225＞］（USP，2011，2015a，b；US-FDA，2020；EP，2008；COFEPRIS，2013；等）。随着药物通过注册和批准后的各个开发阶段的进展，试验类型和试验目的会发生变化。根据试验目的分析此类试验产生的药物溶出/释放数据。溶出/释放试验区分制剂 CQA 变化的能力，即区分力，在药品生命周期的所有阶段都非常关键。然而，关键问题是，应根据数据确定哪些参数在处方之间和/或在药物生产批次内进行比较？然后，需要仔细选择并建立参数计算方法和比较曲线时的可接受标准。药物溶出/释放速率参数在药物开发过程中至关重要，而药物溶出/释放的程度，即 Q 和特定时间，在 QC 阶段就足够了，因为各批次的溶出/释放性能使用相同的批次生产记录（BMR）生产。在任何情况下，药物溶出/释放曲线的比较都是重要的。

直到最近，才明确定义有区分力的溶出和生物生理相关的溶出，“一组体外溶出试验条件，连同可接受标准，能够区分在目标条件下生产的药品与有意变化参数（有意义的变化）生产的药物……对于相关的生产变量……将产生临床相关标准”（Marroum，2012；Abend et al.，2018）。有趣的是，在证明溶出试验的区分力时，使用了任意设定的接受标准，例如 f_1 值大于 10、f_2 值小于 50 等。在没有证明其生物生理相关性的情况下，药物溶出/释放试验的区分力是非常有限的，尤其是在药物开发阶段。在缺乏这种相关性的情况下，溶出试验可能具有区分力，但不能满足临床结果，即 BA 和/或 BE，应视具体情况而定。

同样，关于药物溶出/释放速率参数的计算和表征及其在药物溶出/释放曲线比较中的使用，也几乎没有信息或指导。有人指出，需要开发一种溶出试验方法，该方法显示出逐渐上升的曲线，包含足够多的时间点，生物生理相关介质中溶出达到 85%Q 以上，并具有低变异性（Gray，2018）。来自世界各地监管机构的法规、指南和指令要求申请人证明，基于与预期生物体内药物溶出/释放和吸收性能曲线的对比评估，所开展药物的溶出/释放试验具有区分性。

各种数学计算程序可用于比较药物溶出/释放曲线，包括模型依赖型和非模型依赖型。虽然表 7.2 所示的任何方法都可用于比较溶出曲线，但最常用的数学计算方法是非模型依赖的统计程序：

- 差异因子（f_1）。
- 相似因子（f_2）。

美国 FDA 定义差异因子 f_1 为在每个时间点观察到的两个曲线差异百分比。本质上，这个因子提供了两个曲线之间相对偏差的测量：

$$f_1=\left\{\left[\sum_{t=1^n}|R_t-T_t|\right]\Big/\left[\sum_{t=1^n}R_t\right]\times 100\right\} \tag{7.1}$$

式中，n 是时间点的数量；R_t 是参比制剂在时间 t 的溶出值；T_t 是受试制剂在时间 t 的溶出值。当基于 $n=12$ 个单位计算的 f_1 值介于 0 和 10 之间时，则认为两个曲线没有显著差异。

根据美国 FDA 的定义，f_2 因子是衡量两条曲线之间溶出分数相似性的参数。本质上，这个因子是偏差平方和的倒数平方根的对数变换：

$$f_2=50\times\lg\left\{\left[1+(1/n)\sum_{t=1^n}(R_t-T_t)^2\right]^{-0.5}\times 100\right\} \tag{7.2}$$

式中，n 是时间点的数量；R_t 是参比制剂在时间 t 的溶出值；T_t 是受试制剂在时间 t 的溶出值。当基于 $n=12$ 个单位计算 f_2 值≥50 时，则认为两个曲线相似。

通常，在使用 f_1 或 f_2 时必须满足某些先决条件。至少需要 12 个参比制剂溶出曲线和 12 个受试制剂溶出曲线。对于每个采样时间点，计算 12 个样品的平均值。药物平均溶出量>85%的取样点不超过一个。在曲线的上升部分应该至少有 3 个取样点。第一个取样点的变异系数（CV）必须<20%，后续每个取样点的变异系数必须<10%。如果在 15min 内达到 85%Q，即快速溶出的速释制剂，不适合用 f_1 和/或 f_2 计算。

值得注意的是，由于 f_1 和/或 f_2 检验基于均值和 CV，因此它们可能掩盖异常值。采样时间的微小偏差，特别是第一个时间点，可能会对 f_1 值产生实质性且往往具有误导性的影响，但对 f_2 值的影响不大。因此，f_1 检验往往过于保守。这也许是欧洲和日本监管机构不建议使用 f_1 检验的原因。

此外，f_1 和/或 f_2 检验是基于药物溶出/释放程度的参数，而不是基于药物溶出/释放速率的参数，这可能导致误导性解释和预测。两种制剂可能在各自药物溶出/释放速率有很大差异，但产生的 f_2 值>50，仍存在未能表现出 BE 的风险。反之亦然，其中 f_2 值略微小于 50 的两种制剂也可以表现出 BE 等效。这是开发仿制控释 SDF 时常见的情况。由于受试制剂的工艺设计考虑因素的有意改变，受试制剂和参比制剂在各自的药物溶出/释放速率上有所不同——比较表观溶出/释放曲线得出的 f_2 值>50，但存在不符合 BE 标准的风险（图 7.1）。

此外，应用 f_1 和/或 f_2 检验时假定，所用的溶出试验不仅在体内微环境方面，而且在体内动力学方面具有生物生理相关性。除此之外，它们还假设从 T_0 到 T_∞ 的整个药物溶出/释放曲线对于预测生物有效性（BA 和/或 BE）至关重要。在开发溶出/释放试验期间，这两个考虑因素可能没有被深入考查，导致可能会对结果的解释产生重大不利影响。

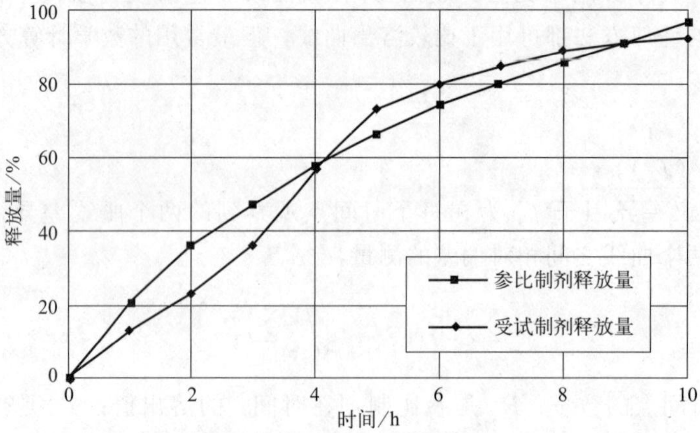

图 7.1　假设的控释 SDF 药物溶出/释放曲线（$f_2>50$）

f_2 检验的其他局限性是，50 的限度值来自所有时间点平均值的差异（$\mu_T-\mu_R$）=10 得出的，但这并不意味着（$\mu_T-\mu_R$）在所有时间点都是 10。f_2 检验要求第一个时间点 $Q>15\%$，并且 Q 为 85%以上不超过一个时间点。可以说，f_2 值=50 的可接受标准是任意的。

一般而言，f_2 检验可用于 SUPAC，也可用于含有 BCS 1 类药物（API）、快速崩解和溶解的 IR 药物的生物等效性豁免评估。已经指出，如果 f_2 检验被应用于 SUPAC 之外，则应该考虑多批次受试制剂和参比制剂，每批试验 $n=12$ 个单位（Duan et al.，2011）。

实际上，出于各种目的，全世界主要监管机构都采用了 f_2 检验，同时比较不同程度修正的药物溶出/释放曲线。表 7.3 总结了部分监管机构采用 f_2 检验时的关键考虑因素。

很明显，监管含义和接受标准因监管机构而异。因此，必须适当调整试验方案，或必须实施能够满足全球多个监管机构要求的通用方案。虽然上述所有 f_2 检验的局限性都适用，而无须考虑各监管机构概述的特定合规性要求，但一些实际的试验局限性表面上可能会人为地掩盖结果，并导致误导性的解释和结果。表 7.4 列出了可能对 f_2 检验结果产生不利影响的潜在试验因素，这些因素根据作者二十多年的研究经验整理而成。因此，建议处方开发科学家和分析化学家在设计试验方案时注意这一点，灵活运用，克服这些限制。此外，试验方案必须基于科学合理的基本原则，可以作为支持信息提供给监管机构，同时证明结果的合理性。

表 7.3　使用 f_2 检验的关键考虑因素

监管机构	关键考虑因素
WHO	•“……比较药物(原研药/参比制剂/创新药)溶出量达 85%后最多一个时间点参与比较”
美国 FDA	• >85%Q 的时间点必不可少 • 溶出介质 pH 值(1.2、4.5、6.8、7.4),加或不加表面活性剂,不含酶 • 第一个采样点 Q 的 CV≤20% • 后续采样点 Q 的 CV≤10% • 曲线上升段至少有 3 个时间点 • 两种制剂的溶出量达 85%以后,只考虑一个采样点
EMA	• 每个制剂溶出平均值>85%不超过一个点 • 溶出介质 pH(1.2/SGF①、4.5、6.8/SIF②),不含酶

监管机构	关键考虑因素
PMDA(日本)	• 章节 5 和附录 1 • 具体问题具体分析 • f_2 值允许小于 50 • 根据参比制剂的溶出曲线有不同的接受标准。溶出曲线支持临床 BE(f_2 为 42 可接受,但不适用于生物等效性豁免;f_2 为 50 也可能不够充分) •(PMDA 允许滞后时间计算——再灌封)
COFEPRIS(墨西哥)	• NOM-177-SSA1-2013 • 7.2.2:溶出曲线测定的条件必须是 FEUM 及其当前增补版中规定的条件 • 7.2.7:溶出曲线 • 至少 5 个取样点 • 上升曲线和平台特征 • 平台部分仅有 2 个点 • 上升段和拐点段有 3 个点 • 7.5.4:以下情况使用 f_2 比较溶出曲线 • 第 1 个采样点 CV≤20% • 后续采样点 CV≤10% • 7.5.5:f_2 值计算——从第 1 个采样点到参比制剂药物溶出量 85%Q 后最大采样点,至少 3 个采样点,如 f_2 值≥50,认为溶出曲线相似
ANVISA(巴西)	• 与美国 FDA 规定相似

① 模拟胃液。
② 模拟肠液。

表 7.4　可能对 f_2 检验结果产生不利影响的试验因素

来源	因素
处方/药物	• 不同批次不同曲线 • 药物的时间——R① 和 T② • 处方特征(成分组成、PSD③ 等) • 崩解性质和 DT④ • 胶囊——破裂时间 • 不同的滞后时间 • 分开进行 R① 和 T② 的溶出试验 • 未进行目视观察 • 品牌间的差异
溶出试验仪器	• 仪器使用年限 • 手动到自动 • 脱气技术 • 过滤——类型、方法等 • 沉降篮——类型、设计、制造等 • 维护情况

① 参比制剂。
② 受试制剂。
③ 粒径分布。
④ 崩解时间。

7.6　总结

现已得到广泛认可，体外溶出试验可指导制剂开发，可预测体内药物溶出和吸收，监测制剂工艺，在注册和监管批准期间评估和证明药物质量，确保 SUPAC 的安全性。虽然溶出试验在产品生命周期的各个阶段的作用越来越明显，但必须认识到在产品生命周期的各个阶段使用该试验的试验目的的变化。在进行试验时，如果试验目的发生变化，则有责任确保采用适当的方法来满足试验目的，并证明结果的合理性。总之，同时比较体外药物溶出/释放曲线时采用的方法和方法学是关键因素，是有助于实现试验目的，并为良好的溶出测试结果提供支持。

根据既定试验目的和监管机构的监管预期，有多种方法可以分析药物溶出/释放试验曲线（数据）。全面了解这些要求对设计和实施具有实用意义的溶出试验至关重要。本章提供的信息将帮助读者和科学家了解（开发和分析）与比较体外药物溶出/释放曲线相关的方法（方法学）的优点和局限性，有助于他们做出明智的决定，这些决定不仅经过深思熟虑，而且在科学上也是合理的。

参考文献

Abend，A.，Heimbach，T.，Cohen，M. et al.（2018）. Dissolution and translational modeling strategies enabling patient-centric drug product development：the M-CERSI workshop summary report. The American Association of Pharmaceutical Scientists Journal 20（3）：60-66.

Amidon，G. L.，Lennernäs，H.，Shah，V. P. et al.（1995）. A theoretical basis for a biopharmaceutic drug classification：the correlation of *in vitro* drug product dissolution and *in vivo* bioavailability. Pharmaceutical Research 12：413-420.

Bharate，S. S.，Bharate，S. B.，and Bajaj，A. N.（2010）. Interactions and incompatibilities of pharmaceutical excipients with active pharmaceutical ingredients：a comprehensive review. Journal of Excipients and Food Chemistry 1（3）：1131-1134.

Brunner，E.（1904）. Reaktionsgeschwindigkeit in heterogenen systemen. Zeitschrift für Physikalische Chemie 43：56-102.

Brunner，L. andTolloczko，S.（1900）. Uber die Auflosungsgeschwindingkeit fester Korper. Physiological Chemistry 35：283-290.

Cheney，M. L.，Shan，N.，Healey，E. R. et al.（2010）. Effects of crystal form on solubility and pharmacokinetics：a crystal engineering case study of lamotrigine. Crystal Growth & Design 10（1）：394-405.

Chowhan，Z. and Chow，Y.（1981）. Compression properties of granulations made with binders containing different moisture contents. Journal of Pharmaceutical Sciences 70（10）：1134-1139.

Comisión Federal para la Protección contra Riesgos Sanitarios（2013）. NOM-177-SSA1-2013. Mexico City，Mexico：COFEPRIS.

Danckwerts，P. V.（1951）. Significance of liquid-film coefficients in gas absorption. Industrial & Engineering Chemistry 43（6）：1460-1467.

Dannenfelser，R.，He，H.，Joshi，Y. et al.（2004）. Development of clinical dosage forms for a poorly water soluble drug I：application of polyethylene glycol-polysorbate 80 solid dispersion carrier system. Journal of Pharmaceutical Sciences 93（5）：1165-1175.

Duan，J. Z.，Riviere，K.，and Marroum，P.（2011）. *In vivo* bioequivalence and *in vitro* similarity factor（f_2）for dissolution profile comparisons of extended release formulations：how and when do they match? Pharmaceutical Research 28：1144-1156.

European Medicines Agency（2014）. Guideline：Quality of Oral Modified Release Products. London：European Medicines Agency.

European Pharmacopoeia（2008）. ph. Eur. 2. 9. 3. London：European Medicines Agency.

Gökçe，E. H.，Özyazıcı，M.，and Ertan，G.（2009）. The effect of geometric shape on the release properties of metronidazole from lipid matrix tablets. Journal of Biomedical Nanotechnology 5 (4): 421-427.

Gray, V. A. (2018). Power of the dissolution test in distinguishing a change in dosage form critical quality attributes. AAPS PharmSciTech 19 (8): 3328-3332.

Higuchi, T. (1961). Rate of release of medicaments from ointment bases containing drugs in suspension. Journal of Pharmaceutical Sciences 50 (10): 874-875.

Higuchi, T., Elowe, L. N., and Busse, L. W. (1954). The physics of tablet compression. V. Studies on aspirin, lactose-aspirin and sulfadiazine tablets. Journal of American Pharmacists Association 43 (11): 685-689.

Hixson, A. W. and Crowell, J. H. (1931). Dependence of reaction velocity upon surface and agitation. Industrial & Engineering Chemistry 23 (8): 923-931.

ICH (2018). M9: Biopharmaceutics classification System-Based Biowaivers. www. ich. org.

Kalivoda, A., Matthias, F., and Kleinebudde, P. (2012). Application of mixtures of polymeric carriers for dissolution enhancement of fenofibrate using hot-melt extrusion. International Journal of Pharmaceutics 429 (1-2): 58-68.

Korsmeyer, R. W., Gurny, R., Deolker, E. et al. (1983). Mechanisms of solute release from porous hydrophilic polymers. International Journal of Pharmaceutics 15 (1): 25-35.

Langenbucher, F. (1972). Letters to the Editor: Linearization of dissolution rate curves by the Weibull distribution. Journal of Pharmacy and Pharmacology 24 (12): 979-981.

Lee, T., Boersen, N. A., Yang, G. et al. (2014). Evaluation of different screening methods to understand the dissolution behaviors of amorphous solid dispersions. Drug Development and Industrial Pharmacy 40 (8): 1072-1083.

Li, J. and Wu, Y. J. (2014). Lubricants in pharmaceutical solid dosage forms. Lubricants 2 (1): 21-43.

Lin, Z., Zhou, D., Hoag, S. et al. (2016). Influence of drug properties and formulation on *in vitro* drug release and biowaiver regulation of oral extended release dosage forms. The AAPS Journal 18 (2): 333-345.

Liu, G. Q., Yen, W. T. (1995). Effects ofsulphide minerals and dissolved oxygen on the gold and silver dissolution in cyanide solution. Minerals engineering 8 (1-2): 111-123.

Makoid, M., Dufoure, A., and Banakar, U. (1993). Modelling of dissolution behavior of controlled release systems. S. T. P. Pharma 3: 49-54.

Malviya, R., Srivastava, P., and Kulkarni, G. T. (2011). Applications of mucilages in drug delivery—a review. Advances in Biological Research 5 (1): 1-7.

Marroum, P. J. (2012). Clinically relevant dissolution methods and specifications. American Pharmaceutical Review 15 (1): 36-41.

Nanjwade, B. K., Ali, M. S., Nanjwade, V. K. et al. (2010). Effect of compression pressure on dissolution and solid state characterization of cefuroxime axetil. Journal of Analytical and Bioanalytical techniques 1 (3): 1-6.

Nernst, W. (1904). Theorie der reaktionsgeschwindigkeit in heterogenen systemen. Zeitschrift für Physikalische Chemie 47: 52-55.

Noyes, A. S. and Whitney, W. R. (1897). The rate of solution of solid substances in their own solutions. Journal of American Chemical Society 19: 930-934.

Panda, N., Reddy, V., Reddy, G. et al. (2015). Effect of different grades of HPMC and eudragit on drug release profile of Doxofylline sustained release matrix tablets and IVIVC studies. International Research Journal of Pharmacy 6 (8): 493-504.

Peppas, N. A. (1985). Analysis of Fickian and non-Fickian drug release from polymers. Pharmaceutica Acta Helvetiae 60 (4): 110-111.

Phillips, D., Pygall, S. R., Cooper, B. V. et al. (2012). Overcoming sink limitations in dissolution testing: a review of traditional methods and the potential utility of biphasic systems. Journal of Pharmacy and Pharmacology 64 (11): 1549-1559.

Ritger, P. L. and Peppas, N. A. (1987a). A simple equation for description of solute release Ⅰ. Fickian and non-fickian release from non-swellable devices in the form of slabs, spheres, cylinders or discs. Journal of Controlled Release 5 (1): 23-36.

Ritger, P. L. and Peppas, N. A. (1987b). A simple equation for description of solute release Ⅱ. Fickian and anomalous release from swellable devices. Journal of Controlled Release 5 (1): 37-42.

Varles, C. G., Dixon, D. G., Steiner, S. (1995). Zero order release from biphasic polymer hydrogels. Journal of Controlled Release 34: 185-192.

United States Department of Health and Human Services (US-DHHS), Food and Drug Administration (FDA), Center for Drug Evaluation and Research (CDER); Guidance for Industry (1997a). Dissolution Testing of Immediate Release Solid Oral Dosage Forms US-FDA. Silver Spring, MD.

United States Department of Health and Human Services (US-DHHS), Food and Drug Administration (FDA), Center for Drug Evaluation and Research (CDER); Guidance for Industry (1997b). Extended Release Oral Dosage Forms: Development, Evaluation and Application of *In Vitro*/*In Vivo* Correlations. Silver Spring, MD.

United States Department of Health and Human Services (US-DHHS), Food and Drug Administration (FDA), Center for Drug Evaluation and Research (CDER); Guidance for Industry (2017). Waiver of *In Vivo* Bioavailability and Bioequivalence Studies for Immediate Release Solid Oral Dosage Forms based on a Biopharmaceutics Classification System. Silver Spring, MD.

US-FDA (2020). Drug Databases, Dissolution Testing. Silver Spring, MD: US-FDA. www.accessdata.fda.gov/scripts/cder/dissolution (accessed July 2020).

USP <1092> (2015a). The dissolution procedure: development and validation. USP 38. USP 38-NF 33, 1090-1097. Rockville, MD: United States Pharmacopeial Convention.

USP <711> (2015b). Dissolution. USP 38. USP 38-NF 33, 486-496. Rockville, MD: United States Pharmacopeial Convention.

Xia, D., Cui, F., Piao, H. et al. (2010). Effect of crystal size on the *in vitro* dissolution and oral absorption of nitrendipine in rats. Pharmaceutical Research 27: 1965-1976.

Yu, L. X., Amidon, G. L., Polli, J. E. et al. (2002). Biopharmaceutics classification system: the scientific basis for biowaiver extensions. Pharmaceutical Research 19 (7): 921-925.

Yu, L., Raw, A., Lionberger, R. et al. (2007). US FDA question-based review for generic drugs: a new pharmaceutical quality assessment system. Journal of Generic Medicines 4 (4): 239-248.

Yu, L., Amidon, G., Khan, M. A. et al. (2014). Understanding pharmaceutical quality by design. The AAPS Journal 14 (4): 771-783.

Zhao, J., Koo, O., Pan, D. et al. (2017). The impact of disintegrant type, surfactant, and API properties on the processability and performance of roller compacted formulations of acetaminophen and aspirin. The AAPS Journal 19 (5): 1387-1395.

第 8 章

溶出试验自动化：近期进展和持续挑战

8.1 引言

每当由单个或多个动作集组成的操作需要精密、准确和再现性的重复时，就会产生一个自然而探索性的问题：该操作可以自动化吗？这将促使一个自动化操作目标的建立，以使操作自动化。几乎立即出现了一个反问题（如果不是预防性声明），那就是："常规和重复执行的操作"是否应该自动化？自动化如果不能保持在最低可接受水平，则必须成功消除与存疑操作相关的固有错误。这是自动化特定操作的起点。

特定过程、操作、实验等包括多个单元操作，并且这种过程、操作、实验等可以通过使用单个或组合的设备来执行，每个设备执行特定的单元操作。这导致所谓的自动化系统，通过多个单元执行多个任务，这些单元被仔细和系统地连接起来，以相同的精密度、准确度和再现性重复地执行特定的过程、操作、实验等。单元操作的数量越多，生成的自动化系统就越复杂，这通常被称为"高级"和/或"复杂"系统。此外，人们很快意识到，任何自动化系统的基础不仅建立在对要纳入自动化系统中的每一个单元操作的透彻和深入的理解之上，还建立在投入使用时的整个自动化系统的整体工作之上。

自动化是二十世纪八十年代的流行语，在制药行业中并不新鲜，已在各个层面上得到应用，并在制药产品生命周期的所有阶段都取得了不同程度的成功。它主要出现在生产和分析实验室，如质量控制（QC）实验室和研发（R&D）实验室等。体外溶出试验和试验方法的自动化，包括并结合样品的处理和分析以及数据的量化和分析，并非新鲜事物（Beyer and Smith，1971；Lamparter and Lunken heimer，1992；Rolli，2003；Crist，2013；Chi et al.，2019；等）。整个体外溶出试验，即样品试验分析、数据收集和分析等，包括由试验设备的多个子单元以顺序或并行方式执行的众多单元操作，为所有固体制剂（SDF）、液体和半固体剂型（混悬剂、乳剂、乳膏等）以及制剂成品中原料药处于固态或可能处于固态的剂型提供制剂单元的药物溶出/释放性能。世界各地监管机构和提供并确保本试验标准化的机构要求，在常规使用之前，采用标准验证方案对体外溶出试验进行验证。这些只是体外溶出试验的自动化可行的一些原因。就连《美国药典》(USP，1960）也指出：如果有足够多的类似单元需要经常进行相同类型的检查，自动化分析方法可能比手动方法更有效、更精确。

本章的主要目的有两个。首先是对常见问题的回答：为什么要自动化以及什么需要自动化？第二，也是更重要的一点，是在溶出试验自动化领域，为未来十年提供一个具有挑战性的目标。

8.2 溶出试验自动化：为什么要自动化以及什么需要自动化?

自动化的概念已经存在了几个世纪，溶出试验和溶出试验过程的自动化也不例外。在过去的一个世纪，溶出试验已经从一个理论概念发展到一个标准化试验和试验过程。此外，溶出试验的作用已从 QC 试验推进到产品开发阶段以及实施产品放大生产和批准后变更(SUPAC)。与此同时，医药产品研发技术突飞猛进，各种剂型（包括传统剂型和高端剂型）对药物溶出/释放性能的表征要求也突飞猛进。作为这些发展的补充，与药物溶出/释放有关的监管要求也发生了变化。尽管药物的溶出/释放过程本身保持不变，但药物溶出试验的要求和预期，例如与校准、验证、数据（收集、分析等)、分析方法、样品（记录、贮藏、处理、分析等)、装置（设置、清洗等）和文件等，至少可以说，已变得更加复杂。因此，必须以健全的方式理解自动溶出试验的概念和现实。

人们早已认识到，溶出试验包括从试验设置到完成的一系列单元操作。这些操作已经并将继续手动执行，但可以使用自动溶出试验系统进行。其中许多操作取决于技术，如果手动执行，可能会导致结果差异和变化，可能需要重复试验。通过采用经过良好编程和验证的自动溶出试验，可以潜在地避免此类风险。这是使用自动溶出试验的诸多优点之一（Agilent Technologies Product Brochure，2014；Pestieau and Evrard，2017）。表 8.1 中列出的与溶出试验自动化相关的诸多优点和局限已在文献中进行了广泛讨论（Hanson，1982，1991；Hanson and Paul，1992；Way，2013；等)。

表 8.1　溶出试验自动化的优点和局限

优点	局限
• 高准确性 • 高精密度 • 高可重复性 • 提高产率 • 定时 • 节约时间 • 更快的处理速度 • 更多取样点 • 事件记录 • 数据采集 • 安全 • 多功能性	• 技术人员 • 同步和顺序时间需求 • 交错启动 • 样品保存 • 流体力学改变 • 蒸发 • 技术问题 -程序设置 -服务 • 验证 •《美国联邦法规》21 章第 11 款合规性 • 灾难性故障

一个理想的全自动溶出试验系统，包括从制造平台在线投放制剂单元、完成溶出试验、处理结果数据以及提交结果/报告，在二十世纪八十年代初被诸如 Erweka、Sotax、Zymark 和其他溶出设备制造商设想为“交钥匙”操作（Hanson，1982，1991）（图 8.1）。从那时起，与高新技术［机器人、光纤、实验室信息管理系统（LIMS）等］相结合带来的诸多进步，使人们对整个溶出试验中的各单元操作有了更好的理解。此外，一些手动执行的单元操作已转变为自动化。因此，目前有半自动和全自动溶出系统可用。

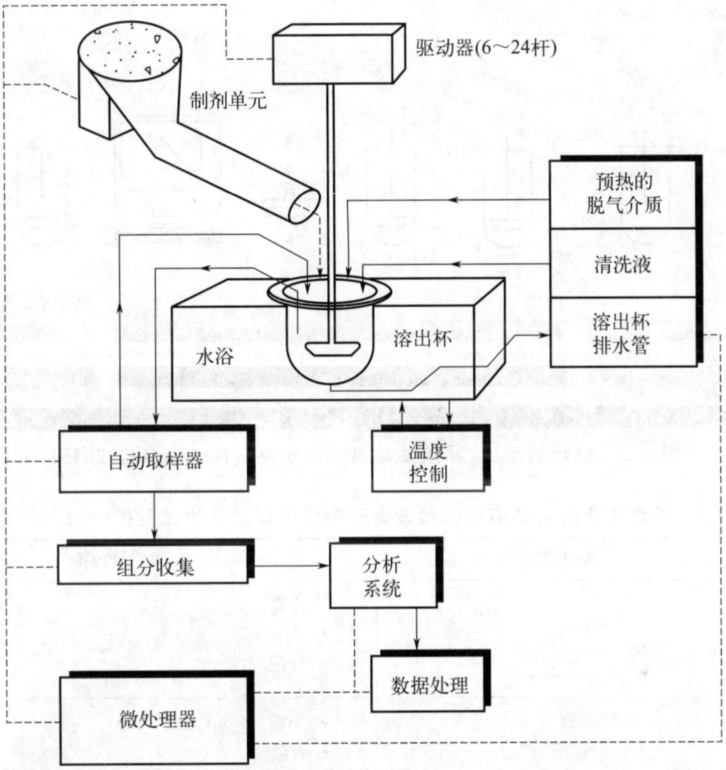

图 8.1　理想的全自动溶出试验系统的示意图（Hanson，1982，1991）

溶出试验基本上包括以下单元操作（不考虑手动或使用自动化设备执行的操作）：

- 试验设置。
- 试验执行（从开始到完成）。
- 取样（抽取、贮藏、分析、保存）。
- 样品分析（分析方法——UV、HPLC 等）。
- 结果和数据（收集、分析等）。
- 试验报告（生成、整理、格式化、打印等）。
- 清理（清空、清洗、漂洗、干燥等）。
- 转换（组装等）。

表 8.2 给出了手动或使用自动溶出试验设备进行经验证的溶出试验的一般工作流程（Way，2013）。手动和/或自动执行导致特定程序（机器人、算法等）的操作数量以及任何手动操作的程度和范围决定了溶出试验系统是半自动化的还是完全自动化的。

此时出现的重要问题是：鉴于在进行经过验证的溶出试验时涉及的众多且不同的单元操作，哪些操作应该自动化？更重要的是，哪些操作允许自动化？解决这些问题的最佳方法是确定溶出试验中每个步骤所对应的自动化程度，如图 8.2 所示（Haddouchi，2015）。

溶出试验从整体上可分为两个主要部分：

- 溶出试验装置。
- 分析方法，包括数据处理和分析。

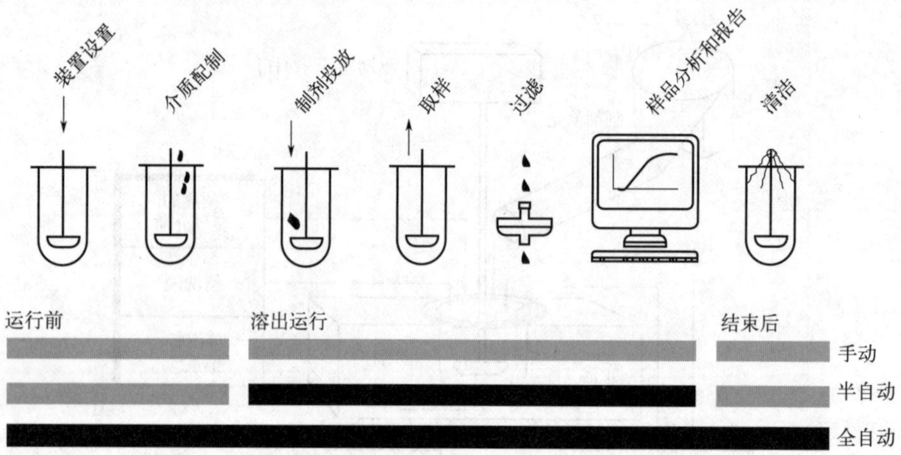

图 8.2　设想的溶出/释放试验自动化水平（Haddouchi，2015）

表 8.2　手动或使用自动溶出试验设备开展经验证的溶出试验的一般工作流程

序列/步骤号	操作名称	操作
1	介质	• 准备 • 测量 • 分配
2	温度	• 介质(预热) • 容器 • 记录 -试验开始 -试验结束
3	试验	• 开始 • 观察是否运行平稳
4	样品	• 抽取 • 过滤 • 更换介质
5	试验	• 停止(自动)
6	分析	• 样品分析 -紫外 -高效液相色谱 -其他
7	样品	• 储存分析 • 归档

续表

序列/步骤号	操作名称	操作
8	样品处理	• 日期 • 收集 • 分析 • 记录 • 生成报告 • 审查(数据和报告) • 批准 • 归档 • 调查 -OOS[①]结果 -其他
9	溶出装置	• 清洁 -溶出装置 √端口 √设备 • 准备下次运行 • 重新认证(必选) • **返回步骤 1**

① OOS：检验结果超标。

药典和标准化的方法具有与工程方面相关的所有必要细节以及可接受的公差，有助于设计由各供应商提供的各种型号的溶出试验设备。此类药典方法包括 USP 溶出装置 1～7。对于需要进行溶出试验的各种剂型，尽管采用了标准化的药典方法，但单元操作根据产品的功能特性和试验的性质以及预期结果数据而有所不同——产品开发阶段、监管合规性和文件考虑等。例如，固体制剂（SDF）的溶出/释放装置的工作和分析方法（包括对结果数据的处理）不同于非口服剂型，如局部制剂、透皮制剂和吸入制剂等。给定剂型的一般要求都是通用的，例如速释（IR）口服固体制剂（SDF），无须考虑 IR 处方中的特定活性成分，但对于具有低溶解性和高溶解性药物的既定 IR 产品，其特定要求将有所不同，例如，要抽取的样品数量。因此，必须深入透彻地了解各种单元操作的要求，对所选溶出试验和试验程序中每个单元操作结果的预期，以及包括数据处理和分析在内的分析方法的预期。如上所述，鉴于溶出试验自动化与经验证的溶出试验方法的分步工作流程相结合的优势，如果实验室打算使溶出试验自动化，应考虑以下标准（Rolli，2003）：

• 试验方法（USP 1/2/4/5/6）。
• 试验持续时间。
• 试验过程中的 pH 值变化。
• 介质更换要求（如适用）。
• 取样时间。
• 取样点数量。
• 样品分析：在线或离线。
• 开环或闭环（USP 4）。
• 监控要求（如适用）。
• 所需的介质数量。
• 试验数量。

• 其他（特定于产品、分析方法等）。

此外，在考虑溶出试验自动化时，需要评估与上述标准相关的一系列问题（Hanson，1982，1991；Banakar and Makoid，1996）。而且，对与自动化操作相关的潜在自动化方法进行风险分析非常关键，以识别方法的关键参数。因此，人们很快意识到，设计和实施自动溶出系统是一项复杂的任务，尽管并非无法完成。传统上，自动化系统是为目标应用而开发的。此外，计算机系统（硬件和软件）也相应地进行了编程，自动溶出系统也不例外。

尽管如此，各供应商都提供手动、半自动和所谓的全自动溶出试验系统。读者可以很容易地从供应商提供的宣传册中获取包含各种溶出试验系统的图片以及市场/销售描述。使用全自动溶出系统可自动进行以下操作，无须用户干预（Haddouchi，2015）：

• 介质的配制。
• 介质的温度控制（加热）。
• 如果需要，对介质进行脱气。
• 介质分配。
• 制剂单元（产品）的投放/使用。
• 样品抽取。
• 样品过滤。
• 样品分析（UV、HPLC 等）。
• 数据收集、分析。
• 报告生成、打印、归档等。
• 容器的排空和清洁。
• 为下次运行做准备。

这些全自动系统可以连续执行多达 15 次溶出试验。全自动溶出试验系统是为 QC 实验室设计和开发的，原因显而易见，其在涉及稳定性试验的研发实验室中发挥着重要作用。

自动化溶出系统的开发和引入可追溯到二十世纪八十年代中期至八十年代后期，Zymark 公司提供了一套完整的机器人试验系统，能够进行连续溶出试验，如图 8.3(a) 所示。21 世纪之交，随着人们对溶出试验方法中涉及的各种单元操作及其各自的标准化有了更深入的了解，引入了具有这些功能的自动化溶出试验装置的改进版和高级版。其中包括较新的版本，例如 SOTAX 的 AT 70 智能全自动溶出系统［图 8.3(b)］。该自动溶出系统的特点是具备 USP 溶出装置 1 或 2 方法（包括使用沉降篮）从介质配制到数据报告的自动化功能。此外，它还支持每批次进行多达 8 种不同介质筛选的能力，并支持使用紫外分光光度计在线分析样品，或直接注入 HPLC。安捷伦科技公司推出了 708-DS 溶出仪，是一种适用于 USP 方法 1、2、5 和 6 的模块化系统，可容纳体积 0.5～2L 的容器［图 8.3(c)］。

Chi 等在 2019 年报道了一种使用流通池法对含有两种固定剂量药物组合的速释片进行药物溶出/释放试验的自动化溶出试验系统。该自动溶出试验系统结合了程序控制的顺序分析和高速毛细管电泳来分离活性成分。该方法的性能已证明了自动化能够具备同时测定多种成分溶出的性能。此外，可以避免基质的干扰。该自动溶出试验的示意图如图 8.4 所示。本章提供了该自动溶出试验操作的详细信息（Chi et al.，2019）。

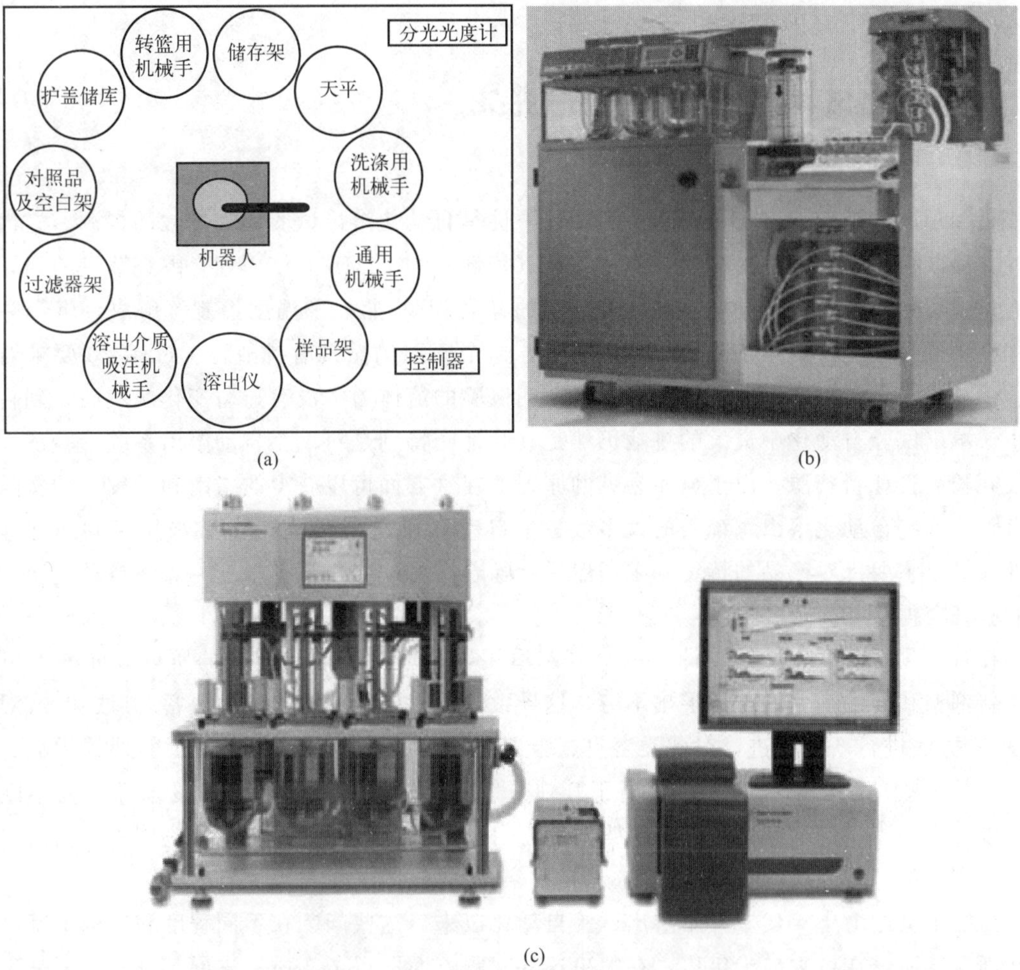

图 8.3　过去 40 年的自动化溶出试验系统

(a) Zymark 的完整机器人试验系统，能够进行连续溶出试验；(b) SOTAX 的 AT 70 智能全自动溶出系统；(c) 安捷伦科技公司的 708-DS 溶出仪

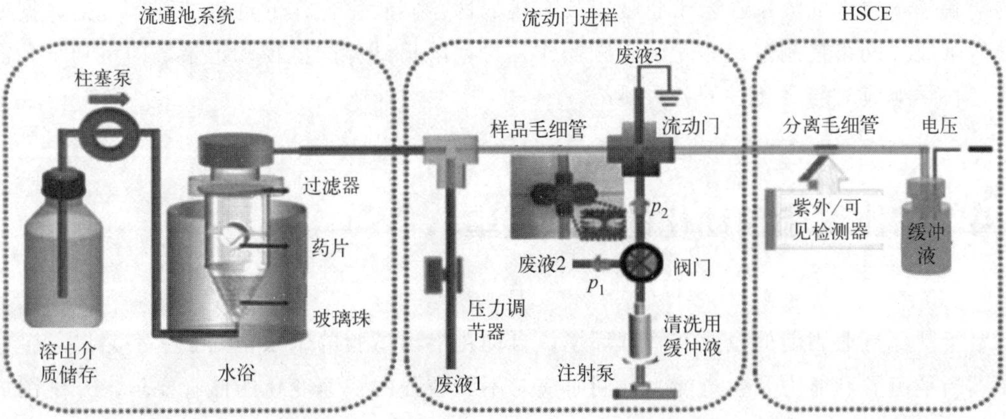

图 8.4　结合程序控制顺序分析和高速毛细管电泳（HSCE）的自动溶出系统示意图

资料来源：Chi et al.（2019），Springer Nature，CC BY 4.0

8.3 溶出试验自动化面临的挑战

正如预期的那样，自动化溶出试验的局限性是自动化溶出试验面临挑战的根源。它们在某些方面取得了不同程度的成功，例如人员（培训）和 LIMS 的使用等。围绕蒸发的问题已经通过使用带有额外入口的容器盖、带隔垫的样品管/小瓶以及温度控制等解决。带有驻留取样探头的自动化溶出系统改变了流体力学，这个问题仍然具有挑战性。USP 26 要求对自动、手动或半自动溶出试验进行验证，以证明试验的流体力学没有显著变化。然而，到目前为止，溶出试验自动化中最大的挑战仍然是其验证，特别是对于全自动溶出系统。验证周期不仅冗长而且耗费资源。由于显而易见的原因，在这方面可以获得的指南和已发表的文献非常有限。这些自动化溶出系统中的大多数是半自动化和/或全自动化的，采用定制的硬件和软件来满足主要针对产品的特定要求。然后，随着产品的变化，需求变化导致自动化溶出系统的验证变得极其繁重。

在自动化系统中，通过设计来完全复制适用于手动溶出试验方法的所有方面是不可能的。新剂型和高端剂型的种类层出不穷，这导致需要设计新的溶出试验设备/方法和/或对现有设备/方法进行新的改进，对此类溶出试验组件及其操作的自动化提出了额外的挑战。最终结果是一些自动化系统的生产率高于其他系统。此外，自动化项目的复杂性也在不断升级，以至于出现了一个问题：它值得吗？随着自动溶出试验系统的推行和应用对所谓的底线产生不利影响，管理层的支持也开始减弱。

自二十世纪七十年代末开始溶出试验自动化以来，这些问题在不同程度和范围上都已浮出水面。然而，在过去二十年里，在解决这些问题方面取得了实质性进展，预计在未来十年还会有更多进展。谨慎的做法是，接受某些溶出试验方法无法自动化，即使在所谓的全自动溶出方法中，也有必要进行一些手动干预。从操作角度可以预见的一些挑战包括分析设备、计算机、输送泵等以及它们与溶出试验设备的接近引起的振动问题。没有受到先进自动化影响的溶解基本原理的演示在未来将变得具有挑战性。实验室操作的远程控制，包括数据处理和报告生成、网络控制溶出系统、视频操作、自动溶出试验的监控和记录，即将到来，需要快速、科学地应对与之相关的各种挑战。

8.4 溶出试验自动化的未来展望

鉴于制药行业当前的企业和管理环境，自动化溶出试验的未来正处于十字路口。企业环境在不断平衡盈利能力和生产能力，同时应对不断增强的快速变化的监管要求，并试图加快药物的发现和开发。管理环境正努力跟上监管合规问题、可负担性、方法转移和相关问题的步伐，尤其是提高员工的劳动效率。

设计具有改良功能特征的创新药物递送系统时，药品产品开发继续采用新的先进技术。

然而，目前的自动溶出系统是针对传统药品的药物溶出，主要是速释剂型。在常规基础上使用自动溶出系统对新剂型进行药物溶出/释放试验正在迅速成为现实。同样，人们期待自动化溶出系统具有足够的灵活性以结合必要的调整，期待开发全新的自动化溶出装置/系统以满足新剂型开发。

自动化溶出试验主要用于QC实验室对成品制剂进行常规QC分析。然而，最近提出了一个具有挑战性的命题，即将其用于在药品研发中的体外-体内相关性（IVIVC）开发过程中（Banakar，2020）。已经发现，只有当药物的渗透性被认为与溶解性及其从制剂中的溶出/释放同等重要时，才能完全理解IVIVC。确定并最终证明溶解药物在体内吸收的原始步骤是其透过吸收表面（部位）进入体循环。因此，体外溶出性能的信息和评估应与体外渗透研究产生的体外渗透性相结合。因此，如图8.5所示，可以设想一种模块化方法，设计一种结合了制剂中溶解药物的体外溶出和体外渗透的溶出试验，并使其自动化。

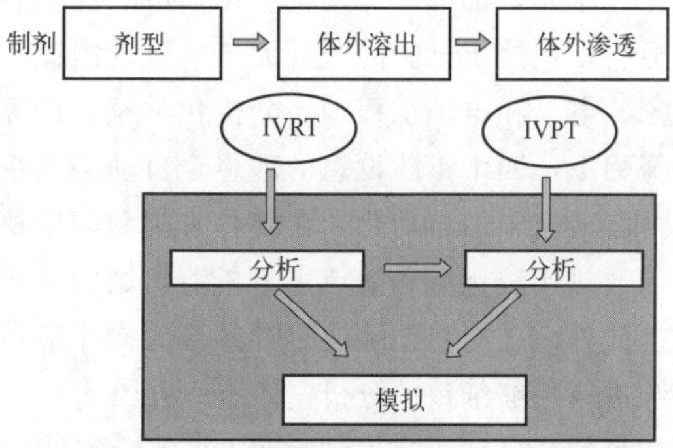

图8.5　结合了制剂中药物的体外溶出和体外渗透性能的模块化溶出试验示意图（Banakar，2020）

药物制剂的双相（包括药物首先在其中溶出/释放的水相，然后溶解的药物渗透到的脂质/有机相）溶出试验，已被报道用于确定药物在脂质/有机相中的渗透量（Grundy et al.，1997；Heigoldt et al.，2010；Phillips et al.，2012；Thiry et al.，2016；Pestieau and Evrard，2017；Xu et al.，2018；Denninger et al.，2020；等）。如图8.6所示，包含上述内容的双相溶出试验系统可以修改并最终实现自动化，以检测在水相中溶解并渗透到有机（脂质）相中的药物（Heigoldt et al.，2010）。这种自动溶出试验系统可以配置并集成到药品的开发阶段——这是一个值得追求的目标！

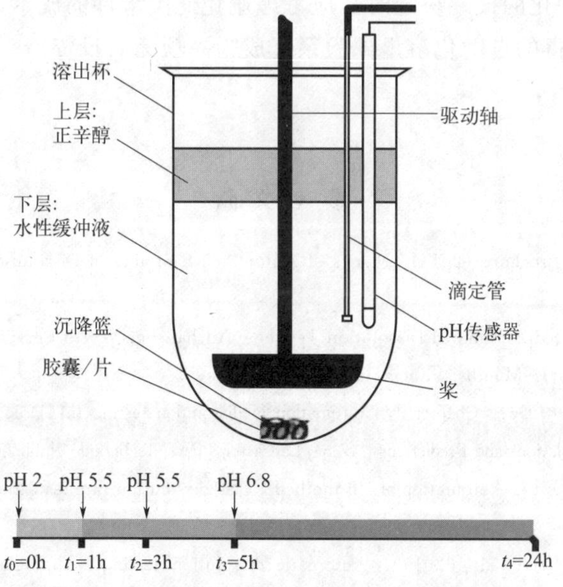

图8.6　体外双相药物溶出-渗透试验示意图（Heigoldt et al.，2010）

8.5 总结

人们一再认识到，整个溶出试验是一系列操作单元，其中任何一个操作单元，也可能所有操作单元，都可以实现自动化。虽然优势和劣势（即局限）可以在全面的范围内讨论，很明显自动化溶出试验的获益大于风险。因此，在管理层（战略和财务）的支持下，在制药科学家、电气和电子工程师、分析化学家、计算机工程师（硬件和软件）和程序员的持续多学科努力下，四十年前设想的理想全自动溶出系统（图 8.1）已逐渐成为现实（图 8.3）。

实验室中的自动化，尤其是常规和频繁执行的试验和方法，总是有吸引力和受欢迎的。必须通过比较优点和缺点来分析溶出试验的自动化及其成本效益，这一点再怎么强调也不为过。此外，在有意识地决定哪些单元操作应该自动化之前，必须对溶出试验作为一个完整的系统进行足够细致的分析。

目前，自动化溶出试验在 QC 实验室使用，而在研发实验室的使用则有限。药品研发实验室的自动化溶出试验（如果有的话）仅限于获得体外药物溶出/释放曲线。然而，通过结合水相和有机（脂质）相中药物溶出/释放的测定，可以进一步探索其在开发 IVIVC 中的作用，从而赋予预测体内溶解药物的体内吸收的能力——这是一个值得追求的目标！

最后一点，也是非常重要的一点，随着低风险获益比的实现以及对自动化溶出试验的优势和局限性的深入理解，人们不得不面对一个持续存在的问题："假如自动化溶出系统发生灾难性故障怎么办?"即使在今天，作者走进溶出实验室看到的现象依然生动：在自动溶出装置内的各个不同位置的（溶出）介质池和闪烁的灯光（信号）。在关闭装置并进行彻底的清理操作之后，对该事件的根本原因分析发现，一个阀门发生故障会导致一场灾难的发生。这种灾难性故障影响 QC 运营、监管考虑、停机时间以及由此导致的收入损失等各方面。在做出关于溶出试验自动化的最终决定时，应考虑避免此类事件的成本，以免此类决定被认为是"一文不值"，而获得的自动化溶出试验系统成为一项无效投资。

参考文献

Agilent Technologies Product Brochure (2014). Merits of Automated Sampling in Dissolution Testing. Santa Clara, CA: Agilent Technologies, Inc.

Banakar, U. (2020). Advanced Automated Dissolution Testing: A Challenge Worth Pursuing!!, Automated Dissolution World Symposium (Webinar). Mumbai: Sotax (India) Pvt, Ltd.

Banakar, U. and Makoid, M. (1996). Chapter 3, Automation in dissolution testing. In: Drug Dissolution and Bioavailability: Critical Considerations, Simulations and Predictions, 47-64. Lancaster, PA: Technomic Publishing Co. Inc.

Beyer, W. and Smith, E. (1971). Automation of NF method I-USP dissolution-rate test. Journal of Pharmaceutical Science 60 (10): 1555-1559.

Chi, Z., Azhar, I., Khan, H. et al. (2019). Automatic dissolution testing with high-temporal resolution for both immediate-release and fixed-combination drug tablets. Scientific Reports 9 (1): 1-11.

Crist，B. (2013). Considerations for automating the dissolution test. Dissolution Technologies 20 (2)：44-48.

Denninger，A.，Westedt，U.，Rosenberg，J. et al. (2020). A rational design of a biphasic dissolution setup-modelling of biorelevant kinetics for a ritonavir hot-melt extruded amorphous solid dispersion. Pharmaceutics 12 (3)：237.

Grundy，J. S.，Anderson，K. E.，Rogers，J. A. et al. (1997). Studies on dissolution testing of the nifedipine gastrointestinal therapeutic system. I. Description of a two-phase in vitro dissolution test. Journal of Controlled Release 48 (1)：1-8.

Haddouchi，S. (2015). Chapter 7，Automation for dissolution，desk book of pharmaceutical dissolution science and applications. In:，1e (eds. S. Tiwari，U. Banakar and V. Shah)，113-120. Mumbai：Society for Dissolution Science (SPDS).

Hanson，W. (1982). Chapter 8，Automation of dissolution testing. In：Handbook of Dissolution Testing，125-149. Eugene，OR：Aster Publishing Corporation.

Hanson，W. (1991). Chapter 8，Automation of dissolution testing. In：Handbook of Dissolution Testing，125-144. Eugene，OR：Aster Publishing Corporation.

Hanson，W. and Paul，A. (1992). Chapter 4，Automation in dissolution testing. In：Pharmaceutical Dissolution Testing，Drugs and Pharmaceutical Sciences，vol. 49 (ed. U. Banakar)，107-131. New York，NY：Marcel Dekker Publication.

Heigoldt，U.，Sommer，F.，Daniels，R. et al. (2010). Predicting *in vivo* absorption behavior of oral modified release dosage forms containing pH-dependent poorly soluble drugs using a novel pH-adjusted biphasic in vitro dissolution test. European Journal of Pharmaceutics and Biopharmaceutics 76 (1)：105-111.

Lamparter，E. and Lunkenheimer，C. (1992). The automation of dissolution testing of solid oral dosage forms. Journal of Pharmaceutical and Biomedical Analysis 10 (10-12)：727-733.

Pestieau，A. and Evrard，B. (2017). *In vitro* biphasic dissolution tests and their suitability for establishing *in vitro-in vivo* correlations：a historical review. European Journal of Pharmaceutical Sciences 102：203-219.

Phillips，D.，Pygall，S.，Cooper，V. et al. (2012). Overcoming sink limitations in dissolution testing：a review of traditional methods and the potential utility of biphasic systems. Journal of Pharmacy and Pharmacology 64 (11)：1549-1559.

Rolli，R. (2003). Automation of dissolution tests. Journal of Automated Methods and Management in Chemistry 25 (1)：7-15.

Thiry，J.，Broze，G.，Pestieau，A. et al. (2016). Investigation of a suitable *in vitro* dissolution test for itraconazole-based solid dispersions. European Journal of Pharmaceutical Sciences 85：94-105.

USP (1960). Automated Methods of Analysis. Rockville，MD：USP

Convention. Way，T. (2013). Testing of Semi-Solids and Other Non-Oral Dosage Forms，Agilent Dissolution Seminar Series. Santa Clara，CA：Agilent Technologies.

Xu，H.，Shi，Y.，Vela，S. et al. (2018). Developing quantitative *in vitro-in vivo* correlation (IVIVC) for fenofibrate immediate release formulations with the biphasic dissolution partition test method. Journal of Pharmaceutical Sciences 107 (1)：476-487.

第9章

体外-体内相关性：挑战的来源

9.1 引言

溶出试验是药品生产质量管理规范中常规质量控制程序。在开发具有适当药物释放特性的制剂时，溶出试验可以前瞻性地使用，也可以回顾性地使用——评估制剂是否以规定/预定的速率和程度释放药物。这两种用途的共同主要假设是，溶出试验能够充分代表（如果不能预测）药物的生物学性能，即生物利用度（BA）。

在二十世纪中叶至二十世纪末，溶出试验作为一种质量控制试验并探索其预测药品生物有效性（即生物利用度）的能力得到确立。因此，体外-体内相关性（IVIVC）在药物开发和药物产品优化阶段的作用得到了认可。人们正在进一步探索，在新药开发中采用 IVIVC 作为工具，开发能够关联生物利用度的体外方法，以寻找减少人体试验的机会。因此，IVIVC 的主要目标是证明体外溶出试验可作为体内生物利用度的替代指标，也可考虑用于生物等效性豁免。

在过去的三十年里，文献中充满了预测各种药物剂型的有效的 IVIVC 的尝试（Sirisuth and Eddington，2002；Royce et al.，2004；Veng-Pedersen，et al.，2000；Dhopeshwarkar et al.，1994；Hernandez et al.，1996；Volpato et al.，2004；Emami，2006；Valiveti et al.，2005；Ghosh et al.，2015；Dunne et al.，1999；Modi et al.，2000；Kaur et al.，2015；Cardot et al.，2007；Kovacevic et al.，2009；Tsume et al.，2014；等）。虽然有几份报告描述了选定的体外和体内参数之间的相关性，但在更多报告中没有观察到这种相关性。此外，许多研究并未试图建立这种相关性。另一方面，经常可以观察到，当体外参数和体内参数之间确实存在这种相关性时，其值有限，因为这些参数之间没有明确的关系（Banakar，2015）。虽然这种将体外-体内数据关联起来的尝试在引起人们注意那些可能发生临床反应变化的药物方面具有价值，但它们并不都被视为有意获得相关性的尝试。大多数此类报告是临床观察的结果，并且是在事后获得的。可以说其很少或没有有意识地以特定方式改变制剂或药物部分，通过改变溶出速率，从而改变生物可利用性。

本章的主要目标是理解 IVIVC 的基本原理，同时深入了解人们在建立和展示可预测的 IVIVC 时所面临的挑战。此外，本章将简要回顾与确定体外溶出和体内可用性（生物利用度）之间的关系，即 IVIVC 的计算力学相关的难题。接下来几节中讨论的内容将提高人们对开发 IVIVC 时应考虑的多维度和多学科因素的认识。最重要的是，本章所讨论的内容将启发读者在确定 IVIVC 及其在药品开发中应用时需要的思维过程和实际考虑。

9.2 基本模型、方案和假设

一般来说，相关性被定义为尝试探索两个变量（自变量和因变量）之间的关系。为了使变量具有相关性，两个选定变量之间必须至少有一个明显的共同因素或相似性。原则上，在两个变量过程部分中的相似性（如有）应被探讨。这些参数，无论是计算得来或试验测定，都需要使用统计工具（例如回归分析等）进行关联。由此得到的统计参数，例如相关系数（r）、决定系数（r^2）、预测误差（PE）、p 值等，用于确定相关性的显著性。在生成数据和根据计算分析中所使用的数据计算参数时，需要遵守某些特定标准。在这种多方面分析之后，所观察到的所选变量之间的相关性被认为是显著的和可接受的，或者是不可接受的。

线性、指数、二次、多项式和幂等是常见的几种类型的相关性。一般来说，人们更喜欢线性相关性，因为它们的计算简单，最重要的是与非线性相关性相比，在更广泛的范围内是可预测的。在药物开发中，追求基于所谓的 1 对 1 线性相关性的半定量参数，同时非线性的 IVIVC 也已经有报道（Royce et al.，2004；Corrigan et al.，2003；Eddington et al.，1998；Sirisuth et al.，2002）。

美国卫生与公众服务部（DHHS）、美国食品药品管理局（FDA）和药品审评和研究中心（CDER）提供了行业指南：《体外/体内相关性的开发、评估和应用》(1997)。《美国药典-国家处方集》（USP26-NF21）发布了一个通则，标题为“制剂的体外和体内评价”＜1088＞，其中将 IVIVC 定义为“在生物特性或来源于一种制剂产生的生物学特性的参数，与同一制剂的理化特性或特征之间建立合理的关系”。同样，美国 FDA 将 IVIVC 定义为“描述制剂体外特性与体内响应之间关系的预测数学模型。体外特性是药物溶出的速率或程度，而体内响应是血浆药物浓度或药物吸收量”（FDA，1997）。

溶出试验是一种体外方法，用于表征药物如何从药物制剂中释放出来。通常认为，通过 IVIVC 的成功开发和应用，可以从其体外溶出行为预测体内药物性能。

开发 IVIVC 的基本要求如下：

① 获得监管部门考虑相关性时所需的、从人体研究中获得的数据。

② 开发了两种或多种具有不同释放速率的药物制剂，并使用适当的溶出方法生成了它们的体外溶出曲线。

③ 对所有制剂使用相同的溶出方法。

④ 来自每种制剂的生物利用度研究的血药浓度数据。

图 9.1 是一个简单的生物药剂学模型，探索了药物（溶解度和体外溶出）与各自的体内

利用度（生物利用度，即血浆/血清/全血药物浓度）之间的相互关系。

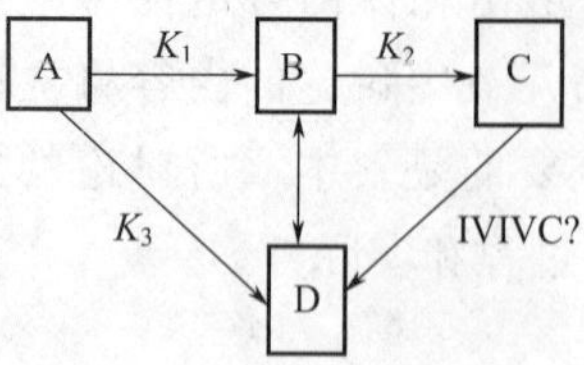

图 9.1　IVIVC 模型的示意图

A—药物包含在制剂之中；B—药物在消化道溶解；C—药物在血液/系统循环中；D—药物在体外溶出系统中溶出；K_1—体内溶出速率常数；K_2—体内吸收速率常数；K_3—体外溶出速率常数

从图 9.1 可以明显看出，药物产品的全身吸收，即生物利用度，是体内溶出和体内摄取的连续速率过程的组合。对于固体制剂（例如片剂、胶囊剂），限速过程包括以下内容：

① 药物制剂的崩解（对常释产品至关重要）和随后的药物释放。

② 药物在水环境中的溶解。

③ 溶解的药物通过细胞膜吸收进入体循环。

药物的溶解是由于药物的溶解性，而药物在体循环中的吸收是由于药物的渗透性。药物的这两种特性对于了解药物的体内溶出同样至关重要。这个概念在体外被重现，从而使我们能够理解 IVIVC。为了很好地理解相关性，至少要考虑药物的这两个特征（即溶解度和渗透性）。

该模型基于几个假设，首先也是最重要的，所有过程本质上都是线性和单向的。简单地说，一旦药物在体外或体内溶出/释放，它将继续保持溶解状态，如果介质特性发生变化，则沉淀和重新溶解的可能性最小——弱碱时有可能发生这种变化（Bhattachari et al.，2011；Carlert et al.，2012；Carlert et al.，2010；Kostewicz et al.，2004；等）。此外，由于体积限制，生物药剂学分类系统（BCS）指定的大剂量和明显低溶解度的药物不会在胃介质中完全溶解。相反，它会在胃排空后继续溶解，因为胃肠道（GIJ）内容物继续通过内腔，从而影响吸收速率和程度（B→C）及其最终可预测性。此外，对于那些高度可溶且它们的吸收与溶出无关的药物，它们的生物利用度取决于生物生理因素，例如胃排空。对这类药物，该模型可能无法从体外性能充分预测体内性能，即可接受的 IVIVC。前药在体内转化为其治疗活性形式或其治疗活性代谢物，期望前药的体内和体外溶出释放性能与治疗活性形式或治疗活性代谢物的体内表现相关；前药与其活性形式或活性代谢物的化学、物理和生理性质不同，这对建立 IVIVC 提出了挑战。体外或体内的溶出过程，即 A→D 或 A→B，通常遵循算术函数，而吸收过程 B→C 主要遵循指数函数（一阶）。这种固有的功能差异会影响 IVIVC 的潜在可预测性，并且通常通过在应用此模型时保持适当的控制来解决。体外溶出试验本质上是加速试验，与对应的体内持续时间相比，试验持续时间较短，即生物利用度评估基于药物的 5×消除半衰期（$t_{1/2}$），同时预测生物利用度性能。因此，预测完全体内性能（生物利用度）和完全体外性能（溶出）之间的相关性被证明是极具挑战性的。众所周知，生物药剂学评估，即生物利用度测定，是评估受试制剂的吸收速率和程度对生物利用度的影响。只有体内吸收，即吸收过程（B→C）是体内溶出依赖性的。因此，潜在的 IVIVC 可能会被掩盖和/或有时会由于体内溶出速率依赖性吸收以外的生理因素而失败，即吸收压倒性地控制产品的整体生物利用度性能。此外，难以描述体内溶出速率限制吸收在哪里结束，以及其他生理过程（如分布、消除等）对整体生物利用度的主导作用，会导致 IVIVC 难以预测（如果没有失败的话）。表 9.1 总结了预测生物利用度时遇到的部分挑战。

尽管如此，人们普遍认为体内溶出是生物利用度的先决条件，而不是相反。此外，预计整个生物利用度性能（速率和程度）可通过体外溶出预测。给药后药物产品的整个生物利用度性能是体内性能的总和，包括体内溶出、体内摄取（吸收）、分布和消除，甚至包括代谢和其他同时进行的生理过程，如肝肠循环等。尽管如此，只有体内吸收是唯一依赖于体内溶出过程的代谢活动。此外，虽然产品的整个体内性能可以从 T_0 到 T_∞ 进行量化，但人们不知道是部分剂量还是整个剂量可以对应观察到的体内反应。因此，建议在探索 IVIVC 时分别比较从 T_0 到 T_∞ 的整个体外性能（药物溶出/释放）和整个体内性能（生物利用度）（FDA，指导原则 1997）。

IVIVC 模型（图 9.1）表明，鉴于体外和体内过程都是时间依赖性速率过程，当吸收（B→C）快于体内溶出（A→B）时，假定采用生物相关的体外溶出试验，预测生物利用度的可能性大大提高。然而，该假设的例外是生物利用度与溶出（速率）无关的情况。此外，潜在的 IVIVC 可能由于体内溶出速率依赖性吸收（即吸收压倒性地控制制剂的整体生物利用度性能）以外的生理因素而变得模糊和/或失败。此外，难以描述体内溶出速率限制性吸收在哪里结束，以及其他哪个生理过程（如分布、消除等）在整体生物利用度表现起主导作用，这些会导致 IVIVC 预测结果很差（如果不是失败）。

表 9.1　IVIVC 的潜在限制

挑战和/或限制
• IVIVC 模型的固有限制
• 体内与体外系统的固有差异
• 体内两步溶出过程与体外一步溶出过程
• 分别在体外和体内试验的持续时间
• 体外和体内试验的功能差异(算术与一阶)
• 模拟生物生理动态微环境
• 溶出相关函数及其表征
• 关联的内容:功能、响应或参数
• 代谢物与给药药物的问题
• 监管(半定量)与预测(临床)相关性
• IVIVC 的最终目标

通常要遵循美国 FDA 的行业指南（1997），该指南描述了开发 IVIVC 时应遵循的程序。它描述了一个数学模型（半定量反卷积-卷积）来预测在空腹条件给药后的体外特性（药物溶出/释放的速率和程度）和体内特性（血浆药物浓度或药物吸收量）之间的关系。使用相同的溶出试验确定具有不同药物溶出/释放速率的两种或多种制剂以及所得各自的曲线。因此，体外溶出试验应该是一种区分性试验，在测定和计算 IVIVC 前应具有生物相关性。在设计这种所谓的生物相关溶出试验时付出了巨大努力，该试验密切模拟体内微环境，并预期在其中发生药物溶出/释放和吸收（A→B 和 B→C）的可能动力学。第 12 章提供了更详细的讨论。另一方面，分别确定了对应于具有不同药物溶出/释放速率的两种或多种制剂的血浆药物浓度曲线。使用反卷积技术分析体外和体内数据，分别使用模型相关和/或模型无关技术确定溶解速率和程度的参数以及吸收速率和程度的参数。使用统计回归分析对体内参数（速率和程度）和体外参数（速率和程度）进行相关分析，以确定相关性的显著性和潜在可接受性。美国 FDA 行业指南（1997）根据 IVIVC 计算和证明中所使用的数据类型定义了三个相关级别（表 9.2）。此外，可以确定排名顺序和定性相关性。这种相关性在监管方面的用途有限，但可以在制剂开发过程中提供帮助。

表 9.2　IVIVC 三个级别常用的体外和体内参数

级别	类型	体内参数	体外参数
A	1 对 1	血药浓度数据（$T_{0\to\infty}$）	药物溶出/释放数据（$T_{0\to\infty}$）
B	基于统计矩（与模型无关）	MAT、MRT 和其他	MDT
C	单点和/或多级（模型相关）	K_a、C_{max}、$AUC_{0\to\infty}$、T_{max} 和其他	$T_{n\%}$、K_d、溶出数、溶出效率

注：MAT—平均吸收时间；MDT—平均溶出时间；MRT—平均停留时间；$T_{n\%}$—药物溶解的时间；K_a—吸收速率常数；C_{max}—最大血浆药物浓度；$AUC_{0\to\infty}$—血浆药物浓度曲线下面积；T_{max}—达到 C_{max} 的时间；K_d—溶解速率常数；溶出数—dissolution number。

已有文献报道了在药物开发过程中开发 IVIVC 的一般方案（Devane and Butler，1997；Emami，2006）。这些报道描述了一个四阶段的过程，包括从产品设计的早期阶段到计划或将在批准的产品中实施放大生产和批准后变更（SUPAC）的 IVIVC 效用（图 9.2）。

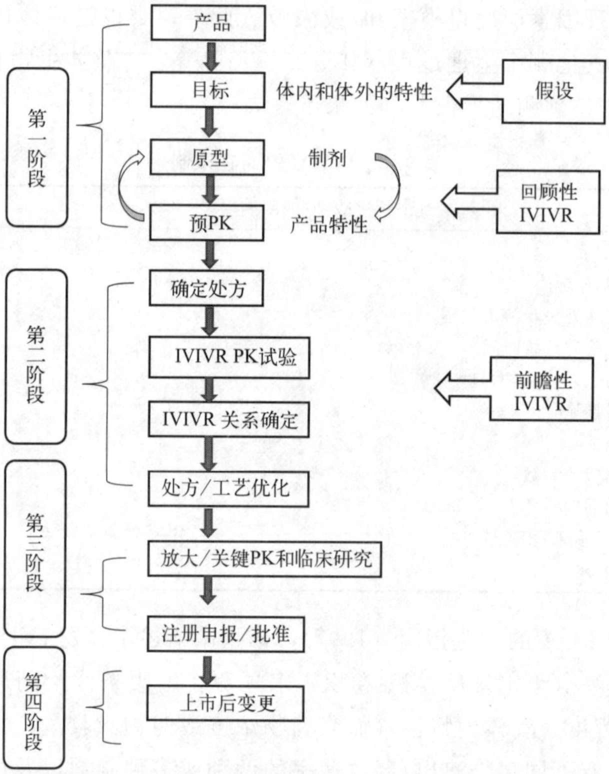

图 9.2　IVIVC 在药物开发过程和生命周期中潜在效用的示意图（Devane and Butler，1997）

在药物产品开发的早期阶段，基于对产品体内性能的推定评估，开发了一种假定具有生物生理相关性和区分力的体外溶出试验，并用于筛选配方以确定原型处方。使用“假定与生物生理相关”方法对至少三种制剂进行初步生物利用度研究，这些制剂可能已根据其各自的体外药物溶出/释放速率进行了区分。体外和体内性能的速率和程度的参数，分别进行某种形式的反卷积分析，建立初步的相关性，即探索 IVIVC。此外，采用卷积技术，预测制剂的体内性能，并计算初级速率（C_{max}）和吸收程度参数（$AUC_{0\to\infty}$ 等）的量化预测误差（PE）。根据这些分析的结果，要么进一步优化所选处方，要么修改体外溶出方法，或两者兼而有之（第 1 阶段）。随后，将选定或“定义”的处方放大至监管定义的展示批量（也称为 Biolot），并在空腹状态下进行体外药物溶出/释放试验和生物利用度评估（第 2 阶段）。

随着药物开发过程持续到第3阶段和第4阶段，IVIVC生成的信息用于支持产品QC标准的建立以及产品生命周期中可能需要的任何批准后变更。

当仔细回顾IVIVC在药物开发过程中的作用时，以下考虑变得非常明显。首先，生理学的设计，即所谓的生物相关方法，能够区分受试制剂，对于获得成功的结果至关重要。其次，分别用于计算体外和体内性能的速率和程度参数的机制和方法在证明可接受的IVIVC时同样重要。虽然美国FDA行业指南（1997）提供了一般指导，但这通常是通过使用各种数学工具、统计建模、软件包等来实现的。以下部分将回顾一些方法。必须强调的是，具有生物相关性且具有足够的区分力的体外溶出试验的设计，是决定试验成功的关键组成部分，其与体内性能研究（临床试验）设计和实施相结合，将影响IVIVC是否能成功建立。

9.3 IVIVC的确定机制

在药物开发中追求线性相关性和A级IVIVC是所有开发者的目的。这种目标的基本假设是产品的体外功能性能与体内功能性能之间存在线性关系。如果这是真的，那么体外溶出和体内性能曲线可以直接叠加，可使用或不使用适当的时间调整因子（美国FDA，行业指南1997；USP27/NF22，2004）。最常见的是，来自体外的药物溶出/释放数据的速率和程度参数与反卷积的体内血浆药物浓度数据的速率和程度参数是相关的，例如吸收分数对溶解分数的函数等。当这种相关性变为斜率接近1的线性时，即1对1，也称为点对点A级（相关性），基本上证明了相关性。如果这种相关性不明显，则为其他级别，例如评估B和/或C级。

为确保两种或多种试验药物制剂使用适当的溶出方法表现出不同的释放速率，使用与模型无关的方法比较体外溶出曲线，例如差异因子（f_1）、相似因子（f_2）、平均溶出时间（MDT）和其他方法（美国FDA指南，1997；Moore and Flanner，1996）。这些方法提供了有关溶出性能之间存在总体差异的信息，并提供了有关受试制剂之间溶出/释放速率的差异或相似性的有限信息。科学家们已经提出了几种数学模型来评估药物溶出/释放速率性能（表9.3）。

表9.3 用于描述/定义体外溶出性能的部分数学模型

- Noyes-Whitney 模型
- Hixson-Crowell 模型
- Modified Hixson-Crowel 模型
- 零级模型
- 一级模型
- Weibull 模型
- Korsemeyer-Peppas 模型
- Hopfenberg 模型
- Baker-Lonsdale 模型
- Gompertz 模型
- El-Yazigi 模型
- Higuchi 模型
- Makoid-Banakar 函数
- 其他

对这些模型中的大多数（除了少数例外，如Makoid-Banakar函数，也许还有Weibull

模型）进行深入研究表明，有人尝试将体外溶出函数线性化，即处理剂型的溶出性能从 $T=0$ 到 $T=\infty$ 为一条直线。然而，口服固体制剂的剂量有限，过于简化的数学线性模型并不能反映产品的真实性能。口服固体制剂本质上表现出非线性功能性能，将其视为线性功能性能可能会导致在预测其对应的体内性能时产生误导性信息。此外，还有几种计算机软件方法——基于药代动力学（PK）的系统，例如 PHAST®、BioDMET®、Kinetica® 和 GastroPlus® 等，它们试图将生理参数或常数合并到此类模拟中有些武断，从而限制了它们在获得可接受和可用的 IVIVC 方面的潜在效用。第 11 章提供了用于从体外溶出性能预测体内性能的各种软件的批判性评价、回顾、优势和局限性。

数值反卷积技术也用于预测和/或评估体内性能（吸收或溶出）。最常用的方法是 Wagner-Nelson 方法（1963）和 Loo-Riegelman 方法（1968）。这两种方法都依赖于模型。此外，前者更适用于遵循单室 PK 模型的药物，后者更适用于遵循多室 PK 模型的药物。Wagner-Nelson 方法相对易于使用，而 Loo-Riegelman 方法需要来自静脉给药或口服溶液的数据。在建立 B 级相关性时，还计算了基于统计矩的与模型无关的参数，例如平均停留时间（MRT），并将其用作体内性能参数（Dost，1958；Banakar，1992；Block and Banakar，1988）。

虽然反卷积技术是最常用的，但文献中报道的成功率有限，它本质上比较弱，难以推导出证明 IVIVC 的必要参数（Gaynor et al.，2008；Qureshi，2010）。通常复杂的数学计算，受限于溶出曲线中没有统计学和生物生理相关的区分参数，缺乏导致偏差的客观建模，以及对血药浓度数据的要求，这是使用反卷积方法常面临的几个难点。IVIVC 的证明可以通过卷积技术仅使用药物溶出/释放数据完成，而基本 PK 参数，例如消除半衰期、分布容积和口服生物利用度（即有关药物的 F 值）可以从文献中获得（Qureshi，2010）。可以通过简单实用的方法手动或使用 Microsoft Excel 确定血药浓度-时间曲线（Qureshi，2010；Langenbucher，2002，2003；Hassan et al.，2015）。这种方法无疑很有吸引力。然而，它的成功取决于从生物生理相关性及其区分力的角度设计药物溶出/释放方法。此外更重要的是，在卷积过程中获取和使用 PK 参数的科学文献的严谨性和可靠性会显著影响结果。

大多数 IVIVC 模型（如果不是全部）假设体外和体内性能之间存在线性关系。简单地说，该模型假设体外药物溶出/释放（速率和程度）与预期的产品体内性能（速率和程度）相同。用于确定相关性的统计方法通常不考虑测量误差。药物分子在体外或体内进入溶液的时间可以被认为是一个随机变量，即每个分子都有相同的机会进入溶出介质（体外）或生理液体（体内）。如果假设为真，那么理想情况下体外和体内性能应该是可叠加的，但这可能不适用于各种各样的药品。在前一种情况下，已经有了各种统计模型（Dunne et al.，1999；Polli et al.，1996；Leeson，1995），如表 9.4 所示。然而，在后一种情况下，要么适当调整溶出试验条件，要么使用替代模型来描述两种性能（体外和体内）之间的关系。

表 9.4 证明体外药物溶出/释放与体内吸收之间关系的经验统计模型

- 同一性模型
- 比例概率模型
- 比例风险模型
- 比例逆向风险模型
- 广义线性混合模型
- 其他

虽然所提出的统计模型是针对具有已知的药物溶出/释放机制和性能（速率和程度）的单一制剂描述的，但模型足够灵活，可以适当调整以适应药物溶出/释放机制的变化和表现。因此，在使用这些模型之前，必须彻底了解处方（工艺、辅料等）的任何变化及其对药物溶出/释放机制的潜在影响，无论是有意的还是无意的，都必须彻底了解。

9.4 BSC 和 IVIVC

Amidon 等提出了基于药物生物药剂学特性（即水溶性、溶出/释放和渗透性）对原料进行分类的理论基础，以及其在确定药物产品 IVIVC 方面的潜力（1995）。它后来作为美国 FDA 的 BCS 指导原则，并在药物发现、产品开发、全球药品监管批准（通过 ICH）、生物等效性豁免和药品批准后变更方面发挥着作用。根据药物的水溶性（基于药物的最高单次给药剂量）和渗透性（肠道）对药物进行分类，可以分为四类：

1 类：高溶解性和高渗透性。

2 类：低溶解性和高渗透性。

3 类：高溶解性和低渗透性。

4 类：低溶解性和低渗透性。

很明显，控制药物溶出/释放和体内吸收的关键参数，构成了该分类系统的基础，并且可能用于建立常释剂型的 IVIVC。在这些前提下，可以根据药物的剂量和溶解度从以下参数估计剂量的吸收分数（Emami，2006；Amidon et al.，1995；Dressman et al.，1998）。

剂量数（dose number，D_o）：

$$D_o = 给药量/(V_o \times C_s^{min}) \tag{9.1}$$

溶出数（dissolution number，D_n）：

$$D_n = t_{res}/t_{diss} = (\pi R^2 L/Q)/(\rho r_o^2/3DC_s^{min}) \tag{9.2}$$

吸收数（absorption number，A_n）：

$$A_n = t_{res}/t_{abs} = (\pi R^2 L/Q)/(R/P_{eff}) \tag{9.3}$$

式中，t_{res} 是平均停留时间；t_{abs} 是平均吸收时间；t_{diss} 是平均溶出时间；L 是管长；R 是管半径；Q 是流体流速；r_o 是初始粒子半径；P_{eff} 是有效渗透性；V_o 是初始胃体积（250mL）；C_s^{min} 是生理 pH 1～8 中的最小水中溶解度；ρ 是颗粒密度；π 等于 3.14。

人们已经认识到，药物颗粒的微观动力学变化以及胃肠液中微环境的变化等因素会影响体内溶出性能（速率和程度），其最终吸收难以准确估计（Amidon et al.，1995）。因此，在预测常释固体制剂的 IVIVC 时，必须详细评估定义 BCS 的三个主要因素（即溶解度、溶出度和渗透性）的组合相互作用。考虑到这些因素，表 9.5 列出了常释口服固体制剂获得可接受的 IVIVC 的前景。

表 9.5　BCS 分类与常释口服固体制剂实现 IVIVC 的前景

BSC 分类	溶解性	渗透性	IVIVC 可能性
1	高	高	一般可建立
2	低	高	可能、可预期
3	高	低	可能性较小
4	低	低	可能性非常小

在考虑获得 IVIVC 用于常释口服固体制剂的潜力时，应注意以下重要考虑因素。对于 1 类药物，胃排空在决定药物吸收速率方面起着重要作用。因此，考虑到药物的类别，产品批次之间或产品之间溶出度的微小差异很可能在其相应的体内性能上表现出微小的差异，因此体外溶出试验的功能更像是 QC 试验。对于 2 类药物，药物的吸收受到溶出速率限制，因此，能得到可接受的 IVIVC。这种可能性的例外是当药物的剂量很高时，药物的微观特征和肠道（GIT）微环境的动态决定了 IVIVC 的可能性。因此，体外溶出试验方法和方法学的设计对于为这些产品获得成功的 IVIVC 起着至关重要的作用。对于 3 类药物的常释口服固体制剂，肠道通透性和渗透过程成为确定速率的决定因素。鉴于模拟体内溶解和渗透动力学的巨大局限性，IVIVC 用于 3 类药物的常释口服固体制剂的前景聊胜于无。确定 4 类药物的常释口服固体制剂的限速步骤（溶出或吸收）并将其转化为稳健的溶出试验设计具有挑战性。由于溶出速率和吸收速率都很低，体外溶出试验设计时应考虑到药物的生物生理特性以及药物可能发生溶出和吸收的预期体内微环境。在此溶出试验中评估制剂的溶出性能后，需要进行初步生物利用度（BA）的研究。该 BA 研究的结果用于微调溶出试验，使其具有适当的生物相关性和区分力。如果需要，可以修改目标处方，然后在进行关键的 BA 研究之前试验体外性能，从而增加获得可接受的 IVIVC 的机会。

1 类药物基于其体外溶出度作为常释固体制剂的生物等效性豁免是允许的（CDER/FDA，2000）。需要注意的是，溶解度和渗透性的标准不仅是任意的，而且考虑到当前的体内性能要求，特别是某些 1 类药物的生物等效性（BE），其范围也很窄。此外，该标准并未对开发 2 类和 4 类产品来说至关重要的一些物理化学差异做出公正评价，例如酸度/碱度和动态管腔吸收等。因此，一些学者已经提出了对该分类系统的细分，特别是 2 类和可能的 4 类（Butler and Dressman，2010；Tsume et al.，2014）。溶出方法的进一步发展对于使溶出/释放方法能够预测体内性能至关重要。

9.5　新药开发与仿制药开发中的 IVIVC

通过使用数学模型预测制剂的生物学特性或在其衍生的参数与物理化学特性之间建立合理的关系，需要至少两种制剂（实际上是三个或更多），它们有不同的体外溶出/释放速率用于开发 IVIVC（USP，2004；美国 FDA，1997）。在新药申请（NDA）的过程中，识别和优化目标制剂的体外药物溶出/释放方法的开发，需要有生理相关性和区分力。首先对受试制剂之间药物溶出/释放的速率和程度进行区分性地研究和分析。随后，研究区分为“缓慢”

“中等”和“快速”溶出/释放制剂的各自体内性能，把来自这些制剂的PK参数和来自它们各自的溶出/释放试验数据的参数相互关联，以证明IVIVC。从该分析中确定目标制剂，并进入药物开发的后期过程，例如工艺放大、临床试验等。通常在NDA和505(b)(2)申请时遵循此过程。

很明显IVIVC在NDA开发中的成功，包括505(b)(2)类型的申请，取决于溶出方法真正与生物生理相关的深度和广度，以及它能够区分受试制剂的体外药物溶出/释放速率的可靠程度。对制剂的生物药剂学因素的专业知识的透彻和深入的了解是很重要的。如果IVIVC结果较差（不可接受），则可以对结果进行进一步分析，以确定可能导致这种结果的原因。随后，对溶出/释放试验方法进行改进，从而使其有“显著的”生物生理相关性和/或有适当的区分力。

另一个需要考虑的重要因素是药物的吸收依赖于溶出，并且当BA（吸收）受溶出/释放速率控制（依赖）时，最有可能成功预测IVIVC。因此，药物溶出/释放试验方法除了具有生物生理相关性和区分力外，还必须是速率依赖的。这些是制剂科学家在药物产品开发阶段设计这种前瞻性药物溶出/释放试验方法时所面临的挑战。

另一方面，开发仿制药产品的主要目标——简略新药申请（ANDA）——是使受试制剂的体外药物溶出/释放性能在生物生理相关且有区分力的溶出试验中，与参比制剂（RLD）的体外药物溶出/释放性能尽可能接近。因此，筛选出可能与RLD的体外药物溶出/释放相匹配的受试制剂，从根本上违反了开发IVIVC的第一个基本要求——识别两种（如果不是三种）药物溶出/释放不同的受试制剂（慢速、中速和快速）。因此，原则上，传统的IVIVC不适用于仿制药（ANDA）的开发。但这并不一定意味着IVIVC在ANDA的开发中没有任何作用，特别是因为预测体内性能（BA）和最终的生物等效性（BE）的先决条件仍然普遍存在，例如溶出速率限制吸收等。有人使用卷积模型（Qureshi，2010；Hassan et al.，2015；等）完成了仿制药开发。从监管角度来看，IVIVC在仿制药开发中的作用在于便于FDA审评提交的ANDA(Kaur et al.，2015)。作者报告了14份ANDA提交，其中讨论了7个案例研究。14份申请几乎都是针对缓释口服固体制剂。大多数提交都围绕使用IVIVC来支持用于各种目的和/或证明对BE的影响的体外溶出试验。作者继续探讨了IVIVC信息中可以避免的缺陷。

IVIVC在开发新药（NDA）中的一些传统应用和在仿制药（ANDA）中的一些独特应用已被报道（Banakar 2015）。第12章讨论了IVIVC在仿制药开发和批准中的挑战和一些基于创新思维的应用，这些应用已被全球监管机构接受。

9.6 局部/透皮给药系统中的IVIVC

用于全身利用的局部/透皮给药系统（TDDS）的开发包括凝胶剂、洗剂、软膏剂和乳膏剂以及许多贮库型和基质型（或它们的组合）TDDS。这些制剂通常用于皮肤的不同部位。它们含有药物和辅料，活性成分以固态和在制剂的一种或多种组分中的平衡溶解度下的溶解状态存在。溶解的药物从制剂中释放作用于皮肤，渗透穿过皮肤并被吸收到全身循环中，从而达到生物利用。因此，局部用药和 TDDS 给药在应用时的生物利用度包含了释放过程和后续的渗透过程。用于全身利用的局部/TDDS 的生物药剂学通常受原料药和辅料的理化性质以及作为速率控制屏障的皮肤（膜）的影响。因此，表观渗透通量是在体外通过皮肤渗透研究和体内 BA 研究评估的关键参数之一（Godin and Touitou，2007；Barbero and Frasch，2009；Milewski et al.，2013；等）。考虑到上述因素后，可以为局部/TDDS 药物开发潜在可靠的 IVIVC。

体外皮肤渗透研究提出了各种挑战，因为它们通常是敏感的和技术驱动的，导致高度可变性。然而近年来，可靠的体外释放试验（IVRT）和体外渗透试验（IVPT）程序以及标准化程序和校准设备不断涌现。通常，体外渗透通量参数是通过 IVRT 和/或 IVPT 评估确定的，使用适当设计的皮肤生理相关试验（释放介质是磷酸盐缓冲液，pH 7.4，32℃并有效混合）能呈现区分度。类似地，PK 参数由所选制剂的体内 BA 确定。随后，计算并分析 IVIVC 的显著性和接受度。根据 USP 通则<1088>和美国 FDA 指导原则（1997），A 级和 B 级相关性是不可行的，并且用以下公式定量探索了血浆药物浓度（由此得出的 PK 参数）和体外通量之间的 C 级相关性（单点）（Ghosh et al.，2015）：

$$C_{ss} \times CL = J_{ss} \times S \tag{9.4}$$

式中，S 是局部或 TDDS 药物释放表面的表面积；J_{ss} 是稳态渗透通量；CL 是全身清除率。更复杂的体外模型，如微透析和涉及双室或多室 PK 模型的体内模型已被用于开发特定药物的 IVIVC。文献中报道了某些大麻素、纳曲酮等用于 TDDS 的 IVIVC 案例（Sun et al.，2012；Lehman et al.，2011；Nugroho et al.，2006；Valiveti et al.，2004，2005）。

迄今为止，尽管监管机构认识到 IVIVC 在对局部/TDDS 药物进行快速且经济有效的皮肤动力学评估方面的潜在优势，但它们仅被视为提交的支持性信息。随着越来越多与 IVIVC 相关的数据与 IVRT 和 IVPT 数据相结合，IVIVC 在局部/TDDS 中的作用将进一步确立并为监管机构所接受。

9.7 非线性 IVIVC

美国 FDA 指导原则（1997）和 USP 关于 IVIVC 的通则<1088>实际上没有提及对于三个相关级别中都可接受的 IVIVC 类型。A 级相关性通常是线性的，表示体外溶出速率和体内输入速率之间的点对点关系，但如果发现合适（可接受的），也可以考虑非线性相关性。IVIVC 的适用性和可接受性基于 BA 的吸收速率参数（例如 C_{max}）和 BA 的吸收程度参数（例如 $AUC_{0\to\infty}$、$AUC_{0\to t}$ 等）的预测误差（PE）是否小于 10%或 15%，而不考虑 IVIVC 级别。

非线性 IVIVC，虽然数量不多，但二次函数、多项式函数、S 型函数和三次函数已被报道用于药物产品，例如地尔硫䓬、酮洛芬和腺苷衍生物等（Gordon and Chowhan，1996；Sirisuthet al.，2002；Eddington et al.，1998；Corrigan et al.，2003；Royce et al.，2004；等）。有趣的是，所有这些 IVIVC 均报告预测误差（PE）要么超出了可接受的限度（虽然微不足道），要么具有低决定系数（即低可预测性）。因此，必须对这些观察结果的原因进行研究，指出可能在设计假定为生物相关的具有区分力的体外药物溶出/释放试验时所遗漏的生物生理学变化。另一方面，体内研究的设计和实施也可能对结果产生影响。

9.8 IVIVC 预测误差的验证

IVIVC 应证明从药品制剂的体外溶出特性可预测药品的体内性能，并在一定的体外释放速率范围内保持该特性。IVIVC 的验证在于评估其吸收速率参数（C_{max}）和吸收程度参数（$AUC_{0\to\infty}$，$AUC_{0\to t}$）的可预测性。目前已有多种方法，从基于回归的统计参数［例如决定系数（r^2）和 p 值等］到美国 FDA 行业指南（1997）文件中提供的建议。在任何情况下，IVIVC 都应准确且一致地预测体内性能，而无须考虑其使用的具体测定方法。

通过使用以下方程（美国 FDA，行业指南 1997）估计预测误差（PE）来评估和验证 IVIVC：

$$PE(\%)=[(观测值-预测值)/预测值]\times 100 \qquad (9.5)$$

外部可预测性反映了模型在使用一个或多个附加数据集时的预测能力，而内部可预测性评估模型根据用于定义 IVIVC 的初始数据集描述 IVIVC 的能力。一般来说，外部可预测性和内部可预测性适用于具有广泛治疗范围的药物。内部和外部可预测性（验证）的检验标准相同。吸收速率和吸收程度参数（C_{max}、$AUC_{0\to\infty}$、$AUC_{0\to t}$）的平均 PE 应为 10%或更低，但需要注意的是，如果不满足内部可预测性标准，则应执行外部可预测性。PE 大于 20%表示可预测性不足。

人们应该问的更重要的问题是：不考虑基于内部或外部验证 IVIVC 可预测的程度和范围，IVIVC 的局限是什么？那么，也许更关键的问题是那些不符合内部验证标准的 IVIVC 才是造成这种结果的原因。答案往往在于生物生理相关（生物相关）方法并不是真正的生物相关，或者在设计时可能忽略了一些关键的生物药剂学因素，或者模拟的过度使用，或者设计和实施体内研究的过程，或者纯粹是运气不好。尽管如此，这种深入的分析得出的结论是，没有什么可以替代对正在开发的原料药和药品的物理化学、生理学因素的第一手广泛和详尽的分析，并且临床研究结果预期是必不可少的。因此，IVIVC 趋向于变得愈发与药物成分和相应的药物递送系统的特异性相关。

9.9 药品生命周期中的 IVIVC：最终目标是什么？

开发、评估、建立和展示 IVIVC 的工作不仅费时费力，而且需要多维专业知识驱动，成本高昂。IVIVC 在药物开发和产品生命周期中的作用已得到认可。已经有多种标准化和建立 IVIVC 的方式，如 USP 通则＜1088＞和美国 FDA 行业指南（1997）、国际人用药品注册技术协调会（ICH）的药物开发 Q8、共识指南（2004）。然而尽管有监管机构表示了对 IVIVC 的偏好，但没有强制性要求 IVIVC 应该成为药品注册提交的一部分。此外，当进行此类精心设计的活动并导致“不可接受的”结果时，部分试验和部分数据仍可以用作辅助信息，以支持企业向监管机构提交的注册申请。因此出现一个问题：在药品生命周期中确定和证明 IVIVC 的“最终目标是什么”?

可以从两个方面解释这个问题。

- 建立基于 IVIVC 的溶出试验（体外试验）质量标准，以确保批次间质量的一致性。
- 作为体内研究的替代并协助支持生物等效性豁免。

美国 FDA 行业指南（1997）提供了建立基于 IVIVC 的药物溶出/释放标准的程序。同样，该指南概述了以下类别的基于 IVIVC 的生物等效性豁免理由：

- 没有 IVIVC 的生物等效性豁免。
- 使用 IVIVC 的生物等效性豁免：非窄治疗指数药物。
- 使用 IVIVC 的生物等效性豁免：窄治疗指数的药物。
- 当体外溶出与溶出试验条件无关时，生物等效性豁免。
- 不建议将 IVIVC 用于生物等效性豁免的情况。

请参阅指南，了解计算过程中要遵循的详细信息和程序以及体外数据要求，包括上述五个类别各自的接受标准。

在建立基于 IVIVC 的溶出试验（体外试验）质量标准以确保批次间质量一致性时，请务必注意一些重要的观察结果。使用的主要程序包括将体外药物溶出/释放曲线分成三部分——早期、中间和晚期，然后确定每个部分中的一个点，并根据每个选定点允许变异的 ±20%设置曲线上限和下限。然而，应考虑基于吸收速率和程度参数（C_{max}、$AUC_{0\to\infty}$、$AUC_{0\to t}$）的允许变异范围±20%的特定治疗领域药物的 QC 标准。由此产生的这种 QC 标准不仅仅与产品（包括那些针对窄治疗指数的药物的产品）的临床安全性有关。基于临床治疗安全性的成品药物溶出试验 QC 标准应当涵盖所有药物，而不应受到其治疗窗大小的影响（Banakar，2018）。

9.10 总结

IVIVC 的概念、开发及其在药品全生命周期中的应用在过去的半个世纪中得到了认可。监管指南已由世界各国发布，并被制药公司在其药物开发和申报计划中所采用。关于 IVIVC 有大量的文献，即使不是压倒性的，也是数量繁多的。用于计算 IVIVC 的方法和方法学已在文献中进行了多次回顾和报告。已经有为了获得成功的和可接受的 IVIVC 而进行标准化操作模式的尝试。然而，有一种挥之不去令人不安的感觉，人们仍然没有完全理解它们，这可能是由于失败的相关性研究超过了成功的案例。

许多问题仍未得到解答。在开发所谓的生物相关的溶出试验时，需要考虑哪些关键因素，哪些药物的体内性能（即 BA）与溶出无关？开发 2 类药物时，BCS 无法识别关键理化差异，并且已有报道指出可能需要根据药物的酸性、碱性和中性对 BCS 2 类进行细分。所有的东西都是一样的。一旦可以接受，也就是成功。但一个成功的案例很难被复制。尚未得到令人信服的答案的问题是：生物相关性，即生物生理相关性，溶出试验方法与肠道的体内动力学和微环境真正有关联吗？目前关于IVIVC的信息围绕着生物生理相关的设计或药物溶出/释放试验的体内结果，却很少关注体内摄取过程，即渗透和吸收。各种溶出试验仪器、药典或其他，以及众多的溶出介质，无论是否与生物生理相关，都应根据其体内可预测性进行试验和评估。开发更有意义的溶解试验和渗透试验及其谨慎组合势在必行。即使在今天，与药物体内性能更直接相关的体外溶出试验仍远未实现，探索仍在继续。

参考文献

Amidon，G. L.，Lennernas，H.，Shah，V. P. et al. （1995）. A theoretical basis for a biopharmaceutic drug classification：the correlation of *in vitro* drug product dissolution and *in vivo* bioavailability. *Pharmaceutical Research* 12 （3）：413-420.

Banakar，U. （1992）. Dissolution and bioavailability. In：*Pharmaceutical Dissolution Testing*，347-390. New York，NY：Marcel Dekker Inc.

Banakar，U. （2015）. Ch. 4. In：*Desk book of Pharmaceutical Dissolution Science and Applications*，35-60. Society for Pharmaceutical Dissolution Science （SPDS）.

Banakar，U. （2018）. Setting clinical therapeutics safety based QC specifications for dissolution testing of finished product. *Proceedings of the 70th Indian Pharmaceutical Congress* （*IPC*），New Delhi，India.

Barbero，A. M. and Frasch，H. F. （2009）. Pig and Guinea pig skin as surrogates for human *in vitro* penetration studies：a quantitative review. *Toxicology In Vitro* 23 （1）：1-13.

Bhattachari，S. N.，Risley，D. S.，Werawatganone，P. et al. （2011）. Weak bases and formation of a less soluble lauryl sulfate salt/complex in sodium lauryl sulfate （SLS） containing media. *International Journal of Pharmaceutics* 412 （1-2）：95-98.

Block，L. H. and Banakar，U. V. （1988）. Further considerations in correlating *in vitro-in vivo* data employing mean-time concept based on statistical moments. *Drug Development and Industrial Pharmacy* 14 （15-17）：2143-2150.

Butler，J. M. and Dressman，J. B. （2010）. The developability classification system：application of biopharmaceutics concepts to formulation development. *Journal of Pharmaceutical Sciences* 99 （12）：4940-4954.

Cardot，J. M.，Beyssac，E.，and Alric，M. （2007）. *In vitro-in vivo* correlation importance of dissolution in IVIVC. *Dissolution Technology* 14：15-19.

Carlert，S.，Pålsson，A.，Hanisch，G. et al. （2010）. Predicting intestinal precipitation—a case example for a basic BCS class Ⅱ drug. *Pharmaceutical Research* 27 （10）：2119-2130.

Carlert，S.，Akesson，P.，Jerndaet，G. et al. （2012）. *In vivo* dog intestinal precipitation of mebendazole：a basic BCS class Ⅱ. *Molecular Pharmaceutics* 9：2903-2911.

CDER/FDA （2000）. Guidance for Industry，'Waiver for *in vivo* bioavailability and bioequivalence studies for immediate release solid oral dosage forms based on a Biopharmaceutics Classification System'. U. S. Department of Health and Human Services （US-DHHS），Food and Drug Administration （FDA），Center for Drug Evaluation and Research （CDER）.

Corrigan，O. I.，Devlin，Y.，and Butler，J. （2003）. Influence of dissolution medium buffer composition on ketoprofen release from ER products and *in vitro-in vivo* correlation. *International Journal of Pharmaceutics* 254 （2）：147-154.

Devane，J. and Butler，J. （1997）. The impact of *in vitro-in vivo* relationships on product development. *Pharmaceutical Technology* 21 （9）：146-159.

Dhopeshwarkar，V.，O'Keeffe，J. C.，Zatz，J. L. et al. （1994）. Development of an oral sustained-release antibiotic matrix tablet using *in-vitro/in-vivo* correlations. *Drug Development and Industrial Pharmacy* 20 （11）：1851-1867.

Dost，F. H. （1958）. Uber ein eklfaehes statistisches Dosis-Umsatz-Gesetz. *Wiener klinische Wochenschrift* 36：655-658.

Dressman，J. B.，Amidon，G. L.，Reppas，C. et al. （1998）. Dissolution testing as a prognostic tool for oral drug absorption：immediate release dosage forms. *Pharmaceutical Research* 15 （1）：11-22.

Dunne, A., O'Hara, T., and DeVane, J. (1999). A new approach to modelling the relationship between *in vitro* and *in vivo* drug dissolution/absorption. *Statistics in Medicine* 18: 1865-1876.

Eddington, N. D., Marroum, P., Uppoor, R. et al. (1998). Development and internal validation of an *in vitro-in vivo* correlation for a hydrophilic metoprolol tartrate extended release tablet formulation. *Pharmaceutical Research* 15 (3): 466-473.

Emami, J. (2006). *In vitro-in vivo* correlation: from theory to applications. *Journal of Pharmacy and Pharmaceutical Sciences* 9 (2): 169-189.

Gaynor, C., Dunne, A., and Davis, J. (2008). A comparison of the prediction accuracy of two IVIVC modelling techniques. *Journal of Pharmaceutical Sciences* 97 (8): 3422-3432.

Ghosh, P., Milewski, M., and Paudel, K. (2015). *In vitro/in vivo* correlations in transdermal product development. *Therapeutic Delivery* 6 (9): 1117-1124.

Godin, B. and Touitou, E. (2007). Transdermal skin delivery: predictions for humans from *in vivo*, *ex vivo* and animal models. *Advanced Drug Delivery Review* 59 (11): 1152-1161.

Gordon, M. S. and Chowhan, Z. (1996). *In vivo/in vitro* correlations for four differently dissolving ketorolac tablets. *Biopharmaceutics & drug disposition* 17 (6): 481-492.

Hassan, H., Charoo, N. A., Ali, A. A. et al. (2015). Establishment of a bioequivalence-indicating dissolution specification for candesartan cilexetil tablets using a convolution model. *Dissolution Technologies* 22: 36-43.

Hernandez, R. M., Gascón, A. R., Calvo, M. B. et al. (1996). Correlation of "*in vitro*" release and "*in vivo*" absorption characteristics of four salbutamol sulphate formulations. *International Journal of Pharmaceutics* 139 (1-2): 45-52.

International Conference on Harmonization (ICH) Steering Committee. Pharmaceutical Development Q8 (2004). ICH of Technical Requirements for Registration of Pharmaceuticals for Human Use; Consensus Guideline.

Kaur, P., Jiang, X., Duan, J. et al. (2015). Applications of *in vitro-in vivo* correlations in generic drug development: case studies. *The AAPS Journal* 17 (4): 1035-1039.

Kostewicz, E. S., Wunderlich, M., Brauns, U. et al. (2004). Predicting the precipitation of poorly soluble weak bases upon entry in the small intestine. *Journal of Pharmacy and Pharmacology* 56 (1): 43-51.

Kovacevic, I., Parojcic, J., Homšek, I. et al. (2009). Justification of biowaiver for carbamazepine, a low soluble high permeable compound, in solid dosage forms based on IVIVC and gastrointestinal simulation. *Molecular Pharmaceutics* 6 (1): 40-47.

Langenbucher, F. (2002). Handling of computational *in vitro/in vivo* correlation problems by Microsoft Excel: Ⅰ. Principles and some general algorithms. *European Journal of Pharmaceutics and Biopharmaceutics* 53 (1): 1-7.

Langenbucher, F. (2003). Handling of computational *in vitro/in vivo* correlation problems by Microsoft Excel Ⅱ.: distribution functions and moments. *European journal of pharmaceutics and biopharmaceutics* 55 (1): 77-84.

Leeson, L. J. (1995). *In vitro/in vivo* correlations. *Drug Information Journal* 29 (3): 903-915.

Lehman, P. A., Raney, S. G., and Franz, T. J. (2011). Percutaneous absorption in man: *in vitro-in vivo* correlation. *Skin Pharmacology and Physiology* 24 (4): 224-230.

Loo, J. C. K. and Riegelman, S. (1968). New method for calculating the intrinsic absorption rate of drugs. *Journal of Pharmaceutical Sciences* 57 (6): 918-928.

Milewski, M., Paudel, K. S., Brogden, N. K. et al. (2013). Microneedle-assisted percutaneous delivery of naltrexone hydrochloride in Yucatan minipig: *in vitro-in vivo* correlation. *Molecular Pharmaceutics* 10 (10): 3745-3757.

Modi, N. B., Lam, A., Lindemulder, E. et al. (2000). Application of *in vitro-in vivo* correlations (IVIVC) in setting formulation release specifications. *Biopharmaceutics & Drug Disposition* 21 (8): 321-326.

Moore, J. W. and Flanner, H. H. (1996). Mathematical comparison of curves with an emphasis on in-vitro dissolution profiles. *Pharmaceutical Technology* 20 (6): 64-74.

Nugroho, A. K., Romeijn, S. G., Zwier, R. et al. (2006). Pharmacokinetics and pharmacodynamics analysis of transdermal iontophoresis of 5-OH-DPAT in rats: *in vitro-in vivo* correlation. *Journal of Pharmaceutical Sciences* 95

(7): 1570-1585.

Polli, J. E., Crison, J. R., and Amidon, G. L. (1996). Novel approach to the analysis of *in vitro-in vivo* relationships. *Journal of Pharmaceutical Sciences* 85 (7): 753-760.

Qureshi, S. A. (2010). *In vitro-in vivo* correlation (ivivc) and determining drug concentrations in blood from dissolution testing-a simple and practical approach. *The Open Drug Delivery Journal* 4 (1): 38-47.

Royce, A., Li, S., Weaver, M. et al. (2004). *In vivo* and *in vitro* evaluation of three controlled release principles of 6-*N*-cyclohexyl-2′-*O*-methyladenosine. *Journal of Controlled Release* 97 (1): 79-90.

Sirisuth, N. and Eddington, N. D. (2002). *In-vitro-in-vivo* correlation definitions and regulatory guidance. *International Journal of Generic Drugs* 2: 1-11.

Sirisuth, N., Augsburger, L. L., and Eddington, N. D. (2002). Development and validation of a non-linear IVIVC model for a diltiazem extended release formulation. *Biopharmaceutics & Drug Disposition* 23 (1): 1-8.

Sun, L., Cun, D., Yuan, B. et al. (2012). Formulation and *in vitro/in vivo* correlation of a drug-in-adhesive transdermal patch containing Azasetron. *Journal of Pharmaceutical Sciences* 101 (12): 4540-4548.

Tsume, Y., Mudie, D. M., Langguth, P. et al. (2014). The biopharmaceutics classification system: subclasses for *in vivo* predictive dissolution (IPD) methodology and IVIVC. *European Journal of Pharmaceutical Sciences* 57: 152-163.

United States Department of Health and Human Services (US-DHHS), Food and Drug Administration (FDA), Center for Drug Evaluation and Research (CDER); Guidance for Industry (1997). Extended Release Oral Dosage Forms: Development, Evaluation and Application of *In Vitro/In Vivo* Correlations.

USP27/NF22 (2004). *The United States Pharmacopoeia*, 27e. Eaton, PA: Mack Publishing Co.

Valiveti, S., Hammell, D. C., Earles, D. C. et al. (2004). *In vitro/in vivo* correlation studies for transdermal Δ8-THC development. *Journal of pharmaceutical sciences* 93 (5): 1154-1164.

Valiveti, S., Paudel, K. S., Hammell, D. C. et al. (2005). *In vitro/in vivo* correlation of transdermal naltrexone prodrugs in hairless Guinea pigs. *Pharmaceutical Research* 22 (6): 981-989.

Veng-Pedersen, P., Gobburu, J. V. S., Meyer, M. C. et al. (2000). Carbamazepine level-A *in vivo-in vitro* correlation (IVIVC): a scaled convolution based predictive approach. *Biopharmaceutics & Drug Disposition* 21 (1): 1-6.

Volpato, N., Silva, R., Brito, A. et al. (2004). Multiple level C *in vitro/in vivo* correlation of dissolution profiles of two L-thyroxine tablets with pharmacokinetics data obtained from patients treated for hypothyroidism. *European Journal of Pharmaceutical Sciences* 21: 655-660.

Wagner, J. G. and Nelson, E. (1963). Per cent absorbed time plots derived from blood level and/or urinary excretion data. *Journal of Pharmaceutical Sciences* 52 (6): 610-611.

第10章

药物制剂的生物相关溶出/释放试验方法开发

10.1 引言

药物体外溶出/释放试验可以作为前瞻性的鉴别工具和质量控制（QC）工具，以证明批次之间的一致性，这一点已得到公认。用于 QC 目的的各种溶出/释放试验（基于药典修改或其他非药典试验）取决于 API 的物理化学性质，即 API 和制剂的药学性质。这种试验通常使用简单的、与生物无关的介质，最重要的是强烈的流体动力学条件。另一方面，当在产品开发阶段前瞻性地进行该试验时，在有限资源内，应尽可能多地模拟体内环境。

各种性质的 API 与各种原理的制剂技术（包括传统和新兴技术）相结合，以及众多的给药途径，开发一种生物生理相关（即生物相关的）药物溶出/释放试验方法成为一项艰巨的任务。然而，关键是要确定与药品在体内的药效性能相关的“生物生理学”参数，并将其转化为可行且实用的操作参数，用于药物溶出/释放试验。由于缺乏这种知识储备，开发生物相关药物溶出/释放试验方法的过程是偶然的、不协调的，而且通常没有经过深思熟虑。

另外，溶出/释放试验是否具有生物相关性的确认往往是事后结果，这意味着在实现可接受的体外-体内相关性（IVIVC）之后，所使用的体外溶出试验被认为具有生物相关性。然而，对所谓的生物相关溶出度试验的必要性是先验性的，据此可提高预测药品生物利用度（BA）性能的机会。因此，这种事后的生物相关溶出度检查往往针对特定制剂且价值有限。

鉴于文献中零散的且多数情况下是非结构化的信息，以及多数是对口服固体制剂（SDF）生物相关溶出方法（BDM）开发的重视，本章的主要目的是全面并综合概述用于不同给药途径的药物系统的生物相关药物溶出/释放方法的开发。此外，本章提供的信息将试图缩小在开发这种方法时应考虑的理论（理想）期望和实际方法之间的差距。这样，本章将为从事该学科工作的科学家提供一个开发 BDM 的路线图，以开发一种实用、科学合理的 BDM，增强预测生物功效的能力，并对监管有利，以支持制剂的功能性及其 QC 考量。总之，预计读者将全面了解在产品开发和建立质量标准作为质量控制试验的阶段“需要做什么”，为产品设计有效和高效的溶出试验。

10.2 BDM开发的一般考虑

药物开发中的溶出试验通常作为QC工具来确定制剂的药物溶出性能。溶出试验在药物开发中还有许多其他应用，包括但不限于以下内容：

- 评估制剂中的药物释放速率。
- 优化处方以达到预期的溶出性能要求。
- 用作预测生物利用度的替代方法，从而优化处方以达到预期的生物利用度。
- 用于不同规格制剂（处方等比例变化）生物等效性豁免的工具。

药物制剂开发的主要目标不仅是确保制剂在体外和体内按照所期望的溶出/释放性能递送药物，而且还要合理确定性预测其生物有效性，即生物利用度（BA），从而确保可接受的IVIVC。第9章提供了一个在开发药物制剂（不考虑给药途径）时通用且有效的工作模型用于预测IVIVC（请参见图9.1）。从模型中可以清楚地看出，体内吸收依赖于体内溶出。另外，如果体外溶出试验的目的是预测体内溶出和体内吸收，则它必须具有生物生理学意义。此外，体外溶出试验可能必须具有的最关键属性是同时具有生物生理相关性（即生物相关性）和区分力。

溶出试验另一个同样重要的目标是与药品生命周期相关的，是证明不同批次的产品质量属性。因此，体外溶出/释放试验应作为QC工具。在这种情况下，体外溶出/释放试验不仅应具有区分性，而且还应足够灵敏，以检测产品生产批次内的差异（如果有）。

在上述情况下，体外溶出/释放试验可以在药品的开发阶段前瞻性地使用，也可以作为QC工具追溯使用，以确保产品的批次间一致性。因此，在药品开发阶段，开发生物相关溶出方法（BDM）至关重要，同时开发可以作为有效QC工具的溶出/释放试验方法也是至关重要的。

体外和体内溶出是制剂（药品）中的固体溶质（通常称为原料药）溶出/释放的过程。各种物理化学、生理学和其他因素影响API从制剂中的溶出/释放过程。第1章对这些因素进行了总结（请参阅表1.1）。考虑到这些变量及其对于药物制剂类型的相对重要性，针对不同类型药物制剂的BDM开发将在以下部分讨论。

10.3 口服给药系统

除其他制剂外，经口给药的药物（主要是SDF）通常配制成片剂和胶囊剂等组合物。片剂和/或胶囊剂的处方和设计可描述为这样一个过程：制剂人员确保正确数量的药物以正确的形式、以适当的速率、在适当的时间点或经过适当的时间段、在预期的位置实现递送，同时在此过程中保持其化学完整性。虽然药品开发的主要目标是递送一定数量的药物达到所需量或期望的治疗效果，但同样重要的目标是使 SDF 的生物利用度最大化。实际上，优化设计以实现更好的生物利用度目标的关键是 BDM 开发。

口服（吞/咽）药物制剂和经口（口腔/颊腔）药物制剂通常被称为口服药物递送系统，包括 SDF（片剂、胶囊剂、散剂等）或液体制剂（如混悬液和/或乳剂）。药品中大部分是口服 SDF，几乎都会通过胃肠道（GIT），因此将暴露于不同的生理环境中。根据 API 的理化性质、制剂相关性质和处方工艺，药物将在体内水性介质中溶出/释放。因此，BDM 应该能够反映与制剂中药物在预期的体内溶出/释放相关的关键生理因素。口服制剂也是如此。表 10.1 中总结了能够影响药物从口服给药系统中溶出/释放的胃肠道的各种生理因素。

表 10.1　影响 SDF 在体内药物溶出/释放的胃肠道的各种生理因素

生理因素	文献
胃排空速率和力度	Koziolek et al. (2015)
胃肠液的组成	Ashford(2017), Fuchs andDressman(2014)
同时使用抗分泌药物	Brancato et al. (2014), Vita et al. (2014)
pH 值	Qiu et al. (2016)
缓冲容量	Augustijns et al. (2014)
可用体积	Mudie et al. (2014)
流体动力学效率	Shekunov and Montgomery(2016), Guerra et al. (2012)
黏度	Van denAbeele et al. (2017)
表面张力	Xie et al. (2014), Verwei et al. (2016)
渗透压	Aliet al. (2018), Walsh et al. (2015)
温度	Savjani et al. (2012)

值得注意的是，当制剂在空腹状态和/或非空腹（餐后）状态下给药时，这些因素的程度、强度和范围会有所不同。特别值得注意的是制剂在特定区域滞留处的环境 pH 值和滞留时间。假设环境 pH 值是原液 pH 值并相应地表示为溶出介质的 pH 值，平均滞留时间（MRT）为制剂在胃肠道的任何给定区域所滞留的时间。

药物在胃肠道溶出吸收会遇到一系列的 pH 值。表 10.2 分别列出了空腹和餐后给药时胃肠道各种可吸收部位通常的 pH 值范围。很明显，无论空腹或餐后给药，十二指肠后部位的 pH 值范围没有显著变化。然而，当分别在空腹和餐后给药时，胃内环境中的 pH 值范围会发生显著变化，而十二指肠区域的 pH 值变化较小。

表 10.2　空腹和餐后状态下的胃肠（GI）pH 值（Fleisher et al.，1999；Klein et al.，2005）

胃肠道	pH 值(空腹)	pH 值(餐后)
胃	1.5～2	3～6
十二指肠	4.9～6.4	4～7
空肠	4.4～6.4	—
空肠(上端)	5.5～7	5.5～7
空肠(下端)	6～7.2	6～7.2
回肠	6.5～7.4	—
回肠(上端)	6.5～7.5	6.5～7.5
回肠(下端)	7～8	7～8
结肠	7.4	—
结肠(近端)	5.5～6.5	5.5～6.5

口服制剂的性质和类型不同（如非崩解型 SDF 与多颗粒制剂不同）影响药物在胃肠道不同部位的滞留时间。与空腹状态（0.5～1h）下相比，无论是非崩解型制剂还是多颗粒制剂，典型的 MRT 结果是餐后给药在胃中的滞留时间（2～10h）更长。然而，两种制剂无论空腹还是餐后给药，在十二指肠部位的 MRT 均小于 0.5h。多颗粒制剂在空肠（上端和下端）和回肠（上端和下端）的 MRT 均约为 1h。而非崩解制剂空腹状态下给药时，在空肠（上部和下部）和回肠上部的 MRT 均约为 0.5～1h。有趣的是，非崩解制剂空腹状态给药时，在回肠下端滞留了近 2h。在餐后状态给药时，两种制剂在空肠（上端和下端）和回肠（上端和下端）部位均滞留大约 1h。两种制剂无论空腹还是餐后给药后在结肠上升区部位的滞留时间均为 4～12h。

10.3.1 胃肠（GI）生物相关因素模拟中的挑战：运动和流体力学

胃肠道中的胃及小肠运动和流体动力学显著影响制剂中药物在体内的溶出/释放，从而影响生物利用度（BA）。表 10.3 列出了影响胃肠（GI）动力和胃肠流体力学的最终影响体内药物溶出/释放的各种因素。因此，对这些因素进行一般讨论（而非按层级顺序），因为其可能与所开发的特定产品相关，所以对参与生物相关方法开发（BMD）的科学家有所帮助。

表 10.3　影响胃肠运动和胃肠流体动力学的因素

类型	因素	文献
胃肠运动	• 空腹状态模型 • 餐后状态模型 • 流动类型 • 胃肠环境的流动速率和频率	Johnsonet al. (1997), Davis et al. (1984)
胃肠流体动力学	• 小肠(SI)(上端)位置 • 流动速率 • 流动体积	
胃排空	• 温度 • 体积 • 黏度 • 胃液组成 • 食物种类 • 脂肪含量	Keinke et al. (1984), Sirois (1989), Vist and Maughan (1995), Meyeret al. (1985), Meeroff et al. (1975), Carbonnel et al. (1994), Ziessman et al. (1992), Diebold(2000), Collinset al. (1996), Hunt and Knox (1968), Gröning and Heun (1989)
肠道转运	• 涌流、推进和反冲 • 水分泌 • 小肠转运速率和流动速率 • 张力 • 转动时间变异性	Cobdenet al. (1983), Caride et al. (1984), Heading and King(1990), Milleret al. (1997), Sellin and Hart(1992)、
体内溶出过程	• 边界层厚度 • 运动载体 • 胃肠流体动力学	Johnsonet al. (1997), Wilson et al. (1989)

通常，GI 流体力学的特征受胃排空、小肠转运（SIT）及肠液流速共同影响。GI 流体的流速与体积都很重要，因为它们影响肠道转运和体内溶出，这决定了溶解的药物与吸收部位之间接触的可用时间。GI 运动模式（无论是整体流动速率和频率）在空腹和餐后状态下都是不同的。这些不同类型的流动模式导致药物溶出/释放及吸收的差异。

制剂在胃部停留的时间，通常称为胃滞留时间，取决于制剂的大小（物理和质量）以及是在空腹还是餐后状态下给药（Diebold，2000）。胃滞留随着十二指肠中胃内容物的排空而结束，不仅会导致环境的流体动力学发生变化，还会改变环境的性质和特征（pH、离子组成、介质体积等）。胃滞留和胃排空对制剂药物的体内溶出/释放产生重大影响。

胃内容物的组成和体积以及胃环境温度对胃排空的影响本质上是双相的（Meyer et al.，1985；Carbonnel et al.，1994；Ziessman et al.，1992）。胃内容物成分的热量、渗透压、pH 值和黏度是影响胃排空的附加因素（Vist and，Maughan 1995；Meeroff et al.，1975）。多颗粒制剂在餐后给药比空腹给药时胃排空缓慢。脂肪的存在会延缓胃排空，胃内容物的固/液比变化也会影响胃排空（Hunt and Knox，1968；Gröning and Heun，1989）。胃内容物或制剂中促动力组分（如碳酸氢盐）的有无，决定了是否有气体（CO_2）的释放、胃排空和流体动力学的改变。对于某些药物，可能需要增加胃排空速率以潜在地加速药物的吸收以诱导更快起效（Rostami-Hodjegan et al.，2002；Grattan et al.，2000）。总之，通常决定药物溶出/释放的吸收潜力的胃排空速率基本上具有重现性。

虽然可获得大量信息并且对胃肠模型有很多了解，但关于胃肠模型与由此产生的胃肠流体动力学之间的关系的信息有限。不同的胃肠运动模式在肠道中产生的流速仍不清楚，胃肠运动与肠道流速之间的关系也是如此（Kendrick et al.，2002）。小肠转运是胃肠流动模式组合的结果——涌流、推进和反冲。不同状态（空腹和餐后）时，肠道的不同部位的小肠转动在变化。此外，小肠转运速率和流速随着水分泌到小肠腔内而变化，这会影响制剂中药物在体内的溶出/释放（Miller et al.，1997；Sellin and Hart，1992）。这导致可变性，从而降低制剂中药物在体内的溶出/释放的可预测性。

只有升结肠部分具有可以支持制剂中药物在体内溶出/释放的液体（结肠水）。结肠中纤维的存在增加了结肠中的水分含量，微生物的过度生长改变了结肠的运动性。此外，纤维素的存在有助于发酵，释放的气体作为副产物，限制进入溶出介质干扰溶出过程并导致吸收不同（Bisrat et al.，1992；Oberle et al.，1990）。

10.3.2 口服给药系统的生物相关溶出介质

人的胃肠生理是复杂和动态的，包含各种因素，在很大程度上直接和间接影响体内药物溶出/释放。传统的药典溶出试验（方法）更适合 QC 目的，如果溶出试验的目的是预测药品的体内性能，则对其进行修改以模拟体内条件，从而使其具有生物生理相关性。简而言之，如果开发 BDM 的目的是预测生物功效并证明 IVIVC，则应尽量纳入上述诸多因素，这些因素可能影响给定产品的药物体内溶出/释放。第 9 章中描述和讨论了许多用于口服药物 SDF 溶出/释放试验的改良方法。在传统溶出/释放试验方法基础上进行了多个改良以使具有生物生理相关性，最重要的一项是溶出介质的选择。表 10.4 列出了文献中报道的各种口服 SDF 生物相关溶出介质。难溶性 API 通常需要增溶剂以符合漏槽条件要求并确保药物剂量在给定体积的溶出介质中完全溶出。药物溶出/释放试验中常用的增溶剂（一般为表面活性剂）见表 10.5。

表 10.4　用于口服给药系统药物溶出/释放试验的溶出介质列表（排名不分先后）

- 去离子纯化水
- 盐酸(pH 1～3)
- 模拟胃液(pH 1.2)
- 醋酸盐缓冲液(pH 4.5～5.5)
- 磷酸盐缓冲液(pH 5.8～8.0)
- 模拟唾液
- 模拟肠液(pH 6.8)
- FaSSGF
- FeSSGF
- $FaSSIF_{BLANK}$(pH 7.5)
- FaSSIF(pH 6、6.5、6.8、7.2)
- FeSSIF(pH 5、6、7.2)
- 模拟结肠液(SCoF)
- 缓冲液(pH 1.2、4.5、6.8、7.5、8、9)
- 含或不含酶的缓冲液
- 营养液体、牛奶(脂肪)
- Hank-Krebs 缓冲液
- Mcllvaine 缓冲液
- 助溶体系(增溶剂)
- 有机溶剂
- 充气/脱气介质
- 其他

注：FaSSGF—空腹状态下模拟胃液；FeSSGF—餐后状态下模拟胃液；FaSSIF—空腹状态下模拟肠液；FeSSIF—餐后状态下模拟肠液。

表 10.5　用于溶出/释放试验的表面活性剂列表（排名不分先后）

表面活性剂类型	化学名称
非离子型	• 聚山梨酯 20 • 聚山梨酯 80 • 聚氧乙烯(20)月桂酸酯 • 聚氧乙烯(20)油酸酯
阴离子	• 十二烷基硫酸钠(SLS)
阳离子	• 溴代十六烷基三甲胺(CTAB) • 十六烷基三甲基溴化铵
生物相关	• 胆汁盐(牛磺胆酸钠) • 卵磷脂

10.4 吸入给药系统

吸入制剂一般通过人体自身的呼吸直接将药物输送到肺部。这可以通过直接向疾病区域提供药物，使药物对其预期目标（肺动脉等）产生较大影响，以及限制因局部治疗产生的药物副作用而使患者受益（NAEP，2007)。一些常见的吸入制剂包括定量吸入气雾剂(MDI)、干粉吸入气雾剂（DPI)、软雾吸入剂和雾化吸入剂。经口吸入制剂用于治疗各种不同的疾病，其中最常见的是肺部和呼吸系统疾病。设计用于减少气道炎症和阻塞的药物，以使呼吸更容易和更轻松（Rothe et al.，2018）。甚至已开发吸入抗生素药物，以允许直接输送到肺部感染区域（Vardakas et al.，2018）。DPI 尤其适用于治疗肺部感染和/或炎症（Demoly et al.，2014；Usmani et al.，2005；等）。

吸入制剂的质量、安全性和有效性取决于递送剂量（药物质量）及其在肺部目标区域的沉积情况。因此，吸入制剂体外性能试验的最重要步骤是从递送装置递送给定药物并使其沉积在肺的目标部位（Forbes et al.，2015；Son et al.，2010）——这是一个具有挑战性的目标！目前，在表征吸入制剂体外性能的同时，体外溶出试验的价值已经实现，但仍未得到证实（Riley et al.，2012）。大多数吸入制剂的药物颗粒是可以快速溶出的（Hastedt et al.，2016）；然而，最近有一些吸入制剂含有难溶性药物（如激素）。毋庸置疑，近年来，人们对评估和确定经口吸入药物制剂（OIDP）药物溶出/释放试验的作用以及预测体内溶出/释放和吸收的兴趣有所增加。

查阅关于 OIDP 的科学和临床功能的文献表明，人们正在持续关注建立一种体外药物溶出/释放试验，该试验可以有效地表征通过吸入装置沉积的药物颗粒的体外和可能的体内性能（Shah et al.，2008；May et al.，2012，2014；Forbes et al.，2015；Velaga et al.，2018；Son et al.，2010；等）。虽然对一些气雾剂进行了各种体外溶出试验，但人们仍在期待一种普遍接受的 OIDP 体外药物溶出/释放试验方法（Gray et al.，2009；Son et al.，2010）。

体外模拟肺功能（包括肺表面），以关联沉积颗粒的体内溶出和吸收是极具挑战性的。至少可以说，有许多复杂的因素同时相互作用，使得生物药剂学表征变得困难（Velaga et al.，2018）。肺的解剖学结构和生理学特点，可溶出药物的肺内衬液体积有限（10～30mL），肺液磷脂复合物的表面活性剂特性，可用于局部作用或吸收的药物的实际量与吸入剂量的关系，吸入颗粒的微观特征、呼吸模式和肺几何形状等，这些只是直接影响肺中吸入和沉积颗粒的体内溶出/释放和体内吸收的众多因素中的一小部分（Schulz et al.，2000）。二十世纪九十年代中期人们提出了吸入产品的生物药剂学分类系统（iBCS），随后进行了修改和修订（Amidon et al.，1995；Eixarch et al.，2010；Hastedt et al.，2016）。虽然 iBCS 的细节仍在讨论中，但很明显，吸入颗粒（理化性质）、制剂因素（药剂学）和控制体内溶出和从肺吸收的生理因素之间的复杂相互作用需要更多来自人体临床试验的数据（Wu et al.，2013；Borghardt et al.，2015）。为此，也正在探索吸入药物基于生理学的药代动力学（PBPK）模型，如 PulmoSim™ 和 GastroPlus™（Borghardt et al.，2015）。

表 10.6 列出了已经报道的各种体外药物溶出/释放试验方法。大多数（如果不是全部）都集中在装置启动后微米或纳米颗粒物质的分散，从而产生相当于一定剂量的校准量。此外，除了吸入制剂中的难溶性药物或缓释制剂外，预期体内溶出和体内吸收迅速。其中许多侧重于在体外试验介质中剂量递送后药物的渗透。

表 10.6 吸入制剂体外药物溶出/释放试验方法

- USP 装置 1
- USP 装置 2
- 带薄膜支架的 USP 装置 2
- 改进的 USP 装置 4
- 改进的 USP 方法 5
- 改进的 Franz 扩散池
- 透析袋

肺部可用于药物体内溶出的液体量非常有限（15～30mL），从吸入制剂递送的难溶性药物存在快速饱和的风险，这是实现和维持漏槽条件下的一个挑战。此外，肺部的流体动力学难以模拟，这不利于区分吸入制剂之间药物溶出/释放速率的实际的和生物生理相关的差异。然而，体外溶出在区分不同粒径的处方方面取得了相当大的成功（Tolman and Williams，2010）。

下一个重要的考虑因素是药物溶出/释放介质的识别和选择。表 10.7 列出了已有报道的几种溶出/释放介质，包括水、酸性/碱性缓冲溶液、含或不含表面活性剂的模拟肺液（SLF）。虽然模拟肺液已被证明具有区分力并且可能与生物生理相关，但作为标准化的 SLF，没有可用的固定标准配制（成分、pH 值等）。因此，模拟肺液往往是针对特定情况的。要说明的是，SLF 既没有监管/药典标准，也没有用于评估吸入产品药物释放的试验方法。

表 10.7　用于评价吸入产品体外溶出/释放试验的药物溶出/释放介质

溶出/释放介质	文献
人工肺液（ALF）	Parikh andDalwadi(2014)
模拟肺液（SLF）	Chanet al. (2013)，Son et al. (2010)，Pai et al. (2015)，Maretti et al. (2016)
改性 SLF+0.02% DPPC①	Möbus et al. (2012)，Davies and Feddah(2003)
涂布模拟肺液	Davies and Feddah(2003)
生理性肺液（PLF）	Kalkwarf(1983)
PBS② pH 7.4	Mayet al. (2012)，Salama et al. (2008)，Pilcer et al. (2013)，Jaspart et al. (2007)，Ortiz et al. (2015)，Arora et al. (2010)，Balducci et al. (2015)，Scalia et al. (2012)
PBS pH 7.4+0.1%SLS③	Graingeret al. (2012)
PBS pH 7.4+0.5%SLS	Rohrschneider et al. (2015)
0.063mol/L HCl+0.3%SLS	Duret et al. (2012)
Hanks 盐溶液	Haghi et al. (2012)

① 二棕榈酰磷脂酰胆碱。
② 磷酸盐缓冲液。
③ 十二烷基硫酸钠。

综上，吸入产品的生物生理相关药物溶出/释放方法的开发应明确吸入产品的关键性能特征，并考虑以下内容：

① 气溶胶颗粒（μm）。

② 与溶出度/饱和度相关的颗粒负载。

③ 溶出/释放试验仪器：

a. 类型；

b. 样品导入；

c. 溶出/释放介质；

d. 体积和漏槽状况；

e. 流体动力学；

f. 薄膜（扩散池试验系统）；

g. 区分力。

④ 曲线的量化和表征。

10.5 注射药物递送系统

注射药物递送系统包括注射剂（溶液型、胶体分散型、微粒型）、植入剂（固体植入剂和原位贮库系统）和输注装置（渗透泵、电池驱动泵、蒸气压动力泵）。药物递送靶点可以是特定部位，也可以是整个体循环。注射给药除了传统的快速释放或溶出外，绝大多数都是控释注射药物递送系统，如药物洗脱支架、微球和纳米球的可注射分散体，以及原位凝胶或复合材料等，这些都有报道（Martinez et al.，2008；Agrawal et al.，2012）。与通过各种途径递送的其他制剂一样，合适的体外药物溶出/释放试验与将药品在体内释放药物时所处的体内环境有一些相似之处，制剂将置于体内并释放药物，这对使其具有生物相关性至关重要（Burgess et al.，2004；Kumar and Palmieri，2010）。因此，在开发生物生理相关方法时，应考虑 API 的理化性质、产品的药剂学性质（尺寸、形状、制造工艺等）以及生理因素（微环境和动力学）。

该剂型应用（注射）于具有显著不同生理环境的不同部位（静脉内、肌肉内、关节内、牙齿、骨、眼/眼周组织等）。因此，设计和开发一种既具有生物生理相关性又具有区分力的通用药物释放试验方法是一项挑战。然而，以下讨论了某些因素的一些建议，如漏槽条件、pH 值、介质组成等，可能有助于设计用于注射制剂溶出/释放试验的生物相关方法。此时需要注意的是，此处讨论的内容应与第 5 章中关于注射用制剂的药物溶出/释放试验方法的内容互为补充。

首先，必须认识到，无论采用何种试验方法，注射制剂都是胃肠外制剂，都直接放置在不代表体内环境的溶出介质中（细胞物质和组织液的组合）。注射制剂给药时根据给药部位与不同部位和环境接触，并且这种环境难以在体外试验中模拟。然而，显而易见的一个共同方面是体内部位（组织、血液、体液等）在注射制剂给药时迅速饱和，而与给药部位无关。这将会在体内环境中建立浓度梯度，有助于建立可重复的速率受控药物递送。由于受试者之间的体内环境不同，尽管应用的药物产品具有可重复的药物递送速率，但可能导致受试者间的差异。

虽然 USP 建议的漏槽条件应是一个目标，但在开发注射制剂溶出/释放试验时，其浓度约为饱和时溶出药物浓度的 10% 就足够了（Washington，1990）。在确定和选择溶出/释放介质时需要考虑几个方面，包括 pH 值、渗透压、增溶剂/表面活性剂、离子浓度和组成、缓冲液组成和缓冲能力，最重要的是，防止微生物污染，因为这些试验持续时间较长（Faisant et al.，2006）。尚未建立用于注射给药制剂的基于生理学的模拟生物相关介质。表 10.8 列出了文献中报道的一些溶出/释放介质。

表 10.8 注射制剂体外药物溶出/释放试验的药物溶出/释放介质

- pH 7.4 的磷酸盐缓冲液
- 血液和血液成分
- 模拟滑液
- 模拟肺液
- 模拟泪液

续表

• 大鼠脑匀浆
• Hank 平衡盐溶液
• 其他

资料来源：Iyer et al.（2006），Blanco-Prieto et al.（1999），Sternberg et al.（2007），Kamberi et al.（2009），Kokubo and Takadama（2006），Nagarwal et al.（2011）。

最后但同样重要的是，一些控释注射制剂体内释放的药物持续时间可能超过数周。如此长时间的体外药物溶出/释放试验不仅不切实际，而且不可行。因此，这种制剂的体外药物溶出/释放试验通常是加速的且持续时间较短。然而，必须给予足够的关注，以确保试验的生物生理相关性和区分力不会受到过度损害。

10.6 其他给药系统

其他几种药物递送系统包括透皮给药系统和局部药物递送系统。后者包括半固体制剂（乳膏剂、洗剂、软膏剂、凝胶剂等）、黏膜给药系统（如口服、口腔、舌下、直肠、阴道和牙周等）。开发稳健的药物溶出/释放方法的基本原则与适用于所有其他产品的基本原则相似，例如考虑药物溶解度和漏槽条件、药物溶出/释放体内部位的微环境和流体动力学等，需确保该方法具有生物生理相关性和区分力。然而，药品全身吸收的速率控制因素是溶出的药物在吸收表面的渗透。

综上所述，需要考虑两个额外的因素：跨相关生理膜或复合模拟/合成膜的渗透以及合适的模拟生物相关介质的识别和选择。从设备组件的角度来看，此处讨论的内容应与第 5 章局部制剂的药物溶出/释放试验方法的内容相辅相成。表 10.9 列出了用于这些产品的体外药物溶出/释放试验的一些常用溶出介质。

表 10.9　用于体外药物溶出/释放试验的一些常用溶出介质

• pH 7.4 的磷酸盐缓冲液
• pH 6.8 的磷酸盐缓冲液
• pH 4.2 的模拟阴道液
• pH 5.5 的模拟鼻液
• pH 5.5～6.5 的模拟鼻电解质
• pH 6.8 的人工鼻电解质
• pH 6.8 的模拟唾液
• pH 6.2 的改良模拟唾液
• 其他

资料来源：Miroet al.（2013），Nair et al.（2013），Owen and Katz（1999），Zhang et al.（2016），Maiti et al.（2014），Karavasili et al.（2016），Lungare et al.（2016），Li et al.（2014），Jug et al.（2017）。

10.7 路线图

药物溶出/释放试验是药品开发和证明产品质量的一个重要组成部分。在产品开发阶段进行药物溶出/释放试验的目的是开发 IVIVC 以证明该试验的区分力，而在 QC 期间试验的目的是通过灵敏度分析证明批次之间的一致性。药物溶出/释放试验方法的开发在这两个阶段都是必不可少的；然而，在前一阶段需要一种生物生理相关的（即生物相关的）方法，而不考虑制剂的类型或给药途径。因此，必须了解开发“生物相关溶出试验”方法所需要的条件。

关于溶出过程、溶出试验方法、影响溶出过程进而影响溶出性能的因素、溶出试验方法的选择标准、基于与药品预期/预测体内性能相关的生理参数的生物相关介质的识别和选择，以及计算和解析溶出数据的方法，只是溶出试验方法开发过程中需要综合评估的众多因素中的一小部分。因此，溶出试验方法的开发对于制剂研发、QC/QA、药代动力学、分析方法研发和法规事务部门的专业人员来说往往是一个挑战。

表 10.10 列出了开发生物生理相关药物溶出/释放的常规但系统的方案。一旦确定了某个 API 的处方类型和给药途径，就应在开始任何实验室工作之前，对该构想中的每个项目进行分析。此外，应综合利用分析产生的信息，以得出“理想”的药物溶出/释放方法所必需的标准。随后，基于所确定的标准，每一个标准都应转化为相关的“实用”标准，以在药物溶出/释放试验中实施。在此过程中，将为原料药和确定的制剂类型和应用途径提供生物生理相关的（即生物相关的）药物溶出/释放试验方法。

值得注意的是，表 10.10 中列出的每个项目（要点）都可以进一步详细说明，以识别和最终确定为给定药物制剂开发生物相关药物溶出/释放试验方法时要实施的独立的和共用的标准。第 3、4、5、7、9 和 18 章分别讨论了许多与各种原料药和制剂类型相关的标准。敦促读者回顾和研究这些章节中提供的信息，以了解开发生物生理相关（即生物相关）药物溶出/释放方法所涉及的范围。

表 10.10　生物相关溶出试验方法的开发（常规方案）

- 确定药物的 BCS
- 表征 API 的相关理化性质
- 表征制剂的药物特性
- 识别相关生理因素
- 为溶出试验选择合适的介质
  -产品开发阶段的“生物相关介质”
  -用于设置 QC 标准的介质
- 确定介质体积要求
- 确定流体动力学要求
- 选择相对合适的溶出试验仪器装置
  -介质体积要求
  -流体动力学要求
  -介质组成
  -pH 值、离子强度、渗透压等
  -加入表面活性剂
  -加入酶、稳定剂等
  -试验持续时间
  -取样——方法、频率等
  -处方的特定要求
  -其他
- 根据处方类型和药物特性确定试验持续时间
- 设定试验结果的评估标准
  -区分力（产品开发阶段）
  -灵敏度（设定 QC 标准）
  -其他
- 数据分析和解释的标准和方法
- 识别和合理化非传统改良
- 其他

10.8 总结

通过对体外溶出试验开发的精心设计，人们不断努力了解和模拟药物的体内溶出。这种试验被称为生物相关溶出试验。因此，解开生物相关药物溶出/释放试验方法之谜的关键是确定关键的生物学和生理参数，这些参数与体内功能性能决定因素的关键物理化学、药物参数相对应。随后，将这些信息转化为可测量的体外药物溶出/释放参数。然而，生物生理环境不仅复杂，而且是动态的（不断变化），这使得开发“真正的”生物生理相关（即生物相关）的药物溶出试验方法具有挑战性。

此外，在没有任何先例和/或历史数据库的情况下开发一种新方法，再加上未确立的标准，会招致很多监管方面的问询，而这正是人们想要避免的。因此，开发所谓的“真正的”生物生理相关（即生物相关）的药物溶出试验成为一个令人望而却步的命题。

另外，人们一直在追求设计一种“适合所有情形的单一溶出试验”，而最终设计出的是一种“量身定制”的溶出度试验，这受影响（如果不控制）产品的真实溶出和药物释放性能特征的关键因素驱动。各种模拟体内动力学的创新方法，包括相关的体内环境，已经产生了大量的溶出介质和药物溶出/释放试验设备的创新设计。尽管如此，设计通用生物相关溶出试验的探索仍在继续。

最后重要的一点是，生物相关药物溶出/释放试验方法的开发是一项多学科任务，如10.7节所述。为了全面理解为产品设计有效和高效的溶出度试验“需要做什么”，鼓励读者同时阅读和研究第3、4、5、7、9和18章中讨论的内容。

参考文献

Abeele，V. D.，Schilderink，R.，Schneider，F. et al.（2017）. Gastrointestinal and systemic disposition of diclofenac under fasted and fed state conditions supporting the evaluation of in vitro predictive tools. Molecular Pharmaceutics 14（12）：4220-4232.

Agrawal，M.，Limbachiya，M.，Sapariya，A. et al.（2012）. A review on parenteral controlled drug delivery system. International Journal of Pharmaceutical Sciences and Research 3（10）：3657-3669.

Ali，R.，Walther，M.，and Bodmeier，R.（2018）. Cellulose acetate butyrate：ammonio methacrylate copolymer blends as a novel coating in osmotic tablets. AAPS PharmSciTech 19（1）：148-154.

Amidon，G. L.，Lennernas，H.，Shah，V. P. et al.（1995）. A theoretical basis for a biopharmaceutic drug classification：the correlation of *in vitro* drug product dissolution and *in vivo* bioavailability. Pharmaceutical Research 12：413-420.

Arora，D.，Shah，K. A.，Halquist，M. S. et al.（2010）. In vitro aqueous fluidcapacity-limited dissolution testing of respirable aerosol drug particles generated from inhaler products. Pharmaceutical Research 27（5）：786-795.

Ashford，M.（2017）. Part 4：gastrointestinal tract-physiology and drug absorption. In：Aulton's Pharm. E-Book：Design and Manufacture of Medicines，300-318. Edinburgh：Elsevier.

Augustijns，P.，Wuyts，B.，Hens，B. et al.（2014）. A review of drug solubility in human intestinal fluids：implications for the prediction of oral absorption. European Journal of Pharmaceutical Sciences 57：322-332.

Balducci, A. G. , Steckel, H. , Guarneri, F. et al. (2015). High shear mixing of lactose and salmeterol xinafoate dry powder blends: biopharmaceutic and aerodynamic performances. Journal of Drug Delivery Science and Technology 30: 443-449.

Bisrat, M. , Anderberg, E. K. , Barnett, M. I. et al. (1992). Physicochemical aspects of drug release. XV. Investigation of diffusional transport in dissolution of suspended, sparingly soluble drugs. International Journal of Pharmaceutics 80 (1-3): 191-201.

Blanco-Príeto, M. J. , Besseghir, K. , Orsolini, P. et al. (1999). Importance of the test medium for the release kinetics of a somatostatin analogue from poly (D,L-lactide-co-glycolide) microspheres. International Journal of Pharmaceutics 184 (2): 243-250.

Borghardt, J. M. , Weber, B. , Staab, A. et al. (2015). Pharmacometric models for characterizing the pharmacokinetics of orally inhaled drugs. The American Association of Pharmaceutical Scientist Journal 17 (4): 853-870.

Brancato, D. , Scorsone, A. , Saura, G. et al. (2014). Comparison of TSH levels with liquid formulation versus tablet formulations of levothyroxine in the treatment of adult hypothyroidism. Endocrine Practice 20 (7): 657-662.

Burgess, D. J. , Crommelin, D. J. , Hussain, A. S. et al. (2004). Assuring quality and performance of sustained and controlled release parenterals: EUFEPS workshop report. AAPS PharmSci 6 (1): E11.

Carbonnel, F. , Rambaud, J. C. , Mundler, O. et al. (1994). Effect of energy density of a solid-liquid meal on gastric emptying and satiety. American Journal of Clinical Nutrition 60: 307-311.

Caride, V. J. , Prokop, E. K. , Troncale, F. J. et al. (1984). Scintigraphic determination of small intestinal transit time: comparison with the hydrogen breath technique. Gastroenterology 86: 714-720.

Chan, J. G. Y. , Chan, H. K. , Prestidge, C. A. et al. (2013). A novel dry powder inhalable formulation incorporating three first-line anti-tubercular antibiotics. European Journal of Pharmaceutics and Biopharmaceutics 83 (2): 285-292.

Cobden, I. , Barker, M. C. J. , and Axon, A. T. R. (1983). Gastrointestinal transit of liquids. Annual Clinical Research 15: 119-122.

Collins, P. J. , Horowitz, M. , Maddox, A. et al. (1996). Effects of increasing solid component size of a mixed solid/liquid meal on solid and liquid gastric emptying. American Journal of Physiology-Gastrointestinal and Liver Physiology 271 (4): G549-G554.

Davies, N. M. and Feddah, M. R. (2003). A novel method for assessing dissolution of aerosol inhaler products. International Journal of Pharmaceutics 255 (1-2): 175-187.

Davis, S. S. , Hardy, J. G. , Taylor, M. J. et al. (1984). A comparative study of the gastrointestinal transit of a pellet and tablet formulation. International Journal of Pharmaceutics 21 (2): 167-177.

Demoly, P. , Hagedoorn, P. , de Boer, A. H. et al. (2014). The clinical relevance of dry powder inhaler performance for drug delivery. Respiratory Medicine 108 (8): 1195-1203.

Diebold, S. M. (2000). Hydrodynamik and Lösungsgeschwindigkeit—Untersuchungen zum Einflu? der Hydrodynamik auf die Lösungsgeschwindigkeit schwer wasserlöslicher Arzneistoffe (Hydrodynamics and Dissolution—Influence of Hydrodynamics on Dissolution Rate of Poorly Soluble Drugs), 1e. Aachen: Shaker Verlag, Germany.

Duret, C. , Wauthoz, N. , Sebti, T. et al. (2012). Solid dispersions of itraconazole for inhalation with enhanced dissolution, solubility and dispersion properties. International Journal of Pharmaceutics 428: 103-113.

Eixarch, H. , Haltner-Ukomadu, E. , Beisswenger, C. et al. (2010). Drug delivery to the lung: permeability and physicochemical characteristics of drugs as the basis for a pulmonary biopharmaceutical classification system (pBCS). Journal of Epithelial Biology & Pharmacology 3 (1): 1-14.

Faisant, N. , Akiki, J. , Siepmann, F. et al. (2006). Effects of the type of release medium on drug release from PLGA-based microparticles: experiment and theory. International Journal of Pharmaceutics 314 (2): 189-197.

Fleisher, D. , Li, C. , Zhou, Y. et al. (1999). Drug, meal and formulation interactions influencing drug absorption after oral administration. Clinical Pharmacokinetics 36 (3): 233-254.

Forbes, B. , Richer, N. H. , and Buttini, F. (2015). Dissolution: a critical performance characteristic of inhaled products? In: Pulmonary Drug Delivery: Advances and Challenges (eds. A. Nokhodchi and G. Martin), 223-

240. Chichester/New York, NY: Wiley.

Fuchs, A. and Dressman, J. B. (2014). Composition and physicochemical properties of fasted-state human duodenal and jejunal fluid: a critical evaluation of the available data. Journal of Pharmaceutical Sciences 103 (11): 3398-3411.

Grainger, C. I., Saunders, M., Buttini, F. et al. (2012). Critical characteristics for corticosteroid solution metered dose inhaler bioequivalence. Molecular Pharmacology 9 (3): 563-569.

Grattan, T., Hickman, R., Darby-Dowman, A. et al. (2000). A five way crossover human volunteer study to compare the pharmacokinetics of paracetamol following oral administration of two commercially available paracetamol tablets and three development tablets containing paracetamol in combination with sodium bicarbonate or calcium carbonate. European Journal of Pharmaceutics and Biopharmaceutics 49 (3): 225-229.

Gray, V., Kelly, G., Xia, M. et al. (2009). The science of USP 1 and 2 dissolution: present challenges and future relevance. Pharmaceutical Research 26: 1289-1302.

Gröning, R. and Heun, G. (1989). Dosage forms with controlled gastrointestinal passage—studies on the absorption of nitrofurantoin. International Journal of Pharmaceutics 56 (2): 111-116.

Guerra, A., Etienne-Mesmin, L., Livrelli, V. et al. (2012). Relevance and challenges in modeling human gastric and small intestinal digestion. Trends in Biotechnology 30 (11): 591-600.

Haghi, M., Traini, D., Bebawy, M. et al. (2012). Deposition, diffusion and transport mechanism of dry powder microparticulate salbutamol, at the respiratory epithelia. Molecular Pharmacology 9: 1717-1726.

Hastedt, J. E., Bäckman, P., Clark, A. R. et al. (2016). Scope and relevance of a pulmonary biopharmaceutical classification system AAPS/FDA/USP workshop in Baltimore, MD. AAPS Open 2: 1-20.

Heading, R. C. and King, P. M. (1990). Gastro-Pyloro-Duodenal Coordination, 1e. Petersfield: Wrightson Biomedical Publishing.

Hunt, J. N. and Knox, M. T. (1968). A relation between the chain length of fatty acids and the slowing of gastric emptying. The Journal of Physiology 194 (2): 327-336.

Iyer, S. S., Barr, W. H., and Karnes, H. T. (2006). Profiling *in vitro* drug release from subcutaneous implants: a review of current status and potential implications on drug product development. Biopharmaceutics & Drug Disposition 27 (4): 157-170.

Jaspart, S., Bertholet, P., Piel, G. et al. (2007). Solid lipid microparticles as a sustained release system for pulmonary drug delivery. European Journal of Pharmaceutics and Biopharmaceutics 65 (1): 47-56.

Johnson, C., Sarna, S. K., Baytiyeh, R. et al. (1997). Postprandial motor activity and its relationship to transit in the canine ileum. Surgery 121 (2): 182-189.

Jug, M., Hafner, A., Lovrić, J. et al. (2017). An overview of *in vitro* dissolution/release methods for novel mucosal drug delivery systems. Journal of Pharmaceutical and Biomedical Analysis 147: 350-366.

Kalkwarf, D. R. (1983). Dissolution rates of uranium compounds in simulated lung fluid. Science of The Total Environment 28 (1-3): 405-414.

Kamberi, M., Nayak, S., Myo-Min, K. et al. (2009). A novel accelerated *in vitro* release method for biodegradable coating of drug eluting stents: insight to the drug release mechanisms. European Journal of Pharmaceutical Sciences 37 (3-4): 217-222.

Karavasili, C., Bouropoulos, N., Sygellou, L. et al. (2016). PLGA/DPPC/trimethylchitosan spray-dried microparticles for the nasal delivery of ropinirole hydrochloride: *in vitro*, *ex vivo* and cytocompatibility assessment. Materials Science and Engineering C 59: 1053-1062.

Keinke, O., Schemann, M., and Ehrlein, H. J. (1984). Mechanical factors regulating gastric emptying of viscous nutrient meals in dogs. Quarterly Journal of Experimental Physiology 69: 781-795.

Kendrick, M. L., Zyromski, N. J., Tanaka, T. et al. (2002). Postprandial absorptive augmentation of water and electrolytes in the colon requires intraluminal glucose. Journal of Gastrointestinal Surgery 6 (3): 310-315.

Klein, S., Wunderlich, M., and Dressman, J. (2005). Ch. 7: Pharmaceutical dissolution testing. In: Development of Dissolution Tests on the Basis of Gastrointestinal Physiology (eds. J. Dressman and J. Kramer), 193-228. New York,

NY: Taylor & Francis Group, LLC.

Kokubo, T. and Takadama, H. (2006). How useful is SBF in predicting *in vivo* bone bioactivity? Biomaterials 27 (15): 2907-2915.

Koziolek, M., Schneider, F., Grimm, M., Modeß, C., Seekamp, A., Roustom, T., and Weitschies, W. (2015). Intragastric pH and pressure profiles after intake of the high-caloric, high-fat meal as used for food effect studies. Journal of Controlled Release 220: 71-78.

Kumar, R. and Palmieri, M. J. (2010). Points to consider when establishing drug product specifications for parenteral microspheres. The AAPS Journal 12 (1): 27-32.

Li, C., Li, C., Liu, Z. et al. (2014). Enhancement in bioavailability of ketorolac tromethamine via intranasal in situ hydrogel based on poloxamer 407 and carrageenan. International Journal of Pharmaceutics 474 (1-2): 123-133.

Lungare, S., Bowen, J., and Badhan, R. (2016). Development and evaluation of a novel intranasal spray for the delivery of amantadine. Journal of Pharmaceutical Sciences 105 (3): 1209-1220.

Maiti, S., Chakravorty, A., and Chowdhury, M. (2014). Gellan co-polysaccharide micellar solution of budesonide for allergic anti-rhinitis: an in vitro appraisal. International Journal of Biological Macromolecules 68: 241-246.

Maretti, E., Rustichelli, C., Romagnoli, M. et al. (2016). Solid lipid nanoparticle assemblies (SLNas) for an anti-TB inhalation treatment-a Design of experiments approach to investigate the influence of pre-freezing conditions on the powder respirability. International Journal of Pharmaceutics 511: 669-679.

Martinez, M., Rathbone, M., Burgess, D. et al. (2008). *In vitro* and *in vivo* considerations associated with parenteral sustained release products: a review based upon information presented and points expressed at the 2007 Controlled Release Society Annual Meeting. Journal of Controlled Release 129 (2): 79-87.

May, S., Jensen, B., Wolkenhauer, M. et al. (2012). Dissolution techniques for *in vitro* testing of dry powders for inhalation. Pharmaceutical Research 29 (8): 2157-2166.

May, A., Arthur, O., Hai, W. et al. (2014). Simulation of *in vitro* dissolution behavior using DDDPlus^{TM}. The American Association of Pharmaceutical Scientist Journal 16: 217-221.

Meeroff, J. C., Go, V. L. W., and Phillips, S. F. (1975). Control of gastric emptying by osmolality of duodenal contents in man. Gastroenterology 68: 1144-1151.

Meyer, J. H., Dressman, J., Fink, A. et al. (1985). Effect of size and density on canine gastric emptying of nondigestible solids. Gastroenterology 89: 805-813.

Miller, A., Parkman, H. P., Urbain, J. C. et al. (1997). Comparison of scintigraphy and lactulose breath hydrogen test for assessment of orocecal transit. Digestive Diseases and Sciences 42 (1): 10-18.

Miro, A., D'Angelo, I., Nappi, A. et al. (2013). Engineering poly (ethylene oxide) buccal films with cyclodextrin: a novel role for an old excipient? International Journal of Pharmaceutics 452: 283-291.

Möbus, K., Siepmann, J., and Bodmeier, R. (2012). Zinc-alginate microparticles for controlled pulmonary delivery of proteins prepared by spray-drying. European Journal of Pharmaceutics and Biopharmaceutics 81 (1): 121-130.

Mudie, D., Murray, K., Hoad, C. et al. (2014). Quantification of gastrointestinal liquid volumes and distribution following a 240 mL dose of water in the fasted state. Molecular Pharmaceutics 11 (9): 3039-3047.

Nagarwal, R. C., Kumar, R., Dhanawat, M. et al. (2011). Modified PLA nano in situ gel: a potential ophthalmic drug delivery system. Colloids and Surfaces B: Biointerfaces 86 (1): 28-34.

Nair, A. B., Kumria, R., Harsha, S. et al. (2013). *In vitro* techniques to evaluate buccal films. Journal of Controlled Release 166 (1): 10-21.

National Asthma Education and Prevention (NAEP), Program (2007). Expert panel report 3 (EPR-3): guidelines for the diagnosis and Management of Asthma-Summary Report 2007. Journal of Allergy and Clinical Immunology 120 (5): S94-S138.

Oberle, R. L., Chen, T. S., Lloyd, C. et al. (1990). The influence of the interdigestive migrating myoelectric complex on the gastric emptying of liquids. Gastroenterology 99 (5): 1275-1282.

Ortiz, M., Jornada, D. S., Pohlmann, A. R. et al. (2015). Development of novel chitosan microcapsules for pulmonary delivery of Dapsone: characterization, aerosol performance, and *in vivo* toxicity evaluation. AAPS PhamSciTech 16: 1033-1040.

Owen, D. H. and Katz, D. F. (1999). A vaginal fluid simulant. Contraception 59 (2): 91-95.

Pai, R. V., Jain, R. R., Bannalikar, A. S. et al. (2015). Development and evaluation of chitosan microparticles based dry powder inhalation formulations of rifampicin and rifabutin. Journal of Aerosol Medicine and Pulmonary Drug Delivery 29 (2): 179-195.

Parikh, R. and Dalwadi, S. (2014). Preparation and characterization of controlled release poly-ε -caprolactone microparticles of isoniazid for drug delivery through pulmonary route. Powder Technology 264: 158-165.

Pilcer, G., Rosiere, R., Traina, K. et al. (2013). New co-spray-dried tobramycin nanoparticles-clarithromycin inhaled powder systems for lung infection therapy in cystic fibrosis patients. Journal of Pharmaceutical Sciences 102 (6): 1836-1846.

Qiu, Y., Chen, Y., Zhang, G. et al. (2016). Developing Solid Oral Dosage Forms: Pharmaceutical Theory and Practice. Academic Press.

Riley, T., Christopher, D., Arp, J. et al. (2012). Challenges with developing *in vitro* dissolution tests for orally inhaled products (OIPs). AAPS PharmSciTech 13 (3): 978-989.

Rohrschneider, M., Bhagwat, S., Krampe, R. et al. (2015). Evaluation of the transwell system for characterization of dissolution behavior of inhalation drugs: effects of membrane and surfactant. Molecular Pharmacology 12 (8): 2618-2624.

Rostami-Hodjegan, A., Shiran, M. R., Ayesh, R. et al. (2002). A new rapidly absorbed paracetamol tablet containing sodium bicarbonate. I. A four-way crossover study to compare the concentration-time profile of paracetamol from the new paracetamol/sodium bicarbonate tablet and a conventional paracetamol tablet in fed and fasted volunteers. Drug Development and Industrial Pharmacy 28 (5): 523-531.

Rothe, T., Spagnolo, P., Bridevaux, P. O. et al. (2018). Diagnosis and management of Asthma—the Swiss guidelines. Respiration 95 (5): 364-380.

Salama, R. O., Traini, D., Chan, H. K. et al. (2008). Preparation and characterization of controlled release co-spray dried drug-polymer microparticles for inhalation 2: Evaluation of *in vitro* release profiling methodologies for controlled release respiratory aerosols. European Journal of Pharmaceutics and Biopharmaceutics 70 (1): 145-152.

Savjani, K. T., Gajjar, A. K. and Savjani, J. K. (2012). Drug Solubility: Importance and Enhancement Techniques. ISRN Pharmaceutics 2012: 1-10.

Scalia, S., Salama, R., Young, P. et al. (2012). Preparation and *in vitro* evaluation of salbutamol-loaded lipid microparticles for sustained release pulmonary therapy. Journal of Microencapsulation 29 (3): 225-233.

Schulz, H., Brand, P., and Heyder, J. (2000). Particle deposition in the respiratory tract. In: Particle-Lung Interactions (eds. P. Gehr and J. Heyder), 229-290. New York, Basel: Marcel Dekker, Inc.

Sellin, J. H. and Hart, R. (1992). Glucose malabsorption associated with rapid intestinal transit. American Journal of Gastroenterology 87 (5): 584-589.

Shah, V. P., Smurthwaite, M. J., Veranth, J. M. et al. (2008). The inhalation ad hoc advisory panel for the USP performance tests of inhalation dosage forms. Pharmaceutical Forum 34 (4): 1068-1074.

Shekunov, B. and Montgomery, E. R. (2016). Theoretical analysis of drug dissolution: Ⅰ. Solubility and intrinsic dissolution rate. Journal of Pharmaceutical Sciences 105 (9): 2685-2697.

Sirois, P. J., (1989). Size and density discrimination of nondigestible solids during emptying from the canine stomach. A hydrodynamic correlation. Thesis. The University of Michigan, Ann Arbor, MI.

Son, Y. J., Horng, M., Copley, M. et al. (2010). Optimization of an *in vitro* dissolution test method for inhalation formulations. Dissolution Technologies 17 (2): 6-13.

Sternberg, K., Kramer, S., Nischan, C. et al. (2007). *In vitro* study of drug-eluting stent coatings based on poly (L-lactide) incorporating cyclosporine A-drug release, polymer degradation and mechanical integrity. Journal of Materials Science: Materials in Medicine 18 (7): 1423-1432.

Tolman, J. A. and Williams, R. O. (2010). Advances in the pulmonary delivery of poorly water-soluble drugs: influence of solubilization on pharmacokinetic properties. Drug Development and Industrial Pharmacy 36 (1): 1-30.

Usmani, O. S., Biddiscombe, M. F., Barnes, P. J. et al. (2005). Regional lung deposition and bronchodilator response as a function of β2-agonist particle size. American Journal of Respiratory and Critical Care Medicine 172 (12): 1497-1504.

Vardakas, K. Z., Voulgaris, G. L., Samonis, G. et al. (2018). Inhaled colistin monotherapy for respiratory tract infections in adults without cystic fibrosis: a systematic review and meta-analysis. International Journal of Antimicrobial Agents 51 (1): 1-9.

Velaga, S. P., Djuris, J., Cvijic, S. et al. (2018). Dry powder inhalers: an overview of the in vitro dissolution methodologies and their correlation with the biopharmaceutical aspects of the drug products. European Journal of Pharmaceutical Sciences 113: 18-28.

Verwei, M., Minekus, M., Zeijdner, E. et al. (2016). Evaluation of two dynamic *in vitro* models simulating fasted and fed state conditions in the upper gastrointestinal tract (TIM-1 and tiny-TIM) for investigating the bioaccessibility of pharmaceutical compounds from oral dosage forms. International journal of Pharmaceutics 498 (1-2): 178-186.

Vist, G. E. and Maughan, R. J. (1995). The effect of osmolality and carbohydrate content on the rate of gastric emptying of liquids in man. Journal of Physiology 486 (2): 523-531.

Vita, R., Fallahi, P., Antonelli, A., and Benvenga, S. (2014). The administration of L-thyroxine as soft gel capsule or liquid solution. Expert Opinion on Drug Delivery 11 (7): 1103-1111.

Walsh, P., Bothe, J., Bhardwaj, S. et al. (2015). A canine biorelevant dissolution method for predicting *in vivo* performance of orally administered sustained release matrix tablets. Drug Development and Industrial Pharmacy 42 (5): 836-844.

Washington, C. (1990). Drug release from microdisperse systems: a critical review. International Journal of Pharmaceutics 58 (1): 1-12.

Wilson, C. G., Washington, N., Greaves, J. L. et al. (1989). Bimodal release of ibuprofen in a sustained-release formulation: a scintigraphic and pharmacokinetic open study in healthy volunteers under different conditions of food intake. International Journal of Pharmaceutics 50 (2): 155-161.

Wu, X., Hayes, D., Zwischenberger, J. et al. (2013). Design and physicochemical characterization of advanced spray-dried tacrolimus multifunctional particles for inhalation. Drug Design, Development and Therapy 7: 59-72.

Xie, X., Cardot, J.-M., Garrait, G. et al. (2014). Micelle dynamic simulation and physicochemical characterization of biorelevant media to reflect gastrointestinal environment in fasted and fed states. European Journal of Pharmaceutics and Biopharmaceutics 88 (2): 565-573.

Zhang, P., Liu, X., Hu, W. et al. (2016). Preparation and evaluation of naringenin-loaded sulfobutylether-β-cyclodextrin/chitosan nanoparticles for ocular drug delivery. Carbohydrate Polymers 149: 224-230.

Ziessman, H. A., Fahey, F. H., Collen, M. J. et al. (1992). Biphasic solid and liquid gastric emptying in normal controls and diabetics using continuous acquisition in LAO view. Digestive Diseases and Sciences 37 (5): 744-750.

第 11 章

生物利用度预测软件：虚拟还是现实!

11.1 引言

有学派认为，开发一种药品与其说是科学，不如说是一门艺术！然而，这种“艺术”正在持续地基于科学原则而合理化。质量源于设计（QbD）整个学科要求药物制剂（即药品）的设计和开发遵循科学合理的输入和同样科学合理的决策程序。因此，药品的开发正朝着可被称作“科学的艺术”的方向前进！

药品应是安全且临床有效的。通过最便利和期望的途径给药，它应产生预期的治疗效果，快速起效，具有最优的活性持续时间，并且在残留极小或没有残留效应的情况下从体内清除/排出。此外，其物理和化学性质应稳定，外形美观可接受。原料药很少单独给药，而是以制剂（即药物处方）形式，由原料药和辅料组成，并经工艺处理得到最终制剂。

药物溶出/释放试验在药品的开发中起着至关重要的作用。药物溶出/释放试验的作用一度被认为仅限于质量控制（QC），但实际上它贯穿了药品设计和开发阶段以及经监管部门批准上市后的阶段。与药物制剂相关的体外药物溶出/释放试验的渐进式应用见图 11.1（Shah，2015）。在产品开发过程中应用溶出试验的基本假设是试验条件具有生物生理相关性，并且开发产品的药物溶出/释放性能与其体内的药物溶出/释放性能类似。因此，人们期望体外试验是具有生物预测性的，可通过分别对体外和体内数据进行反卷积和卷积处理进行确认。

一般而言，药品开发过程相对简单且线性，可得到监管机构的许多建议和指南以及文献中可用报告的支持。在药品原型设计最终确定的过程中，大量的科学和战略思考为得出理论选择提供了必要的支持。这些包括整合原料药的理化、生理性质和治疗学信息以及拟设计剂型和产品预期在体内的功能特性。随后，通过一系列体外实验收集数据来辅助筛选处方，推测这些制剂可能会按照预期在体内合理且成功地发挥作用。此时，从迄今为止已收集到的体外数据对体内特性进行预测，可分别使用体内参数预测软件［如生物利用度（BA）、生物等效性（BE）和药物-药物相互作用（DDI）等预测软件］进行模拟以深入了解体内特性。已

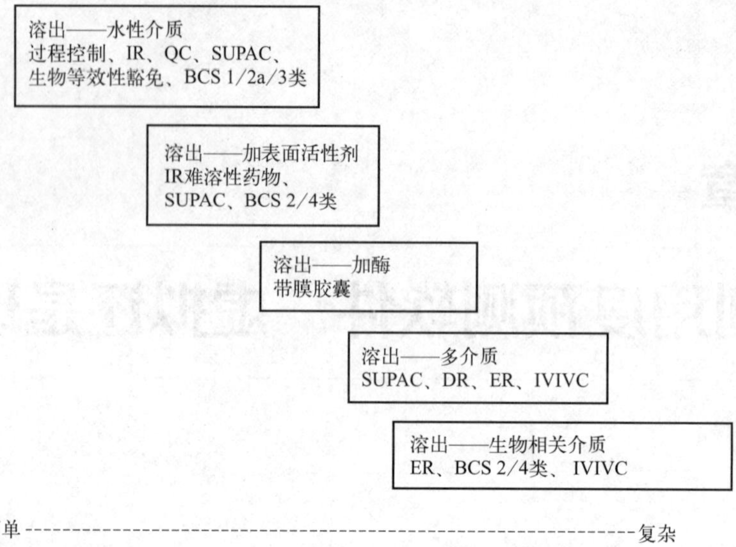

图 11.1 体外溶出试验在药物开发中渐进式应用的示意图（Shah，2015）

开发了一系列此类软件供药物开发科学家使用。此外，对于此类软件的实际潜在效应存在很大程度的困惑，以至于产品开发团队不断努力解决一个问题——它（即某一特定软件）是否适用于正在开发的产品？

本章有三个主要目的。第一，评估使用软件来模拟和预测产品的体内性能的需求性（仅限于 BA 和/或 BE，即药品的生物有效性）以及了解必要的前提条件。第二，在使用任何软件时确认必要输入的作用、类型及深入了解，以及使用软件后对输出的分析和诠释。第三，也许是最重要的，了解软件的优势和局限性，即它们具备和不具备的功能！

11.2 在药品开发中对模拟和预测的需求

一种药品的开发涉及与辅料配伍的药物特性、制剂的生物药剂学特性以及制剂给药后的治疗结果等方面的评估。所有这些评估的中心目的是根据预先设定的标准证明制剂的安全性和有效性，预设标准通常由药物和给药剂型的预期治疗效果进行定义和判定。在药品的开发阶段，诸多试验在证明产品的功能特性以及安全性和有效性方面发挥作用。这里仅举几个例子，这些试验包括但不限于单独原料药以及与辅料配伍后的化学鉴别和纯度、一系列 QC 检测、原料药的溶解度评估、药物从制剂中的体外溶出/释放、药物从制剂中溶出后的体外（或离体）渗透性以及在制剂给药后药物的生物利用度。

基于上述考虑，开发了一系列处方并评估了其体外功能特征，并着眼于这些处方预期的体内性能。在该评估过程中，体外溶出试验发挥重要作用。由此，开发体外试验以潜在地预测药物制剂的体内性能（效果），作为制剂开发过程中剂型筛选和优化的一种手段，已取得不同程度的成功。如此一来，在这个过程中探究了体外溶出/释放与体内吸收之间的关系，即体外-体内相关性（IVIVC），同时常常假定所采用的体外溶出试验是药品的有效替代。通常由制剂科学家负责跟进的药品开发过程如图 11.2 所示。

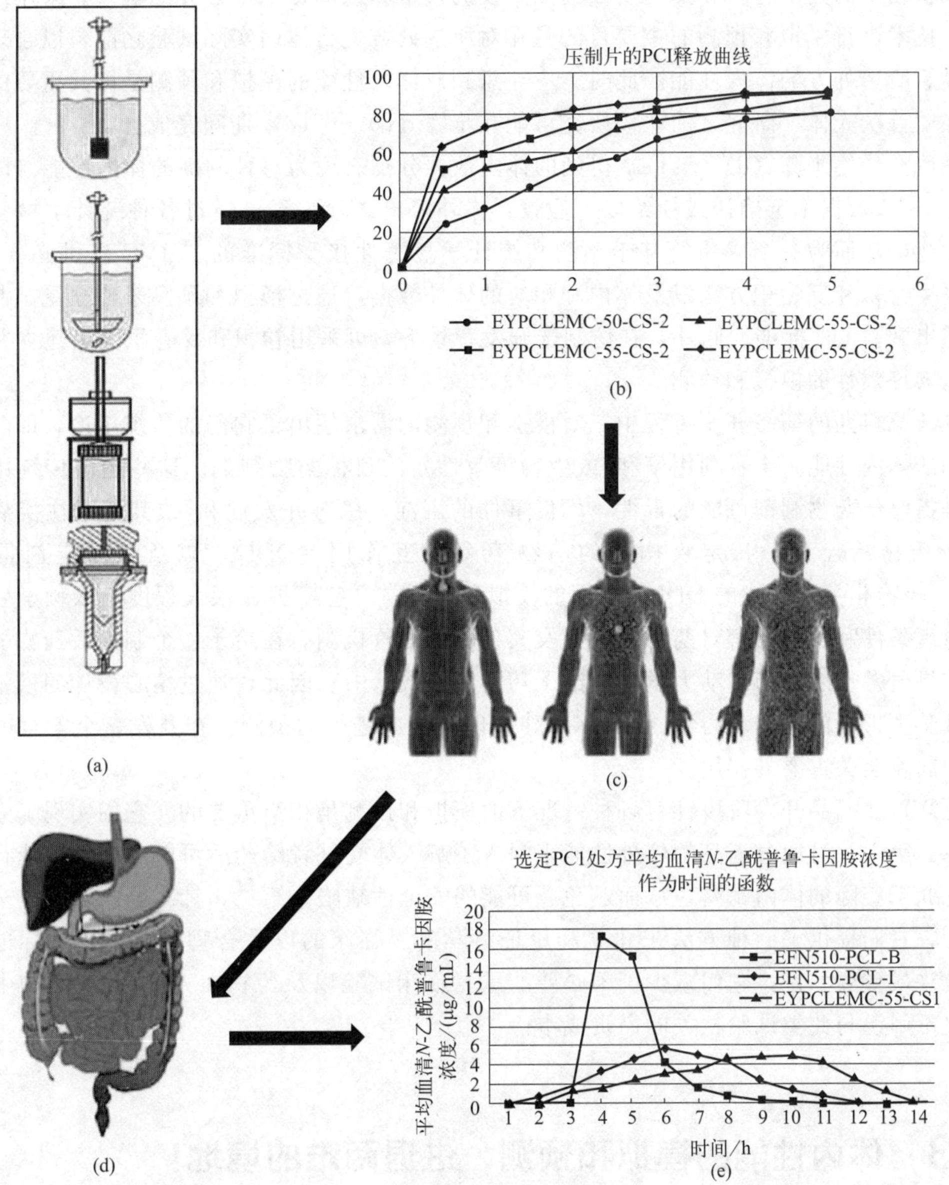

图 11.2　药品开发过程的示意图（通常由制剂科学家进行）

(a) 原型制剂体外溶出试验；(b) 选定制剂体外溶出曲线；(c) 选定制剂人体受试者给药；(d) 制剂的生物生理过程；(e) 选定制剂的体内 BA 性能

在药品开发过程中有几个阶段，即步骤 (a)～(e)，需要通过模拟和预测来实现几个目标。其中一些目标与表征和预测产品的体外性能有关，根据数学模型结合统计分析确定其各自的“拟合优度”和“显著性”［步骤 (a) → (b)］。通常，这些信息在溶出试验的判别分析时是有用的，用于区分所试验的处方，从而帮助制剂科学家选择进入下一阶段的处方。

此外，在步骤 (b) → (d) 期间，对于模拟和预测的需求是突出的。至关重要的是在设计溶出试验方法时采用的基本原理，尤其是用于生物生理相关性的基本原理。此外，体外溶出试验结果的判别分析为当前阶段药品开发的模拟和预测提供了必要的输入。采用反卷积和卷积技术进行模拟和预测的主要目的是在对所选处方进行体内实际试验之前，以合理的置信度设想所选处方的体内性能。此时，应注意到对体内性能的模拟和预测是极其重要的，尤其是在“首次人体”研究之前，该研究可能在步骤（b）→（d）期间完成。

最后，最终步骤（d）→（e）得到的体内数据分别表现为每种制剂的体内性能（即生物利用度）。该数据用于确认或拒绝以下假设：体外溶出试验是否可通过各种统计学检验预测体内性能，从而为一个成功的基于预测和统计学显著性接受标准的 IVIVC 提供必要证据。再次采用卷积和反卷积方法以及体内和相应的体外数据，通过模拟和预测来建立受试制剂的体外溶出试验 QC 标准。此外，在仿制药开发背景下，可采用卷积和反卷积方法建立并论证对于生物等效性的模拟和预测。

在新原料药的药品开发过程中，对模拟和预测的需求超出了它们的传统用途，即获得达到预期的体内性能（生物利用度和/或生物等效性）的目标药物制剂。这些超出传统用途的需求是指对于药物制剂可能的毒性，不良事件的沉淀，患有并发症和/或其他既往疾病的患者给予药物治疗某一特定疾病时的药物-药物相互作用（DDI），以及与固定剂量组合（FDC）药物相关的可能的 DDI 等方面的模拟和预测。这些模拟在很大程度上依赖于生理状态、生理条件和各种器官对药物的处置及其各自的处置机制。在给予一个制剂后药物的生理处置结果通常反映在药代动力学（即给予药物的参数）中。因此，通过精心设计的模拟所实现的基于生理学的药代动力学（PBPK）建模以及由此进行的预测，在开发一个安全的药品过程中起着至关重要的作用。

总之，在药品开发阶段针对各种情况下的模拟和预测是相当重要的。它们实现了三个主要目标。第一，可通过药品的体外性能来深入了解人体受试者给药后可能的体内性能行为特征，先验于实际的体内暴露，从而避免了可能的安全性缺陷。第二，针对药品及其安全性和有效性，它们提供了一种方法来建立和论证科学的、临床的以及合理的 QC 接受标准。第三，也许最重要的是，它们减少了不必要的重复临床试验以及药物在人体和/或动物中的暴露，更不用说与此类试验相关的昂贵成本。

11.3 体内性能的模拟和预测：进退两难的境地！

在药品开发阶段，针对生物生理响应以及原料药从给药制剂（药品）中的释放过程进行模拟和预测的好处和优势是显而易见的。在新原料药产品开发的早期阶段，软件模拟和软件预测在药品整体体内性能方面的应用更加显著。这些应用旨在了解新原料药潜在的毒代动力学以及有可能确定的安全限度和/或标准。目前，更加常规使用的是 PBPK 建模。然而，不论是新药申请（NDA）或是简略新药申请（ANDA），在预测这些药品体内性能方面，使用和取得的成功都是极为有限的（Kaur et al.，2015；Suarez-Sharp et al.，2016；等）。事实上，在开发一种药品（NDA 和/或 ANDA）时，与原料药生物生理特性相关的知识库是可用的，而在首次开发一种新原料药的药品过程中则相反，人们期望这种情况能够得到反转。

此外，使用一个含有新原料药的制剂进行“首次人体”研究的风险远高于开发一个含有已知原料药的药品、NDA 或 ANDA 时的风险。因此，探索这些观测结果的可能原因是非常重要的。

如图 11.2 所示，由制剂科学家对药品开发过程的示意图进行深入审查和分析是必不可少的。此处概述的整个药物开发过程的唯一主要目标，如 11.3 节所述，是在各个阶段采用模拟和预测模型来预测药品的 BA 和/或 BE。该模型（即图 11.2 中描述的药物开发过程）的前提是假设体外溶出有可能预测 BA 和/或 BE，尤其是当体内吸收受溶出速率限制时。因此，在设计兼具生物生理相关性和区分力的体外溶出试验［步骤（a）］方面付出了大量的努力。随后，在过渡阶段应用模拟和预测进行步骤（a）→（b）→（c）→（d）→（e）。当根据预设的 BA 和/或 BE 接受标准进行模拟未能成功预测结果时，将对这些数据进行详细分析。这些分析得出一致的结论，应使用具有生物生理相关性的和生物预测性的体外溶出方法。此外，在设计体外溶出试验方法时［即返回步骤(a)］，PBPK 建模和模拟方法应与胃肠道的解剖学和生理学参数以及原料药的理化性质相结合（Suarez-Sharp et al.，2016）。从这个意义上说，人们在药品开发过程中运用模拟和预测时，经常会陷入进退两难的境地。

体外溶出试验最初被开发并用作 QC 检查项，能够建立并证明药品质量性能的批间一致性，现在已经逐渐成为建立和证明不同批次间产品体内质量的替代方法。然而，第 9 章中所描述的 IVIVC 模型（图 11.1）相对简单，适用于那些需要在体内吸收前能够释放并溶出药物的各种剂型。它为开发模拟和预测模型以预测体内性能（BA 和/或 BE）提供了充足的机会，但需注意的是，这些模拟和预测模型需要对每种药物及含有药物的药品均具有生物生理相关性和生物预测性、独立性以及个体性，这通常被证明是一项艰巨的任务。

11.4 生物利用度（BA）/生物等效性（BE）模拟软件：它们可以实现及不可实现的方面！

一系列 BA/BE 预测和模拟软件被开发并在文献中进行了报道（如表 11.1 所示），可供药品开发科学家使用。虽然该表 11.1 并不全面，但已尽一切努力分别整理了许多可用软件的信息及其通过参考文献提供的报告用途。可以使用手持式计算器运行这些软件包，使用非常精密和复杂的计算软件，需要大量的培训才能有效地操作这些软件，此类软件的成本自然较高。由于有如此多可用的选项（软件包），制剂科学家在选择其中一种或有可能两种既合适又能够用于手头产品开发的软件包时常常面临挑战。此外，使用特定软件的先决条件各不相同。再者，与软件相关的文献仅报道了“成功案例”，即使用该软件已成功模拟和预测了输出。因此，特定软件的局限性要么尚未披露，要么软件生产商也并不知晓。由于输入、数学、迭代等过程通常以超出制药科学家理解的语言呈现，因此需要计算专家解码该信息以理解软件的运行。人们经常会遗忘、搁置和/或不考虑这一方面，从而导致对软件所提供结果的过度依赖以及对结果的曲解和/或误导。因此，在使用特定的软件时，应从一个定义明确并且表述清晰的目标开始，这一点至关重要。此外，应该彻底了解软件的利弊，即“它们可以实现及不可实现的方面”，从而获得所选软件对特定任务的最大效益。

表 11.1 BA/BE 预测和模拟软件列表（未全部列出）

软件	应用	来源	参考文献
ABSPLOTS	PK[①]（Wagner-Nelson）	Lotus123	Shumakeret al. (1988)
acsIXtreme	PBPK[②]、PD[③]	AEgis Technologies Group Inc.，美国亚拉巴马州亨茨维尔	AEgis Technologies Group Inc.，美国亚拉巴马州亨茨维尔
ADAPT 5	PBPK	Biomedical Simulations Resource，美国加利福尼亚州洛杉矶	D'Argenio and Schumitzky(2009)
APIS	PK(患者)	NA[④]	Iliadis et al. (1992)
ATIS	非线性最小二乘法模型拟合	NA	NA
AUC-RPP	PK(非房室)	Ritschel, W.，美国俄亥俄州辛辛那提市辛辛那提大学	NA
Bear(BE/BA for R)	BA/BE、ANVOA[⑤]	NA	mobilePK@gmail. com
BIOEQV52 BIOPAR40 BIOEQNEW	BA/BE、ANVOA、功效	NA	Wijnand(1994)
Biokmod	PK、卷积	Biokinetica	NA
BiokmodWeb	PK	BiokmodWeb	NA
BIOPAK	BA/BE	SCI Software	NA
Boomer	PK 模拟，非线性回归	david. bourne@ucdenver. edu	Bourne(1994)
CombiTool	剂量加和性，PBPK 支持	NA	NA
CSTRIP	PK	Wagner J.，Polyexponential Stripping	NA
CXT	PK、PD 建模	BIO-LAB, Bratislava	Dedik and Durisova (1995)
CyberPatient™	PK 模拟	Bolger M.，美国加利福尼亚州洛杉矶南加州大学	NA
DDI Predict	DDI(PBPK 支持)	AureusSci.，法国巴黎	http://www. aureus-sciences. com
DRUGCALC	药物治疗(PBPK 支持)	Therapeutic Technologies	thertch@aol. com
EASYFIT	PK	Rocchetti, M.	NA
EASY-PHEN	治疗药物监测(TDM)、代谢(PBPK 支持)	Michele-Mengoni，意大利卡梅里诺	知识产权办公室(搜索标题＝easy-phen)
EDFAST	PK 建模	Biosoft	NA
Edsim＋＋	PK、PD	Edsim＋＋PBPK Engine	NA
ERDEM	PBPK、PD	ERDEM	Blancato et al. (2006)
GastroPlus™	PBPK、IVIVC[⑥]	Simulations Plus，纽约布法罗	NA
INTELLIPHARM PK	溶出、PK	NA	NA

续表

软件	应用	来源	参考文献
IVIVC for R	IVIVC	NA	mobilePK@gmail. com
JGuiB	PK、PD	NA	mobilePK@gmail. com
JPKD	PK、PD	NA	mobilePK@gmail. com
KINBES	BA/BE、PK、数值反卷积、ANOVA	MEDIWARE	NA
Kinetica 4. 2	BA/BE、PK	InnaPhase Corp. ,美国宾夕法尼亚州费城	NA
KINETICS	PK	Rick Tharp	NA
Maxsim2	PK、PD	NA	NA
MKMODELModKine	PK、PD、非线性最小二乘法回归	Biosoft,美国密苏里州弗格森	NA
MEDICI-PK	PK、PD	https://www. cit-wulkow. de/products/medici-pk	https://www. cit-wulkow. de/products/medici-pk
mobilePK	PK、TDM、PBPK、支持	NA	mobilePK@gmail. com
PKfit for R TDM for R			www. r-project. org
MONOLIX	PK、PD	NA	NA
MULTI	PK 曲线拟合	NA	Yamaoka et al. (1981); Yamaoka and Nakagawa (1983); Yamaoka et al. (1985)
MwPharm++	TDM、PK、PD建模	MW\PHARM DOS	Fuchs et al. (2013)
NCOMP	非房室 PK	NCOMP astatine@freeshell. org	Laub and Gallo(1996)
PAVA	PBPK 支持	PAVA version 1. 0	Goldsmith et al. (2010)
PCDCON	反卷积/卷积、IVIVC	gillespiew@donald. cder. fda. gov	Karol et al. (1991)
PCModfit	IVIVC、建模、模拟	PCModfit version 6	Allen(1990)
PDx-IVIVC PDx-MC-PEM PDx-Pop	PK、PD 建模	GloboMax LLC	NA
PharmaCalcCL	PK 模拟	Kramer S. ,Pharm'l. Sci. ,瑞士苏黎世联邦理工学院	Inst. NA
PKMP	BA/BE、IVIVC	Ajit. shah@aplanalyst. com	NA
PDx-IVIVC PDx-MC-PEM PDx-Pop	PK、PD 建模	GloboMax LLC	NA
Phoenix NLME PhoenixWinNonlin Simcyp	PK、PD、PBPK	Phoenix 美国纽约州普林斯顿	sales@certara. com
P^3M(Ver. 1. 0)	PBPK 建模	NA	NA

续表

软件	应用	来源	参考文献
PH\EDSIM	PK、PD 建模	Mediware 美国伊利诺伊州奥克布鲁克	NA
PhysPK	PK、PD、PBPK、建模、模拟	NA	NA
Pirana	PK 建模	NA	NA
PKAnalyst Scientist	PK 建模	Micromath Inc.，美国犹他州盐湖城	NA
PK:Basic Pharmacokinetics for R	PK 建模	由 Wolfseggar M 和 Jaki T 维护的 www.r-project.org	NA
PKBugs	PK 建模	NA	NA
PBPK 1.0	PBPK 建模	NA	Cahill et al.（2003）
PKQuest	PBPK 建模	Levitt D.	NA
Phoenix NLME Phoenix WinNonlin Simcyp	PK、PD、PBPK	Phoenix 美国纽约州普林斯顿	sales@certara.com
PK-Map	ADME[7] 建模、PK、PD、PBPK、IVIVC	Bayer Technology Services，GmbH，德国	http://www.bayertechnology.com/pk-map
PK-Sim			http://www.pk-sim.com
PKSolver	PK、PD 建模	https://www.boomer.org/boomer/software/pksolver.zip	Zhanget al.（2010）
Pmetrics	PK-PD、群体、个体建模	NA	NA
SAAM II	PK、PD、酶动力学、房室建模	NA	NA
Simulo	PK-PD 糖尿病模型模拟器、PBPK 支持	NA	NA
TopFit	非房室 PK 建模	Gustav Fischer，VCH Publishers Inc.，美国纽约州纽约市	Tanswell and Koup 1993
PK-Map	ADME[7] 建模、PK、PD、PBPK、IVIVC	Bayer Technology Services，GmbH，德国	http://www.bayertechnology.com/pk-map
PK-Sim			http://www.pk-sim.com

① PK，药代动力学。
② PBPK，基于生理学的药代动力学。
③ PD，药效学。
④ NA，不适用。
⑤ ANOVA，方差分析。
⑥ IVIVC，体外-体内相关性。
⑦ ADME，吸收、分布、代谢和排泄/清除。

实际上，计算机辅助模拟和预测软件是在一系列数学算法（也称为逻辑）上构建的，根据算法中设定的数学逻辑处理那些输入算法的信息。因此，同样是基于算法的局限性和相关的内置命令，每种算法都会产生有其自身局限性的特定结果。对于从操作者通过问题/响应格式获得的输入，有多个系列的算法可以进行处理。一旦执行了任何数学函数（例程），会显示（报告）这一运行的结果。例程的灵活性应极小或没有；否则，将出现软件验证问题，这将导致结果的可靠性降低（不可靠）和可预测性降低，从而失去了模拟和预测的目的。因此，制药科学家（操作者、制剂科学家、计算机技术专家等）需要依靠自己解决有关输入信息的程度、类型、相关性和完整性问题，以及对这类计算机辅助计算模拟和预测所获得结果的分析、诠释、应用和使用问题。必须认识到并注意的是，任何计算机辅助模拟和预测软件都没有能力解读数据（结果），仅限于根据算法（语言）对数据（结果）进行处理。此外，由程序［即数学例程（算法）］作者负责设计能够实际反映并与软件设计的程序目标相关的可运行例程（数学等）。当设计一款软件，尝试将 PBPK 与胃肠道的解剖和生理参数以及原料药的理化性质进行整合时，以上这些考虑是至关重要的。

已有数篇发表的文章在开发 IVIVC 时使用了计算机辅助模拟和预测软件（仅报道了成功案例），这通常看上去像推广其中使用的软件的营销活动。在可用的多种计算机辅助模拟和预测软件中，最常用的三个软件平台是 Kinetica®、SymCyp®（Phoenix NLME Phoenix WinNonlin）和 GastroPlus®（也称为 Simulations Plus®）。有研究将 Kinetica® 4.4.1 PK/PD 软件用于开发甲氧氯普胺片的体外-体内相关性（IVIVC）（Khan et al.，2015），而 Hanif 等（2018）使用 Phoenixsoftware WinNonlin® IVIVC toolkit 1.0 开发了用于优化尼美舒利处方的 IVIVC。另有研究基于地尔硫䓬的体外溶出及其主要代谢物的药代动力学，使用 Kinetica® 4.2 联合 TOPFIT 2.0 软件开发了 IVIVC（Mircioiu et al.，2019）。在呋塞米固体脂质纳米粒的 IVIVC 开发以及药代动力学分析中使用了包含 10 次模拟的 GastroPlus®（Simulations Plus）软件（Ali et al.，2017）。近期有研究报道了使用 GastroPlus®（Simulations Plus）软件通过体外溶出和计算机建模快捷方式预测 BE 的实用性（Al-Tabakha and Alomar，2020）。在另一项研究中，使用两种竞争性 PK 软件程序——WinNonlin® 和 Kinetica® 对两种模型药物硫辛酸和黄腐酚的 PK 数据进行了分析（Karnpracha，2013）。对于黄腐酚和异黄腐酚 PK 参数的计算和预测，由 WinNonlin® 和 Kinetica® 获得的结果是相同的。然而，对于硫辛酸的 PK 参数，除 C_{max} 和 T_{max} 外，其他所有参数均不同。这种差异可归因于不同的计算方法以及两种程序各自的变异性和局限性。以上是文献中报道的一些实例，采用计算机辅助模拟和预测软件，通过体外溶出试验模拟和预测 BA 和/或 BE。

仔细观察文献中使用模拟和预测软件预测体内性能（BA 和/或 BE）的各种报道，鉴于仅报道了成功的 IVIVC 预测，可以得出几个观察结果。这些研究中的大多数是根据生物药剂学分类系统（BCS）对药品中使用的药物类别进行了解和/或描述，但没有提供任何依据。该信息无关紧要。这些报道中的大多数（如果不是全部）药品中含有 BCS 1 类（高溶解性、高渗透性）或 BCS 2 类（低溶解性、高渗透性）原料药。很少有文章使用模拟和预测软件来预测 BCS 3 类（高溶解性、低渗透性）和 BCS 4 类（低溶解性、低渗透性）药物的体内性能（BA 和/或 BE）。实际上，对含有 BCS 1 类药物的常释制剂的体内性能进行模拟和预测是没有实用价值的，因为通过体外溶出研究，IVIVC 是高度可预测的。此外，有大量涉及调释固体制剂的文章，例如缓释、控释等，该类制剂包含 BCS 1 类至 BCS 4 类原料药。对于含有 BCS 2 类原料药的常释制剂和含有 BCS 1 类或 BCS 2 类原料药的调释制剂，药物的体内摄取（吸收）受溶出速率限制，这在大多数情况下提高了实现成功模拟和可预测 IVIVC 的可能性。可能唯一的要求是精心设计具有生物生理相关的和生物预测性的体外溶出试验。这些观察结果揭示了用于充分模拟和预测体内性能的任何软件的潜在局限性。有趣的是，对于含有 BCS 3 类和 BCS 4 类原料药的常释或调释制剂，使用模拟和预测软件建立成功的 IVIVC 以及预测体内性能的文献报道非常少（如果有的话）。在这些产品的开发中，几乎总是使用相同的软件。通常，失败的模拟和预测（即不可接受的 IVIVC）很快被归因于糟糕的体外溶出试验条件选择以及不恰当的体内研究设计等。上述观察结果得出了一个关键结论，即在逐项进行模拟和预测之前，必须对与 PBPK 建模相关的信息、胃肠道解剖学和生理学参数以及输入软件（程序）的原料药的理化性质恰当地进行整理、审查并分析其相关性和适当性，避免陷入如 11.3 节所述的令人不快的“进退两难境地”的风险。

11.5 BA 预测软件潜在效用的局限性与价值

任何能够模拟和/或预测产品体内性能的软件总是受欢迎的。每个软件的连续修改版本反映了对以前版本的改进。这些改进可能来自解决和克服软件的潜在局限或彻底修复算法例程中的错误。总的来说，所谓改进的修改版本通常是以更方便使用的软件形式呈现，但没有提供任何可靠和可信的解释说明。因此，当务之急是详细分析任何特定软件所能提供的内容以及是否能够达到使用者的目的。为了完成这种匹配，使用者必须准确地知道自己的需求，并且应该能够在数字和重要性等级上阐明目标。只有这样，才能识别并选择使用特定的软件。

对可用的模拟和预测软件的审查和分析通常始于对描述的评估以及各自手册中提供的一些声明。例如，GastroPlus® （Simulations Plus）软件的产品手册声明：

“GastroPlus 是一个基于机理的模拟软件包，用于模拟……人和动物的生物药剂学、药代动力学和药效学。

20 多年来，……致力于将最佳科学与直观界面相互结合，以提供经过验证的机器学习、QSP、QST、HTPK、PBPK、PBBM 建模和模拟软件……用户一致”。

该公司未对术语“最佳科学与直观界面相互结合”进行解释，并且这一术语是令人困惑的。对于“直观”来说，“最佳科学”的空间非常有限，并且会产生许多影响。其中一个影响可能是必须直观地假定和/或选择作为输入需提供的各种参数所需的值。这样导致的结果是基于随机选择而进行实验性练习，类似于试错法，而这通常被证明是一种昂贵且耗时的方法。上述问题也适用于其他软件平台。作者在这种昂贵且耗时的练习最终放弃使用软件和/或因明显的原因终止项目方面有丰富的经验。

重要的是，要认识到任何软件（计算、模拟或预测）都将执行与内置算法相同的例程而不考虑原料药的类型及其理化或生理学性质；对于含有原料药的制剂也是如此。使用者（制剂科学家、化学家、临床科学家、生物药剂学专家、药理学家、统计学家等）知悉被输入程序（软件运行）的信息特征和适当性，以此来获取预期信息，这是他们的专长。关于数据分析和诠释的练习所得出的结果也是如此。否则，人们会陷入可被恰当地描述为“垃圾进-垃圾出”的情况，类似于糟糕的数据输入导致糟糕的数据输出！

即便如此，不可否认的是体内性能（BA 和/或 BE）模拟和预测软件是有用的，并对药品开发规划有重大贡献。虽然这些事实应该得到肯定，但这些软件也有一定的局限性，声称这些软件是通用的，可以同等有效地应用于所有类型的药品开发项目，这是不可能的。每个药物开发计划都有其独特的方面，软件开发人员和用户都必须充分理解和处理这些方面，并明确阐述其特定的要求和期望。否则，软件的潜在局限性将掩盖其潜在价值（即其效益）。

11.6 总结

在过去的二十年里，模拟和预测复杂程度不同的药品体内效力（BA 和/或 BE）的软件数量稳步增加。每个软件都有各自的优点和局限性，因而也为制药科学家提供了一系列可供选择的选项。全球的监管环境（机构）建议在 IVIVC 开发期间使用经过验证的软件平台来模拟和预测体内性能，以证明产品（NDA 或 ANDA）的功能性能特征并建立 QC 标准。

制药科学家有责任选择适合且充分满足用于现有药品开发规划需要的软件平台。制药科学家应能够区分特定软件的用途及其实用性潜力。前者仅限于执行具有明确定义限度和接受标准的常规操作，而后者涉及为执行所需操作（功能）而提供的各种输入的结果，即模拟体内性能曲线、预测一个或多个 PK 参数等。实用性潜力的评估确保提供给软件的输入是源自对原料药的理化和生理特性以及制剂的生物生理过程结合体内系统相关的解剖学和功能特征的透彻了解。此外，软件的实用性潜力需要科学家在评价、分析和解释结果方面具备多学科专业知识。因此，在软件平台选择过程中，应针对预测潜力、计算速度、模拟潜力等提出尖锐的问题，应针对已明确和预设的目标参数进行相对评估，以精准地找到合乎需要并且使用方便的特定软件平台。最后，不应该忽视这样一个事实，即任何软件平台都会根据内置例程（语言、逻辑、算法等）执行操作，并以数学格式提供模拟或预测，仅此而已，即软件平台“不思考”。此外，这些结果的总和提供了对体内性能整体方面的粗略理解，而期望得到更多将是不明智的！

参考文献

Ali，H.，Prasad Verma，P. R.，Dubey，S. K. et al.（2017）. *In vitro-in vivo* and pharmacokinetic evaluation of solid lipid nanoparticles of furosemide using GastroplusTM. The Royal Society of Chemistry Advances 7（53）：33314-33326.

Allen，G. D.（1990）. MODFIT：a pharmacokinetics computer program. Biopharmaceutics and Drug Disposition 11（6）：477-498.

Al-Tabakha，M. and Alomar，M.（2020）. *In vitro* dissolution and in silico modeling shortcuts in bioequivalence testing. Pharmaceutics 12（1）：45-53.

Blancato，J.，Power，F.，Brown，R. et al.（2006）. Environmental Protection Agency，Doc. EPA/600/R-06/061，Washington，D. C.，USA.

Bourne，D.（1994）. Mathematical modeling of pharmaceutical data. In：Encyclopedia of Pharmaceutical Technology，vol. 9（eds. J. Swarbrick and J. C. Boylan）. NewYork，NY：Marcel Dekker Inc.

Cahill，T.，Cousins，I.，and Mackay，D.（2003）. Development and application of a generalized physiologically based pharmacokinetic model for multiple environmental contaminants. Environmental Toxicology and Chemistry 22（1）：26-34.

D'Argenio，D. and Schumitzky，A.（2009）. Biomedical Simulations Resource. Los Angeles，CA：University of Southern

California.

Dedik, L. and Durisova, M. (1995). CXT: a programme for analysis of linear dynamic systems in the frequency domain. International Journal of Bio-Medical Computing 39: 231-241.

Fuchs, A., Csajka, C., Thoma, Y. et al. (2013). Benchmarking therapeutic drug monitoring software: a review of available computer tools. Clinical Pharmacokinetics 52 (1): 9-22.

Goldsmith, M.-R., Transue, T., Chang, D. et al. (2010). PAVA: physiological and anatomical visual analytics for mapping of tissue-specific concentration and time-course data. Journal of Pharmacokinetics and Pharmacodynamics 37: 277-287.

Hanif, M., Shoaib, M. H., Yousuf, R. I. et al. (2018). Development of *in vitro-in vivo* correlations for newly optimized Nimesulide formulations. PLOS ONE 13 (8): e0203123.

Iliadis, A., Brown, A., and Huggins, M. (1992). APIS: a software for identification, simulation and dosage regimen calculations in clinical and experimental pharmacokinetics. Computer Methods and Programs in Biomedicine 38: 227-239.

Karnpracha, C. (2013). Comparison of pharmacokinetic data analysis with two competing pharmacokinetic software program, Thesis, Master of Science in Pharmacy, Oregon State University, Corvallis, OR.

Karol, M., Gillespie, W., and Veng-Pederson, P. (1991). AAPS Short Course: Convolution, Deconvolution and Linear Systems. Washington, DC: American Association of Pharmaceutical Scientists.

Kaur, P., Jiang, X., Duan, J. et al. (2015). Applications of *in vitro-in vivo* correlations in generic drug development: case studies. Journal of American Association of Pharmacists 17 (4): 1035-1039.

Khan, A., Naqvi, B., Shoaib, M. et al. (2015). Development of Level A *in vitro-in vivo* correlation in using newly developed optimized metoclopramide HCl tablets latin american. Journal of Pharmacy 34 (2): 269-276.

Laub, P. and Gallo, J. (1996). NCOMP—a windows-based computer program for noncompartmental analysis of pharmacokinetic data. Journal of Pharmaceutical Science 85 (4): 393-395.

Mircioiu, A., Mircioiu, N., and Fotaki, N. (2019). *In vitro-in vivo* correlations based on in vitro dissolution of parent drug diltiazem and pharmacokinetics of its metabolite. Pharmaceutics 11 (7): 344-352.

Shah, V. (2015). Chapter 1, Historical Highlights and the Need for Dissolution Testing. In: Desk Book of Pharmaceutical Dissolution Science and Applications (eds. S. Tiwari, U. Banakar and V. Shah), 1-10. Mumbai: Society for Pharmaceutical Dissolution Science (SPDS).

Shumaker, R., Boxenbaum, H., and Thompson, G. (1988). ABSPLOTS: a Lotus 123 spreadsheet for calculating drug absorption rates. Pharmaceutical Research 5 (4): 247-248.

Suarez-Sharp, S., Li, M., Duan, J. et al. (2016). Regulatory experience with *in vivo in vitro* correlations (IVIVC) in new drug applications. Journal of American Association of Pharmacists 18 (6): 1379-1390.

Tanswell, P. and Koup, J. (1993). Top. Fit: a PC-based pharmacokinetic/pharmacodynamic data analysis program. International Journal of Clinical Pharmacology, Therapy and Toxicology 31 (10): 514-420.

Wijnand, H. (1994). Updates of bioequivalence programs (including statistical power approximated by Student's t). Computer Methods and Programs in Biomedicine 42: 275-281.

Yamaoka, K. and Nakagawa, T. (1983). A nonlinear least squares program based on differential equations, multi (runge) for microcomputers. Journal of Pharmacobio-Dynamics 6 (8): 595-606.

Yamaoka, K., Tanigawara, Y., Nakagawa, T. et al. (1981). A pharmacokinetic analysis program (multi) for microcomputer. Journal of Pharmacobio-Dynamics 4 (11): 879-885.

Yamaoka, K., Nakagawa, T., Tanaka, H. et al. (1985). A nonlinear multiple regression program multi2 (bayes) based on bayesian algorithm for microcomputers. Journal of Pharmacobio-Dynamics 8 (4): 246-256.

Zhang, Y., Huo, M., Zhou, J. et al. (2010). PKSolver: an add-in program for pharmacokinetic and pharmacodynamic data analysis in Microsoft Excel. Computer Methods and Programs in Biomedicine 99 (3): 306-314.

第12章

IVIVC在药物开发中的挑战和独特应用

12.1 引言

过去半个世纪，我们见证了药物溶出/释放试验在药品整个生命周期管理中（从产品开发的早期阶段到证明产品批准后变更）扮演着越来越重要的角色。药物在体内的释放和溶出是体内吸收［即生物利用度（BA）］的先决条件，这为探索药物在体外和体内的溶出以及随后的体内吸收（即 BA）之间的关系提供了基础和动力，从而形成了体外-体内相关性（IVIVC）的概念。由于直接测量体内溶出极其困难，甚至无法测得，制剂的生物药剂学特性（包括体外溶出试验及其与体内溶出和最终体内吸收的关系）成为确定 IVIVC 的关键试验工具。

一般来说，IVIVC 是有代表性的理化性质（例如药品的体外药物溶出/释放曲线）和有代表性的生理特性（例如药品的血浆药物浓度曲线——药品的 BA）之间的数学关系，且对 IVIVC 进行评估以确定从药品的相应体外溶出/释放来预测 BA 的准确度。这样做，在开发过程中 IVIVC 使我们增强了对药品的理解，在缺乏 IVIVC 的条件下，定义每个组分及生产步骤对体内影响是不可行的，也是不切实际的。因此，体外药物溶出/释放试验和血浆药物浓度可被确定为证明产品安全性和疗效的最关键和可能最成功的替代指标。

在过去的三十年里，监管机构、工业界和学术界的科学家们在不同的背景下广泛审查、分析和研究了 IVIVC，包括理论、力学、模式和应用，以及其在质量源于设计（QbD）等方面的作用（Selen et al.，2010；Cardot and Beyssac，1993；Rathore and Winkle，2009；Emami，2006；Van Buskirk et al.，2014；Block and Banakar，1988）。IVIVC 概念作为《美国药典》（USP）＜1088＞的通则获得认可，随后获得美国食品药品管理局（FDA）行业指南（1997）、欧洲药品管理局（EMA）（1998）以及 ICH（2004）共识指南的认可。因此，人们一直在努力尝试通过 IVIVC 从其体外药物溶出/释放性能预测药品的 BA，特别是在开发延释/缓释固体制剂（SDF）时（Kakhi et al.，2013；Barakat et al.，2015；Ali et al.，2015；Morita et al.，2003；Dutta et al.，2005；Qiu et al.，2003a；Sirisuth et al.，

2002；Zahirul and Khan，1996；Mojaverian et al.，1992，1997；等）。IVIVC的潜力已在局部和透皮给药系统和吸入制剂中进行了探索（Godin and Tonitou，2007；Barbero and Frasch，2009；Milewski et al.，2013；Frohlich，2019；Barakat et al.，2015；等）。

IVIVC在药品开发和定义最终产品质量标准方面的目标已经实现。可以使用经过验证的IVIVC代替体内试验，从而减少人体试验并节省时间/成本。此外，在确定药品的质量控制（QC）标准时，它们允许设置比标准更宽的（±10%）体外溶出/释放可接受标准。此外，QbD和IVIVC的整合提供了一个可以根据目标临床相关血药浓度设定药物溶出/释放QC标准的机会。基于以上原因，IVIVC可用于支持和证明新药申请（NDA）、简略新药申请（ANDA）或简略抗菌药物申请（AADA）的批准。

然而，有趣的是，在过去的二十年中，基于IVIVC的新药（NDA）和仿制药（ANDA或AADA）注册提交屈指可数。在提交的申请中，总体接受率低于50%（Suarez-Sharp et al.，2016；Kaur et al.，2015）。人们经常想知道“行业指南”（FDA，1997）提供的指导是否复杂且难以理解，或者是否过于严格和狭窄，即所谓的“失败设置”。本章的主要目标是探索和列出在提高实现IVIVC的成功潜力时可能遇到的实际和/或操作挑战。此外，尽管在获得可接受的IVIVC方面遇到了挑战，但本章将介绍端到端（end-to-end）的IVIVC在药物开发中的应用和一些独特的IVIVC应用。为了更全面地理解IVIVC及其在药品整个生命周期中的应用，请读者回顾、参考和研究本章和第9章。

12.2 USP<1088>和美国FDA行业指南(1997)：操作挑战

USP通则<1088>对IVIVC的定义如下：

在生物学特性或由制剂产生的生物学特性衍生的参数与同一制剂的物理化学特性之间建立关系。

美国FDA行业指南（1997）对IVIVC的定义如下：

描述体外特性（通常是药物释放的程度或速率）和相关的体内反应（例如血药浓度或药物吸收量）之间关系的预测数学模型。

多级别的IVIVC最初由USP<1088>提出，后来被全球监管机构改进和采用，目前在美国FDA行业指南（1997）中进行分类和定义，如表12.1所示。

表12.1 根据美国FDA行业指南划分的IVIVC级别

级别	定义/描述
A	“通常通过两阶段程序进行估计：反卷积，然后将药物的吸收分数与药物的溶出分数进行比较。这种类型的相关性通常是线性的，并且代表了体外溶出和体内输入速率之间的点对点关系（例如体内药物从制剂中的溶出）。在线性相关中，体外溶出曲线和体内输入曲线可以直接重叠或者可以通过使用比例因子来重叠。非线性相关虽然不常见，但也可能是合适的。开发A级IVIVC的替代方法是可能的。一种替代方法是基于卷积程序，该程序在一个步骤中模拟体外溶出度和血药浓度之间的关系。直接比较从模型预测的血药浓度和观察到的血药浓度。对于这些方法，需要参考治疗，但缺乏参考治疗并不妨碍开发IVIVC的能力。无论用于建立A级IVIVC的方法是什么，该模型都应根据体外数据预测整个体内时间过程。”

续表

级别	定义/描述
B	“使用统计矩分析的原理。将平均体外溶出时间与平均滞留时间或平均体内溶出时间进行比较。B级 IVIVC 与 A 级 IVIVC 一样，使用所有体外和体内数据，但不被视为点对点相关性。”
C	“溶出参数(例如 $t_{50\%}$、4h 内溶出分数)与药代动力学参数(例如 50% AUC、C_{max}、T_{max})之间的单点关系。”
多级 C	“将一个或几个感兴趣的药代动力学参数与在溶出曲线的几个时间点溶出的药物量联系起来。”

资料来源：美国 FDA 行业指南（1997）。

首先，必须指出，美国 FDA 行业指南（1997）基于假设药物溶出/释放是药物在体循环中吸收（BA）的先决条件。然后，该指南针对口服缓释制剂的开发。最后，本指南的范围仅限于从体外反应（溶出/释放）预测体内反应（BA），而不考虑任何 IVIVC 级别。

在开发任何级别的 IVIVC 时，有几个操作方面是需要遵守的共同要求。首先，分别生成整个体外（溶出/释放曲线）和体内响应（BA）。随后，分别计算体外性能和体内性能的速率和程度参数。最后，体内的速率参数与体外的速率参数相关，而体内的程度参数与体外的程度参数相关。首选基于统计回归的线性相关性，而非线性相关性并不常见。

出于显而易见的原因，A 级 IVIVC 最受欢迎；然而，其成功率远低于预期。另一方面，B 级和 C 级未能反映实际和完整的体内反应（血浆药物浓度曲线）。B 级 IVIVC 可能会产生误导，因为不同的体内血浆药物浓度曲线可能会产生相似的平均滞留时间（MRT）。因此，建议在没有达到 A 级 IVIVC 的情况下，应在成功的 B 级 IVIVC 基础上获得额外 C 级 IVIVC 的支持。

为开发、建立和证明 IVIVC 所进行的工作可以简要概括为三个步骤：

- 体外溶出/释放试验和体内性能（BA）试验的设计。
- 反卷积（二阶）-卷积（一阶）-基于生理的建模（数据分析和解释）。
- 使用统计工具验证模型。

据此，开发一种与生物生理相关的体外溶出/释放试验，该试验在药物溶出/释放速率方面能区分至少两种制剂，最好是三种制剂。同样，使用交叉设计对空腹状态下的健康人体受试者进行 BA 研究。使用三个模型之一分析从这些试验生成的数据。使用两阶反卷积过程（数值反卷积）（Vaughan，1976；Vaughan and Dennis，1978；Wagner-Nelson，1963；Loo-Riegelman，1968；Wagner et al.，1991），体内响应分数被评估为体外反应分数的函数，从而产生点对点相关性。一阶卷积和/或基于隔室的微分方程用于直接关联体外溶出/释放曲线（速率）和血浆药物浓度曲线（Buchwald，2003；Gillespie，1997；Gaynor et al.，2008）。给药时体内溶解和吸收发生的解剖学和生理学参数［如用于口服给药的胃肠道（GIT）］用于模拟体外和体内反应，然后相互关联（Kostewicz et al.，2014；Otsuka et al.，2013；Zhang et al.，2011）。最后，模型的验证是通过分别计算速率参数 C_{max} 和程度参数 $AUC_{0\to\infty}$ 的预测误差（PE）相关性的可预测性（内部和/或外部）来确定的（FDA，1997）。

为开发、建立和证明 IVIVC 所进行的三个步骤充满了挑战。首先，重要的是要认识到，要通过体外药物溶出/释放来预测体内吸收（BA），体外溶出/释放试验必须具有生物生理相关性和区分力。在 GIT 的复杂、动态的环境中，缓释制剂溶出的药物在体内溶出/释放然后被吸收。体内药物溶出/释放过程受以下因素影响：药物的理化性质（微粒学、渗透性、溶解性、表面积和润湿性等），制剂的制药技术（组成、辅料、生产工艺、剂量、释放机制和溶出/释放持续时间等），GIT 的生物生理特性（运动性、溶出/释放部位的介质体积、微环境、微生物菌群、通量、渗透性、代谢和管腔内容物等）。文献中已经报道了几项研究（Sjögren et al.，2015；Benet et al.，2011；Olivares-Morales et al.，2015；Viridén et al.，2011；Lennernäs，2014；Qiu et al.，2003b；只是其中的一些报告）。设计生物生理相关和鉴别试验的最大障碍是模拟 GIT 的动态和微环境特征。人们已经开发了经过多次修改的药典溶出试验来解决这个问题，并取得了不同程度的成功（详见第 9 章）。此外，人们已经开发了许多溶出介质来模拟 GIT 中预期溶出/释放部位的微环境（更多详细信息，请参见第 9 章）；已经评估了溶出/释放试验组件和溶出介质的各种排列和组合，以模拟 GIT 的微环境动力学。然而，这些都不能充分预测体内药物溶出/释放和药物从 GIT 吸收所涉及的复杂、动态条件和无数变量。最终结果是，那些产生成功 IVIVC 并被认为具有生物生理相关性和区分力的药物溶出/释放试验往往是药物和产品特异性的。因此，对原料药的理化和生物/生理特性、制剂的生物药剂学特性以及最重要的生物生理变量进行深入研究、分析和理解，在设计和实施体外溶出/释放试验时，必须对上述因素进行试验，以确定可能影响体内药物溶出/释放和吸收的变量。

美国 FDA 行业指南（1997）要求体外溶出/释放试验具有区分力和生物生理相关性，以便能够根据药物溶出/释放速率（低速、中速、快速）区分两个或多个处方。它建议计算差异因子（f_1）和相似因子（f_2），在比较药物溶出/释放曲线时，后者优于前者。关于区分两种药物溶出/释放曲线的可接受标准分别是 $f_1>10$ 和 $f_2<50$。差异因子和相似因子是基于统计的，同时它们比较两个单独的体外溶出性能，表示为相应的累积曲线，而不是根据它们相应的速率曲线。这可能会导致两种可良好区分的体外溶出曲线（$f_1>10$ 和 $f_2<50$）均无法区分体内性能，从而导致 IVIVC 失败。建议对药物溶出/释放曲线进行反卷积，即曲线拟合分析，并确定每个曲线的溶出/释放速率参数。随后，应使用两种溶出/释放曲线之间释放速率的判别分析来区分溶出/释放曲线。两种基于反卷积在速率基础上区分的溶出/释放曲线也将基于 f_1 和/或 f_2 参数进行区分，反之则可能不正确。在这方面，文献中报道了几个数学模型，目的是根据给定的溶出/释放曲线确定药物溶出/释放速率参数（详见第 9 章）。

用于分析体内性能（血浆药物浓度-时间曲线）的两阶反卷积建模技术涉及使用以下三种方法之一：Wagner-Nelson 方法、Loo-Riegelman 方法或数值反卷积方法。Wagner-Nelson 方法使用起来相当简单，要求药物在口服给药时的药代动力学（PK）符合单室模型，并且吸收速率快于消除速率。如果消除速率快于吸收速率（flip-flop 模型），那么 IVIVC 就有可能被误解。此外，如果药物遵循双室或多室 PK 模型，则可以使用 Loo-Riegelman 方法。然而，更多的数据，例如来自静脉内给药（IV）后的 PK 数据是必不可少的。通常，此类数据是从文献中获得的，这些数据必须经过彻底审查，以确保其科学严谨性和可靠性。类似地，数值反卷积方法需要单位输入速率（UIR），即静脉给药或常释（IR）制剂（特别是口服溶液）口服给药后的 PK 参数。用于分析体内性能（血浆药物浓度-时间曲线）的一阶建模技术涉及使用卷积和/或基于隔室的微分方程分析。卷积技术需要一个参考剂量以获得急需的 UIR。此外，当药物的 PK 表现出非线性吸收或系统前消除时，它是不充分的。基于隔室的微分方程分析通常依赖于模型，因此，这种方法在实现可重复和可预测的 IVIVC 方面的效用相当有限。基于生理学的建模技术需要先进的技能和复杂的建模软件，不仅要开发模型，还要表征、验证和实施。通常，这些建模软件需要可能不相关或过分强调的假定输入参数，从而导致误导性解释和 IVIVC 失败。因此，在开发 IVIVC 时，我们可以理解：对原料药的理化和生物/生理特性、制剂的生物药剂学特性以及可能影响体内药物溶出/释放和吸收的生物生理变量进行彻底的研究、分析和理解是无可替代的。

美国 FDA 行业指南（1997）建议关联来自整个体内曲线和体外曲线的速率和程度参数，但没有明确指出除了类似参数之外必须分别关联哪些参数。然而，关于 IVIVC 的整体考虑及其应用的大部分讨论，都围绕分别代表吸收速率和程度的参数 C_{max} 和 AUC。此外，还没有规避特定的体外参数。类似于药品功能特性的参数，直接影响药品的体外和体内性能，适于从整个溶出曲线中提取。否则，从临床结果的角度来看，获得具有临床相关性及预测性的可接受性，存在风险，反之亦然。此外，IVIVC 的可接受性最终取决于统计回归分析（线性或非线性）和是否符合 PE。那些在相关性和 PE 方面略微超出可接受标准的 IVIVC 很快被认为是不可预测的，因此 IVIVC 是不可接受的。然而，这样的 IVIVC 可能在临床上是合理的，并且体外溶出试验在生物生理学上具有相关性和区分力，但由于相关性中使用的参数可能选择错误或纯粹的数字没有奏效——这是统计学失败而不是临床失败！目前根据指南对 IVIVC 的接受标准似乎相当严格，因此需要对 IVIVC 的可接受性进行逐案评估。

最后，有几份报告列出了 IVIVC 失败的潜在原因，从而确定了在开发和实现可接受的 IVIVC 时可能面临的挑战（Emami，2006；Suarez-Sharp et al.，2016；Qiu and Duan，2017；Cardot and Davit，2012；Kaur et al.，2015；等）。报告中失败的可能原因有：制剂（类型和/或数量）选择不当，溶出/释放试验方法区分力过大或不足，反卷积/卷积模型的选择不合理，缺乏等级顺序，以及相关参数选择不当/不正确等。尽管如此，对这些非常重要的因素的认识为克服这些失败寻求解决方案提供了动力。

12.3 IVIVC 的应用

虽然 IVIVC 可用于了解药品在开发阶段的功能性能特征（体外和体内），但大多数应用都围绕着注册提交。美国 FDA 行业指南（1997）列出了支持注册提交的 IVIVC 应用的一般类别（表 12.2）。

表 12.2 监管[①]和 IVIVC 的其他应用

类别	提交监管以支持
生物豁免	• 批准较低的规格 • SUPAC[②] • 工艺的批准前变更
具有生物生理相关性和区分力的体外溶出试验	• 更广泛的 QC[③] 标准 • 临床相关的 QC 标准

续表

类别	提交监管以支持
更宽(>+10%)的溶出/释放标准	• 上下限基于速率(C_{max})和程度($AUC_{0\to\infty}$)参数差异 NMT④ ±20%
对问询的答复	• 无意的工艺错误 • 溶出/释放数据的高度变异性 • 其他

① 美国食品药品管理局行业指南(1997)。
② 放大生产和批准后变更。
③ 质量控制。
④ 不超过。
资料来源：美国FDA行业指南(1997)。

值得注意的是，美国FDA行业指南(1997)通常致力于在口服缓释药物SDF的开发中建立IVIVC，但是没有提及口服常释SDF和非口服SDF的开发中应用IVIVC。此外，它没有具体说明IVIVC构建中的建模方法。此外，它更希望成功的IVIVC模型采用简单的溶出方法，原因很明显，IVIVC开发中使用的方法具有可转移性，可作为药品的QC检测方法。然而，鉴于药品的生物药剂学和技术特性以及预期的体内反应，开发科学家别无选择，只能对"简单"方法进行修改，以充分和适当地表征产品的功能性能。在这种情况下，在为药品开发IVIVC时，需要提供使用修改方法的令人信服的理由。

美国FDA行业指南(1997)中的另一个重要发现是它对仿制药开发和批准过程的适用性保持沉默。可以理解，在开发IVIVC时最重要的要求是至少有两种制剂，最好是三种，它们的溶出/释放速率不同(慢、中、快)。仿制制剂的开发旨在使受试制剂和参比制剂(RLD)之间的溶出/释放速率没有显著差异。因此，初步看来，IVIVC原则不适用于仿制药。尽管如此，可以应用基于一阶卷积的方法从药品的体外溶出/释放性能预测体内性能。在仿制药开发的情况下，目标是分别预测和确保受试制剂的体内性能和RLD的体内性能之间没有显著差异，从而确保受试制剂和RLD之间的生物等效性(BE)。

最后，值得注意的是，在药物开发过程中，IVIVC的开发应事先结合QbD考虑因素进行规划，而不是事后考虑。此外，监管机构更倾向于IVIVC的开发和证明应在新药临床试验申请(IND申请)阶段进行，以便药品的开发进展和变更(工艺、放大等)可以充分合理化以实现生物等效性豁免。

以下部分介绍了IVIVC在药品生命周期中各种情况下的一些选定应用示例，作为案例研究。它将提供IVIVC在新药和仿制药开发中的各种传统和独特应用。每个示例都有其独特之处，并且已采取足够的预防措施以确保不披露任何专有信息。这些案例研究(示例)可作为读者和研究者的学习工具。

12.4 前瞻性IVIVC

开发IVIVC及其应用的整个过程包括12.3节中确定的三个步骤以及第四步建立基于IVIVC的药物溶出/释放QC标准。本案例研究非常严格地遵循美国FDA行业指南

(1997)，正如指南中概述的那样，从开发、证明和验证到建立基于 IVIVC 的药物溶出/释放 QC 标准以用于产品（批次）的放行。

12.4.1 背景

研究人员开发了一种新药的肠外缓释 SDF，每月给药一次（可能每季度一次）。该 SDF 采用包衣骨架技术，其中药物通过扩散和溶蚀的组合释放。原料药可溶于所有相关的水性介质。研究人员开发并验证了一种假定的生物生理相关但有区分力的药物释放试验方法；同时，开发了一种用于评估健康受试者在空腹条件下所选受试制剂的比较 BA 的方案。

12.4.2 过程

严格按照美国 FDA 行业指南（1997）开发 IVIVC 的目标，遵循以下逐步程序。此外，还提供了在每个步骤中得出的结论。

第 1 步：确定了根据美国 FDA 行业指南开发和建立 IVIVC 的数据要求：

① 基于 f_2 使用合适的仪器，具有不同体外药物溶出/释放速率（慢、中、快）的三种独特制剂。

② 每次体外溶出/释放评估应 $n=12$，CV 小于 10%，并获得体外至少 90%的累积溶出。

③ 三个独特的体内（PK）结果（通过 ANOVA 评估），首选人体数据，$n=6\sim36$，关注的 PK 参数（AUC、C_{max}）应相差至少 10%。

④ 首选 A 级 IVIVC（点对点关系），通过以下方式建立：

a. 药物吸收分数与药物溶出分数的比较。由线性关系（$r^2>0.9$）判断相关性。

b. 卷积——建立一个数学模型，使用体外溶出预测血药浓度。

c. 相关性通过预测误差 PE（%）来判断（C_{max} 和 AUC 的 PE<10%，每种制剂的 PE<15%）。

第 2 步：在假定的生物生理相关试验中进行了 3 种独特制剂的药物释放试验。比较相应的药物释放曲线，并计算制剂之间的相似因子 f_2 值（表 12.3）。

表 12.3 体外药物释放参数的比较

制剂(释放速率)	标示量/%①	平均值 CV/%①
T1(快)	110	5
T2(中)	90	8
T3(慢)	100	12②

① 数值四舍五入。
② 略微超过 FDA 推荐的<10%。

值得注意的是，制剂之间的 f_2 值均小于 50，表明药物释放速率不同，从而表明药物释放试验方法具有区分力。

此外，使用反卷积分析体外药物释放曲线，并计算回归曲线拟合表达式（表 12.4）。

表 12.4 三种独特制剂的回归曲线拟合表达式

制剂(释放速率)	k[①]	r^2[①]
T1(快)	1	100
T2(中)	0.1	100
T3(慢)	0.0	100

① 数值四舍五入。

描述药物释放曲线的基于反卷积回归的曲线拟合方程为

$$Y=-a\times \exp(-k\times t)+b \tag{12.1}$$

式中，Y 是药物释放分数；t 是时间；a 是溶出跨度（≈100）；b 是溶出曲线的渐近线（≈100）；k 是释放速率常数。

从表 12.3 和表 12.4 中提供的分析数据可以得出结论，假定的生物生理相关药物释放试验方法也具有区分力。

第 3 步：空腹条件下，在健康受试者中采用交叉设计对这 3 种独特制剂进行了体内 BA 比较评估。分别计算每种制剂的 PK 参数 BA 速率（C_{max}）和 BA 程度（$AUC_{0\to\infty}$），并在制剂内进行比较（表 12.5）。

表 12.5 三种独特制剂之间的 PK 参数比较

比较	C_{max} 差异/%[①]	$AUC_{0\to\infty}$ 差异/%[①]
T1 对 T2	45	35
T2 对 T3	50	20

① 数值四舍五入。

此外，使用反卷积分析了 BA 曲线，并计算了回归曲线拟合表达式：

$$C=a+b\times \exp\{-0.5\times[\ln(t/c)/d]^2\} \tag{12.2}$$

式中，C 是血浆药物浓度（ng/mL）；t 是时间（h）；a、b、c 和 d 是定义血浆药物浓度曲线的常数。

由此可以得出结论，这 3 种独特制剂在体内得到了区分，并在表 12.5 中进行了描述。感兴趣的 PK 参数（AUC、C_{max}）在 3 种独特制剂之间分别相差超过 10%。

根据步骤 2 和 3 的综合结果，可以得出的另一个重要结论是：本研究中采用的体外药物释放试验可被视为具有生物生理相关性和区分力。

第 4 步：通过计算药物剂量溶出分数与吸收分数的函数关系，为每个制剂建立 A 级点对点相关性。每个相关性的线性回归分析根据它们各自的决定系数 r^2 计算，如表 12.6 所示。

表 12.6 IVIVC——每种制剂的基于线性回归分析的决定系数 r^2

制剂	r^2[①]
T1	0.98
T2	0.97
T3	0.95

① 数值四舍五入。

第 5 步：使用卷积技术建立体外参数和体内参数之间的相关性。因此，计算了每种制剂的预测血浆药物浓度曲线。随后，对预测的 PK 参数（C_{max} 和 AUC）和观察到的 PK 参数

(C_{max} 和 AUC) 分别计算每种制剂的 PE (表 12.7)。

表 12.7 每种制剂的预测 PK 参数 (C_{max}, AUC) 的绝对 PE

制剂	C_{max} 的绝对 PE[①]/%	AUC 的绝对 PE[①]/%
T1	13[②]	4
T2	7	8
T3	3	8

① 数值四舍五入。
② 略微超过 FDA 对每种制剂建议的<10%。

基于步骤 2～5 收集的分析数据和信息，体外药物释放试验可以预测体内反应 (BA)，并且已经达到并验证了可接受的 IVIVC。

12.4.3 应用

IVIVC 的主要应用之一是为 QC 目的建立药物释放标准。美国 FDA 行业指南 (1997) 提供了以下指导：

• 应根据平均数据 ($n=12$) 建立标准。

• 应使用卷积技术计算血药浓度-时间曲线；允许预测的 C_{max} 和 AUC 的最大差异为 20%。

• 至少三个时间点 (早期、中期和末期) 建立溶出/释放曲线。最后一个时间点应该有至少 80%的药物溶出/释放。

第 6 步：鉴于 IVIVC 是可接受的，并且每种制剂的 PK 参数的 PE 都是可接受的，因此可以选择三种独特制剂中的任何一种来设置其用于 QC 目的的药物释放标准。对于从三个试验的制剂中选择的制剂，可以采用以下程序 (其他的也可以遵循类似的程序)：

使用卷积技术，根据所选制剂的预测 C_{max} 和 AUC 参数的±20%最大差异计算血浆药物浓度-时间曲线。使用步骤 5 中先前导出的方程，计算所选制剂的±20%C_{max} 和 AUC 参数的药物释放度。使用先前导出的体外方程 (步骤 2)，最小和最大"k"值用于计算最小和最大药物释放标准。这些药物释放值代表不超过±20% C_{max} 和 AUC 的平均体外溶出范围。根据药物释放度，为所选制剂提出了与药物释放曲线的早期、中期和末期相对应的合适药物释放标准。

许多仿制药针对给定的 RLD 获得批准，并用于患者。开药者/配药者经常面临关于使用哪种仿制药的两难境地。在某些情况下，患者正在外地，需要在不同的地方配药，而那里没有常规配发的仿制药，因此需要用另一种仿制药代替。此外，监管机构需要用快速、简单和容易的工具来比较仿制药，而无须进行复杂的实验，以决定在各种医疗保健提供组织的治疗清单中哪些仿制药应该被批准和/或替代。"系统响应相关性概念"提供了一种比较仿制药的独特而简单的方法。

统计矩理论基于药物分子在生物空间中的运动受概率控制的概念。因此，血浆药物浓度-时间曲线可视为频率分布曲线。药物分子在生物体液 (如血浆、尿液等) 中的接受可以被认为是生物系统对进入的药物分子做出反应。因此，血浆药物浓度-时间曲线可以看作是体内系统响应-时间曲线。类似的论点可以扩展到体外溶出试验系统中的药物溶出。因此，体外溶出-时间曲线和体内血浆药物浓度-时间曲线都可以表示为系统响应随时间的变化。作为时间依赖性的体外和体内系统响应都是类似的，可以进行比较和关联。

关联相似参数概念的逻辑扩展，不仅是比较从相似数据表示派生的相似参数，而且是直接比较那些整个数据集。可以应用的简单 6 步过程（Banakar and Makoid，1996；Banakar 2015）总结如下：

第 1 步： 对血浆药物浓度-时间曲线拟合。

第 2 步： 将血浆药物浓度-时间曲线（C_p 作为时间的函数）进行积分，得到时间依赖性的累积 AUC 曲线。

第 3 步： 计算体内时间依赖性的响应分数曲线。

第 4 步： 对药物溶出/释放时间数据进行拟合，是否有时滞视情况而定。

第 5 步： 计算体外时间依赖性的响应分数曲线。

第 6 步： 通过绘制体内时间依赖性的系统响应分数曲线和体外时间依赖性的系统响应分数曲线来确定 IVIVC。计算相关系数、r、斜率和截距。

研究人员计算了 7 种市售苯巴比妥片中的 6 种的体外药物溶出-时间曲线及其相应的体内血浆药物浓度-时间曲线（图 12.1）。通过绘制体内时间依赖性的系统响应分数曲线和体外时间依赖性的系统响应分数曲线来证明 IVIVC，如图 12.2 所示。

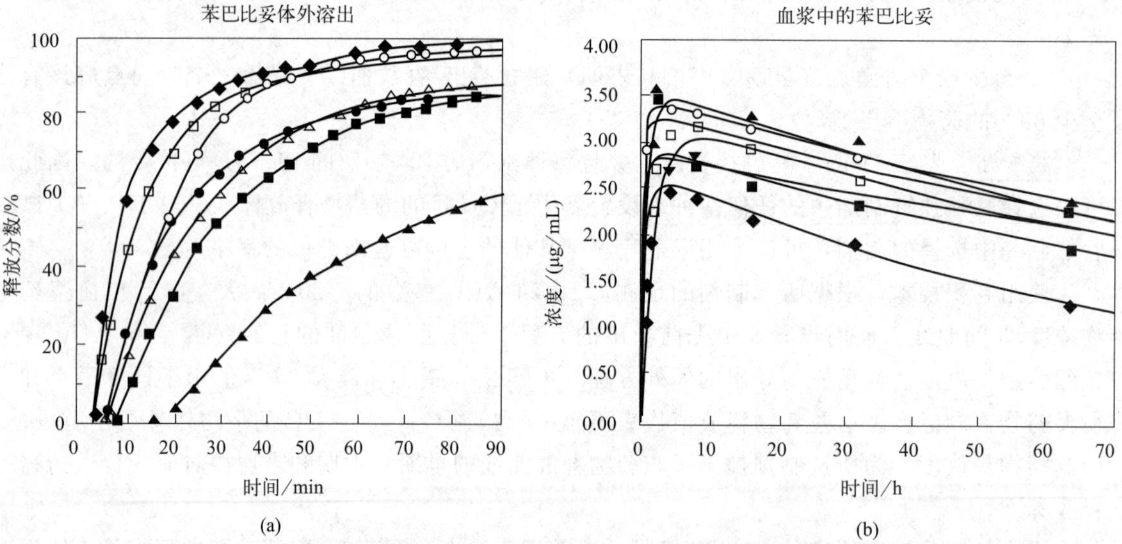

图 12.1　苯巴比妥片的体外溶出曲线（a）和体内 BA 曲线（b）

两种产品可能具有相同的生物利用度，但它们在体外和/或体内溶出的速率和程度可能不同。在这种情况下，截距相同，但这种相关性的斜率会不同。响应分数曲线的截距相同的药品将具有相同的 BA，而具有相似斜率和相似截距的产品将是生物等效的。通常，建议根据从参比制剂获得的系统响应分数相关性曲线在规定的置信水平上的允许偏差来确定药品 BE 的指导方针。

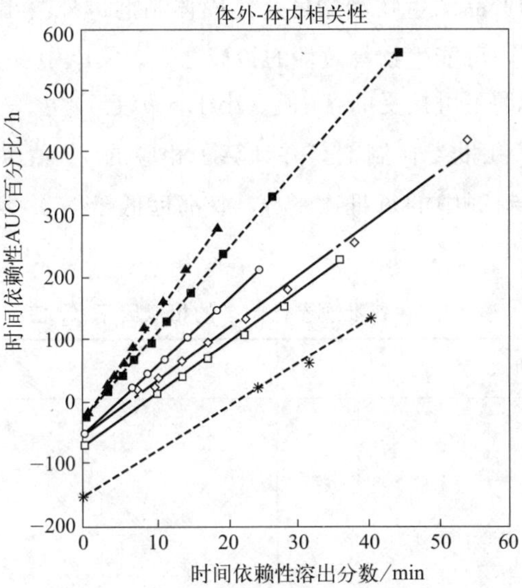

图 12.2　用于苯巴比妥片的 IVIVC

12.5　回顾性 IVIVC：监管机构问询的答复！

IVIVC 的基本概念是探索和建立制剂的理化性质与生理性质之间的关系。考虑到这个核心原则，除了美国 FDA 行业指南（1997）推荐的应用之外，本节可以提供 IVIVC 的几种应用并进行介绍。例如，向监管机构提出药物申请，寻求批准上市的拟议产品。药物申请中提供的信息符合考虑批准的所有要求标准。但是，在对资料进行详细审评期间，审评人员会提出疑问，必须提供明确的令人信服的答复。以下是已针对全球监管机构提出的问题成功提供此类答复的精选示例（案例研究）。每个案例研究代表了 IVIVC 的不同应用，因此成为一种可以被视为创新思维/方法的学习资源。

案例 12.1

向监管方提交了一种用于治疗胃食管反流病的药物（SDF）仿制药的上市许可申请。它符合提交所需的所有标准。在详细审评申请时提出了以下问题（为了方便理解而改写）：

受试制剂批次之间溶出曲线的比较研究。……与参比制剂批次相比，……，表明药物没有相同的溶出曲线。受试制剂具有非常快速溶出特性（15min 内超过 85%），而参比制剂具有快速溶出特性（45min 内超过 85%）。……参比制剂在第三点呈现相对标准偏差＞10%。因此，已证实两种溶出曲线并不相似。

鉴于上述情况，要求在受试制剂和参比制剂之间进行新的溶出曲线研究，以确认所达到的结果，因为它们之间的曲线差异被认为过大。

回复：体内性能，即产品的生物利用度，是固体制剂体外溶出性能的确认。f_2 参数只是预测两种被测产品的体内可能生物等效性的指标之一。文献中有大量和持续的支持，即两次体外溶出性能之间的所谓不可接受的 f_2 值（小于 50）已产生（生物）等效的体内结果。

在溶出试验中评估了几批参比制剂，并计算了相应的 f_2 值（表 12.8）。

很明显，5 批次参比制剂中的每批次的 f_2 值都远低于 50，但这些批次预计是生物等效的。

表 12.8 各批次参比制剂的相似因子 f_2 值

参比制剂批次	f_2
A	不适用
B	<50
C	≪50
D	≪50
E①	≪50

① 正式 BE 研究中使用的参比制剂批次。

在受试制剂的开发过程中，用不同的关键加工步骤［包衣（%）］制备了几个受试批次。这些受试批次进行了体外溶出评估；随后，计算了 f_2 值（表 12.9）

表 12.9 不同试验批次的相似因子 f_2 值

批次	包衣/%	f_2
E①	不适用	不适用
1(受试)①	125	≪50
2(受试)	140	≪50
3(受试)	150	≪50

① 用于正式 BE 研究。

上述溶出性能数据分别用于模拟和预测每个试验批次的 C_{max} 比值和 AUC 比值，以确定生物等效性的可能性，如表 12.10 所示。

这些分别对 C_{max} 比值和 AUC 比值的模拟预测清楚地表明，在溶出的早期阶段（即 10min 和 20min），体外溶出性能的显著差异对这些受试制剂批次的体内性能没有任何显著性影响。

表 12.10 各受试制剂批次的 C_{max} 预测比值和 AUC 预测比值①

批次	C_{max} 预测比值	AUC 预测比值
E②(参比)	不适用	不适用
1(受试)②	约 110	约 100
2(受试)	约 110	约 100
3(受试)	约 110	约 95

① 数值四舍五入。
② 用于正式 BE 研究。

使用来自生物等效性研究的体内数据及代表性参比制剂批次（E）和受试制剂批次（T1）的溶出曲线进行 IVIVC。对于体外药物释放试验和体内 BA/BE 评价试验的每种制剂，其 PK 参数（C_{max} 和 AUC）的 PE 值显著<10%得到验证。这些结果清楚而明确地表明，在溶出的早期阶段（即 10min 和 20min），体外溶出性能的显著差异对受试制剂批次和参比制剂批次的体内性能没有任何显著性影响。

案例 12.2

一种用于治疗炎症、组织损伤和腹泻的缓释制剂（SDF）仿制药已提交给监管机构申请上市许可。它符合提交所需的所有标准。在详细审评申请时提出了以下问题（为了方便理解而改写）：

体外生物等效性溶出研究不充分。由于高变异性……在多 pH 条件下，受试制剂的溶出曲线与参比制剂的溶出曲线明显不同，这表明受试制剂与参比制剂不具有生物等效性。因此，在所有 pH 介质（pH 6.5、6.8、7.2 和 7.5）中的溶出试验都是不可接受的。

回复：使用该监管机构推荐的药物释放试验方法评估受试制剂（T2）的溶出等效性（即 f_2）。预 BE 等效批次的溶出未能符合上述要求。因此，监管机构推荐的药物释放试验方法充其量是具有区分力，但不具备生物生理学相关性。使用具有适当预处理的替代药物释放试验，并为使用这种替代方法提供了充分且科学合理的理由。在失败的 BE 研究中所使用的受试制剂（T2）和 RLD 批次的药物释放性能反映了 BE 结果。受试制剂 T2 被适当修改并指定为受试制剂 T1。表 12.11 比较了受试制剂 T1 和 RLD 在替代药物释放方法中的药物释放性能。

表 12.11 采用替代药物释放试验方法，T1 和 T2 制剂分别与 RLD 相比的 f_2 值①

对比	pH 6.5	pH 6.8	pH 7.2	pH 7.4
T1 vs RLD	≫50	≫50	≫50	≫50
T2 vs RLD	<40	<40	<50	50

① 数值四舍五入。

此外，使用卷积技术，计算了分别与 RLD 比较的受试制剂 T1 和 T2 的 BA 速率（C_{max}）和程度（AUC）的 PK 参数（表 12.12）。受试制剂 T1 和 RLD 的替代方法中药物释放性能比较时，观察到具有良好 f_2，得到了成功的 BE 结果。

表 12.12 制剂 T1 和 T2 的 C_{max} 预测比值和 AUC 预测比值①

制剂	C_{max} 预测比值	AUC 预测比值
T1	≫80%	>85%
T2	≪80%	≪80%

① 数值四舍五入。

不论是使用替代方法进行体外药物释放测试的 PK 参数（C_{max} 和 AUC），还是体内 BA/BE 评价，每种制剂的 PE 值均明显<10%，IVIVC 得到了验证。

案例 12.3

一种用于治疗与尿酸晶体形成和沉积相关的肿胀和疼痛的常释药物（SDF）向监管机构提交上市申请。它符合提交所需的所有标准。在详细审评申请时提出了以下问题（为了方便理解而改写）：

调查在溶出曲线的每个时间点试验单位之间观察到的高变异性的根本原因，并根据结果，实施必要的变更来解决它。高变异性会或不会影响药物的体内性能，请提供理由。

回复：药物溶解度高，溶出非常快速且完全；它实际上可以被视为BCS 1类药物。使用美国FDA推荐的溶出试验方法进行药物的溶出试验。此外，溶出试验在多个pH值（1.2～6.8）下进行。所有的溶出均为15min内释放超过85%。受试制剂和RLD之间的比较BA研究（空腹和餐后）均符合BE标准。受试制剂和RLD的中位 T_{max} 值均约为1h。

众所周知，体外溶出试验的重要目标之一是评估制剂（工艺、性质和辅料等）对药物表观溶出度的影响。同样，BA和/或BE研究的目的是评估处方对受试制剂的吸收速率和程度（即生物利用度）的影响。此外，可以合理地推断，在超过从 $T_{0\to\infty}$ 范围所观察到的制剂BA曲线的 T_{max} 的两倍时间之后，制剂对BA的影响基本上是微不足道的。

考虑到上述情况，计算了受试制剂在空腹条件下的累积体内性能（Cum $AUC_{0\to\infty}$）。随后，根据计算的 AUC_{∞}，计算受试制剂的血药浓度-时间数据的累积AUC（%）（体内性能）。鉴于受试制剂的 T_{max} 值为1h，观察到两倍于 T_{max} 值的累积AUC（%），如在2h时，小于15%。

考虑到溶出是吸收（即产品的BA）的先决条件，根据体外溶出性能确定 $Q=15\%$ 的时间：①平均溶出性能；②来自溶出数据（$n=12$）的最小（min）溶出性能。

考虑到观察到的明显变异性（并由审评员/监管方适当注明），最小（min）溶出性能可视为最坏情形。$Q=15\%$ 的平均溶出性能和最小（min）溶出性能的时间分别约为2min。在测试制剂对总体表观吸收速率和吸收程度（即BA）的影响时，溶出性能在时间上的这种微小差异将是无关紧要的。

12.6 总结

毫无疑问，IVIVC的概念是有科学依据的，并且同样具有科学性。IVIVC在药品开发和质量标准制定中的理论、建模方法和方法学、评估和应用已得到认可。然而，开发的科学方法及其评估模型的差异仍然存在。一旦验证了可接受的IVIVC，体外溶出/释放试验可用作体内研究的替代，并为药物设定有意义的QC标准。尽管有这些好处，但使用IVIVC来支持药物申请（NDA、ANDA、AADA）的情况非常少见。在实现可接受的IVIVC的尝试中，经过验证的失败尝试数量超过了可接受和经过验证的尝试。对“失败”的IVIVC进行彻底和深入的根本原因分析总是与以下认识相吻合：假定的体外生物生理相关方法与药物从药物系统中溶出/释放所涉及的生物药剂学理解有限，还没有达到真正的生物相关性。

尽管如此，IVIVC 的好处大于其失败的风险。因此，科学界持续不断地努力寻找解决方案来应对和克服挑战。在这样做的同时，IVIVC 的传统应用仍在继续，IVIVC 的新的和独特的应用正在出现。希望本文讨论的内容将激励和鼓励科学家在产品生命周期的所有阶段（从概念到监管批准和货架期）继续寻求理解、开发和应用 IVIVC 时跳出思维定式。

参 考 文 献

Ali，H.，Charoo，N.，Ali，A. et al.（2015）. Establishment of a bioequivalence-indicating dissolution specification for Candesartan cilexetil tablets using a convolution model. Dissolution Technologies 22：36-43.

Banakar，U.（2015）. Dissolution and bioavailability：*in vitro-in vivo* correlation（IVIVC），bioavailability and bioequivalence. In：Desk Book of Pharmaceutical Dissolution Science and Applications（eds. S. Tiwari et al.），35-60. Mumbai：Society for Pharmaceutical Dissolution Science（SPDS）.

Banakar，U. and Makoid，M.（1996）. Pharmaceutical issues in drug development. In：Drug Development Process：Increasing Efficiency and Cost Effectiveness（eds. P. Welling et al.），117-168. New York，NY：Marcel Dekker，Inc.

Barakat，A.，Kraemer，J.，Carvalho，W. et al.（2015）. *In vitro-in vivo* correlation：shades on some non-conventional dosage forms. Dissolution Technologies 22：19-22.

Barbero，A. M. and Frasch，H. F.（2009）. Pig and Guinea pig skin as surrogates for human *in vitro* penetration studies：a quantitative review. Toxicology in Vitro 23（1）：1-13.

Benet，L. Z.，Broccatelli，F.，and Oprea，T. I.（2011）. BDDCS applied to over 900 drugs. The American Association of Pharmaceutical Scientists Journal 13（4）：519-547.

Block，L. H. andBanakar，U. V.（1988）. Further considerations in correlating *in vitro-in vivo* data employing mean-time concept based on statistical moments. Drug Development and Industrial Pharmacy 14（15-17）：2143-2150.

Buchwald，P.（2003）. Direct，differential-equation-based *in-vitro-in-vivo* correlation（IVIVC）method. Journal of Pharmacy and Pharmacology 55（4）：495-504.

Cardot，J. M. and Beyssac，E.（1993）. *In vitro/in vivo* correlations：scientific implications and standardisation. European Journal of Drug Metabolism and Pharmacokinetics 18（1）：113-120.

Cardot，J. M. and Davit，B. M.（2012）. *In vitro-in vivo* correlations：tricks and traps. The AAPS Journal 14（3）：491-499.

Dutta，S.，Qiu，Y.，Samara，E. et al.（2005）. Once-a-day extended-release dosage form of divalproex sodium Ⅲ：development and validation of a level A *in vitro-in vivo* correlation（IVIVC）. Journal of Pharmaceutical Sciences 94（9）：1949-1956.

Emami，J.（2006）. *In vitro-in vivo* correlation：from theory to applications. Journal of Pharmacy and Pharmaceutical Sciences 9（2）：169-189.

Fröhlich，E.（2019）. Biological obstacles for identifying *in vitro-in vivo* correlations of orally inhaled formulations. Pharmaceutics 11（7）：316-335.

Gaynor，C.，Dunne，A.，and Davis，J.（2008）. A comparison of the prediction accuracy of two IVIVC modelling techniques. Journal of Pharmaceutical Sciences 97（8）：3422-3432.

Gillespie，W. R.（1997）. Convolution-based approaches for *in vivo-in vitro* correlation modeling. In：*In Vitro-In Vivo* Correlations，Advances in Experimental Medicine and Biology，vol. 423，53-65. New York：Plenum Press.

Godin，B. andTonitou，E.（2007）. Transdermal skin delivery：predictions for humans from *in vivo*，*ex vivo* and animal models. Advanced Drug Delivery Reviews 59：1152-1161.

International Conference on Harmonization（ICH）Steering Committee. Pharmaceutical Development Q8（2004）. ICH of

Technical Requirements for Registration of Pharmaceuticals for Human Use: Consensus Guideline.

Kakhi, M., Marroum, P., and Chittenden, J. (2013). Analysis of level A *in vitro-in vivo* correlations for an extended-release formulation with limited bioavailability. Biopharmaceutics & Drug Disposition 34 (5): 262-277.

Kaur, P., Jiang, X., Duan, J. et al. (2015). Applications of *in vitro-in vivo* correlations in generic drug development: case studies. The American Association of Pharmaceutical Scientists Journal 17 (4): 1035-1039.

Kostewicz, E. S., Aarons, L., Bergstrand, M. et al. (2014). PBPK models for the prediction of *in vivo* performance of oral dosage forms. European Journal of Pharmaceutical Sciences 57: 300-321.

Lennernäs, H. (2014). Human *in vivo* regional intestinal permeability: importance for pharmaceutical drug development. Molecular Pharmaceutics 11 (1): 12-23.

Loo, J. C. K. andRiegelman, S. (1968). New method for calculating the intrinsic absorption rate of drugs. Journal of Pharmaceutical Sciences 57 (6): 918-928.

Milewski, M., Paudel, K. S., Brogden, N. K. et al. (2013). Microneedle-assisted percutaneous delivery of naltrexone hydrochloride in Yucatan minipig: *in vitro-in vivo* correlation. Molecular Pharmaceutics 10 (10): 3745-3757.

Mojaverian, P., Radwanski, E., Lin, C. et al. (1992). Correlation of *in vitro* release rate and *in vivo* absorption characteristics of four chlorpheniramine maleate extended-release formulations. Pharmaceutical Research 9 (4): 450-456.

Mojaverian, P., Rosen, J., Vadino, W. A. et al. (1997). *In-vivo/in-vitro* correlation of four extended release formulations of pseudoephedrine sulfate. Journal of Pharmaceutical and Biomedical Analysis 15 (4): 439-445.

Morita, R., Honda, R., and Takahashi, Y. (2003). Development of a new dissolution test method for an oral controlled release preparation, the PVA swelling controlled release system (SCRS). Journal of Controlled Release 90 (1): 109-117.

Olivares-Morales, A., Kamiyama, Y., Darwich, A. S. et al. (2015). Analysis of the impact of controlled release formulations on oral drug absorption, gut wall metabolism and relative bioavailability of CYP3A substrates using a physiologically-based pharmacokinetic model. European Journal of Pharmaceutical Sciences 67: 32-44.

Otsuka, K., Shono, Y., and Dressman, J. (2013). Coupling biorelevant dissolution methods with physiologically based pharmacokinetic modelling to forecast *in-vivo* performance of solid oral dosage forms. Journal of Pharmacy and Pharmacology 65 (7): 937-952.

Qiu, Y. and Duan, J. Z. (2017). *In vitro/in vivo* correlations: fundamentals, development considerations, and applications. In: Developing Solid Oral Dosage Forms (eds. Y. Qiu, Y. Chen, G. Zhang, et al.), 415-452. Academic Press.

Qiu, Y., Cheskin, H. S., Engh, K. R. et al. (2003a). Once-a-day controlled-release dosage form of divalproex sodium Ⅰ: formulation design and *in vitro/in vivo* investigations. Journal of Pharmaceutical Sciences 92 (6): 1166-1173.

Qiu, Y., Garren, J., Samara, E. et al. (2003b). Once-a-day controlled-release dosage form of divalproex sodium Ⅱ: development of a predictive *in vitro* drug release method. Journal of Pharmaceutical Sciences 92 (11): 2317-2325.

Rathore, A. S. and Winkle, H. (2009). Quality by design for biopharmaceuticals. Nature Biotechnology 27 (1): 26-34.

Selen, A., Cruañes, M. T., Müllertz, A. et al. (2010). Meeting report: applied biopharmaceutics and quality by design for dissolution/release specification setting: product quality for patient benefit. American Association of Pharmaceutical Scientists 12 (3): 465-472.

Sirisuth, N., Augsburger, L. L., and Eddington, N. D. (2002). Development and validation of a non-linear IVIVC model for a diltiazem extended release formulation. Biopharmaceutics & Drug Disposition 23 (1): 1-8.

Sjögren, E., Dahlgren, D., Roos, C. et al. (2015). Human *in vivo* regional intestinal permeability: quantitation using site-specific drug absorption data. Molecular Pharmaceutics 12 (6): 2026-2039.

Suarez-Sharp, S., Li, M., Duan, J. et al. (2016). Regulatory experience with *in vivo in vitro* correlations (IVIVC) in new drug applications. The American Association of Pharmaceutical Scientists Journal 18 (6): 1379-1390.

United States Department of Health and Human Services (US-DHHS), Food and Drug Administration (FDA), Center for Drug Evaluation and Research (CDER); Guidance for Industry (1997). Extended Release Oral Dosage Forms: Development, Evaluation and Application of *In Vitro/In Vivo* Correlations.

VanBuskirk, G. A., Shah, V., Yacobi, A. et al. (2014). PQRI workshop report: application of IVIVC in formulation development. Dissolution Technologies 21 (2): 51-59.

Vaughan, D. P. (1976). A model independent method for estimating the *in vivo* release rate constant of a drug from its oral formulations. Journal of Pharmacy and Pharmacology 28 (6): 505-507.

Vaughan, D. P. and Dennis, M. (1978). Mathematical basis of point-area deconvolution method for determining in vivo input functions. Journal of Pharmaceutical Sciences 67 (5): 663-665.

Viridén, A., Abrahmsén-Alami, S., Wittgren, B. et al. (2011). Release of theophylline and carbamazepine from matrix tablets-consequences of HPMC chemical heterogeneity. European Journal of Pharmaceutics and Biopharmaceutics 78 (3): 470-479.

Wagner, J. G. and Nelson, E. (1963). Percent absorbed time plots derived from blood levels and/or urinary excretion data. Journal of Pharmaceutical Sciences 52: 610-611.

Wagner, J. G., Ganes, D. A., Midha, K. K. et al. (1991). Stepwise determination of multicompartment disposition and absorption parameters from extravascular concentration-time data. Application to mesoridazine, flurbiprofen, flunarizine, labetalol, and diazepam. Journal of Pharmacokinetics and Biopharmaceutics 19 (4): 413-455.

Zahirul, M. and Khan, I. (1996). Dissolution testing for sustained or controlled release oral dosage forms and correlation with *in vivo* data: challenges and opportunities. International Journal of Pharmaceutics 140 (2): 131-143.

Zhang, X., Lionberger, R. A., Davit, B. M. et al. (2011). Utility of physiologically based absorption modeling in implementing quality by design in drug development. The American Association of Pharmaceutical Scientists 13 (1): 59-71.

第13章

仿制药开发中的溶出试验：方法、要求和监管预期/要求

13.1 引言

自新化学实体（NCE）或已知化学实体到新药开发和批准上市，大体上遵循规范的五步流程：

① 发现和开发（物质的化学组成和化学解析）。

② 临床前研究（动物毒性和安全性评估）。

③ 临床研究［人体临床试验（CT）-Ⅰ期至Ⅲ期-安全性和有效性］。

④ 美国食品药品管理局（FDA）审评批准。

⑤ FDA上市后安全监测。

寻求新药物批准的公司/申请人需提交一份证明药物安全性和有效性的新药申请（NDA）。从二十世纪三十年代末开始，美国FDA就开始通过NDA途径批准新药。通过该途径批准的药品通常被称为原研药和/或参比制剂（RLD）。这些药品在专利到期前往往受到保护。

1984年，美国颁布了《药品价格竞争与专利期补偿法案》（公共法98-417），俗称《Hatch-Waxman法案》。在保留对创新激励（包括建立专利诉讼程序）的同时，该法案通过一种称为简略新药申请（ANDA）的快速流程鼓励仿制药生产和审批。仿制药产品的开发遵循表13.1所示的多阶段过程。新药（即NDA）开发与仿制药（即ANDA）开发的主要区别在于后者不要求申办方/申请人按照NDA开发步骤中1和2的要求生成数据。此外，仿制药的临床评估通常仅限于在空腹和餐后状态下对健康人进行Ⅰ期临床试验（CT）；但对健康人群给药可能存在安全性问题的药物除外，此类临床试验应在患者中进行，比如治疗癌症的靶向药物。

表 13.1　简略新药申请（仿制药）的产品开发指南

阶段	标题	阶段	标题
1	文献和背景检索	11	生产工艺优化
2	API[①]寻源和供应商评估	12	数据分析(预 BE[②]+IVIVC[③])
3	采购 API+检验	13	放大(中试到注册批)
4	RLD[④]采购+检验	14	工艺确认(注册批的生产)
5	API 试验(全检)	15	注册批的生产
6	辅料采购+检验	16	生物研究和生物等效性豁免评价
7	包装系统评估(CCS)[⑤]	17	ANDA[⑥]申报资料撰写及详细内部审查/审计
8	生产工艺的评估	18	提交 ANDA 申请,问询答复
9	API 批量购买	19	生产工艺验证(商业批次)
10	分析检验+方法验证(API 和制剂)	20	SUPAC[⑦]活动(工艺再验证)

① 活性药物成分。
② 生物等效性。
③ 体外-体内相关性。
④ 参比制剂。
⑤ 包装容器系统。
⑥ 简略新药申请。
⑦ 放大生产和批准后变更。

新药的开发和获批是一个漫长而艰巨的过程，经济支出也很重。通过 505(b)(2)NDA 机制可以更快、更便宜地获得新药批准。该路径允许申请人根据完整的安全性和有效性文件寻求药品批准，其中一些文件可能来自文献或由其他人进行的试验，且申请人没有参考权。在这样做时，申请人/申办方可以依赖以前发表的资料，包括 FDA 以前批准和发表的文献。13.3.3 节详细讨论了体外溶出试验在 505(b)(2)申请机会方面的作用。

自 1984 年《Hatch-Waxman 法案》出台以来，仿制药市场迅速发展，占美国处方药产品的 85%以上（Gupta et al.，2016）。通过 505(b)(2)和传统 NDA 途径获批的药品几乎各占处方药产品的半壁江山。值得注意的是，三种药品批准途径——NDA、ANDA 和 505(b)(2)NDA——所遵循的开发过程存在明显的重叠。基本上，一旦传统 NDA 流程在步骤 1 和 2 中确定了活性药物成分（API）的安全性和有效性，则 NDA、ANDA 和 505(b)(2)NDA 药物开发流程的共性就显而易见了，且 ANDA 和 505(b)(2)NDA 产品方面更为明显。本章的主要目的是讨论体外溶出试验在仿制药产品开发[包括 505(b)(2)NDA 产品]中的作用。此外，还将探讨溶出试验在某些特定仿制药系统开发中的作用，如差异化产品、超级仿制药、复杂仿制药和 PⅣ仿制药（挑战专利）等。此外，还特别强调评估体外溶出试验在生物等效性豁免方面的作用，尤其是从全球角度对比了监管考量。

13.2　仿制药开发过程：溶出试验的作用

开发仿制药产品的第一步是鉴别和确认 API，即原料药和相应的 RLD。随后，仿制药开发过程基本上遵循表 13.1 所列的各个开发阶段。溶出的实际作用和应用包括通过原料药的固有溶出试验和药品的表观溶出性能来评估原料药的溶解度。体外溶出试验追求两个目标：①作为在早期开发阶段筛选处方的前瞻性工具，从而获得与RLD产生生物等效性（BE）可能性最高的处方；②作为回顾性工具，确保仿制制剂体外溶出性能的批间一致性。在适用的情况下，探索研究目标下一阶段可扩展到证明生物等效性豁免要求的符合性。因此，溶出试验的作用在仿制药开发的几乎所有阶段都很明显，但第17阶段和第1阶段可能除外。在第17阶段和第1阶段，其作用仅限于在API和待开发的目标仿制药的溶解度、渗透性、固有和/或表观溶出方面对文献进行严格审查。溶出试验在仿制药开发不同阶段的作用以及在不同类型仿制药、生物等效性豁免和SUPAC背景下的制剂，将在13.2～13.4节中讨论。

13.2.1 处方前研究

药品开发从API或API与常用辅料联合使用的理化特性开始。处方前研究的目标包括但不限于：

- API的物理表征。
- API的化学表征。
- API与常用和预期的目标处方的相容性。
- 测定各种溶剂和环境中的动力学速率曲线。

针对API的主要处方前研究包括溶解度和溶解度相关分析，如在生物生理pH范围内的有机和水性溶剂以及缓冲液中的溶解度，以及分配系数、电离常数、溶出度等的测定，固态表征(多晶型、溶剂合物、水合物等)，固液态稳定性分析以及渗透性研究。次要的处方前研究包括API的物理和微观表征，如颗粒形态、压实性/压缩性评估和固态流变性评估等。

本节详细探索API在稳定剂型遇到的pH范围内的溶解和增溶的可能机制（相对于目标给药途径），以达到有效吸收和提高生物利用度（BA）。关于原料药的溶解度和溶出度，大体上进行了以下一系列实验：

- 在评估制剂中药物的表观溶出度期间，确定维持漏槽条件所需的特定缓冲液的体积，API在不同pH缓冲液中的溶解度。

- 粒径对API在各种生物生理相关溶剂（如pH缓冲液）中的溶解速率的影响，以及可能的速率限制因素。

- API在选定的生物生理相关溶剂（如pH缓冲液）中的固有溶解性能；在选定的流体动力学条件下（低强度、中强度、高强度），确定固有溶出速率（IDR）常数。

- 对于难溶性药物和需要较大体积的选定生物生理相关溶剂（如pH缓冲液）溶解的药物，评估诸如表面活性剂（非离子型、阴离子型和阳离子型）等增溶剂的使用，找到与API以及处方中可用的辅料相容的合适增溶剂。

在pH值1～8范围内的水性介质中，应在(37±1)℃的条件下测定pH-溶解度曲线及其与API漏槽条件要求的关系。为了准确定义pH-溶解度曲线，应尽量评估足够数量的pH条件。例如，药品Latuda®（API为盐酸鲁拉西酮）的规格为40mg、80mg和120mg，每个规格均为薄膜包衣片（Latuda NDA 200-603，2010）。盐酸鲁拉西酮在水中的溶解度为0.224mg/mL，在pH 3.5的缓冲液中的最大溶解度为0.349mg/mL，因此对于水和pH 3.5

的缓冲液，120mg 规格的漏槽条件体积要求分别约为 535mL 和 343.84mL。

API 颗粒的大小和形状影响其溶解速率、IDR 及其在溶剂（溶出介质）中的表观溶出速率。众所周知，粒度对溶出速率的影响类似于粒度对反应速率的影响。此外，更细的颗粒导致表面积增加，可能会导致溶出的物理屏障减弱，进而导致它们的表观溶出速率增加。作为一个代表性的例子，使用 USP 装置 2，转速为 75r/min，在 pH 7.8 的条件下，评估了一种难溶性药物格列本脲的粒径对溶出的影响（Harun et al.，2013）。

固有溶出速率（IDR）定义为当 API 的比表面积、搅拌速率、溶出介质的 pH 和离子强度保持恒定时，纯 API 的溶出速率。通常，非常低的溶出速率与低溶解度相关，而具有高溶解度的物质表现出高溶出速率，如 Noyes-Whitney 方程所示。第 3 章和第 5 章提供了有关固有溶出试验的详细信息（USP35/NF30，2010；Khan et al.，2017）。使用转盘法在各种生物生理相关介质中评估了六种 API 的 IDR。所得 IDR 常数按顺序排列。总体结果表明，平均 IDR 与 API 在各种选定溶出介质中的溶解度顺序相似（Ethersona et al.，2020）。IDR 常数小于 0.1mg/(cm^2·min) 和大于 1mg/(cm^2·min) 时，表现出溶出速率限制吸收，而 IDR 常数在 0.1～1.0mg/(cm^2·min) 范围内时可能会对预测吸收造成挑战。一般而言，此处只需说明与介质有关的 IDR 试验提供了制剂中 API 释放的关键信息，而这些信息可用于指导处方开发。

增溶剂，如表面活性剂，可以改变药物本身的溶解度。在室温下研究了表面活性剂（吐温 80，十二烷基硫酸钠）对司帕沙星溶解度和 IDR 的影响（Mbah and Ozuo，2011）。总的来说，溶解度和 IDR 均有明显提高，但十二烷基硫酸钠比吐温 80 的作用要大（表 13.2）。需要注意的是，过量的表面活性剂会导致人为的高释放速率，从而降低溶出方法的区分能力。

表 13.2 表面活性剂增强司帕沙星溶解度和固有溶出速率（IDR）

表面活性剂/%	吐温 80		十二烷基硫酸钠	
	溶解度/(mg/mL)①	固有溶出速率/[mg/(cm^2·min)]①	溶解度/(mg/mL)①	固有溶出速率/[mg/(cm^2·min)]①
0.0	0.2200±0.0094	0.2411±0.0063	0.2200±0.0094	0.2411±0.0063
0.1	0.2305±0.0064	0.2973±0.0027	0.4870±0.0074	0.4606±0.0059
0.2	0.2915±0.0063	0.3925±0.0060	0.7024±0.0086	0.5615±0.0058
0.4	0.3174±0.0076	0.4150±0.0047	1.146±0.0615	0.6181±0.0015
1.0	0.3898±0.0081	0.5322±0.0066	2.815±0.0669	0.7774±0.0088
1.5	0.6295±0.0050	0.8518±0.0076	3.814±0.0598	1.201±0.0049

① 平均值±标准差（$n=3$）。

所有这些实验的综合信息提供了有关 API 的重要信息，并使处方前科学家能够就处方设计和溶出方法的开发做出决定，该方法不仅与生物生理相关，而且能够区分产品后续开发阶段将要出现的处方。建议读者参考第 3 章、第 4 章和第 6 章中讨论的影响 API 溶解度和制剂（药品）溶出性能的各种因素的相关信息，以全面了解药物产品开发处方前阶段的多学科考虑因素。

13.2.2 原型处方

通过处方前研究收集的信息，结合药物和辅料的稳定性结果确认，开发出初始理论性原型处方。此外，该信息还补充了预期的生物生理性能，包括可能影响初始理论性原型处方吸收的生理因素。随后，使用常用的简单工艺制备了数量有限的具有不同药物与辅料组成比例的制剂。本阶段的目标是对选定的初始处方进行评估，对比它们之间的体外性能（溶出度等），并与RLD的体外性能进行比较。

开展以下的一系列体外溶出试验：

• 在多种pH介质中，无论是否添加增溶剂（表面活性剂），不添加酶，均符合监管要求。

• 在精心选择的生物生理相关pH缓冲液和/或介质中。

• 在选定的pH缓冲介质中，无论是否添加增溶剂（表面活性剂），不添加酶，都可作为制剂（药品）的质量控制（QC）试验。

在此过程中，探索并建立了溶出试验的区分能力。特别注意确保生物生理相关性和QC相关性得到充分控制。

13.2.3 前瞻性开发：以BE为目标的IVIVC!

在产品的整个开发周期中，溶出试验在这个开发阶段的重要性和作用也许是最重要和最关键的。溶出/释放试验的主要目标是在精心开发的模拟生物生理相关条件下仍然具有区分力。而且，重点还要转移到要确保此类试验所产生的数据会对预测制剂的体内性能有所帮助，即体外-体内相关性（IVIVC）。此外，此类预测应最终有助于确定哪一种受试制剂可能与RLD有相似的体内BA速率和程度，即BE。因此，在仿制药开发的这个阶段——从初始到中试生物批次（biolot）——体外溶出试验对以BE为目标的IVIVC进行了探索。

第12章讨论了开发IVIVC的细节和机制，包括它们的应用。对这些信息进行更仔细的审查后，人们意识到IVIVC的概念并不直接适用于仿制药开发，因为仿制药开发的目标是在体外和体内实现类似的药物溶出/释放速率，以及受试制剂和RLD之间拥有类似的吸收。然而，传统的IVIVC至少需要三种制剂，且其体外和体内的溶出/释放速率各不相同。尽管如此，IVIVC仍有一些独特的应用，可以对其进行探索并将其用于优化仿制药开发。

一般来说，作为分别提供体外和体内速率和程度参数的第一步，IVIVC机制包括体外药物溶出/释放速率和体内BA曲线的反卷积。随后，通过对这些体外和体内参数进行卷积处理，然后用于预测各自的体外和体内性能。就仿制药开发而言，体外药物溶出/释放速率非常相似（$f_2 \geqslant 50$）；需要一种比受试制剂或RLD释放更快的制剂。为了满足这一需求，可使用口服溶液、从文献中检索的信息，或者计算机生成的参数（如果建立IVIVC时使用软件的话）。

在对受试制剂进行微调并确认进行关键临床研究之前，通常会进行预试验。预试验获得的体外药物溶出/释放数据和体内BA数据可用于建立IVIVC，优化开发中的仿制药成分和功能性能特征（Cardot et al.，2015）。从本质上讲，建议使用经典方法来确定IVIVC，其中预生物研究中所使用的受试制剂（RLD和其他两种制剂）应具有不同的释放速率。根据体外和体内数据，使用反卷积，可建立预测性体外模型，该模型随后可使用卷积技术生成目标药物体外溶出/释放曲线。如有必要，可对预试验中使用的受试制剂及其制备工艺进行调整，以此来与目标体外溶出/释放曲线相一致。最后，“改良后的”处方可以继续生产生物批次，并进行正式BE试验。

需要注意的是，在筛选受试制剂时所使用的一系列溶出试验条件（pH、介质、流体动力条件等）中，一个或两个试验条件将显示可接受的 IVIVC。在下一步工作开展之前，必须通过多学科讨论和/或外部专家建议，确保所选药物溶出/释放试验的生物生理相关性，以免 IVIVC 成为假阳性结果。接下来，选择的体外药物溶出/释放试验条件应作为在进行正式 BE 研究之前评估最终生物批次和 RLD 的基础。然后，所选的体外药物溶出/释放试验条件应作为确定 QC 标准的依据。最后但同样重要的是，所选择的体外药物溶出/释放试验条件应是开发批次放行 QC 检测的基础。

基于 IVIVC 的反卷积技术用于优化缓释制剂的仿制药开发，而直接卷积技术已被用作开发仿制药常释（IR）固体剂型的替代方法（Atebe et al.，2017；Hassan et al.，2015；Qureshi，2010）。通过使用简单的 Microsoft Excel 软件，可以实现直接卷积技术，从药物溶出/释放曲线推导血药浓度曲线，并进行分析。

使用 USP 装置 2，转速为 50r/min，900mL pH 6.8 磷酸盐缓冲液对对乙酰氨基酚的三种受试制剂和 RLD 的体外溶出性能进行评估（Atebe et al.，2017）。利用 Microsoft Excel 电子表格软件对得到溶出数据进行卷积计算，并在计算过程中嵌入以下公式。因为该产品是常释制剂，所以使用线性数学表达式将体外数据转换为体内数据。对于调释制剂，时间校正因子至关重要。

根据剂量的溶出分数（标签声明）Q，计算采样间隔内药物的释放量[式(13.1)]：

$$\text{释放量}(D_m)=\text{药物溶出分数}(\%)\times(\text{产品规格}/100) \tag{13.1}$$

使用式(13.2) 计算血药浓度（C_p）：

$$C_p=D_m\times F\times[1000/(V_d\times\text{体重})] \tag{13.2}$$

式中，V_d 是分布容积；F 是 BA 因子。

根据溶出曲线可以很容易地计算出每种制剂的血药浓度-时间曲线。随后，还计算了每种制剂的 C_{max} 和血药浓度-时间曲线下面积（AUC）。受试制剂和 RLD 之间的体外溶出数据和 BA 数据在 95%置信区间内进行比较，p 值为 0.05（Atebe et al.，2017；Hassan et al.，2015）。此外，分别将受试制剂的溶出曲线与 RLD 的溶出曲线进行比较，并分别计算相似因子（f_2）值。C_{max} 和 AUC 预测值的方差分析（ANOVA）表明，受试制剂和 RLD 具有类似的 C_{max} 和 AUC。据报道，从体外溶出试验预测受试制剂和 RLD 的体内性能相似程度的类似过程已用于坎地沙坦常释片的开发（Hassan et al.，2015）。

基于卷积的 IVIVC 工具的使用严重依赖于文献中的生理参数，如 V_d、F 值等。此外，假设体外试验条件和体内环境相同。对具有挑战性的 API，例如生物药剂学分类系统（BCS）2 类和 4 类、高变异药物（HVD）等，当此类信息无法获得时，建议在仿制药开发的这一阶段进行基于经典反卷积的 IVIVC 预试验。

总之，不仅溶出的作用至关重要，而且还应该认识到其生物生理相关性的重要性，所采用 IVIVC 方法也至关重要。此外，有必要在预 BE（临床研究）水平和正式 BE 研究水平上设置 QC 标准。

13.2.4 预 BE 研究和正式 BE 研究

总的来说，预 BE 生物研究的结果为下一阶段的开发铺平了道路，即最终确定正式 BE 研究用生物批次的处方和生产工艺。在众多挑战中，总会出现以下三个挑战：①需要对受试制剂进行微调，即根据预 BE 研究的结果重新设计处方；②需要调整生产工艺来适应处方微调期间引入的变化；③必须使用 RLD 的新样品。这些挑战在开发的这个阶段很常见。

据推测，体外溶出试验是在预 BE 研究分析结果出来后完成并进行确认的。再者，显而易见，在此开发阶段不调整溶出试验是明智的。此外，处方和/或生产工艺的任何变更或调整应以分级方式进行，并根据产品的功能特性持续监测体外释放性能的一致性。应注意确保在该过程中持续保持药物的溶出/释放速率一致。鉴于已获得预 BE 实验的体内数据与信息/经验，应进行以 IVIVC 为基础的前瞻性卷积计算来确保所选受试制剂批次从预试验到正式试验阶段的体内性能的可预测性。

13.3 仿制药系统：溶出的作用

区分仿制药产品开发与新药开发的一个关键因素是必须证明仿制药产品与指定的 RLD 的体外和体内性能相当。因此，RLD 的性能属性和批次间质量的一致性会显著影响仿制药产品的开发。当来自不同国家的同一产品的 RLD 在体外和体内表现出不同的性能，并且分别具有不同的质量属性时，进一步加剧了这一挑战。此外，如果 RLD 受专利保护，且仿制药公司正在寻求 P Ⅳ申请（将在 13.3.2 节中讨论），那么 RLD 的体外溶出/释放性能可能不同于仿制药，但它们又必须是生物等效的，这就增加了另一层挑战。世界各地监管机构提供的大量行业指南、建议、指令等可以说是“火上浇油”！从这个意义上说，仿制药产品的开发涉及一个变动目标——RLD 及其相关性能属性。在这种情况下，人们往往会得出这样的结论：开发仿制药可能比开发新药更具挑战性。

尽管如此，鉴于表 13.1 中所示的阶段性仿制药开发过程，溶出试验的作用几乎遍及开发过程的所有阶段。此外，在原料药为固态且应被系统（血液循环）吸收的仿制药系统中，体外溶出/释放试验是强制性的。因此，正如本书其他部分所讨论的那样，溶出试验的科学和应用构成了本节所讨论的了解溶出试验在各种仿制药系统中发挥作用的信息基础。

13.3.1 常见的 P Ⅲ制剂——首仿申请

当原研药专利过期，申办方/申请人计划销售仿制药时，会提交 PⅢ（ParaⅢ）ANDA。提供此类 PⅢ证明和/或声明，表明所有适用专利到期，才会正式推出仿制药。这样会导致仿制药的不适当的快速开发，这不仅压力很大而且有时也不会经过深思熟虑，但指定的目标是实现首位申请（FTF），获得奖励 180 天市场独占权。P Ⅲ仿制药的开发遵循表 13.1 所示的阶段性流程，有一个宏大的时间轴，为了节省时间，各阶段的活动会并行进行。这些经过计算的风险由仿制药公司承担，并取得了不同程度的成功。

在争取获得 FTF 的过程中，出现了关于溶解度、固有溶出度、表观溶出度试验等方面的一些挑战。API 的供应或许仅限几个购买受限的来源。更重要的是，不同来源的 API 质量属性各不相同，这不仅会影响其采购，还会影响溶解度曲线和固有溶出曲线的充分确定，从而影响后续开发阶段 API 来源的选择。除产品信息宣传资料（患者所使用的产品包装说明书）外，关于RLD体外溶出试验的文献以及任何关于RLD BA（药代动力学）的可靠文献也很少。

此外，由于监管机构没有发布任何药典专著和/或溶出试验指南/建议，因此，由制剂、分析、临床和监管科学家组成的多学科项目团队有责任制定具有区分力的生物生理相关表观溶出试验。在最短的时间内开发出这种溶出试验方法是成功开发仿制药的最关键贡献。

13.3.2 P Ⅳ制剂

《美国联邦法规》(CFR) 314.94(a)(12)(i)(A)(4)中关于ANDA提交的规定：

…申请人应提供专利号、按照其意见并尽其所能地证明该专利是无效的、不可执行的，或该专利不会因其所提交的简略申请的药品的生产、使用或销售药品而受到侵犯。申请人应将该声明命名为“P Ⅳ声明”。

简单地说，《药品价格竞争与专利期补偿法案》（《Hatch-Waxman 法案》）允许在与RLD相关的专利到期之前，通过向专利持有人提供P Ⅳ声明，提交并获得销售仿制药（ANDA）的批准。此类证明（也称为通知函）详细说明了仿制药（ANDA）产品不侵犯与RLD相关的任何专利的科学性、合理性及法律依据，或者该专利是无效的或按规定无法执行。作为P Ⅳ申请提交给美国FDA进行市场授权的药品是ANDA的一个类别。

专利是一项授予发明人以年为期限的权利或特权的官方文件，是制造、使用或销售其发明的唯一权利。由科学工作和发现产生的医药产品，包括但不限于处方、工艺、医疗设备、诊断试剂盒等，通过向知识产权的产生者（创新者）颁发和授予专利而受到知识产权（IP）的保护。专利中所述的权利要求阐明了本发明的边界和界限。RLD是专利权利要求的一个实施例。美国食品药品管理局（FDA）发布的橙皮书保留了与包括RLD在内的所有获批产品相关的当前专利清单。

每个权利要求都由其范围和与权利要求要素相关的限制来定义。因此，简单地说，通常如果ANDA产品能够证明其不在权利要求（即发明）的范围和限制之内，则其不会侵犯RLD相关的专利。类似地，简单地说，ANDA申请人可以毫无疑义地并以充分的证据证明，RLD相关专利权利要求因显而易见、预期性和现有技术等原因无效和/或不可执行。该信息在发给专利持有人的P Ⅳ声明（通知函）中提供。

第17章讨论了溶出试验在药品可专利性以及保护和捍卫药品相关专利方面的作用。P Ⅳ ANDA中溶出试验的作用是证明拟申请的ANDA不会侵犯RLD相关专利的权利要求。此外，本节通过示例讨论了溶出试验在毫无疑义的证明和主张与参比制剂有关的权利要求（即专利）无效及/或不可执行时的作用，如P Ⅳ声明（通知函）所示。

注意缺陷多动障碍（ADHD）可用药物盐酸哌甲酯（API）进行治疗，以调释胶囊制剂的形式给药。本产品是美国专利6344215（Bettman et al.，2000）权利要求1的一个实施例，该专利声明为：

权利要求1：一种由含有哌甲酯的常释（IR）和缓释（ER）微球（beads）组成的盐酸哌甲酯调释胶囊，当常释和缓释微球按下表所示的量混合，并使用USP装置2在500mL水中以50r/min的转速进行试验时，混合微球释放哌甲酯的百分比（按哌甲酯总量计）如下表所示。

本发明的权利要求1明确指出，盐酸哌甲酯调释胶囊的常释（IR）和缓释（ER）微球组合比例不同，在使用USP装置2以50r/min转速在500mL水中进行溶出试验时，分别会表现出如表（权利要求中）所示的药物溶出曲线。虽然有许多可能的方法可以证明ANDA产品不会侵犯该权利要求（专利），典型的P Ⅳ声明将提供拟申请的ANDA产品的组成细节，但在使用USP装置2在500mL水中以50r/min的转速进行试验时，ANDA产品会表现出与表中披露的任何一条曲线不同的药物释放曲线。因此，拟申请的ANDA产品不会侵犯美国专利6344215。此外，拟申请的ANDA产品与作为本专利实施例的RLD是生物等效的。

美国专利7682628（Singh，2010）中要求保护催眠药酒石酸唑吡坦的新组合物。Intermezzo®是本发明的一个实施例。美国专利7682628的权利要求1声明为：

权利要求1：一种治疗失眠的方法，包括向易失眠的患者给予含有唑吡坦或其药学上可接受的盐的固体药物组合物的步骤，所述药物组合物还包括缓冲液，其中所述缓冲液将唾液的pH提高至约7.8或更高，其中唑吡坦通过受试者口腔黏膜的渗透膜被吸收，其中至少75%的固体药物组合物在给药后约10min或更短时间内在口腔内溶解。

在与RLD有关的本发明（专利）中要求保护一种包含唑吡坦盐（酒石酸盐）和缓冲液的固体药物组合物（制剂），该组合药物在口腔中给药时会将唾液pH提高至≥7.8，并在大约10min内的Q至少为75%的药物组合物。虽然有许多可能的方法可以证明ANDA产品不会侵犯该权利要求（专利），典型的P Ⅳ声明将提供不含缓冲液的ANDA产品成分，并且当在标准USP装置中以pH 7.8缓冲液和/或模拟唾液作为溶出介质进行药物溶出/释放试验时，与10min内的Q至少为75%相比，其Q值明显不同。此外，拟申请的ANDA产品与作为本专利（权利要求）实施例的RLD是生物等效的。

在另一个示例中，制备了托吡酯的缓释制剂，该制剂由含有药物的缓释（ER）组分和可选的IR组分组成，其中ER组分以连续方式释放托吡酯，并且≥80%的托吡酯在体外释放≤4h。美国专利8877248（Liang et al.，2014）的权利要求1陈述如下：

权利要求1：一种包含托吡酯活性成分的托吡酯缓释制剂，其按照预先确定的释放特征从该制剂中释放，该制剂包括：（a）含有托吡酯的缓释（ER）组分……以及可以选择的（b）含有托吡酯的常释（IR）组分……其中，ER成分以连续方式释放托吡酯，并且在小于或等于约4h的时间内在体外释放出大于或等于约80%的托吡酯。

该权利要求清楚地公开了ER成分以连续方式释放药物（托吡酯）并且在体外≤4h释放≥80%的托吡酯。专利说明书中披露，本文所指的释放速率是通过将待测制剂置于“适当溶出”介质（Cl3，ln 66～67❶）中来确定的。有许多因素决定药物从制剂中的溶出/释放过程。此外，单独或者共同影响制剂中药物溶出/释放试验结果的因素数量相同，亦或更多。因此，可以通过大量数据明确且确切无疑地证明，尽管专利中提供了书面描述和标准，但本领域普通技术人员（POSA）在未开展足够试验及拥有合理成功率情况下，将无法复制该发明。存在不确定性的权利要求极有可能存在无效风险，这是使权利要求（专利）无效的多种可能方式之一。因此，典型的P Ⅳ证明将通过数据和大量证据证明，至少基于不确定的理由，该专利（权利要求）无效。

总之，对于追求P Ⅳ路线的ANDA来说，溶出试验的作用是明确且明显的。需要注意的是，通常情况下，一旦专利持有人收到P Ⅳ声明（通知函），专利持有人和ANDA申请

❶ 指专利中权利要求3的第66～67行。

人之间就会产生争议。此类争议在法庭上提起诉讼，在此类专利诉讼的解决过程中，溶出试验的作用进一步得到证明。

13.3.3 探索505(b)(2)机会

1984年的《药品价格竞争与专利期补偿法案》（仿制药法案），在美国FDA监管的《FD&C法案》中增加了505(b)(2)条款。505(b)(2)申请是根据《FD&C法案》第505(b)(1)节提交并根据第505(c)节批准的NDA，包含安全性和有效性研究的完整报告，其中至少部分批准所需的信息来自不是申请人开展或为其开展的研究，且申请人未获得引用或使用权（US-FDA，1999）。此类申请可以依赖美国FDA关于上市药物安全性和/或有效性的发现和审评结果，前提是拟申请产品与所引用参比制剂具有共同的性质，例如原料药、给药途径和适应证等（US-FDA，2019）。如果505(b)(2)申请中提出的药物与参比制剂不同，例如处方、药物释放机制、不同给药途径和多规格等方面的本质差异，则应在申请中包含足够的安全性和有效性数据来支持这些差异。

简单地说，505(b)(2)申请中提出的药品的安全性和有效性应与上市药物（通常称为参比制剂）进行比较，并证明其安全有效。此外，一般而言，如果505(b)(2)药物的剂量规格在参比制剂的批准剂量范围内，则无须重新研究505(b)(2)药物与参比制剂的API的非临床安全性。

若对之前已批准的原料药（API）和/或已批准的NDA进行变更，那么相应的505(b)(2)NDA也可以成功开发并获得批准，这种505(b)(2)NDA可分为以下几类：

- 化学实体的变更（盐形式、螯合物和对映异构体等）。
- 包括固定剂量组合（FDC）在内的新处方，其中每种原料药之前都已单独获得批准。
- 新剂型（片剂、胶囊剂和混悬剂等）。
- 新的药物递送机制（常释至调释等）。
- 新的适应证。
- 处方药（Rx）至非处方药（OTC）转换。
- 新的剂量规格。
- 给药方案——每天两次或三次至一天一次等。
- 简化药物疗效研究实施（DESI）药物。
- 其他。

在此需要注意的是，505(b)(2)产品有意与上市药物（参比制剂）不同，可能会产生可通过专利排他性保护的知识产权。

本节通过示例讨论了溶出试验在证明与上市药物（参比制剂）存在有意差异的拟申请的505(b)(2)产品的安全性和有效性方面的作用。表13.3列出了2019年通过505(b)(2)途径获批的药品概况，以及体外药物溶出/释放试验在其中发挥的关键作用。

表13.3 2019获批的505(b)(2)申请(产品)

获批药物	原料药	参比制剂	变更类型
Secuado® TDDS①	阿塞那平	阿塞那平舌下片	给药途径

续表

获批药物	原料药	参比制剂	变更类型
Hemady®片，20mg	地塞米松	地塞米松片批准日期：1958	简化 DESI[②]的药物
Nayzilam®鼻喷雾剂	咪唑安定	—	• 给药途径 • 适应证
Jatenzo®软胶囊	睾酮	• 注射睾酮液 • 睾酮外用溶液	• 剂型 • 给药途径
Talicia®迟释胶囊	• 阿莫西林 • 奥美拉唑镁 • 利福布汀	每种原料药之前已单独获批	• 固定剂量组合(FDC) • 适应证

① TDDS，透皮给药系统。
② 药效研究实施方案。

505(b)(2)产品中原料药的化学变化，例如盐形式、溶剂化物和螯合物等，会导致（改良）原料药在不同 pH 下的溶出曲线和/或溶解速率以及最终的表观溶出速率与参比制剂中的原料药相比会发生变化。因此，必须将 505(b)(2)药物中原料药的固有溶出度和表观溶出度与参比制剂中原料药的固有溶出度和表观溶出度在生物生理 pH 为 1～7.5 范围内进行比较，并需要进行评估。一般来说，这种原料药“经过改良”的 505(b)(2)产品的目的是通过至少在空腹状态下对这两种产品进行 BA 对比研究，来证明参比制剂和拟申请的 505(b)(2)产品之间的 BA 等效性。体外溶出性能，即 505(b)(2)产品和参比制剂之间的溶出曲线，可以使用参数 f_2 进行比较。总之，显而易见，体外溶出试验在 505(b)(2)产品的开发中发挥了重要作用，其中 505(b)(2)产品中的 API 与参比制剂中的 API 相比发生了化学改良（盐形式、螯合物、包合物等）。

一种新型盐酸安非他酮控释片剂（Ludwig et al.，1995）以 505(b)(2)申请的方式提交。参比制剂为盐酸安非他酮常释片。505(b)(2)申请中的拟申请产品在剂型上有一个故意为之的变化——常释制剂变更为调释（MR）制剂。本发明的权利要求 1 涵盖了本发明的各种实施例：

权利要求 1：一种包含 25～500mg 盐酸安非他酮和羟丙甲纤维素的控释片，羟丙甲纤维素与盐酸安非他酮量的比为 0.19～1.1，且所述片剂的表面积与体积比为(3∶1)cm^{-1}～(25∶1)cm^{-1}，所述片剂在 59～77℉❶和 35%～60%相对湿度下的保质期至少为一年，所述片剂在 1h 内释放约 20%～60%的盐酸安非他酮，在 4h 内释放约 50%～90%，且在 8h 内释放不少于约 75%。

采用 USP 装置 2、900mL 水（溶出介质）、转速为 50r/min 对参比制剂和 505(b)(2)药物的体外溶出/释放性能进行测定，结果见表 13.4。

表 13.4　安非他酮常释片和安非他酮控释片的体外溶出性能

时间/h	常释片 Q[①]/%	控释片 Q(首选)[②]/%
0	0	0
0.5	—	—
0.75	75	—
1	—	25

❶ 华氏度（℉）=32+1.8×摄氏度（℃）

续表

时间/h	常释片 Q①/%	控释片 Q(首选)②/%
4	—	60
8	—	80

① 标示量百分比（权利要求 1，第 11～14 行）。
② 标示量百分比（权利要求 3，第 29～38 行）。

另一个潜在的 505(b)(2) 申请示例介绍了适用于单一异构体给药的盐酸哌甲酯创新剂型，即盐酸右哌甲酯（Mehta et al.，1997）。本发明描述了包含常释剂量和延迟释放第二剂量的剂型，以便在使用哌甲酯治疗某些中枢神经系统疾病（权利要求 1，第 26～31 行）时改善给药的便利性并提高患者的依从性，如权利要求 1 所述：

权利要求 1：一种哌甲酯药物的口服剂型，包括两组颗粒，每组颗粒均含有所述药物，其中：

所述第一组颗粒在被哺乳动物摄入后基本上立即提供所述药物的剂量，并且所述第二组颗粒包含包衣颗粒，所述包衣颗粒包含约 2%～75%（按重量计）的所述药物与一种或多种黏合剂的混合物，所述包衣包含足以提供所述药物剂量的药用甲基丙烯酸铵，摄入后所述药物延迟约 2～7h 释放。

采用 USP 装置 1、900mL 去离子水（溶出介质）、转速为 100r/min 对 505(b)(2) 药物的体外溶出/释放性能进行测定，从 1～24h 进行取样（权利要求 13，第 44～56 行），结果如图 13.1 所示。

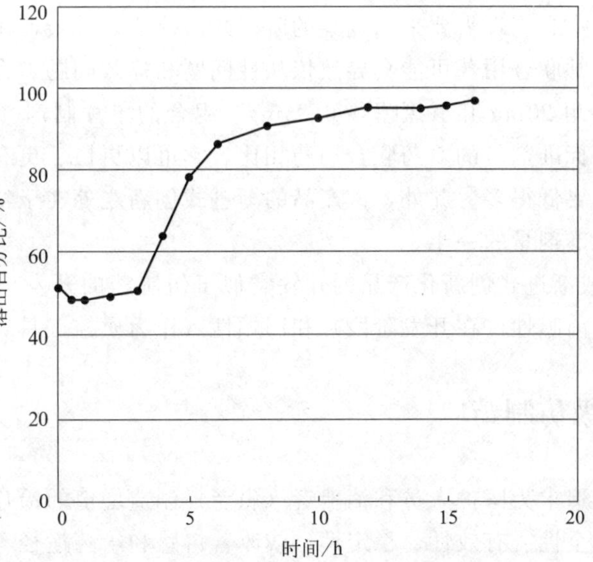

图 13.1 与本发明一致的某些首选剂型的体外药物释放曲线（Mehta et al.，1997）

综上所述，很明显，在开发 505(b)(2) 申请（产品）时，体外溶出试验发挥着重要作用，尤其是当此类申请与上市药物（参比制剂）相比存在故意为之的差异时。证明其安全性和有效性的途径无论是通过证明 505(b)(2) 产品与参比制剂的 BA 之间存在显著差异，还是通过证明参比制剂与 505(b)(2) 产品之间存在创新差异，都需要进行各个方面的体外溶出试验（溶解度分析、固有溶出度测量、表观溶出速率分析等）。

13.3.4 差异化产品和/或渐进式创新

差异化产品是指与竞争对手相比，具有特定且独特品质的产品。产品中所体现和展示的具体而独特的品质可以构成受专利保护的知识产权的基础，这样能够提供市场独占权，从而限制竞争。

产品差异化是一种营销策略，通常取决于客户（医疗保健人员和消费者）的看法。根据对差异化产品质量可以评价的程度和范围，产品差异化可以分为三种类型：

- 纵向差异化——可以评价质量。
- 横向差异化——无法对质量进行确切的评价，很大程度上依赖于对其最终用途的感知。
- 混合差异化——产品的某些质量属性可以测量，而其他属性则基于感知。

大多数所谓的差异化药品都是纵向差异化的结果；因此，有时人们将其称为渐进式创新产品。

以治疗代谢紊乱为目标的药品，如2型糖尿病动态血糖水平的管理，为差异化产品的开发提供了机会。市售的盐酸二甲双胍缓释片的剂量规格为500mg和1000mg，但体积大，往往难以吞咽。而与竞争对手的产品相比，Metsmall® 更小且易于吞咽，提供了独特的差异化产品。另一个例子是60mg格列齐特缓释片（Recide ER®），它具备独特的优势，可以根据患者的血糖水平要求调整剂量。

慢性高血压的治疗和管理需要采用复杂的阶梯式治疗法，并会使用多种降压药物。在治疗高血压过程中，经常联合用药可能会导致依从性问题和疗效问题。含有三种降压药（氨氯地平2.5mg、替米沙坦20mg和氢氯噻嗪6.25mg）组合的单片制剂（Optidoz®）提供了一种差异化的产品，与标准剂量的双药联合用药相比，它可以更快、更有效地控制高血压，而且不良反应的发生率要低得多。此外，该产品的渐进式创新之处在于每种单独的降压药的最佳剂量分别为标准批准剂量的一半。

差异化产品和/或渐进式创新化产品的开发类似于仿制药的开发。同样对体外溶出试验的作用和应用进行了前瞻性（在开发阶段）和回顾性（作为质控工具）的研究。

13.3.5 超级仿制药

仿制药行业不断追求为医护人员和消费者（患者）创造增值的治疗方案。“超级仿制药”通常是一种性能（安全性、有效性、稳定性，或改善口感和给药途径等）有所改进的新型仿制药。超级仿制药所含的API已失去其专利保护，并且经批准的剂量规格已被确定是安全有效的（Singh，2018）。已成功申请、获批并可供医疗界和消费者使用的各种类型的超级仿制药可分为以下几类：

- 已批准原料药的新盐或新晶型。
- 已批准原料药的新剂型，包括递送系统和/或器械。
- 新的治疗目标——老年人和/或儿科用药。
- 失去专利保护的获批原料药的合理协同治疗组合。

与传统新药的开发（如耗时又昂贵的 NDA）相比，超级仿制药的开发具有低成本、低风险、开发时间更短的潜在优势。此外，超级仿制药的开发类似于仿制药的开发。从这个意义上说，可以恰当地称这些产品为超级仿制药。

如 13.2 节所述，体外溶出试验在超级仿制药开发中的作用是显而易见的。一旦确定了要开发的超级仿制药的类型，则应利用体外溶出试验进行前瞻性（在开发阶段）和回顾性（作为质量控制工具）研究。

13.3.6 复杂仿制药

这十年来，世界范围内制药行业对开发复杂仿制药的兴趣持续增强，这也促使监管机构针对产品（复杂仿制药）获批上市所需提交的数据的获取，制定了相应的指南和建议。美国 FDA 宣布了《药品竞争行动计划》，该计划旨在为药品市场带来更多的竞争，并改善消费者获得药品的渠道。作为这项工作的一部分，美国 FDA 将重点放在如何协助复杂仿制药进入市场，为这类获批产品引入竞争（美国 FDA GDUFA，2017）。

一般来说，美国 FDA 对复杂药物的定义如下（美国 FDA GDUFA，2017）：

- 含有复杂原料药（如多肽）的产品。
- 通过耳、眼和外用（包括透皮给药）等复杂途径给药的产品。
- 胶体制剂、脂质体等复杂制剂。
- 经口吸入和鼻腔用制剂（OINDP）、定量吸入气雾剂（MDI）等专用药物-器械组合产品。
- 审批流程存在复杂性或不确定性的产品。

从复杂仿制药的定义可以明显看出，它们是仿制药开发困难的产品；因此，它们面临仿制药的有限竞争，甚至没有竞争。虽然复杂仿制药产品在剂型、给药途径和原料药类型方面涵盖范围广泛，但与开发复杂药物相关的挑战可能是极具品种特点的，应该具体问题具体分析。世界各地的药品和卫生监管机构已经介入，他们不仅在研发过程中协助仿制药行业，而且还提供特定产品指南和建议。目前，世界各地的监管机构，如美国 FDA、欧洲药品管理局（EMA）、世界卫生组织等，都已经发布了指南和建议。此外，还指出了协调这些指南的必要性（Lunawat and Bhat，2020）。美国 FDA 的仿制药办公室（OGD）发布了 47 份特定产品指南，重点关注于复杂仿制药产品的开发。

与传统仿制药一样，如果原料药在复杂仿制药制剂中以固态形式存在，并且可能会被系统吸收，从而产生治疗作用，那么体外药物溶出/释放试验总是必不可少的。复杂仿制药的开发还涉及一系列试验及研究，对比其体外性能与 RLD 的体外性能。此外，还需要对比 BE 或临床结果等体内性能。此类对比研究涵盖受试制剂（复杂仿制药）和 RLD 之间的 Q1（定性相似性）、Q2（定量相似性）和 Q3（微观结构相似性）。因此，需要药学等效和某种临床等效——BE 和/或体内对比较临床终点的 BE 研究。合理开发的体外溶出速率试验和/或与体内药代动力学（PK）研究相关的生物生理相关体外试验（即 IVIVC），可以为拟申请的复杂仿制药的 BE 提供依据。美国 FDA 的 OGD 对任何其他被认为足以衡量 BA 或确定 BE 的方法持开放态度，前提是该方法事先经过讨论并获得 FDA 的批准。

溶出试验不仅在研发过程中的作用非常重要，而且在确定和最终证明拟申请的（复杂）

仿制药和 RLD 在体外和体内功能特性的相似性（相同性）方面也至关重要。在开发复杂仿制药时，建议读者访问美国 FDA 网站了解包括药物溶出/释放及渗透试验等各种体外试验和体内试验在内的现行特定药品指南。如果没有针对某一特定产品的此类指南，那么就向 FDA 提出一套合理的、与有生物生理相关的、能够描述产品体内外功能特性的试验建议，然后再着手（复杂的）仿制药的开发。

13.4 仿制药：成品——溶出试验的作用

第 16 阶段的成功完成确保了正在开发的仿制药已做好申报的准备。通常，成功且经过验证的 BE 研究是采用最高和/或最安全剂量的生物（等效）批次进行的。注册批的其他规格，在与生物等效性批次处方组成相似或等比的情况下，可申请生物等效性豁免。此后，每个规格的批次须逐一放大到商业批规模，并在获得 ANDA 暂时批准后，开展工艺验证。此外，必须为“最终/成品”仿制药设定 QC 溶出/释放标准。

本节将讨论溶出试验在工艺验证阶段以及起草生物等效性豁免申请时的作用。特别强调要评估体外溶出试验在生物等效性豁免方面的作用，尤其是从全球角度对比监管考量。

13.4.1 暂时批准到最终批准：设置质量控制标准！

收到 ANDA 的暂时批准，基本上证明了仿制药的质量性能属性是可以接受的，并且作为 ANDA 申请的一部分而生产的生物批和注册批的批量符合监管要求。当注册批放大到商业批的规模时，必须通过工艺验证重新确认用于放行包括生物批次在内的注册批的 QC 标准。

当注册批放大到商业批规模时，采用溶出试验以及用于放行注册批的 QC 标准来持续监控和确保产品的质量性能。在工艺验证过程中，为了达到产品的所谓最终及可接受的 QC 溶出/释放标准，会对溶出试验以及 QC 标准进行微调。从这个意义上说，在最终放大和生产工艺验证阶段，溶出试验的作用是为产品制定切实可行、人性化且监管机构可接受的 QC 溶出/释放标准。

13.4.2 生物等效性豁免：全球性思考和视野！

根据 IR 固体制剂中原料药的 BCS 分类，可以考虑豁免体内生物有效性试验，如 BA 和/或 BE 研究等。当申请根据体内 BE 试验以外的等效性证据获得批准时，此类生物等效性豁免适用于监管部门的审批流程。对于固体口服制剂，等效性的依据是根据受试制剂和参比制剂（RLD）之间的体外溶出曲线对比来确定的。此外，也可以根据经过论证的 IVIVC 提交材料。世界各地的监管机构都有描述药品生物等效性豁免资格标准的指南和/或建议：澳大利亚（TGA，2013）、巴西（ANVISA，2010）、加拿大（HPB，2013）、中国（CFDA，2015）、俄罗斯和欧洲（EMA，2010）、印度（CDSCO，2005）、日本（PMDA，2001，2006a，b）、墨西哥（COFEPRIS，2013）、南非（MCC，2007）、韩国（KFDS，2010）、泰国（药物管理司，2009）、土耳其（卫生部，2010）和美国（FDA，1995，2000）。

就药物制剂而言，一般来说，如果产品含有相同浓度的同一原料药，含有浓度相当的相同辅料，并符合以下任一标准，则可以考虑生物等效性豁免：

- 非肠道给药水溶液（注射剂）。
- 口服溶液。
- 粉末复溶溶液。
- 耳用或眼用水溶液
- 外用水溶液。
- 吸入产品（鼻喷雾剂）。

此外，可以考虑在获批的剂量范围内根据剂量比例进行生物等效性豁免，前提是至少证明对指定规格（通常是最高且安全的）进行了成功的单剂量空腹 BE 研究。如果其他规格如下所示，则可以豁免较低规格的 BE 研究：

- 所有剂量规格均在线性药代动力学范围内。
- 相同剂型。
- 相同释放机制（适用于缓释制剂）。
- 原料药和辅料比例相似。
- 与 RLD 开展 BE 的指定规格的制剂和其他每一种规格的溶出/释放曲线的相似因子（f_2）$\geqslant 50$。

虽然 IR 制剂中原料药的 BCS 分类一直是考虑和批准生物等效性豁免的核心，但体外溶出试验条件和对比溶出/释放曲线的标准在世界各地监管机构做出决策的过程中发挥着至关重要的作用。虽然生物等效性豁免的概念和原则已被全世界所接受，但各国监管机构在标准的应用方面仍存在异同，例如 f_2 因子的计算及溶出试验条件等。有人已指出，有必要协调这些标准（Diazet et al.，2015）。

使用各国监管机构描述的相应指南和/或建议中所推荐的相似因子（f_2）对受试制剂和 RLD 的药物溶出/释放曲线进行比较[式(13.1)]：

$$f_2=50\times \lg\{[1+(1/n)\sum n_{t=1}(R_t-T_t)^2]^{-0.5}\times 100\} \tag{13.3}$$

式中，n 是取样时间点个数；R_t 为参比制剂在 t 时刻的溶出值；T_t 为试验批次在 t 时刻的溶出值。在 $n=12$ 个单位的基础上，两个曲线明显相似的接受标准是 $f_2\geqslant 50$。

在对比两条溶出/释放曲线时，以下因素会影响 f_2 值的计算结果：

- 曲线上的早期时间点。
- 曲线上的最少时间点数。
- 曲线上的最后一个时间点。
- 变异系数（CV）。

表 13.5 中对世界各地监管机构所描述的 f_2 豁免标准的每项指南和/或建议进行了对比和介绍。

总的来说，已经能够确定具有已知渗透性/吸收特性的高溶解性原料药符合制剂以 BCS 为基础的生物等效性豁免方法。因此，只要有足够的证据证明受试制剂和 RLD 的溶出/释放曲线相似，那么就可以认为 BCS 1 类（高溶解度、高渗透性）和 3 类（高溶解度、低渗透性）原料药是符合条件的。

表 13.5　全球 f_2 标准对比

标准	描述	国家或地区[①]
免除 f_2	≤15min,Q>85%	美国、加拿大、中国、欧洲、泰国、俄罗斯、土耳其、南非、澳大利亚、墨西哥
最少时间点数	足以达到 Q90%	加拿大
	3 个	澳大利亚、美国、欧洲、俄罗斯、土耳其、南非、泰国
	3 个:15～30min 内,Q≥85%(IR)	韩国
	3 个(上升阶段)+2(稳定阶段)	墨西哥
	5 个	巴西
	3 个:15～30min 内,Q≥85%; 4 个:在 120min(pH 1.2)以及 360min(其他介质)内 Q≥85%; 4 个:在 30～120min(pH 1.2)以及 30～360min(其他介质)内 Q<50%～85%;	日本
	合适的位置	印度
试验最后时间点	R 达到 Q85%	日本、墨西哥、韩国
	R 或 T 达到 Q85%	欧洲、澳大利亚、俄罗斯、土耳其
	R 和 T 达到 Q85%	泰国、巴西、美国、南非
	T 达到 Q85%	加拿大
	T 达到 Q>90%(第一个时间点)	中国
	几乎完全溶解	印度
早期时间点	第一个 40%的时间点	巴西
变异系数(CV)	早期时间点 NMT 20%, 其余时间点 NMT 10%	美国、加拿大、南非、巴西
	第一个时间点 NMT 20%, 其余时间点 NMT 10%	欧洲、澳大利亚、俄罗斯、中国、墨西哥、土耳其
	所有时间点 NMT 15%	韩国
	第二个到最后一个时间点 NMT10%	泰国
	绝对平均差	日本

注：Q—标示量；NMT—不得超过；R—参比制剂；T—受试制剂。

① 有关参考资料，请参阅 13.4.2 节。

含有 BCS 2 类（低溶解度、高渗透性）原料药的制剂只要符合生物等效性豁免条件，应具备以下条件（WHO，2006）：

- 在 pH 6.8 缓冲液中 30min，Q≥85%。
- 在 pH 1.2、4.5 和 6.8 缓冲液中，受试制剂和 RLD 的溶出曲线相似。

如《国际药品监管机构计划》（IPRP）所述，相对于与参比制剂生物等效的规格，人们对 IR 固体剂型其他规格的生物等效性豁免标准越来越感兴趣。一般来说，基于以下几点内容来考虑其他规格的生物等效性豁免要求：

- API 的药代动力学。
- 获批规格和拟申请规格的定性组成。

- 获批规格和拟申请规格的定量组成。
- 生产工艺。
- 获批规格和拟申请规格的溶出/释放曲线相似。

如果剂型的拟申请剂量规格需要在处方上有所改变，则日本和韩国考虑对 IR 产品进行生物等效性豁免的数据要求见表 13.6。此外，针对不同规格制剂生物等效性豁免的溶出曲线对比，IPRP 参与国监管机构的相应指南中所推荐的体外溶出试验介质见表 13.7（Craneet et al.，2019）。

综上所述，体外溶出试验在仿制药的生物等效性豁免中发挥着至关重要的作用。监管机构在对比溶出曲线及确定生物等效性豁免申请获批时，严重依赖于 f_2 参数。相似因子 f_2 参数有其固有的优缺点，更不用说它还是非模型依赖法，并且实质上它是由统计原理控制的。因此，建议读者参考第 7 章和第 12 章中所讨论的与相似因子相关的内容以及本文所讨论的内容，从而全面了解其对自己项目的适用性。

表 13.6　日本和韩国的常释制剂的处方变化级别和所需试验（转载于 Craneet et al.，2019）

级别	治疗范围	难溶①/易溶	快速②/非快速	所需数据
A	非窄治疗范围	—	—	溶出标准或者多种溶出试验条件
B	—	—	—	多种溶出试验条件
C	非窄治疗范围	易溶	—	多种溶出试验条件
	—	难溶	—	人体生物等效性①②研究
	治疗范围狭窄	易溶	快速	多种溶出试验条件
	—	难溶	非快速	人体生物等效性研究
D	非窄治疗范围	易溶	快速	多种溶出试验条件
	窄治疗范围	难溶	非快速	人体生物等效性研究
E	—	—	—	人体生物等效性研究

① 在任何一种无表面活性剂的溶出介质中，参比制剂在指定时间的溶出 $Q \leqslant 85\%$。

② 在所有溶出试验条件下，30min 内受试制剂和参比制剂的溶出限度不低于 85%。

表 13.7　全球各监管机构所推荐用于其他规格生物等效性豁免的溶出曲线对比的体外溶出试验介质（Craneet et al.，2019）

溶出介质	国家或地区（监管机构）
QC① 介质有/无表面活性剂	巴西、加拿大、美国、日本、韩国
三种模拟人体生理环境的缓冲液（pH 1.2、4.5 和 6.8）	加拿大、中国台湾
三种模拟人体生理环境的缓冲液（pH 1.2、4.5 和 6.8）以及水	日本、韩国
三种模拟人体生理环境的缓冲液（pH 1.2、4.5 和 6.8）以及 QC 介质	澳大利亚、欧盟、哥伦比亚、新西兰、新加坡、瑞士、WHO②
添加表面活性剂的非 QC 介质的其他数据（难溶性药物）	澳大利亚、加拿大、新西兰、日本、韩国

① 质量控制。

② 世界卫生组织。

13.4.3 监管问询与答复

ANDA由申办方/申请人提交并接受审查。所提交的化学、生产和控制（CMC）以及生物药剂学综述会产生问询（缺陷），这些问询会转达给申办方/申请人。申办方/申请人必须充分且令人满意地解决这些问题，监管机构才会批准此项申请。与体外溶出试验本身和/或试验结果以及结构化反应策略相关的问题将在本节进行讨论。

一般而言，与体外溶出试验本身和/或试验结果相关的问询会围绕这些领域展开（没有任何重要性的顺序）：

• 所使用的体外溶出试验是不可接受的。

• 所使用的体外溶出方法不同于FDA推荐的产品溶出方法。

• 早期溶出时间点的变异性过大（超出可接受限度）；因此，溶出试验不具有生物等效性。

• 拟申请药物溶出/释放标准范围过宽，需要通过缩小范围或增加更多时间点或两者兼而有之进行修订。

• 其他，如检验结果超标（OOS）。

下面列举了一些这样的问题：

你们建议使用你们自己的溶出试验方法［使用USP装置1（篮法），转速为100r/min，以900mL、含有2%SLS的0.04mol/L pH 6.8磷酸盐缓冲液为溶出介质；除了转速（75r/min）差异，该方法与FDA推荐的方法相同］，理由如下：①受试制剂（批号：#X30581）和参比制剂（批号：#260953B）在75r/min下20h药物释放不完全；②稳定性样品在75r/min下20h药物释放不完全。根据DB政策，溶出方法和标准是根据在可接受的生物等效性研究中使用的12个单位生物批次（新制，未储存）的溶出数据确定的。DB没有根据储存批次的溶出试验数据修改溶出方法或标准。此外，你们的溶出试验数据显示，在使用FDA推荐的溶出方法（即75r/min）20h后，受试制剂（批号：X30581）和参比制剂（批号：#260953B）的平均（范围）药物释放分数分别为97%（93%～101%）和85%（77%～97%）。因此，你们建议的100r/min的溶出试验方法是不可接受的。

除了体内BE研究外，建议对该药品进行体外对比试验，以确保受试制剂和参比制剂在每个指定的相关pH下的溶出曲线具有可比性。仅在以下3种条件下使用你自己提出的方法，在没有表面活性剂（聚乙二醇十六十八烷基醚）的情况下，用沉降篮和溶出装置2（桨法）在150r/min下进行了以下三个条件的溶出试验：①0.1mol/L HCl中2h，然后在pH 7.5缓冲液中12h；②pH 4.5缓冲液；③pH 6.8缓冲液。根据当前布地奈德缓释片指南草案，请对9mg规格的产品进行以下体外溶出对比试验：……获得溶出数据后，根据拟申请方法和FDA方法评估溶出曲线的可比性。

体外生物等效性溶出试验研究不够充分。由于高变异性……在多种pH条件下，受试制剂的溶出曲线与参比制剂的溶出曲线明显不同，这表明受试制剂与参比制剂不具有生物等效性。因此，在所有pH介质（pH 6.5、6.8、7.2和7.5）中进行的溶出试验结果均不能接受。

研究在溶出曲线的每个时间点观察到的受试制剂单元之间的高变异性的根本原因，并根据结果实施必要的调整来解决这个问题。无论高变异性是否会影响药品的体内性能，都请提供理由。

体外溶出标准通常基于临床/生物等效性批次的性能，如果没有建立IVIVC（体外-体内相关性），则任何溶出时间点推荐的标准范围与从临床/生物利用度批次中获得的平均溶出曲线的偏差为±10%。总的来说，我们认为你们提出的接受标准是不可接受的。

建议采用以下溶出接受标准：

1h：20%～40%

2h：20%～40%

4h：20%～40%

8h：不低于80%

在对溶出方法及其可接受性进行评估后，将对数据重新进行评估，从而最终确定溶出接受标准。

构建对这些疑问中的每一个问题的回复时，首先需要详细分析监管机构所寻求的是什么——澄清、论证和/或解释。然后，必须制定并采用数据生成（如果需要）、收集、整理以及系统化逐步解释信息等有关策略。鉴于体外溶出试验是制剂体内性能的替代，在解释数据和/或数据本身相关的信息时，应酌情探索IVIVC的使用。最重要的是，该策略应集中在确保制剂的安全性和有效性没有且也不会受到影响，答复时应向监管机构传达这一信息。第7章展示了如何根据3C方法构建一个清晰、有说服力、令人信服的（3C）答复，并附有实例。

13.5 总结

仿制药开发往往比新药开发更具挑战性，因为它是由一个所谓的已知目标（RLD）驱动的，而这个目标不仅是一个难以捉摸的目标，而且是一个变动的目标！表13.1所列出ANDA（仿制药）产品的开发指南是相当完善的。但是，制剂的开发及其体内外评估阶段都依赖于需要及时获取并充分进行整合的技术（理化和生理等）信息。此类信息可以是科学报告/出版物、监管机构的发现（审评）、监管机构对行业的建议和/或指南等。更重要的是，筛选此类信息、确定其用途并加以调整从而使其适用于正在开发的制剂都需要经验和专业知识。跨学科评估溶出试验在仿制药成功开发过程中所起的作用以及与之相关的所有方面（PⅣ提交、超级仿制药、生物等效性豁免等）亦是如此。因此，采用和“盲目”应用文献中报道中的信息或许会有风险，并可能会导致不利的、往往令人不快的结果（BE研究失败、高变异性等）。你可以从别人的经验（来自外部来源的信息）中获得知识，但不能从别人的智慧中获得智慧！每个仿制药本身都是独一无二的，在其开发的每个阶段都需要重点关注产品/项目，尤其是当涉及溶出试验在仿制药开发（ANDA）中的作用时。

参考文献

Atebe，R.，Tirop，L.，Maru，S. et al.（2017）. Application of *in vitro-in vivo* correlation as a predictive tool for bioequivalence of generic paracetamol immediate release oral tablets. The East and Central African Journal of Pharmaceutical Sciences 20（1-3）：17-26.

Bettman，M.，Perce，P.，Hensley，D. et al.（2000）. Methylphenidate modified release formulations. US Patent 6，344，215，filed 27 October 2000 and issued 05 February 2002.

Cardot，J. M.，Garrait，G.，and Beyssac，E.（2015）. Use of IVIVC to optimize generic development. Dissolution Technologies 5：44-48.

Central Drugs Standard Control Organization，CDSCO（2005）. Guideline for Bioavailability and Bioequivalence Studies. New Delhi：Ministry of Health and Family Welfare，Government of India.

CFDA（2015）. Center for Drug Evaluation. Technical guidelines for supplementary application of chemical drugs（The Second Draft）.

Comisión Federal para la Protección contra Riesgos Sanitarios，COFEPRIS（2013）. Official Mexican Standard NOM-177-SSA1-2013. Mexico City：Official Gazette.

Crane，C.，Santos，G.，Fernandes，E. et al.（2019）. The requirements for additional strength biowaivers for immediate release solid oral dosage forms in international pharmaceutical regulators program participating regulators and organizations：differences and commonalities. Journal of Pharmacy and Pharmaceutical Sciences 22（1）：486-500.

Department of Health，Therapeutic Goods Administration，TGA，Australia（2013）. Minor variations to registered prescription medicines：chemical entities. Version 1. 2. Australia.

Diaz，D.，Colgan，S.，Langer，C. et al.（2015）. Dissolution similarity requirements：how similar or dissimilar are the global regulatory expectations? Official Journal of the American Association of Pharmaceutical Scientists 18（1）：15-22.

Drug Control Division，Thailand（2009）. Guidelines for the Conduct of Bioavailability and Bioequivalence Studies Adopted from BASEAN Guidelines for the Conduct of Bioavailability and Bioequivalence Studies，Thailand.

Ethersona，K.，Dunnb，C.，Matthewsc，W. et al.（2020）. An interlaboratory investigation of intrinsic dissolution rate determination using surface dissolution. European Journal of Pharmaceutics and Biopharmaceutics 150：24-32.

European Medicines Agency，EMA（2010）. Committee for medicinal products for human use. Guideline on the investigation of bioequivalence CPMP/EWP/QWP/1401/98 Rev. 1/Corr * *，London.

Gupta，R.，Kesselheim，A. S.，Downing，N. et al.（2016）. Generic drug approvals since the 1984 Hatch-Waxman act. JAMA Internal Medicine 176（9）：1391-1395.

Harun，K.，Mustafa，M.，and Alisa，S.（2013）. Effect of particle size on the dissolution of glibenclamide. International Journal of Pharmaceutical Sciences 5（3）：775-779.

Hassan，H.，Charoo，N.，Ali，A. et al.（2015）. Establishment of a bioequivalence-indicating dissolution specification for candesartan cilexetil tablets using a convolution model. Dissolution Technologies 22：36-43.

Health Canada，HPB（2013）Drugs and Health Products. Post-Notice of Compliance（NOC）Changes：Quality document. File Number 13-107786-650. Ottawa，Canada.

Khan，A.，Iqbal，Z.，Khan，I. et al.（2017）. Intrinsic dissolution testing：a tool for determining the effect of processing on dissolution behavior of the drug. Dissolution Technologies 24（4）：14-22.

Korea Ministry of Food and Drug Safety，MFDS，（2010）. KFDA guidelines for comparative dissolution test，KFDA Notification No. 2010-44，Korea.

Latuda NDA 200-603（2010）. CDER，Chemistry Review（s）. Rockville，MD：US-FDA.（accessed 27 August 2021）.

Liang，L.，Wang，H.，Bhatt，P. et al.（2014）. Sustained-release formulations of topiramate. US Patent 8，877，248，filed 14 July 2014 and issued 04 November 2014.

Ludwig，J.，Bass，W.，Jr.，，Sutton，J.（1995）. Controlled sustained release tablets containing bupropion. US Patent 5，427，798，filed 12 August 1993 and issued 27 Jun 1995.

Lunawat，S. and Bhat，K.（2020）. Complex generic products：insight of current regulatory frameworks in US，EU and

Canada and the need of harmonization. Therapeutic Innovation and Regulatory Science 54 (5): 991-1000.

Mbah, C. and Ozuo, C. (2011). Effect of surfactants on the solubility and intrinsic dissolution rate of Sparfloxacin. Die Pharmazie 66: 192-194.

Medicines Control Council, MCC (2007). Department of Health, Republic of South Africa. Registration of Medicines: Dissolution. Version 2. , South Africa.

Mehta, A. , Zeitlin, A. , Dariani, M. (1997). Delivery of multiple doses of medications. US Patent 5, 837, 284, filed 14 July 1997 and issued 17 November 1998.

Ministry of Health, Republic of Turkey (2010). Pharmaceuticals and pharmacy general directorate number B. 10. 0. IEG. 0. 10. 00. 03-301. 99-. ; On Bioequivalence Files 24305, Turkey.

National Health Surveillance Agency, ANVISA, Brazil (2010). About the studies of pharmaceutical equivalence and comparative dissolution profile. Collegiate Directory. Resolution-RDC No. 31. Brasilia, Brazil.

Pharmaceutical and Food Safety Bureau, Pharmaceuticals and Medical Devices Agency, PMDA, (2001). The guideline for bioequivalence studies for supplemental formulations with different dosage forms. PMSB/ELD Notification Number 783, Japan.

Pharmaceutical and Food Safety Bureau, Pharmaceuticals and Medical Devices Agency, PMDA, (2006a). Guideline for bioequivalence studies of oral solid preparations with different strengths. 2001 revised 2006, PMSB/ELD Notification Number 64, Japan.

Pharmaceutical Food and Safety Bureau, Pharmaceuticals and Medical Devices Agency, PMDA (2006b). Guideline for bioequivalence studies of oral solid formulations with formulation changes. 2000 revised 2006, PMSB/ELD Notification Number 67, Japan.

Qureshi, S. (2010). In vitro-in vivo correlation (IVIVC) and determining drug concentrations in blood stream from dissolution testing-a simple and practical approach. The Open Drug Delivery Journal 4: 38-47.

Singh, N. (2010). Compositions for delivering hypnotic agents across the oral mucosa and methods of use thereof. US Patent 7,682,628, filed 11 March 2010 and issued 18 November 2010.

Singh, G. (2018). Re-Innovation in Pharmaceutical Industry: Pharmaceutical Medicine and Translational Clinical Research. New York: Elsevier Inc.

The United States Pharmacopoeia and National Formulary USP35/NF30. (2010). Gen. Chp. ＜1087＞: The USP Convention, Inc. , Rockville MD.

United States-Food and Drug Administration, US-FDA (1995). Guidance for Industry. SUPAC-IR. Immediate release solid oral dosage forms. Scale-up and post approval changes. Chemistry, manufacturing and controls. *In vitro* dissolution testing and in vivo bioequivalence documentation. Rockville, MD.

United States-Food and Drug Administration, US-FDA (1999). Guidance forIndustry. Applications Covered by Section 505 (b) (2). Rockville, MD: US-DHHS, FDA, CDER.

United States-Food and Drug Administration, US-FDA (2000). Guidance for industry: waiver of in vivo bioavailability and bioequivalence studies for immediate-release solid oral dosage forms based on a biopharmaceutics classification system, Rockville, MD.

United States-Food and Drug Administration, US -FDA (2017). GDUFA II Commitment Letter, Rockville, MD, pp. 14-17.

United States-Food and Drug Administration, US -FDA (2019). Guidance for Industry. Determining Whether to Submit and ANDA or a 505 (b) (2) Application. Rockville, MD: US-DHHS, FDA, CDER.

World Health Organization (WHO) (2006). WHO Guidance, Annex 7 multisource (generic) pharmaceutical products: guidelines on registration requirements to establish interchangeability, Geneva, Switzerland.

第14章

成功的生物等效性研究：当前的挑战和可能的解决方案！

14.1 引言

相对生物利用度（BA）比较了某一特定药物的制剂（A）的生物利用度与同一药物另一种制剂（B）的生物利用度，后者通常被指定为标准药物和/或对照药。当两种药物在相同摩尔剂量下的生物利用度相似到不太可能在治疗和/或不良反应方面产生临床相关的差异时，则认为这两种药物是等效的。《美国联邦法规》（CFR）第21章300和320（生物等效性）规定，如果两种制剂的药物吸收速率和程度差异为20%或更少——基于医学决策这种差异对于大多数药物不会具有显著的临床差异性，则认为这两种制剂在药物吸收速率和程度方面具有生物等效性（BE）。简而言之，当药学等效的产品在相似条件下进行研究时，生物利用度（BA）未表现出差异，则可视为生物等效（BE）。

受试制剂和参比制剂（RLD，也称为对照药）之间生物效力的一般等效性可通过受试制剂和参比制剂之间的生物等效性来证明。一般来说，大多数BE研究招募健康的正常受试者（男性和女性），当产品存在安全性问题时，也可以招募患者。当进行药代动力学（PK）研究时，优先选择测定血浆中的生物分析物（药物、代谢产物等）浓度，而当进行一项BE研究时，还可通过测定尿液、唾液和其他生物基质中的生物分析物浓度（Idkaidek，2017）。某一药物的药代动力学方面的固有变异性将决定BE研究中的受试者例数，因而高变异药物（HVD）的BE研究需要更多的受试者。采用双单侧检验的方差分析（ANOVA）进行统计分析来论证受试制剂和参比制剂之间的生物等效性（Schuirmann，1987）。总体而言，用于确定受试制剂和参比制剂生物利用度速率和程度的主要PK参数分别是C_{max}和血药浓度-时间曲线下面积（AUC）。如果快速起效对产品的疗效至关重要，则还可以评估达到最高血药浓度的时间T_{max}。BE的接受标准是PK参数（生物利用度的速率和程度）的几何均值比（受试制剂/参比制剂）的90%置信区间（CI）必须在0.8000～1.250范围内，不允许修约。

对于非全身吸收的药物，如局部作用的口服制剂、局部给药制剂等，建议进行临床终点的BE研究。表14.1按准确度、灵敏度和重现性降序呈现了用于BE研究的标准列表。

表14.1 按准确度、灵敏度和重现性降序排列的BE标准列表（21 CFR 320.24）

- 测定血浆中生物分析物浓度的PK①研究
- 测定尿液中生物分析物浓度的PK研究
- PD②终点的BE研究
- 临床终点的BE研究
- 确保BA的体外试验
- 监管机构认为足以建立和论证BA和BE的其他方法

① 药代动力学。
② 药效学。

如上所述，对于与BE研究要求相关的总体概述的审评显得简单且直接。相反，当研究者尝试设计和执行一项能够符合要求（即论证受试制剂和参比制剂两者生物等效）的BE研究时出现了一些挑战。考虑到合规标准相当严格，在研究目的方面和原料药以及制剂性质方面都有待解决的问题，找到克服这些问题的方法和途径存在一些困难。第2章介绍了与药品开发相关的BE评估方面的全面（大量引用）和最新的关键信息，但仍需要讨论与生物效力考虑（BA和BE）相关的新兴挑战以及可能的解决方案。

本章的主要目的就是尽可能确定与BE研究相关的“困难”和/或“挑战”的来源——原料药、药品、研究设计、数据分析和BE的可接受标准等。本章的次要目的同样重要，为了克服上述“困难”和/或“挑战”而提出和/或实施的解决方案，本章节将通过实例辅以充足的参考文献对此进行全面评估。如此，读者不仅可以对已实施并提交给科学界和监管机构的最新方法有一个整体的简要了解，还能够为其正在开发的产品提供潜在的可选择方案。

14.2 认识挑战和克服挑战的方法！

在开展BE研究中任何一项实质性工作之前，必须提出的基本问题是BE研究的目的是什么。通常，最常见的回复是通过比较受试制剂和参比制剂的生物性能，证明代表吸收速率和程度的PK参数符合BE的设定标准。相反，BE研究的目的是在标准条件下比较受试制剂和参比制剂各自的生物利用度，考察受试制剂的效果。监管机构发布的指南提供了对比受试制剂和参比制剂生物利用度以及推断生物等效性或生物不等效性的方法和可接受标准。因此，应尽一切可能了解受试制剂和参比制剂在体外和体内预期呈现出的功能特性。体外方法越具有生物生理相关性，越有机会更好地独立预测受试制剂和参比制剂的生物利用度，从而更有效地预测生物等效性。

过去20年中，药物系统（制剂、产品等）的设计和开发方面的技术变革，使得在冒险进行体内试验（BA/BE）之前有必要评估其功能属性并精心设计具有生物生理相关性的体外试验以及可能的离体试验。此外，近年来新药的设计和开发更加有效，需要的治疗剂量更低，导致给药后血液/血浆药物水平较低，进而可能造成相对较高的受试者个体内变异性。这些综合因素给设计和执行一项成功的BA/BE研究带来了挑战。另外，对于BE研究，与参比制剂相关的技术可能受到专利保护，要求受试制剂采用不同的（非侵权）技术，这也会给成功设计和执行 BE 研究带来挑战。尽管原料药已知并且其体内性能已被广泛评估，然而使用专利保护技术实现的递送机制，例如干粉吸入剂（DPI）和定量吸入气雾剂（MDI），要求受试制剂使用不同的（非侵权）递送机制，这时常对 BA/BE 研究的设计和实施提出挑战。

在给药后，药物分子的化学性质以及制剂的组成和/或工艺因素表现出的固有生物变异性，使得针对这些药物及其制剂设计成功的 BA/BE 研究变得困难。此外，就 BE 研究而言，在参比制剂的设计和工艺中经常出现的未知和不可预测的复杂性对设计和执行成功的 BE 研究也提出了挑战。

上述挑战只是药物开发科学家在设计和执行成功的 BA/BE 研究时经常面临的几个挑战。除此之外，即使是设计合理的 BE 研究也会失败的可能原因包括（但不限于）以下几点：

- “纯属偶然!”
- 样本量误导（文献）。
- 关于生物变异性的错误假设［变异系数（CV）和/或 T/R 比值］。
- 样本量 n 过小（效能不足）。
- 过度依赖体外溶出试验分析的对比（f_2 值）。
- 生物生理相关溶出度试验条件不足。
- 目标过高和/或高风险的 BE 研究设计。
- “真实/可靠生物不等效性”。
- 研究执行差（增加变异性）。
- 其他。

此外，在 BE 失败后，未彻查导致失败的可能根本原因，通过增加受试者例数来重复已失败过的 BE 研究，这会导致再一次的 BE 失败。这常常会导致在分析失利原因和查找以终止/中断行动方案时陷入彻底的混乱。这样的挑战不仅是经济负担，还是耗时并且让人难以接受的。

表 14.2 对设计和执行成功的 BA/BE 研究时产生困难和挑战的根源和/或来源进行了大致分类。

表 14.2　在设计和执行成功的 BA/BE 研究（不分层级）过程中产生困难和挑战的根源和/或来源（不局限于此）

• 活性药物成分(API)
• 处方组成和成分
• 处方设计中采用的技术(工艺)
• API 的理化性质
• 体外试验条件选择不充分和/或不适当
• 给药后 API 的生理进程
• 生理学考虑——吸收部位、剂量吸收分数等
• API 的生物变异性
• 对生物变异性的识别和分析关注不够
• 对研究/调查效能的重视不足
• 对 BA/BE 研究设计的关注不充分和/或不足
• BA/BE 研究设计目标过高或过于简化
• 判定 BA/BE 的参数——PK、PD、临床终点
• 统计方法和限制
• 预期/预计的Ⅰ类和Ⅱ类错误
• BA/BE 的可接受标准
• 其他

实际上，通过仔细查阅表 14.2 可以发现，不仅需要充分关注活性药物成分（API）的理化和生理特性，还需要关注产品的理化和生理特性以及 BA/BE 研究的设计。此外，在最终确定设计和执行 BA/BE 研究之前，应考虑对所有这些因素进行全面评估。包括全球监管机构在内的科学界正在努力应对这些挑战，文献提出的处理这些挑战（如果不能解决）的各种方法可如表 14.3 所示进行大体分类。

表 14.3 成功 BA/BE 研究中解决挑战的一般方法

- 研究设计的改进
- 统计分析的修改
- 使用替代试验
  -体外释放试验(IVRT)
  -体外渗透试验(IVPT)
  -基于生理学的药代动力学模型(PBPK)
- 其他

结合上述信息，以下段落将针对已报道的用于解决和克服不同制剂类型的 BE 研究挑战的各种方法展开讨论。建议读者在科学原理的背景下运用这些信息以全面了解“问题的可能解决方案”，不应仅限于下文讨论的制剂类型。

14.2.1 口服制剂

口服药物系统（制剂）传统上可按照两种方式进行分类：一类是基于功能特性分类，即分为常释（IR）和调释（MR）制剂，另一类是基于结构（组成）特征分类，即分为固体、液体和半固体制剂。从给 BE 研究设计和执行构成的挑战角度，可将上述口服制剂分为以下两大类：含有生理学高变异原料药的口服制剂，以及在局部发挥作用且未经全身吸收的口服制剂。科学界（产品开发科学家和临床科学家）和监管机构一直非常积极地为克服这些挑战提供指导和科学方法。

14.2.1.1 高变异药物（HVD）

当药物 PK 参数吸收速率（C_{max}）和/或吸收程度（AUC）的个体内变异系数≥30%时被视为高变异药物。通常高变异药物很难满足传统的 BE 接受标准（Haider et al.，2008；Blume and Midha，1993；Karalis et al.，2012；Endrenyi and Tothfalusi，2009；Tothfalusi and Endrenyi，2012；Tothfalusi et al.，2009；等）。高变异药物需要大量受试者才能符合常规的 BE 标准。考虑到置信区间（CI）的范围与药物变异性成正比，与研究中使用的受试者数量成反比，再结合高变异药物通常具有较宽的治疗窗，即兼具安全性和有效性，因而高变异药物的生物等效性研究会导致大量受试者不必要的暴露。科学界和世界各地的监管机构已经提出了几种方法来降低样本量而又不影响判断治疗等效性。

评估高变异药物生物等效性的最常见方法是采用参比制剂标度的平均生物等效性方法，依据参比制剂个体内变异性适当放宽等效性判定标准（Davit et al.，2012；US-FDA，2013；等）。这种方法推荐部分重复和/或完全重复设计，其中参比制剂的变异性旨在与受试制剂进行比较。一些监管机构的法规允许使用传统的 2×2 交叉设计，该设计基于两阶段适应性方法以及在中期统计分析后重新估计样本量（Bandyopadhyay and Dragalin，2007；

Montague et al.，2012；Kieser and Rauch，2015；等）。Knahl 等（2018）对比了高变异药物部分重复设计的（三周期交叉）BE 研究中，固定顺序设计法和两阶段分组序列设计法的性能特征。作者认为在评估高变异药物的 BE 时，两阶段分组序贯设计更具吸引力。

基因多态性可能会影响高变异药物的 PK，进而影响 BE 结果。通常假定研究对象是药物遗传同质群体，但这一点未经证实。已有报道针对高变异药物进行的几项 BE 研究中使用药物基因筛选方法（Cho and Lee，2006；Jiang et al.，2013；Zhang et al.，2018；Oh et al.，2019；等）。针对某一个受试者群体的慢代谢型和快代谢型方面的药物基因组学视角，可有效地使受试者个体内 PK 的变异性最小化（Huang et al.，2021）。

一些监管机构在应对高变异药物 BE 带来的挑战时采用了多种方法，并相应地修改了其法规。日本国立卫生研究院（NIH）施行的标准将 C_{max} 和 AUC 的 90%CI 限制在 80%～125%范围。然而，对于"效力较低"的药物，允许更宽的限制范围。通过增加受试者例数来提高已失败 BE 研究的效能是可接受的，要求受试者的增加数量不得低于初始研究数量的一半（日本国立卫生研究院，1997）。对于其他药物，如果 BE 研究的 CI 区间超出 80%～125%的范围，只要满足以下所有条件，仍然可以判定生物等效（日本国立卫生研究院，1997）：

- PK 参数 C_{max} 和 AUC 的 T/R 比值（基于对数值）在 lg0.9 和 lg1.1 之间。
- 初始研究中受试者人数≥20（每组 10 人）或合并样本量≥30。
- 受试制剂和参比制剂在所有特定的溶出试验条件下具有等效的溶出速率。

加拿大卫生部将 T/R 比值的 90%CI 在 80%～125%范围作为 AUC 参数的生物等效标准。然而，对于 C_{max} 参数，认为使用 T/R 均值比或"点估计"判定生物等效是充分的（Health Canada，1992；Health Canada，2003）。此外，只要是按照协议执行的，可以接受一项 BE 研究增加的受试者呈现出随机性和/或超出预期的变异性（Health Canada，2003）。欧洲药品管理局（EMA）指南规定，只要相关药物的安全性和有效性明确，C_{max} 参数的接受标准更宽，即 90%CI 在 75%～133%范围（EMA，2001）。

现在人们越来越意识到，需要控制 EMA 和美国食品药品管理局（FDA）建议的高变异药物平均生物等效性试验中的经验性Ⅰ类错误率。否则，这将导致高于预定水平的患者风险。Dengan 和 Zhou（2019）鉴于直接药物作用的平均水平和个体内差异性，提出了两种新的统计方法来控制经验性Ⅰ类错误率。在大量模拟的基础上，这些方法的实用性得到了监管机构和药品生产商的证明。然而仍需要在实践中对这些方法进行更广泛的评估。

14.2.1.2 口服制剂：局部作用

有一些药物经口服给药后在胃肠道（GIT）的不同区域发挥局部作用，并且吸收程度不同（表 14.4）。证明此类药物的生物等效性存在一些挑战。

表 14.4 在胃肠道发挥局部作用的部分口服药物产品列表

药物剂型	产品描述	全身吸收	参考文献
万古霉素 胶囊剂	常释，固体制剂	低于定量限	Xiaojian et al.（2014）
奥利司他 胶囊剂	常释，固体制剂	<2%	Zhi et al.（1995）

续表

药物剂型	产品描述	全身吸收	参考文献
硫糖铝 片剂，口服混悬剂	常释，固体制剂 常释，液体制剂	3%～5%	US-FDA(2019)
美沙拉嗪 胶囊剂，片剂	调释，固体制剂	20%～30%	Lichtenstein and Kamm(2008)
布地奈德 胶囊剂，片剂	调释，固体制剂	10%～20%	O'Donnel and O'Morain(2010)
碳酸镧 咀嚼片	常释，固体制剂	0.002%	Xiaojian et al. (2014) and Pennick et al. (2006)
考来维仑 片剂，口服混悬剂	常释，固体制剂 常释，液体制剂	在组织中的浓度极低/痕量	Xiaojian et al. (2014) and Heller et al. (2002)

考虑到口服给药后发挥局部作用药物的全身吸收从高达约 30%（美沙拉嗪）至几乎为零（碳酸镧、万古霉素），可以设想三种可能情况（Sferrazza et al.，2017）：

- 提供可测量的 PK 曲线的药物。
- 全身暴露极低的药物。
- 未显示出全身作用的药物。

对于那些表现出可测量 PK 曲线的药物，在胃肠道吸收的区域可能并非药物发挥作用的部位。此外，仿制药在理化性质、给药机制和作用机制等方面与参比制剂不同。因此，基于全身 PK 参数的生物等效性是否足以判定治疗等效性，或者是否还应考虑某些药效学（PD）参数，确定这些问题是至关重要的。理想的方法应该能够详细评估产品（常释和/或调释）的性能以及活性成分在作用部位的递送情况，从而证明不同制剂之间的差异。

在过去的十年中，科学界（制剂科学家和临床医生）以及监管机构一直在这一领域开展工作。他们已经提出了几种策略，其中包括将测定产品功能特性（即产品的质量属性）和辅以 PD（临床）终点评估的 PK 数据相结合的策略。这些临床终点可能会因对给药后规定时间间隔内药物暴露的评估和实际测定的临床结果而变化。

欧洲药品管理局（EMA）提出了一个决策树，该决策树从试验和监管方面给出了明确和有效的策略，能够提供必要的科学证据来证明此类产品的生物等效性。这些策略包括以下内容（EMA 2017）：

- 药品质量数据。
- 药品质量数据＋体外模型。
- 药品质量数据＋体内 PK 数据。
- 药品质量数据＋体外模型＋体内 PK 数据。

EMA 规定："用于证明局部使用、在胃肠道发挥局部作用产品的治疗等效性的等效性研究指南草案，作为含有已知成分的局部使用、发挥局部作用产品的临床要求指南的附录。"（EMA，2017）

美国 FDA 已发布超过 1500 个指南，涵盖任何类型的医药产品，包括几项针对胃肠道局部作用产品的若干建议。这些建议围绕着确定相关产品的功能属性，例如体外溶出和/或释放试验，并结合特定药物的生物有效性评估，例如具有特定暴露时间间隔的适当设计的 PK 研究（$AUC_{0\sim n}$ 等）以及蛋白质结合研究、组织结合研究等。例如，对于硫糖铝片剂和/或口服混悬剂，必须进行受试制剂和参比制剂的物理化学表征。此外，必须进行结果比较以证明受试制剂和参比制剂的生物测定（与人血清白蛋白的体外平衡结合研究、单独与胆汁盐的体外平衡结合研究、体外酶活性研究）之间的等效性（US-FDA，2019）。另一个例子，美沙拉嗪口服调释制剂的 BE 建议包括结合体外溶出试验对比以及在空腹和餐后条件下的 PK 研究，其中包括两个特定时间点之间的 AUC 作为 PK 参数，将药物的血浆曲线与其作用部位的局部浓度相关联（US-FDA，2016c～h）。

近年来，人们对基于生理学的药代动力学（PBPK）模型进行了探索并考虑将其用于论证口服给药后起局部作用产品的生物等效性（Zhao et al.，2019）。一般来说，在仿制药开发的背景下，口服 PBPK 模型已被用于建立可预测产品体内性能的体外溶出方法，从而能够基于处方作用进行虚拟的 BE 模拟。对于局部作用产品，对作用部位的药物浓度进行评估不仅具有挑战性，而且可能是难以实现的。业界正在努力确定、验证和评估 PBPK 模型及其对局部作用产品的影响。

14.2.2 窄治疗指数药物

窄治疗指数（NTI）药物在监管中被称为窄治疗范围、窄治疗比率、窄治疗窗或临界剂量药物。窄治疗指数药物一般是指“剂量或血药浓度的微小变化即可能导致严重的治疗失败和/或严重不良反应的药物（Yu，2011）。”美国 FDA 采用《联邦法规》第 21 章 320.33 的定义，使用“窄治疗比”，并对其定义如下（CFR，2013）：

① 半数致死剂量（LD_{50}）和半数有效剂量（ED_{50}）值相差不到两倍。

② 血液中的最低毒性浓度和最低有效浓度相差不到两倍。

③ 药物产品的安全和有效使用需要仔细滴定和患者监测。

美国 FDA 进一步阐述，这些药物“易受治疗药物浓度或药动学监测影响，和/或产品标签应标注窄治疗范围”（US-FDA，2000，2003）。美国 FDA 将窄治疗指数药物定义为“剂量或血药浓度的微小变化即可能导致治疗失败和/或严重药物不良反应，进而危及生命，或者导致永久或严重的残疾或功能丧失的药物”（US-FDA，2012）。加拿大卫生部将窄治疗指数药物定义为“相对较小的剂量或浓度差异即可导致剂量和浓度依赖性、严重的治疗失败和/或可能持续、不可逆、缓慢可逆或危及生命的严重药物不良反应的药物，可能导致住院或现有住院时间延长、持续或严重残疾或丧失行为能力，或死亡”（Health Canada，2012）。EMA 没有对窄治疗指数药物的标准进行定义；而人用医药产品委员会（CHMP）则根据具体情况对每种药物进行临床考虑。同样，日本药品和食品安全局使用“窄治疗范围药物”一词，并没有给出具体定义，但提供了属于该类别的药物列表。南非医药控制委员会使用“窄治疗范围”一词来描述具有陡峭剂量-反应曲线的药物，但没有关于窄治疗指数药物的定义。因此，全球监管机构对窄治疗指数药物的定义没有达成明确共识。

在设计窄治疗指数药物的 BE 研究和制定 BE 接受标准之前，应考虑以下临床、统计学和生物制药因素（Jiang and Yu，2014）：

① 鉴于治疗剂量/毒性剂量范围较窄，与毒性等相关的血液药物浓度数据可用于估算毒性浓度/有效浓度。

② 窄治疗指数药物仅表现出较低的个体内变异性（Van Peer，2010；Haider et al.，2008；等）。

③ 药物暴露（血药浓度）的微小变化可导致严重的临床、有害/毒性反应。因此，治疗药物监测应是 BE 试验方案的一个必要组成部分。

④ 应单独考虑每个窄治疗指数药物的严重药物不良反应和/或严重治疗失败。

为了确保窄治疗指数药物的治疗等效性（TE），即仿制药可替代性，世界各地的监管机构普遍采用如下两种方法。这两种方法在制定窄治疗指数药物的 BE 接受标准时可以单独使用，也可以结合使用。第一种方法是对 PK 参数吸收速率和吸收程度的生物等效性限度进行单独收窄、或基于参比制剂的个体内变异性将 PK 参数同时收窄至 90%～111.11%（90% CI）。第二种方法是采用完全重复（四周期）设计，其中受试制剂和参比制剂给药两次，并且参比制剂的个体内变异性是决定性因素（Yu et al.，2014；Jiang et al.，2015；Ganter et al.，2020；等）。

美国 FDA 建议使用单剂量、完全重复、四周期交叉研究设计，两个 PK 参数的 90% CI 必须同时满足参比制剂标度的平均生物等效性方法的限值和未标度平均生物等效性方法的限值 80%～125%，并且受试制剂与参比制剂的个体内标准差比值双侧 90%置信区间上限应 ≤2.5（Jiang and Yu，2014）。已有研究表明，当参比制剂的个体内变异性不高于 21.42% 时，则不需要再进行除未标度平均生物等效性之外的试验。BE 限度将维持在 80%～125%。此外，虽然比较两种药品的个体内变异性对窄治疗指数药物和其他药物来说是有意义的，但对于 BE 的判定并不重要（Endrenyi and Tothfalusi，2013）。

总体上，全球监管机构达成共识，窄治疗指数药物的 BE 接受标准对于 90% CI 应在 90%～111.11%范围内（欧洲药品管理局、丹麦、比利时、日本、澳大利亚、法国、西班牙和美国），而加拿大建议 90% CI 在 90%～112%范围内（Tamargo et al.，2015）。南非药品监管局仅表示应收紧限度，而没有规定任何范围（Tamargo et al.，2015）。

14.2.3 局部制剂

局部制剂在皮肤的不同层（真皮层、表皮层、皮下组织）或是经全身吸收后发挥生理作用。临床终点研究仍然是在受试制剂和参比制剂（局部制剂）之间建立生物等效性的“金标准”。这些研究通常耗时、昂贵、不敏感、需要大量患者/受试者，最重要的是具有风险性。因此，人们正在不断评估能够判定受试制剂和参比局部制剂生物等效性的替代方法。表 14.5 列出了现已公开报道的证明局部制剂生物等效性的各种方法。

尽管人们积极采用替代方法论证局部制剂的生物等效性，但其开发和验证仍是监管机构长期关注的问题。这些方法一贯通过外推法来推断局部仿制制剂的生物等效性。在这些替代方法中，如果使用人体皮肤恰当地设计和执行体外释放试验和体外渗透试验，则可用于预测这些制剂的体内行为。尽管有保留意见，但全世界绝大多数监管机构认为体外释放试验和体外渗透试验是证明局部制剂生物等效性的合理替代方法。

使用替代方法的一般先决条件是，受试制剂和参比制剂之间的定性、定量、微观结构特性和功能特性必须是相似的（如果不等同）。简单地说，在监管术语中，受试制剂和参比制剂之间的 Q1、Q2 和 Q3 特征必须“相同”。因此，局部产品仿制药的开发在很大程度上依赖于逆向工程方法的应用（Sivaraman and Banga，2015）。可通过适当设计和平行执行替代方法来证明受试制剂和参比制剂之间“相同”的程度。

通常，证明 Q1 和 Q2 相对简单。如果 Q2 未知，则可通过析因设计方法以确保受试制剂与参比制剂具有相似的定量特征。然而，最具挑战性的是获得 Q3 相似性，因为这取决于辅料、原材料、生产工艺和总成分等（Roberts et al.，2017)。尽管如此，通过测定 Q1、Q2 和 Q3 评估受试制剂和参比制剂之间的"相同性"以提供充分的药学等效性（PE）获取生物等效性豁免，为局部制剂仿制药的批准铺平了道路。

表 14.5　证明局部制剂生物等效性的方法

方法/研究	参考文献(部分列表)
临床终点研究	US-FDA(2016a),Harris(2015)
药效学研究 • 皮肤变白①试验 • 剥离法①	Braddy et al.(2015),Yacobi et al.(2014),Praça et al.(2018),Alberti et al.(2001),Russell and Guyet al.(2009)
微透析	Abd et al.(2016),Garcia Ortiz et al.(2009),Narkar et al.(2010)
皮肤药代动力学方法	Cordery et al.(2017),Au et al.(2010),Praça et al.(2018)
体外方法 • IVRT② • IVPT③	Dandamudi(2017),Flaten et al.(2015),Narkar(2010),Abd et al.(2016),Leal et al.(2017),Praça et al.(2018)
光学方法 • 近红外光谱 • 共聚焦拉曼光谱	Medendorp et al.(2006),Mateus et al.(2013),Mohammed et al.(2014),Rosas et al.(2011),Narkar et al.(2010)
其他试验 • 外观 • 药物粒径和粒度分布 • 流变学 • 酸碱度 • 物理和结构表征	Miranda et al.(2018a,b)

① 适用于含皮质类固醇的局部制剂。
② 体外释放试验。
③ 体外渗透试验。

在证明受试制剂和参比制剂药学等效性（PE）方面，监管机构正在考虑如下两项举措：

① 局部药物分类系统（TCS)。

② Strawman 决策树。

3.6 节已对局部药物分类系统进行了讨论。Strawman 决策树示意图如图 14.1 所示。

在使用上述任何一种方法证明受试制剂和参比制剂生物等效性时，需要注意以下几个事项。

局部药物分类系统的基础是制定放大生产和批准后变更（SUPAC）指南背后的理论依据。受试制剂和参比制剂之间的等效性或不等效性基于 Q1、Q2 和 Q3，其中 Q3 可通过体外释放试验和体外渗透试验预测制剂的微观结构。因此，单个辅料或所有辅料用量变化比例不超过 10%是可以接受的，但会导致受试制剂和参比制剂在微观结构相似性（相异）方面的显著差异。生物等效性和/或生物等效性豁免的决定不应仅基于体外释放试验，还应辅以体外渗透试验（离体皮肤)。此外，必须注意的是，体外释放试验和体外渗透试验的结果最多只能用于推断产品之间微观结构的相似性，但不能用于推断生物等效性，尤其是当使用现行方法，在体外渗透试验中使用人工合成膜的情况下（Mohan and Wairkar，2020)。

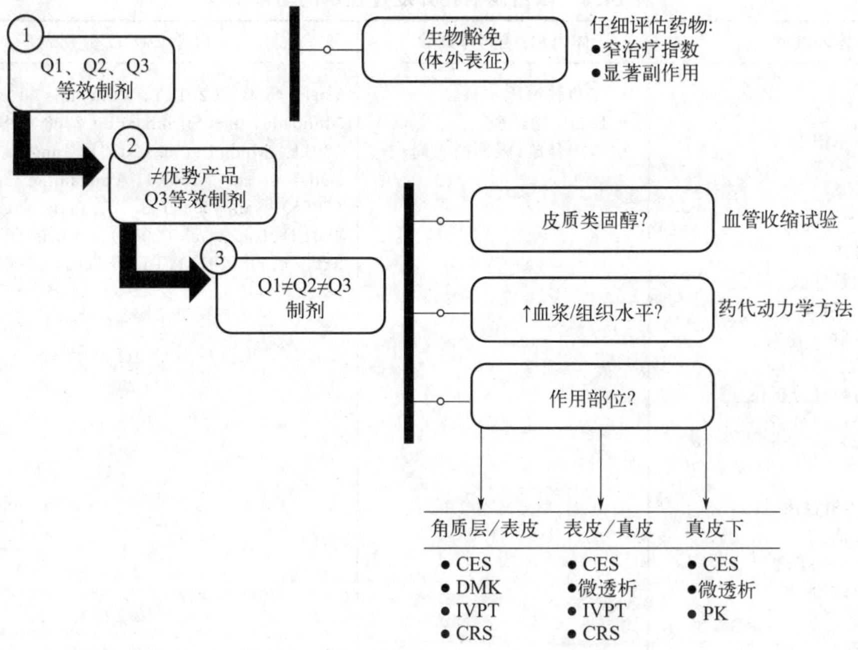

图 14.1　Strawman 决策树示意图

IVPT—体外渗透试验；DMK—皮肤药代动力学方法；CRS—共焦拉曼光谱；CES—临床终点研究

资料来源：Yacobi et al.（2014）

眼用制剂系指作用于眼部的制剂，其释放的活性成分可在局部起作用和/或经眼部液体全身吸收发挥药理作用和治疗响应。眼用制剂按不同分类标准可大致分为以下几类：

（1）外观形态

① 水性溶液和/或非水溶液；

② 凝胶剂；

③ 软膏剂；

④ 洗剂；

⑤ 混悬剂；

⑥ 插入剂（实心、柔性等）。

（2）给药途径

① 可注射溶液；

② 眼内用溶液；

③ 局部用溶液。

眼用制剂通过一系列体外、体内和离体评估进行研究开发（表 14.6）。这些评估的主要目的是表征制剂的物理化学功能特性以及为这些制剂建立适当的质量控制标准。

眼用制剂仿制药的开发涉及的评价方式基本相同，但有两个主要区别。仿制药的组成预期要与参比制剂“相同”，并且与局部制剂类似；眼用制剂仿制药的生物等效性必须通过临床终点研究来证明。其中存在的挑战在于探索替换试验和/或体外替代试验以证明这些产品的生物等效性和/或确保生物等效性豁免。

表 14.6 眼用制剂在开发过程中的基本试验

体外试验	体内和/或离体试验	参考文献(部分列表)
• pH • 澄明度 • 渗透压摩尔浓度 • 黏度 • 无菌 • 粒子:形态和大小 -光学显微镜 -光阻法颗粒计数 -扫描电镜(SEM) -动态光散射 -动态成像 -激光衍射粒度分析仪 -纳米粒子追踪分析 -库尔特计数器 -其他 • 药物-载体相容性 • 稳定性评估 • 药物或防腐剂含量 • 药物释放试验 -改良篮法 -改良桨法 -转瓶法 -流通池法 -扩散池	• 经角膜渗透 • Draize 眼试验 • 体内释放(眼部插入剂)	《国际药典》(2013)、Wilhelmus et al. (2001)、Mundada and Shrikhande (2008)、Shen et al. (2011)、Mudgil et al. (2012)、Jung et al. (2013)、Budai et al. (2007)、Vandamme and Brobeck (2005)、Nanjwade et al. (2011a,b) Nagargoje et al. (2012)、Kao et al. (2006)、Francis et al. (1996)、Satya et al. (2011)、Tanwar et al. (2007)等

全球大多数监管机构通常对证明受试制剂（仿制）和参比制剂之间的定性（Q1)、定量（Q2）和微观结构（Q3）“相同”的方法持开放态度。然而，尽管 Q1 和 Q2 “相同”，但原料药生产工艺和来源等方面的差异可能会导致理化性质差异，进而影响药物在这些产品中的生理进程（体内药物释放、分布、清除等）。考虑到这些因素，全球各地的药物监管机构在证明眼用制剂仿制药生物等效性的要求方面存在着从细微到显著的差异。

美国食品药品管理局根据 21 CFR 320.22（b)（1）授予眼用溶液剂的生物等效性豁免。对于眼用非溶液仿制制剂，以下试验对于证明生物等效性至关重要：

• 临床终点研究。
• 房水药代动力学研究。
• 微生物杀灭率研究。
• 体外研究（Q3 表征）。

迄今为止，已发布 30 多份特定品种的指南来帮助行业内开发眼用制剂仿制药。在开发这些产品时，建议采用质量源于设计（QbD）的方法，通过体外研究（Q3 表征）来确定这些产品的质量属性（Rahman et al.，2014)。美国 FDA 推荐的体外研究（Q3 表征）包括以下内容：

（1）pH

① 稳定性、溶解性、渗透性。

② 刺激性（药物吸收)。

（2）渗透压

① 刺激性、组织损伤。

② 渗透性。
(3) 表面张力
① 刺激性。
② 角膜渗透性。
(4) 黏度
① 药物释放。
② 眼部保留时间（用于生物等效性）。
(5) 液滴粒径/粒度分布
① 产品稳定性。
② 药物释放和/或清除。
(6) Zeta 电位
① 产品稳定性。
② 细胞膜黏附性。

日本厚生劳动省（MHLW）和日本药品和医疗器械管理局（PMDA）发布了评估眼用制剂生物等效性的指南和/或原则（MHLW，2018）。图 14.2 中提供了根据 Q1 和 Q2 确定眼用产品所需生物等效性研究类型的决策树示意图。

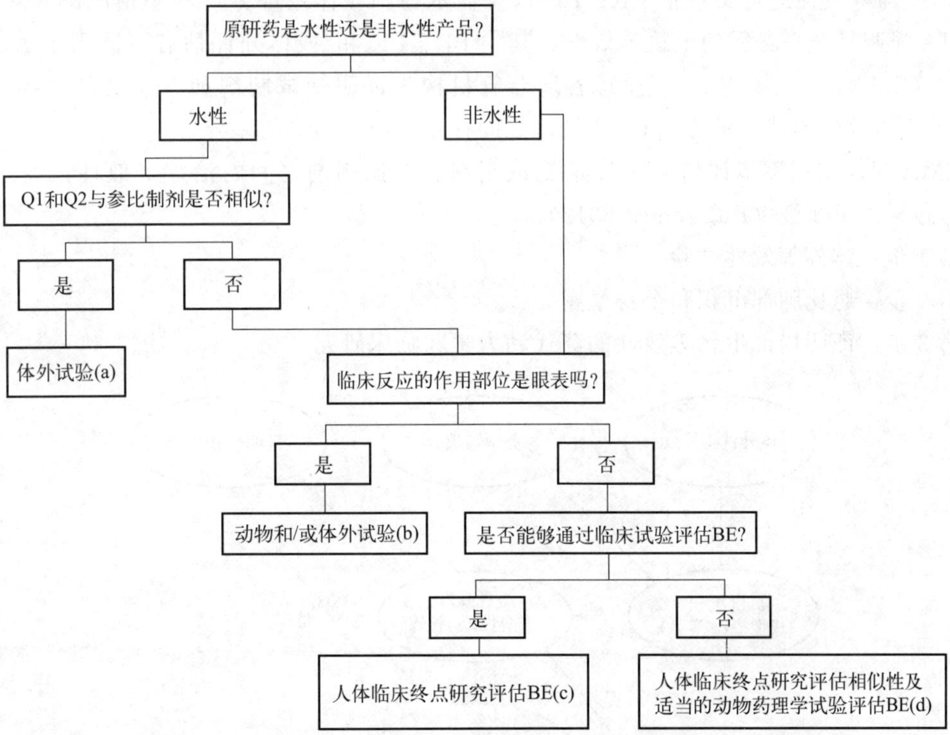

图 14.2　根据 Q1 和 Q2 确定眼用产品所需 BE 研究类型的决策树示意图（MHLW，2018）

美国 FDA 发布的建议与日本 PMDA 存在个别本质差异（Myoenzono et al.，2020）。第一点，美国 FDA 可以接受非水性眼用溶液的生物等效性豁免，而日本 PMDA 仅限于对水性眼用溶液进行生物等效性豁免。第二点，更重要的是，当作用部位是局部（眼睛表面），没有 Q1 和/或 Q2 等效性时，日本 PMDA 接受相关的动物模型试验和/或体外试验，而美国

FDA 则要求进行临床终点研究。第三点，日本 PMDA 不接受房水药代动力学研究，而美国 FDA 允许对选定产品进行此类研究。

14.2.4 经口吸入药物制剂

经口吸入药物制剂（OIDP）包括：

- 雾化剂；
- 干粉吸入剂（DPI）；
- 定量吸入气雾剂（MDI）。

这些产品通常在局部起作用，并且药物递送及其疗效并不完全或直接依赖于药物在递送部位沉积后的全身吸收。这些产品属于复杂剂型，结合了处方和递送装置特性，而且寻找一个灵敏的临床生物标志物以区分不同产品的局部药物递送差异也具有挑战性。因此，全球各地的监管机构在为这些产品建立生物等效性标准方面将面临长期挑战。美国 FDA、加拿大卫生部（HC）、EMA 和澳大利亚治疗用品管理局（TGA）四个监管机构在过去十年中合理地制定了生物等效性指南（Lu et al.，2015）。

首先，全球各地监管机构对经口吸入制剂生物等效性的含义和理解各有不同。美国 FDA 对生物等效性的定义包括 PK、PD 以及显示药物在作用部分可利用情况的临床研究，而 EMA 强调是全身暴露的生物等效性，其中 PD、PK 和/或体外评估有可能用于确定治疗等效性（EMA，2009，2010）。全球各地监管机构为证明受试制剂和参比制剂生物等效性和/或治疗等效性而建立的方法和/或指南之间存在细微而明显的差异。

EMA 建议采用逐步评估方法确定受试制剂和参比制剂之间的治疗等效性，如图 14.3 所示，包括以下步骤（Fuglsang，2012）：

第 1 步：体外等效性试验。

第 2 步：对比肺部沉积和全身暴露。

第 3 步：证明局部生物等效性的药代动力学和临床研究。

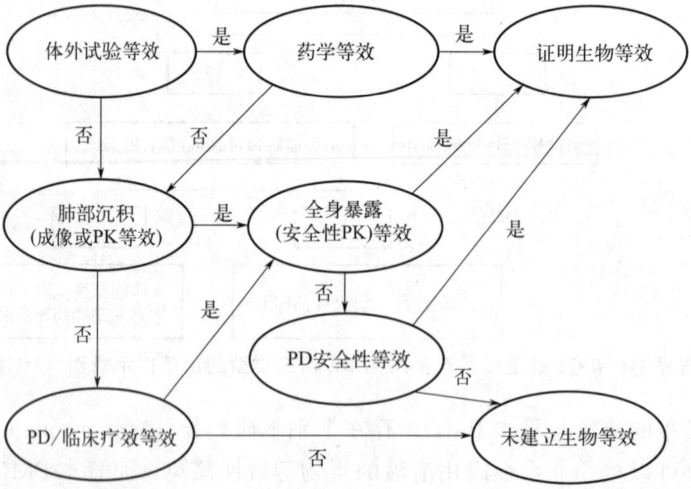

图 14.3 按照 EMA 逐步建立 OIDP TE 的方法（Health Canada，2012）

美国 FDA 和加拿大卫生部（尽管没有明确说明）在证明局部作用经口吸入制剂的生物等效性时专注于集合“证据权重法”（图 14.4）的总体性（Lee et al.，2009；Mayers，2012；Health Canada，2006）：

- 体外研究。
- 药代动力学和/或药效学研究。
- 药代动力学和/或临床疗效研究。

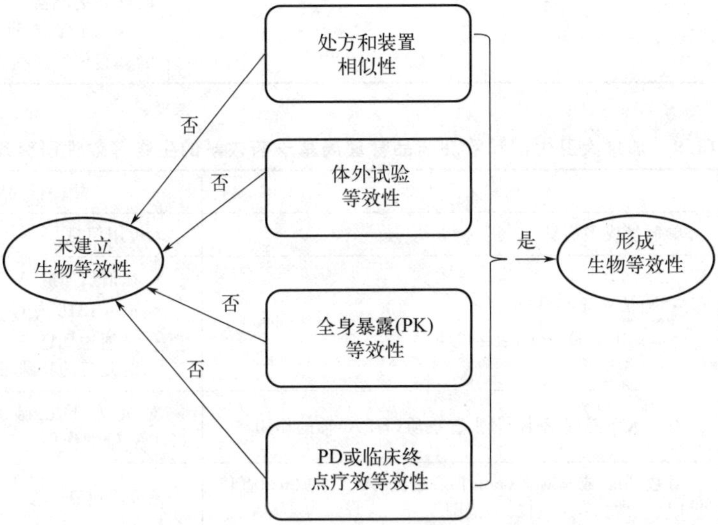

图 14.4　根据 FDA 建议的“证据权重”的综合评估建立仿制 OIDP 的 BE

（Lee et al.，2009；Mayers et al.，2012）

回顾各个监管机构提供的通用和特定品种指南和建议，可以明显看出，经口吸入制剂的生物等效性和/或治疗等效性建议是基于参比制剂的选择、处方和吸入装置的比较、功能属性相似性的体外试验的建立，以及包括药代动力学、药效学和临床疗效研究在内的体内研究。表 14.7 对美国 FDA、加拿大卫生部和欧洲药品管理局（EMA）发布的基于药代动力学的生物等效性研究建议进行了汇总对比。同样地，表 14.8 总结了加拿大卫生部和欧洲药品管理局基于药效学的生物等效性研究建议的对比。

表 14.7　美国 FDA、加拿大卫生部和欧洲药品管理局公布的

基于药代动力学的生物等效研究建议的对比

参数	美国 FDA	加拿大卫生部	欧洲药品管理局
剂量	表征药代动力学曲线的最小吸入量	成人剂量最大标识量	单剂量
研究设计	药代动力学研究：未提供详细信息	单剂量研究	肺部沉积： • 药代动力学研究（排除胃肠道吸收） 安全性： • 药代动力学研究（包括胃肠道吸收）
受试者	• 正常健康男性和未怀孕女性 • 健康成人：仅用于全身暴露	• 健康成人：仅用于全身暴露 • 无其他建议	• 健康成人：仅用于全身暴露 • 出于安全目的：成人患者

参数	美国 FDA	加拿大卫生部	欧洲药品管理局
可接受标准	• 90%CI，T/R AUC 几何均值比 80%～125% • 90%CI，T/R C_{max} 80%～125% • 高变异药物（HVD）使用参比制剂标度法	• 90%CI，T/R AUC 几何均值比 80%～125% • 皮质类固醇的均值 C_{max} T/R 在 80%～125%范围内	• 90%CI，T/R AUC 几何均值比 80%～125% • 比较受试制剂和参比制剂的 T_{max} • 90%CI，T/R C_{max} 80%～125% • 收紧 NTI① 药物的 90%置信区间（CI）更严格 • 高变异药物（HVD）C_{max} 的 90%置信区间在 75%～133%范围内

① 窄治疗指数。

表 14.8　加拿大卫生部和欧洲药品管理局基于药效学的生物等效性研究建议

参数	加拿大卫生部	欧洲药品管理局
剂量	单剂量或多剂量	无可用信息
研究详细信息	• 血清皮质醇 $AUC_{0\sim24}$ • 每 2h 测量一次，直至 24h	• 血清皮质醇 $AUC_{0\sim24}$ • 成人：24h 内 C_{max} • 必须达到稳态 • 对儿童的特殊考虑
药代动力学标记物	对成人下丘脑-垂体-肾上腺皮质（HPA）轴的作用	对成人下丘脑-垂体-肾上腺皮质（HPA）轴的作用
可接受标准	对数（log）或非对数（non-log）数据：AUC 的 90%置信区间（CI）在 80%～125%范围	无可用信息

14.2.5　复杂仿制药

复杂药物系指较大、高度复杂的合成结构，由复杂原料药制成；其不同于生物制品，全球各地的监管机构对于复杂仿制药的定义并没有达成明确的共识。欧洲药品管理局（EMA）和加拿大卫生部更频繁地使用非生物性复杂药物（NBCD）这一术语，同时也使用复杂药物/仿制药。美国 FDA 将复杂药物分类如下（US-FDA，2017）：

- 原料药。
- 递送途径（给药）。
- 药物处方。
- 药物剂型。
- 药械组合系统。
- 具有挑战性/不确定的药品审批流程。

表 14.9 提供了仿制药使用（制造）者付费法案（GDUFA）Ⅱ承诺书中所列各类复杂药物的代表性示例。这些药物的仿制药被美国 FDA 称为复杂仿制药，而 NBCD 的仿制药在欧盟被称为第二代产品（Oner et al.，2017）。

表 14.9　GDUFA Ⅱ承诺书中复杂药物的代表性示例

类别	示例
原料药	考来维仑等

续表

类别	示例
递送途径(给药)	混悬滴眼液:氯替泼诺等
药物处方	脂质体:阿霉素等
药物剂型	TDDS[①]:罗替戈汀等
药械组合系统	INDDS[②]:莫米松鼻喷雾剂等
具有挑战性/不确定的药品审批流程	防止滥用药物产品(阿片类药物等)

① TDDS：经皮给药系统。
② INDDS：经鼻给药系统。

科学界（制剂科学家和临床医生）现已认识到，药物分子结构的复杂性与剂型的新颖性（制剂的功能特性和/或药物递送机制）给证明受试制剂和参比制剂之间的等效性方面带来了挑战。一般来说，对于非生物性复杂药物（NBCD）或复杂药物，例如局部用药品、窄治疗指数药物、具有不同给药机制的吸入剂（定量吸入气雾剂、干粉吸入剂等），药学等效性（PE）的证明相对简单，但是生物等效性的证明却相对困难。同样地，对于聚合物胶束、蛋白质和多肽类药物以及脂质体等复杂药物来说，同时证明 PE 和 BE 也具有挑战性。除了这些观察结果之外，“常规”原料药和制剂与“复杂药物”或“非生物性复杂药物”之间的界定尚不清晰。

迄今为止，需要向美国 FDA 证明受试制剂和“复杂”参比制剂的“相同性”，建议采用多种方法，包括（但不限于）以下内容：

- 定性（Q1）、定量（Q2）和理化性质相同。
- 体外试验——体外释放试验、体外渗透试验和其他适用试验。
- 改进的生物等效性研究设计。
- 用于数据分析的高级统计方法。
- 基于生理学的药代动力学模型建模及其他工具。
- 其他。

通常，EMA 采用相同的方法，如果该方法不能显示非生物性复杂药物受试制剂和参比制剂之间的传统的基于药代动力学的生物等效性，则需要更多的数据来证明两者的安全性、有效性和等效性。因此，所需数据的程度和范围视具体情况而异，正如一些关于非生物性复杂药物（NBCD）的各种反思文献中所观察到的那样（Hussaarts et al.，2017）。截至 2018 年，多达 85 个 NBCD 和/或其第二代产品已在欧洲获得批准（Klein et al.，2019）。虽然复杂仿制药在加拿大的审批流程并不明确，但加拿大卫生部会定期发布获批产品的“决策依据概要”和“监管决策概要”，以便更好地了解评估科学依据（Health Canada，2021a，b）。

同样地，截至 2017 年，美国 FDA 仿制药办公室（OGD）针对复杂药物（US-FDA，2018）发布了几份通用指导文件以及 47 份特定药物指导原则。通用指导文件的部分清单包括（Lunawat and Bhat，2020）以下内容：

- 五种参照 rDNA 来源多肽的高纯度化学合成肽类仿制药的简略新药申请（ANDA）。
- 简略新药申请（ANDA）中提交的药物-器械组合产品的比较分析和相关比较使用人为因素研究。
- 用于简略新药申请（ANDA）的经皮给药系统和局部贴剂的黏附性评估。
- 用于简略新药申请（ANDA）的经皮给药系统和局部给药系统的刺激性和致敏性

评估。

• 在仿制药使用（制造）者付费法案（GDUFA）下，FDA 和 ANDA 申请人之间针对复杂药品的正式会议。

• 其他。

这里需要指出的是，“复杂”仿制药领域还处于起步阶段，正显现出更多关于“做什么”“如何做”以及“何时做”的信息。此外，业界期待监管机构在复杂仿制药的开发和批准方面给出更加明确的态度。美国 FDA 仿制药办公室鼓励受控函和 pre-ANDA 前会议的方式，而加拿大卫生部为促进安全且经济高效的“复杂”药物开发和批准过程，敦促业界召开申请递交前会议，将其作为产品开发过程的一个组成部分。

14.2.6 保健品和天然药物

保健品，有时也称为生物保健品，是一种具有生理益处的药物替代品。在美国，根据《联邦食品、药品和化妆品法案》的授权，FDA 将“保健品”归类为膳食补充剂和食品添加剂，并且通常不受监管（Banach et al.，2018；US-FDA，2016b；Sarris et al.，2016）。加拿大卫生部将保健品和/或功能性食品定义为“添加了一定组成和成分的普通食品使其具有特定医学或生理益处，而不单纯是营养作用”。在日本，所有功能性食品都必须满足三个既定要求：①应以其天然形式存在，而不是胶囊剂、片剂或散剂；②应在饮食中经常食用；③应调节生物进程以期预防或控制疾病（Hardy，2000）。

一般来说，这些产品没有明确的临床适应证（疾病状态），自称可以改善健康、预防慢性疾病、提高生活质量或支持身体功能或结构。此外，这些产品中的大多数（如果不是全部）都是天然来源，就如同“鸡尾酒”，含有不同比例的多种成分的浓缩提取物表现出药理/生理作用，与含有一种或两种被确定为“活性成分”的产品不同。因此，美国 FDA 要求在这些产品的标签中包含以下声明：“这些表述尚未经过食品药品管理局评估。本产品不用于诊断、治疗、治愈或预防任何疾病。”这些产品中的大多数确实进行了Ⅱ期临床试验，并且试验结果令人满意，但很少有产品进行后续的Ⅲ期临床试验。

考虑到上述信息，对于天然药品的仿制药批准来说，通过一项受控临床终点研究证明仿制制剂和活性药物对照组以及被确认/指定为参照药品之间的治疗等效性是至关重要的。全球各地的监管机构尚未就此类试验需要制定的规范和措施达成共识；因此，根据管辖权，具体要求因国家而异。巴西卫生监督管理局（ANVISA）为评估生物等效性豁免设计了相当完善的计分系统，其中，文献中已报道的临床试验被评定为最低期望分数。因此，重要的是首先明确特定的管辖区以及该区域对于注册天然产品或保健品仿制药时在生物等效性或治疗等效性方面的要求。

14.3 总结

当两种药物制剂在标准临床条件下给予单位剂量后，其各自的生物利用度的速率和程度基本相似时，可认为这两种药物制剂具有生物等效性。关于生物利用度和生物等效性的含义似乎是简单易懂的，然而多年来在制药界和临床界引起了相当大的争议，这些争议还因与建立生物和治疗等效性相关的经济因素而加剧。各部门已经发布了诸多指南和全球性的法规，同时也发布了相应的解释和意见，主要是由于我们对与药物生物等效性相关的基本考虑的范围和深度认识不足。

挑战往往在设计复杂仿制药的生物等效性研究时出现。仿制药生物等效性严格基于两种制剂之间相似的生物有效性，然而更需要两者的临床和治疗等效性。因此，设计具有临床终点评估的生物等效性研究似乎正在成为两种产品之间通用等效性的评估工具。为了应对这些挑战，必须采用科学合理和令人信服的“打破常规”方法。在此过程中，我们不能忘记孜孜不倦地致力于生物等效性豁免专著项目（仍在进行中）的国际制药联合会（FIP）生物药剂学分类系统（BCS）和生物等效性豁免焦点小组主席 Dirk Barends 的（已故）名言：“在生物等效性中，我们不能忘记，唯一重要的是患者！他/她是一个活生生的人，而不仅仅是 $\alpha=0.05$！”

参考文献

The ‘Online links（URL）’ for references are current as of the date the manuscript ofthis chapter was structured. The URLs change with the revision（s）of the respectivereferences subsequent to the updating of information contained in the body of thereference，etc.，The reader is，hence，advised to search for the current URL usingthe title and/or the keywords relevant to the subject matter in the cited reference，respectively.

Abd，E.，Yousef，S.，Pastore，M. et al.（2016）. Skin models for the testing oftransdermal drugs. Clinical Pharmacology：Advances and Applications 8：163-176.

Alberti，I.，Kalia，Y. N.，Naik，A. et al.（2001）. Assessment and prediction of thecutaneous bioavailability of topical terbinafine，*in vivo*，inman. Pharmaceutical Research 18（10）：1472-1475.

Au，W.，Skinner，M.，and Kanfer，I.（2010）. Comparison of tape stripping with thehuman skin blanching assay for the bioequivalence assessment of topicalclobetasol propionate formulations. Journal of Pharmacy and Pharmaceutical Science 13（1）：11-20.

Banach，M.，Patti，A.，Giglio，R. et al.（2018）. The role of nutraceuticals in statinintolerant patients. Journal of the American College of Cardiology 72（1）：96-118.

Bandyopadhyay，N. and Dragalin，V.（2007）. Implementation of an adaptive groupsequential design in a bioequivalence study. Pharmaceutical Statistics 6（2）：115-122.

Blume，H. and Midha，K.（1993）. Report of Consensus Meeting：Biointernational _ 92. Proceedings of the Conference on Bioavailability，Bioequivalence and Pharmacokinetic Studies. Bad Homburg，Germany（20-22 May 1992）. European Journal of Pharmaceutical Science 1：165-171.

Braddy，A.，Davit，B.，Stier，E. et al.（2015）. Survey of international regulatory bioequivalence recommendations for approval of generic topical dermatologicaldrug products. The Journal of American Association of Pharmaceutical Scientists 17（1）：121-133.

Budai，L.，Hajd'u，M.，Budai，M. et al.（2007）. Gels and liposomes in optimized oculardrug delivery：studies on ciprofloxacin formulations. International Journal of Pharmaceutics 343（1-2）：34-40.

Cho，H. and Lee，Y.（2006）. Pharmacokinetics and bioequivalence evaluation ofrisperidone in healthy male subjects with different CYP2D6 genotypes. Archives of Pharmacal Research 29（6）：525-533.

Code of Federal Regulations（CFR）（2013）. Criteria and evidence to assess actual orpotential bioequivalence problems. Title 21，

Volume 5：Sec. 320. 33.

Cordery，S.，Pensado，A.，Chiu，W. et al.（2017）. Topical bioavailability of diclofenacfrom locally-acting，dermatological formulations. International Journal of Pharmaceutics 529（1，2）：55-64.

Dandamudi，S.（2017）. *In vitro* bioequivalence data for a topical product. FDA Workshop on Bioequivalence Testing of Topical Drug Products，Maryland.

Davit，B.，Chen，M.-L.，Conner，D. et al.（2012）. Implementation of a reference-scaledaverage bioequivalence approach for highly variable generic drug products by the US Food and Drug Administration. The Journal of American Association of Pharmaceutical Scientists 14：915-924.

Deng，Y. and Zhou，X.-H.（2019）. Methods to control the empirical type Ⅰ error rate inaverage bioequivalence tests for highly variable drugs. Statistical Methods in Medical.

EMA（2009）. Guideline on the requirements for clinical documentation for orallyinhaled products（OIP）including the requirements for demonstration oftherapeutic equivalence between two inhaled products for use in the treatment of asthma and chronic obstructive pulmonary disease（COPD）in adults and for use inthe treatment of asthma in children and adolescents.

EMA（2010）. Guideline on the investigation of bioequivalence.

Endrenyi，L. and Tothfalusi，L.（2009）. Regulatory conditions for the determination of bioequivalence of highly variable drugs. Journal of Pharmaceutical Science 12（1）：138-149.

Endrenyi，L. and Tothfalusi，L.（2013）. Determination of bioequivalence for drugswith narrow therapeutic index：reduction of the regulatory burden. Journal of Pharmaceutical Science 16（5）：676-682.

European Agency for the Evaluation of Medicinal Products（EMA），（2001）. The Committee for Proprietary Medicinal Products（CPMP）. Note for Guidance on the Investigation of Bioavailability and Bioequivalence，London，England.

European Medicines Agency，（2017）. Guideline on equivalence studies for the demonstration of the rapeutic equivalence for products that are locally applied，locally acting in the gastrointestinal tract as addendum to the guideline on theclinical requirements for locally applied，locally acting products containing knownconstituents，London，England.

Flaten，G. E.，Palac，Z.，Engesland，A. et al.（2015）. In vitro skin models as a tool inoptimization of drug formulation. European Journal of Pharmaceutical Sciences 75：10-24.

Francis，B.，Chang，E.，and Haik，B.（1996）. Particle size and drug interactions ofinjectable corticosteroids used in ophthalmic practice. Ophthalmology 103（11）：1884-1888.

Fuglsang，A.（2012）. The US，and EU regulatory landscapes for locally actinggeneric/hybrid inhalation products intended for treatment of asthma and COPD. Journal of Aerosol Medicine and Pulmonary Drug Delivery 25（4）：243-247.

Ganter，K.，Skerget，K.，Mochkin，I. et al.（2020）. Meeting regulatory requirements for drugs with a narrow therapeutic index：bioequivalence studies of genericonce-daily tacrolimus. Drug Healthcare and Patient Safety 12：151-160.

Haider，S.，Davit，B.，Chen，M.-L. et al.（2008）. Bioequivalence approaches for highlyvariable drugs and drug products. Pharmaceutical Research 25（1）：237-241.

Hardy，G.（2000）. Nutraceuticals and functional foods：introduction and meaning. Nutrition 16（7，8）：688-689.

Harris，R.（2015）. Demonstrating therapeutic equivalence for generic topical products. Pharmaceutical Technology：1-4.

Health Canada（2003）. Therapeutic Products Directorate（TPD）. Discussion paper on "Bioequivalence requirements-highly variable drugs and highly variable drug products：issues and options" . Expert Advisory Committee on Bioavailability and Bioequivalence（EAC-BB）Meeting，Ottawa，Canada.

Health Canada（2012）Comparative bioavailability standards：for mulations used for systemic effects [Online] .

Health Canada（2021a）. Summary Basis of Decision（SBD）-Canada. ca. [online] Canada. ca.（n. d）.（accessed 28 August2021）.

Health Canada（2021b）. Regulatory Decision Summaries-Canada. ca. [online] Canada. ca.（n. d）.（accessed 28August 2021）.

Health Canada，Ministry of Health（1992）. Guidance for industry：conduct and analysis of bioavailability and bioequivalence studies-Part A: Oral Dosage Formulations Used for Systemic Effects. Ottawa, Canada.

Health-Canada (2006). Guidance for industry: pharmaceutical quality of inhalation and nasal products.

Heller, D., Burke, S., Davidson, D. et al. (2002). Absorption of colesevelam hydrochloride in healthy volunteers. Annals of Pharmacotherapy 36: 398-403.

Huang, P.-J., Hsieh, Y., Huang, Y.-W. et al. (2021). Pharmacogenetic perspectives inimproving pharmacokinetic profiles for efficient bioequivalence trials with highlyvariable drugs: a review. International Journal of Pharmacokinetics 5 (1): IPK02.

Hussaarts, L., Mühlebach, S., Shah, V. et al. (2017). Equivalence of complex drug products: advances in and challenges for current regulatory frameworks. Annals of the New York Academy of Sciences 1407 (1): 39-49.

Idkaidek, N. (2017). Comparative assessment of saliva and plasma for drug bioavailability and bioequivalence studies in humans. Saudi Pharmaceutical Journal 25 (5): 671-675.

Japan National Institute of Health, (1997). Division of Drugs. Guideline for Bioequivalence Studies of Generic Drug Products, Tokyo, Japan.

Jiang, W. and Yu, L. X. (2014). FDA-bioequivalence standards for narrow therapeutic index drugs. AAPS Advances in the Pharmaceutical Sciences Series 13: 191-216.

Jiang, T., Rong, Z., Xu, Y. et al. (2013). Pharmacokinetics and bioavailability comparison of generic and branded citalopram 20mg tablets: an open-label, randomized-sequence, two-period crossover study in healthy Chinese CYP2C19 extensive metabolizers. Clinical Drug Investigation 33 (1): 1-9.

Jiang, W., Makhlouf, F., Schuirmann, D. et al. (2015). A bioequivalence approach for generic narrow therapeutic index drugs: evaluation of the reference-scaledapproach and variability comparison criterion. The Journal of American Association of Pharmaceutical Scientists 17 (4): 891-901.

Jung, H., Abou-Jaoude, M., Carbia, B. et al. (2013). Glaucoma therapy by extended release of timolol from nanoparticle loaded silicone-hydrogel contact lenses. Journal of Controlled Release 165 (1): 82-89.

Kao, H.-J., Lin, H.-R., Lo, Y.-L. et al. (2006). Characterization of pilocarpine-loadedchitosan/Carbopol nanoparticles. Journal of Pharmacy and Pharmacology 58 (2): 179-186.

Karalis, V., Symillides, M., and Macheras, P. (2012). Bioequivalence of highly variabledrugs: a comparison of the newly proposed regulatory approaches by FDA and EMA. Pharmaceutical Research 29 (4): 1066-1077.

Kieser, M. and Rauch, G. (2015). Two-stage designs for cross-over bioequivalence trials. Statistics of Medicine 34 (16): 2403-2416.

Klein, K., Stolk, P., De Bruin, M. et al. (2019). The EU regulatory landscape ofnon-biological complex drugs (NBCDs) follow-on products: observations andrecommendations. European Journal of Pharmaceutical Science 133: 228-235.

Knahl, S., Lang, B., Fleischer, F. et al. (2018). A comparison of group sequential and fixed sample size designs for bioequivalence trials with highly variable drugs. European Journal of Clinical Pharmacology 74 (5): 549-559.

Leal, L., Cordery, S., Delgado-Charro, M. et al. (2017). Bioequivalence methodologies for topical drug products: in vitro and ex vivo studies with a corticosteroid and an anti-fungal drug. Pharmaceutical Research 34 (4): 730-737.

Lee, S., Adams, W., Li, B. et al. (2009). *In vitro* considerations to support bioequivalence of locally acting drugs in dry powder inhalers for lung diseases. The Journal of American Association of Pharmaceutical Scientists 11 (3): 414-423.

Lichtenstein, G. and Kamm, M. (2008). Review article: 5-aminosalicylate formulation for the treatment of ulcerative colitis-methods of comparing release rates anddelivery of 5-aminosalicylate to the colonic mucosa. Alimentary Pharmacology and Therapeutics 28: 663-673.

Lu, D., Lee, S., Lionberger, R. et al. (2015). International guidelines for bioequivalence of locally acting orally inhaled drug products: similarities and differences. The Journal of American Association of Pharmaceutical Scientists 17 (3): 546-557.

Lunawat, S. and Bhat, K. (2020). Complex generic products: insight of current regulatory frameworks in US, EU, and Canada and the need of harmonization. Therapeutic Innovation and Regulatory Science 54: 991-1000.

Mateus, R., Abdalghafor, H., Oliveira, G. et al. (2013). A new paradigm indermatopharmacokinetics-confocal Raman spectroscopy. International Journal of Pharmaeutics 444 (1-2): 106-108.

Mayers, I. (2012). Introduction to the Canadian scientific advisory committee on respiratory and allergy therapies: in vivo evaluation for clinical testing in COPD and asthma therapy using generics. Journal of Aerosol Medicine and Pulmonary Drug Delivery 25 (4): 204-208.

Medendorp, J., Yedluri, J., Hammell, D. C. et al. (2006). Near-infrared spectrometry for the quantification of dermal absorption of econazole nitrate and 4-cyanophenol. Pharmaceutical Research 23 (4): 835-843.

Ministry of Health Labor and Welfare (MHLW) (2018). The basic principles of thebioequivalence evaluations of the generic ophthalmic dosage forms.

Miranda, M., Sousa, J., Veiga, F. et al. (2018a). Bioequivalence of topical generic products. Part 1: where are we now? European Journal of Pharmaceutical Science123: 260-267.

Miranda, M., Sousa, J., Veiga, F. et al. (2018b). Bioequivalence of topical generic products. Part 2. Paving the way to a tailored regulatory system. European Journal of Pharmaceutical Science 122: 264-272.

Mohammed, D., Matts, P., Hadgraft, J. et al. (2014). *In vitro-in vivo* correlation in skinpermeation. Pharmaceutical Research 31 (2): 394-400.

Mohan, V. and Wairkar, S. (2020). Current regulatory scenario and alternative surrogate methods to establish bioequivalence of topical generic products. Journal of Drug Delivery Science and Technology.

Montague, T., Potvin, D., DiLiberti, C. et al. (2012). Additional results for "sequential design approaches for bioequivalence studies with crossover designs". Pharmaceutical Statistics 11 (1): 8-13.

Mudgil, M., Gupta, N., Nagpal, M. et al. (2012). Nanotechnology: a new approach for ocular drug delivery system. International Journal of Pharmacy and Pharmaceutical Sciences 4 (2): 105-112.

Mundada, A. and Shrikhande, B. (2008). Formulation and evaluation of ciprofloxacinhydrochloride soluble ocular drug insert. Current Eye Research 33 (5, 6): 469-475.

Myoenzono, A., Kuribayashi, R., Yamaguchi, T. et al. (2020). Current regulation forbioequivalence evaluations of generic ophthalmic dosage forms in Japan. European Journal of Drug Metabolism and Pharmacokinetics 45 (6): 697-702.

Nagargoje, S., Phatak, A., Bhingare, C. et al. (2012). Formulation and evaluation of ophthalmic delivery of fluconazole from ion activated in situ gelling system. DerPharmacia Letter 4 (4): 1228-1235.

Nanjwade, B., Sonaje, D., and Manvi, F. (2011a). *In vitro-in vivo* release of ciprofloxacin from ophthalmic formulations. International Journal of Pharmaceutical Technology and Biotechnology 1 (1): 23-28.

Nanjwade, B., Sonaje, D., and Manvi, F. (2011b). Preparation and evaluation of eye-drops for the treatment of bacterial conjunctivitis. IJPI' s Journal of Pharmaceutics and Cosmetology 1 (2): 43-49.

Narkar, Y. (2010). Bioequivalence for topical products-an update. Pharmaceutical Research 27 (12): 2590-2601.

O' Donnel, S. and O' Morain, C. (2010). Therapeutic benefits of budesonide ingastroenterology. Therapeutic Advances in Chronic Disease 1: 177-186.

Oh, M., Yeo, C., Kim, H. et al. (2019). Genotype-based enrichment study design forminimizing the sample size in bioequivalence studies using tolterodine and CYP2D6 genotype. International Journal of Clinical Pharmacology and Therapeutics 57 (2): 110-116.

Oner, Z., Michel, S., and Polli, J. (2017). Equivalence and regulatory approaches of nonbiological complex drug products across the United States, the European Union, and Turkey. Annals of the New York Academy of Sciences 1407 (1):. 26-38.

Ortiz, P. G., Hansen, S. H., Shah, V. P. et al. (2009). Impact of adult atopic dermatitis on topical drug penetration: assessment by cutaneous microdialysis and tapestripping. Acta Dermato-Venereologica 89 (1): 33-38.

Pennick, M., Dennis, K., and Damment, S. (2006). Absoulte bioavailability and disposition oh lanthanum in healthy human subjects adimnistered lanthanumcarbonate. Journal of Clinical Pharmacology 46: 738-746.

Praça, F., Medina, W., Eloy, J. et al. (2018). Evaluation of critical parameters for *in vitro* skin permeation and penetration studies using animal skin models. European Journal of Pharmaceutical Sciences 111: 121-132.

Rahman, Z., Xu, X., Katragadda, U. et al. (2014). Quality by design approach for understanding the critical quality attributes of cyclosporine ophthalmic emulsion. Molecular Pharmaceutics 11 (3): 787-799.

Roberts, M., Mohammed, Y., Namjoshi, S. et al. (2017). Correlation of physicochemical characteristics and in vitro permeation test (IVPT) results for acyclovir and metronidazole topical products. FDA Workshop on Bioequivalence Testing of Topical Drug Products, Maryland.

Rosas, J. G., Blanco, M., González, J. M. et al. (2011). Quality by design approach of a pharmaceutical gel manufacturing process, Part 2: Near infrared monitoring of composition and physical parameters. Journal of Pharmaceutical Sciences 100 (10): 4442-4451.

Russell, M. and Guy, R. (2009). Measurement and prediction of the rate and extent of drug delivery into and through the skin. Expert Opinion on Drug Delivery 6 (4): 355-369.

Sarris, J., Murphy, J., Mischoulon, D. et al. (2016). Adjunctive nutraceuticals for depression: a systematic review and meta-analyses. American Journal of Psychiatry173 (6): 575-587.

Satya, D., Suria, K., and Muthu, P. (2011). Advanced approaches and evaluation of ocular drug delivery system. American Journal of Pharmaceutical Technology and Research 1 (4): 72-92.

Schuirmann, D. (1987). A comparison of the two one-sided tests procedure and the power approach for assessing the equivalence of average bioavailability. Journal of Pharmacokinetics and Biopharmaceutics 15: 657-680.

Sferrazza, G., Siviero, P., Nicotera, G. et al. (2017). Regulatory framework on bioequivalence criteria for locally acting gastrointestinal drugs: the case for oral modified release mesalamine formulations. Expert Review of Clinical Pharmacology10 (9): 1007-1019.

Shen, J., Gan, L., Zhu, C. et al. (2011). Novel NSAIDs ophthalmic formulation: flurbiprofen axetil emulsion with low irritancy and improved anti-inflammationeffect. International Journal of Pharmaceutics 412 (1-2): 115-122.

Sivaraman, A. and Banga, A. (2015). Quality by design approaches for topical dermatological dosage forms. Research and Reports in Transdermal Drug Delivery 4: 9-21.

Tamargo, J., Heuzey, J.-Y., and Mabo, P. (2015). Narrow therapeutic index drugs: aclinical pharmacological consideration to flecainide. European Journal of Clinical Pharmacology 71 (5): 549-567.

Tanwar, Y., Patel, D., and Sisodia, S. (2007). *In vitro* and *in vivo* evaluation of ocular inserts of ofloxacin. DARU Journal of Pharmaceutical Sciences 15 (3): 139-145.

The International Pharmacopoeia (2013). 4th Edition.

Tothfalusi, L. and Endrenyi, L. (2012). Sample sizes for designing bioequivalence studies for highly variable drugs. Journal of Pharmaceutics Science 15 (1): 72-84.

Tothfalusi, L., Endrenyi, L., and Arieta, A. (2009). Evaluation of bioequivalence for highly variable drugs with scaled average bioequivalence. Clinical Pharmacokinetics 48 (11): 725-743.

US Food and Drug Administration (2000). Guidance for industry: waiver of *in vivo* bioavailability and bioequivalence studies for immediate-release solid oral dosageforms based on a biopharmaceutics classification system [Online].

US Food and Drug Administration (2003). Guidance for industry: bioavailability and bioequivalence studies for orally administered drug products-general considerations [Online].

US Food and Drug Administration, (2012). Draft guidance on warfarin sodium [Online].

US-FDA (2016a). Draft guidance on diclofenac epolamine, DHHS, CDER, Rockville, MD.

US-FDA (2016b). Labeling and nutrition. In: The Food and Drug Administration. Silver Springs, MD: US Department of Health and Human Services.

US-FDA (2016c). Draft guidance on mesalamine. Delayed release tablet 400 mg. Center for Drug Evaluation and Research (CDER), Silver Spring, MD.

US-FDA (2016d). Draft guidance on mesalamine. Delayed release tablet 800 mg. Center for Drug Evaluation and Research (CDER), Silver Spring, MD.

US-FDA (2016e). Draft guidance on mesalamine. Delayed release tablet 1200 mg. Center for Drug Evaluation and Research (CDER), Silver Spring, MD.

US-FDA (2016f). Draft guidance on mesalamine. Delayed release capsule 400 mg. Center for Drug Evaluation and Research (CDER), Silver Spring, MD.

US-FDA, (2016g). Draft guidance on mesalamine. Extended release capsule 375 mg. Center for Drug Evaluation and Research (CDER), Silver Spring, MD.

US-FDA (2016h). Draft guidance on mesalamine. Extended-release capsule 500 mg. Center for Drug Evaluation and Research (CDER), Silver Spring, MD.

US-FDA, (2017). Fda. gov. GDUFA Ⅱ Commitment Letter. , Silver Spring, MD: FDA-OGD. pp. 14-17.

US-FDA, (2018). FDA. gov. 2017 Annual Report. Silver Springs, MD: Office of GenericDrugs. p. 6.

US-FDA, (2019). Draft Guidance on Sucralfate. Silver Spring, MD: Center for Drug Evaluation and Research (CDER).

US-FDA Food and Drug Administration (2013). Draft guidance for industry: bioequivalence studies with pharmacokinetic endpoints for drugs submitted underan ANDA. In: Center for Drug Evaluation and Research (CDER). Silver Spring, MD, USA:

Van Peer, A. (2010). Variability and impact on design of bioequivalence studies. Basicand Clinical Pharmacology and Toxicology 106 (3): 146-153.

Vandamme, T. and Brobeck, L. (2005). Poly (amidoamine) dendrimers as ophthalmic vehicles for ocular delivery of pilocarpine nitrate and tropicamide. Journal of Controlled Release 102 (1): 23-38.

Wilhelmus, K. (2001). The Draize eye test. Survey of Ophthalmology 45 (6): 493-515.

Workshop on Bioequivalence Testing of Topical Drug Products. Maryland.

Xiaojian, J., Yongsheng, Y., and Ethan, S. (2014). Bioequivalence for drug products acting locally within gastrointestinal tract, Chapter 12. In: FDA Bioequivalence Standards (eds. L. Yu and B. Li), 297-334. New York/Heidelberg/Dordrecht/London: Springer.

Yacobi, A., Shah, V., Bashaw, E. et al. (2014). Current challenges in bioequivalence, quality, and novel assessment technologies for topical products. Pharmaceutical Research 31 (4): 837-846.

Yu, L. (2011). Approaches to demonstrate bioequivalence of narrow therapeutic index drugs. Presented at the Meeting of the FDA Advisory Committee for Pharmaceutical Science and Clinical Pharmacology, Silver Spring, MD (26 July 2011).

Yu, L., Jiang, W., Zhang, X. et al. (2014). Novel bioequivalence approach for narrow therapeutic index drugs. Clinical Pharmacology and Therapeutics 97 (3): 286-291.

Zhang, H., Li, Q., Zhu, X. et al. (2018). Association of variability and pharmacogenomics with bioequivalence of gefitinib in healthy male subjects. Frontiers in Pharmacology 9: 849-859.

Zhao, L., Seo, P., and Lionberger, R. (2019). Current scientific considerations to Verifyphysiologically-based pharmacokinetic models and their implications for locallyacting products. CPT: Pharmacometrics and Systems Pharmacology 8 (6): 347-351.

Zhi, J., Melia, A., Eggers, H. et al. (1995). Review of limited systemic absorption of orlistat, a lipase inhibitor, in healthy human volunteers. The Journal of Clinical Pharmacology 35: 1103-1108.

第15章

超越指南：通过创造性的溶出数据解读来说服监管机构

15.1 引言

药品的上市由美国食品药品管理局（FDA）和/或每个国家的类似机构（通常被称为监管机构）批准。美国FDA负责保护公共健康，其职责是确保人用和兽用药品、生物制品、医疗器械、食品、化妆品和辐射产品的安全性和有效性。美国FDA药品审评和研究中心（CDER）基于对药品的获益风险比进行持续、一致的评估，来确保安全、有效的药品可用于改善人民的健康。

药品从实验室到消费者（患者）手中的路途是漫长而艰难的。大多数药品都经过临床前（动物）实验，然后进入临床（人体）试验，生成数据并被提交至监管机构。监管机构发布了很多指导原则、指南和建议，用于指导行业和/或实验室进行临床前实验和临床试验，以及对数据进行汇编整理使之成为有组织、可接受的呈现形式。通过对此类数据（申报数据）的严格审评，以证明药物（即药品）的安全性和有效性，然后经由监管机构批准上市。

药物的生物药剂学和临床评价贯穿了药品开发的不同阶段，并构成了供监管机构审评的申报数据的很大一部分。体外溶出试验、生物有效性评价［包括生物利用度/生物等效性（BA/BE）］、体外-体内相关性（IVIVC）以及其他相关内容一起构成了生物药剂学和临床评价的主要组成部分。由于每个申报都是独特的，每个申报都涉及特定药物和特定目标，导致需要开展特定的试验（设计、形式、数据收集技术等），监管机构的审评结果通常是“问询”，也被称为缺陷，用于寻求澄清。撰写可被监管机构接受的问询和/或缺陷答复，不仅是一种战略思维和方法的练习，而且还涉及对答复进行巧妙的组织和呈现。由于各种原因，这样的练习似乎更令人望而生畏。

本章的主要目标是深入探讨一种通过创造性的溶出数据解读来说服监管机构的结构性方法，并应当在答复问询（缺陷）时使用。在此过程中，将通过案例分析讨论在提出成功申辩时使用的“成功的3C原则”。

15.2 监管指南：阅读与理解！

在药品开发和获得监管机构批准的过程中，必须遵守各种法规政策。这些法规政策来自政府的公开文件，例如《美国联邦法规》（CFR）或各个国家的类似文件。此外，还有许多行业-监管机构倡议通过监管机构频繁发布“行业指南”，旨在提高监管机构的期望和审评过程的透明度和清晰度。类似地，还有药典出版物，例如《美国药典》（USP）、《欧洲药典》（EP）等，可在药品开发过程给行业和/或研究实验室提供帮助。我们不仅要理解这些文件的含义，更要理解它们提供信息的范围和限制。

CFR是美国联邦政府的行政部门和机构在《联邦公报》上发布的一般性和永久性法规和条例（有时称为行政法）的汇编。CFR有印刷版本（pdf）和在线版本。另一方面，指南文件代表了监管机构对特定主题的当前看法。它们是为美国FDA审评人员准备的，并就各种主题向申请人/申办方提供指导，例如实验设计、监管产品的加工和检验、申报内容及其评价/批准等。这些文件的主要目的是制定旨在实现监管机构监管方法一致性的政策，并制定检查和执法程序。指南不是法规或法律；因而它们既不具有强制力，也不具有约束力。因此，可以使用满足适用法规要求的替代方法。除非引用了特定的监管要求，否则，它们应仅被视为建议。需要重点注意的是，监管机构指南文件中使用“应当（should）”一词，意味着某事是被建议或被推荐的，但不是必需的。此外，在“文本所说的”和“文本所意味着的”的背景下，对这些文件进行深入审查和研究是必不可少的。应特别注意这些文件中使用的所有免责声明、陈述和/或术语和短语。通常，这些免责声明提供可满足法规及监管机构期待的考虑、实施和呈现替代方法及方法学的机会。下面提供了一些选定的案例以及美国FDA的行业指南文件中出现的免责声明、陈述和/或术语和短语（突出显示）。

美国FDA药品审评和研究中心（CDER）仿制药办公室生物等效性部门定期更新并发布现行溶出方法数据库（溶出方法数据库2020）。数据库中的溶出方法是建议性的，即对FDA或其他机构不具有约束力：

如果有适当的数据支持，我们（监管机构）**将考虑替代方法**。我们认识到数据库中的大部分材料、方法和标准都可能会随着时间而改变。我们（监管机构）**欢迎针对数据库的意见或变更建议**。

美国FDA发布了详尽的行业指南《速释口服固体制剂的溶出试验》（US-FDA，1997a）。该行业指南的附录A提供了与溶出试验条件相关的信息：

最常用的溶出试验方法是篮法（USP装置1）和桨法（USP装置2）。篮法和桨法简单、稳健、高度标准化，并在全球范围内被使用。这些方法足够灵活，可以适用于各种药品的溶出试验。因此，**除非证明不适用**，否则应使用USP装置1和装置2中描述的官方体外溶出方法。**如果需要，可以考虑使用**USP中描述的其他体外溶出方法，例如往复筒法（USP装置3）和流通池法（USP装置4）。**这些方法或其他替代/优化方法应根据其对特定产品的已被证明的优越性进行考虑。**由于生物学和处方变量的多样性以及对该领域理解的不断发展，

可能需要进行不同的实验性优化，从而使体外释放数据具有合适的体内相关性。

关于溶出试验中溶出介质的选择和使用，行业指南规定：

如果可能，应在生理条件下进行溶出试验。这可以用于解释与产品体内性能相关的溶出数据。然而，**在常规溶出试验中不需要严格遵守胃肠道环境**。试验条件应基于原料药的理化性质以及口服给药后制剂可能暴露的环境条件。**如需使用较高 pH 条件，应根据具体情况进行论证，**一般情况下，pH 不应超过 8.0。

美国 FDA 发布了一份详尽的行业指南《口服缓释制剂的溶出试验——开发、评价和体外/体内相关性应用》(US-FDA，1997b)。该行业指南提供了与溶出试验条件相关的信息：

缓释制剂的溶出特性可通过采用任何的体外溶出方法进行测定获得。所有试验样品应采用相同的体系。**溶出装置首选** USP 装置 1（篮法）或装置 2（桨法），采用药典规定的转速（如篮法 100r/min、桨法 50～75r/min)。在某些情况下，可以使用 USP 装置 3（往复筒法）或装置 4（流通池法）测定某些缓释制剂的溶出特性。**在使用任何其他类型的溶出装置之前，应向相关的 CDER 审评人员进行咨询。**

墨西哥的药品监管机构——墨西哥联邦卫生风险保护委员会（COFEPRIS）发布了与药品溶出试验相关的指南（COFEPRIS，2013)。NOM-177-SSA1-2013 的第 7 节详细列出了法规要求和建议。为方便读者阅读，将其转述如下：

7.2.2 溶出曲线的试验条件必须是《墨西哥合众国药典》(FEUM）及其现行增补中规定的条件。

当未能找到相关信息时，应……**其他药典……专业机构的质量标准……国际公认的科学文献**

7.5 溶出曲线的评价……

7.5.6 **在其他 pH 值下**，如果没有足够的溶出数据用于计算 f_2……**可以使用差异≥10%的替代模型……证明在吸收过程中与 pH 值（如适用）的相关性。**

实际上，全球各监管机构的指南和建议中都存在类似的免责声明。很显然，监管机构的免责声明为采用替代方法和方法学来遵循法规要求提供了必要的机会，只要这些方法是足够合理和科学的。此外，需要强调的是，采用替代方法和方法学应该是一种例外，而非常规情况。另外，采用替代方法和方法学直接要求申请人（工业界申请人或研发实验室）提供科学合理的证据，这些证据应该既令人信服又为监管机构所接受。通常，出于澄清目的或其他需求，采用替代方法和方法学会引起监管机构的问询，申请人（工业界申请人或研发实验室）需要能够捍卫其科学合理性。

15.3 注册提交：前提和期望

通常，新药和仿制药开发的各阶段都按部就班进行。研发一个新药的总时间长达数年，而仿制药的研发周期则明显更短。无论研发哪类产品（新药或仿制药），研发的各阶段都应遵循《美国联邦法规》(CFR)、特定指南、推荐的实验管理规范［如《药物非临床试验质量管理规范》(GLP)、《药品生产质量管理规范》(GMP)、《药物临床试验质量管理规范》

(GCP) 及类似规范], 以及与监管机构进行的会议和往来函件提供的指南、建议和/或指令。随着产品开发的进行，通过收集、整理、解释（如果需要）而生成数据，并全面提交（注册提交）给监管机构以供审评和批准。

在药品获得上市批准之前，监管机构在审评期间的主要目标是确定产品的安全性和有效性。申办方/申请人“注册提交”的主要目的是通过提交的数据来证明申报药品用于消费者的拟定用途是安全的、有效的。此外，申办方/申请人必须证明提交的数据是根据监管要求（适用的 CFR、指导原则、管理规范、指南、建议等）生成的。通过对数据源的确认和检查以及对数据的详尽审评，监管机构将决定申办方/申请人提供的数据是否足以证明申报产品的法规符合性、安全性和有效性。

这说起来容易，但做起来难，特别是因为每种药品本身都是独一无二的，而监管要求（适用的 CFR、指导原则、管理规范、指南、建议等）本质上是适用于各类产品的，如速释口服固体制剂和缓释口服固体制剂等剂型。虽然指南、建议等文件提供了一般性指导，但人们在证明申报产品安全性和有效性的时候别无选择，只能尽可能按照指南、建议等文件的要求来做。如果没有完全遵守这些文件的要求，或与推荐的指南（如果不需要的话）存在差异，需要提供合理解释。此外，提供的所谓解释不仅要求必须科学合理，而且还必须被监管机构（审评委员会）所接受。在这种情况下可能会出现两种结果：①监管机构可能会需要更多的澄清，从而产生“缺陷项”；②监管机构可能会提出更多问题（问询），这些问题可能需要更多的实验，而这些实验可能有自己的隐患（不符合预期的结果）。因此，人们应当准备好对监管机构提出的缺陷和问询提供适当且充分的答复，“捍卫”已实施的对指南、建议等文件的修改。

在完成数据的收集、汇编和整理后，申请人/申办方将对全部数据进行彻底的内部审查，以确保数据的清晰、一致性与合规性。对数据进行适当纠正、编辑、修订等，然后提交给监管机构进行审评。监管机构进行初步审评并确定是否可以接受深入和详尽的审评以及接受或拒绝这项申请。可以这样说，没有申请人/申办方会提交不可接受的数据。因此，从表面上看，注册申请被监管机构受理审评可被视为符合适用的监管指南、建议、CFR 等要求，对数据进行的详尽审评可以暴露对预期审评而言不清晰和/或不充分的信息。这将导致向申请人/申报方提出称为“缺陷”的补充信息要求。至今，还未听闻有哪个项目以零缺陷通过详尽审评。可以这样说，尽管数据的生成、汇编和整理包括了对数据进行严格的内部核查以确保合规性以及申报被监管机构审评受理的接受度，但也应该做好接收和答复监管机构的缺陷通知的准备。

15.4 应对监管问询/缺陷：高效且令人满意的答复

监管机构通过各种官方沟通方式来传达缺陷和/或问询，例如交互式审评、缺陷信等。申请人/申办方对这些缺陷和/或问询的官方答复应依照并符合监管机构的相关法规要求，如美国 FDA 的 21CFR 314.96 的指导原则及类似法规，这些官方答复将被提交给监管机构来推动申报的审评流程。为了保持监管机构与申请人/申办方之间沟通的一致性并简化流程，同时也帮助审评员和申请人解决问题（US-FDA，2017 等），各监管机构提供了有用的指导原则来指导答复缺陷和/或问询时的格式、内容等。虽然所有这些指南和建议（包括与监管机构的口头和电子通信）都可及，但“应该包含什么”和“如何呈现”是申请人/申办方的一些常见问题，还没有监管机构能给出满意的回答。也许，申报的多学科性质和监管要求的复杂性以及审评方法的固有差异，共同决定了应将缺陷和/或问询作为一个整体来答复，这使其变得具有挑战性，并且通常是一项痛苦的工作。

不管怎样，保守来说，对缺陷和/或问询的深入研究与审查，以及对监管机构究竟在寻求什么样信息的理解与分析是很重要的。特别是，对缺陷和/或问询的描述文本（单词、短语、措辞、术语等）“说了/表达了什么”以及“意味着什么”的理解至关重要。随后，必须制订一项战略实施计划，并采用、实施，以对监管机构提出的问询和/或缺陷进行充分答复，使监管机构满意。当然，需要注意的是，答复不应引发更多的问询和/或缺陷。

2001 年至 2008 年期间，提交至美国 FDA 的简略新药申请（ANDA），即仿制药申请，发现了与溶出试验、生物利用度（BA）测定、IVIVC 溶出方面相关的一些缺陷。从 2484 份 ANDA 申请中收集的数据里，上述缺陷大约有 2500 项（略高于总缺陷数量的 25%），大致可以分为以下几类（Liu et al.，2012）：

- 溶出方法。
- 溶出质量标准。
- 其他方面（试验的样品数量、高变异性、试验不完整等）。

另一方面，根据世界卫生组织（WHO）在药品预认证项目（PQTm）最近评估的文件中，与溶出试验相关的最常见质量相关缺陷主要是缺少溶出曲线和/或不可接受的限度、取样方案中的取样时间点，以及溶出介质 pH 的选择（WHO，2018）。

出于分析和回顾的目的，转载了以下缺陷的示例。

示例 15.1 你们公司……提交了使用公司自拟方法以及 USP 方法对×××mg 规格的受试制剂与参比制剂进行整片与半片的溶出数据对比。另外，溶出试验介质是 pH 值为×.×和×.×的水系介质。由于溶出数据显示在××小时，只有标示量约××%的药物溶出，因而该溶出试验是不可接受的。生物等效性部门（DBE）要求你们公司提交补充数据，以探索在最后一个时间点提高溶出质量标准的可能性。

示例 15.2 调查在溶出曲线各时间点各制剂单位间高变异性的根本原因，并根据结果实施必要的变更来解决该问题。评估这种高变异性是否会影响药品的体内性能并提供依据。

示例 15.3 体外生物等效性的溶出研究不充分。由于在 pH ×.×、pH ×.×、pH ×.×和 pH ×.×（经过 0.1mol/L HCl 和 pH ×.×缓冲液处理后）介质中体外溶出对比数据的高变异性（如早期取样时间点 CV>20%，后续取样时间点 CV>10%），根据 CDER《行业指南：溶出试验……》第 889～896 页，不能使用受试制剂与参比制剂的平均曲线计算 f_2。

应用上述方法的结果表明，在所有四种介质［pH ×.×、pH ×.×、pH ×.×和 pH ×.×（经过 0.1mol/L HCl 和 pH×.×缓冲液处理后）］中，计算受试制剂与 RLD 的 f_2 时的平均值和 90%置信区间下限值低于 RLD 与其自身在相同条件下的平均值及 90%置信区间下限值。在多种 pH 条件下，受试制剂与参比制剂的溶出曲线具有显著性差异，表明受试制剂与参比制剂不具有生物等效性。因此，在所有 pH 介质中（pH ×.×、pH ×.×、 pH ×.×和 pH ×.×）的溶出试验都是不可接受的。

你们在溶出试验中使用 Krebs 碳酸氢盐缓冲液来证明 BE 的依据是不被接受的，原因如下：

① 在 pH ×.×的 Krebs 碳酸氢盐缓冲液中，每分钟 100 和 50 转转速下的溶出数据未显示受试制剂和参比制剂的溶出曲线相似性（$f_2<50$）。

② 在 pH ×.×、pH ×.×、pH ×.×和 pH ×.×的 Krebs 碳酸氢盐缓冲液中，每分钟 25 转桨转速下的溶出曲线相似性表明，每分钟 25 转可能不足以产生适当的流体动力学来溶出药物。此外，受试制剂和参比制剂的药物释放相似性……不支持参比制剂说明书上的“本品片剂含有 pH 依赖性聚合物薄膜包衣层，在 pH 6.8 及以上 pH 时崩解”。

③ 你们没有提供足够证据来证明你们的溶出方法与体内的相关性。

对上述示例的仔细回顾表明，示例 15.1 中的缺陷相对简单、易于理解且相当容易答复，而示例 15.2 和示例 15.3 中的缺陷很复杂，需要处理多个问题，不仅需要多学科的努力，而且还需要一个解决监管机构问询的综合方法。因此，首先，必须制定战略和明确的行动计划。随后，必须采用和动员循序渐进的方法来构建不会产生更多后续问询的答复。为了使该计划有效地发挥作用，对缺陷和/或问询关于“说了/表达了什么”以及“意味着什么”进行深入、多焦点、多学科和全面的分析是至关重要的。只有这样，才能找到结构性的方式/格式，并且可以向监管机构提出直接、易于遵循、全面且有希望令其满意的答复。然而，关键（准则）是使审评员的思维过程与答复者（申请人/申办方）的思维过程相一致——通常被称为“每个人都在同一个频道上”。

鉴于监管机构的指南、建议和指令不具有约束力，以及监管机构在此类文件中内置的免责声明，申请人/申办方在答复缺陷和/或问询时，有时会倾向于挑战监管机构提到的指南、法规、建议和指令：这是谨慎的吗！一般而言，此类方法不仅会适得其反，而且会弄巧成拙，尤其是如果答复主要（如果不是唯一的）是基于从监管机构获得的给定指南、法规、建议等的限度的话，不建议采用这种方法。然而，针对缺陷的答复，首先必须提供明确且令人信服的理由，然后证明超出了监管机构的法规/指导/建议限度的申报方法的充分性和适当性。从本质上讲，补充数据的科学严谨性不仅应让监管机构（审评员）满意，而且应当让监管机构（审评员）的选择最小化或没有选择，只能同意申请人/申办方并接受答复。

15.5 赢得申辩：成功的 3C 原则！

对缺陷的回顾和研究通常表明，监管机构对申报中提供的信息、解释和/或数据持有不同意见。但是，从技术上讲，缺陷和/或问询是在寻求与申报中提交信息相关的其他信息。然而，出现在缺陷中的术语和短语，例如研究不充分、不支持、不可接受、生物不等效（尽管提交的数据显示生物等效）等，反映了监管机构与申请人/申办方针对提交的数据存在潜在分歧。这会导致争辩/争议/分歧，并将通过申请人/申办方提供的充分且令人满意的答复来解决。这样的解决方案也被称为是申请人/申办方在对缺陷答复时提出的申辩。申请人/申办方的努力不仅要确保答复中提供的申辩令人满意，而且要确保它们不会产生更多的问询，即争议。当这些努力成功时，申请人/申办方展现了所谓的获胜申辩。获胜申辩是清晰的（Clear）、令人信服的（Convincing）和令人折服的（Compelling），这些是提出让监管机构接受和满意的缺陷和/或问询答复所必需的3C原则。

“争议（dispute）”一词的定义是“个人或群体之间的分歧”（Collin Dictionary，2020）。如上所述，监管机构提出的缺陷和/或问询可被视为与申请人/申办方在申报中提供的信息之间存在分歧，即监管机构不认可而申请人/申办方认可的信息。这种“分歧”通过申请人/申办方向监管机构提交令人满意的答复（申辩）来得到解决。

“清晰的（clear）”一词的定义是“毫无疑问……不含糊的，容易看到的……理解的”（Oxford English Dictionary，2020a）。申报提交的合格数据（按监管要求生成和汇编数据）是真实的——清晰性来自事实，它们是不可否认的，不能有争议的。

“令人信服的（convincing）”的定义是“使确信某事是真实的……说服去做”（Oxford English Dictionary，2020c）。申报中的支持文件、参考文献、分析等提供的科学的、技术的和合理的信息是真实的和有说服力的。

“令人折服的（compelling）”的定义是“无法反驳……势不可挡……”（Oxford English Dictionary，2020b）。申报提交和答复中的信息（描述性信息、数据等）应清晰（基于事实和数据）且具有说服力（令人信服的），因而所有事实和证据都仅能得出排除合理怀疑的、无法反驳的（令人折服的）结论。

答复应当通过一种方式构建和呈现，即基于数据（事实）的清晰性、基于数据的令人信服的申辩以及其有说服力的相关文献和技术分析支持的科学合理的理由。这样的陈述（答复）将得出一个排除合理怀疑的、无可辩驳的（令人折服的）结论，即令人满意且为监管机构所接受的结论。因此，制定缺陷和/或问询答复策略时应遵循该模型（图15.1）。

清晰的(Clear)+令人信服的(Convincing)+令人折服的(Compelling)申辩/案例 ——→ 成功

图15.1　赢得申辩的3C原则

15.6 案例研究

为说明应用“3C原则”成功赢得申辩（答复令人满意并被监管机构所接受）的结构化和有效且令人满意的答复过程，下文提供了一个案例研究。

一种用于治疗炎症、组织损伤和腹泻的缓释制剂ANDA（SDF）被提交给监管机构。它符合申报所需的所有标准。在详尽审评时监管机构提出了以下问题：

你们药品的处方设计与参比制剂存在显著差异。你们药品的溶出曲线在pH ×.×、pH ×.×、pH ×.×和pH ×.×介质中的释放速率快很多。建议你们重新设计产品处方以实现在pH ×.×介质中与参比制剂类似的缓释，并生产一批新的产品[该新批次的所有化学、生产和控制信息，即2.3.P.1至2.3.P.8的质量总体概述（QOS）以及3.2.P.1至3.2.P.8]。

最开始，对缺陷的粗略审查表明，该缺陷与受试制剂和参比制剂溶出曲线之间的显著差异相关。监管机构将这种差异归因于受试制剂和参比制剂产品设计的差异。对缺陷的深入研究和审查表明，监管机构建议重新设计受试制剂的处方，以获得与参比制剂相似的溶出曲线，并按新处方生产“新”批次药品。

如果要实施监管机构的建议，那么重新设计的仿制药将与已成功完成产品开发和评价［体外溶出和生物等效性（BE）］的受试制剂有显著差异，并且需要重新进行 BE 研究（昂贵且耗时）。而且，由于重新设计的处方可能不能通过 BE，从而全面危及申报。最后也是最重要的一点，ANDA 申报中的受试制剂已经被证明与参比制剂是生物等效的。因此，监管机构与申请人/申办方之间存在固有的分歧（技术/科学争议）。一个清晰的、令人信服的并令人折服的“成功”答复是必不可少的。它的结构如下所述并被提交给监管机构。为方便起见，以及为了在答复缺陷和/或问询时需要传达给监管机构的关键方面的目的，每个对清晰的、令人信服的和令人折服的申辩的考虑都以项目符号格式呈现。

清晰的（Clear）申辩基于以下事实：

• 已经明确证实了原型受试制剂与参比制剂在所有评价标准中的生物等效性，包括与参比制剂早期暴露阶段的等效性，尽管其处方设计与参比制剂处方存在差异。

• 使用 OGD 方法评价原型受试制剂与参比制剂的溶出等效性（即 f_2）。受试制剂和参比制剂溶出曲线 f_2 值明显大于 50。

• 预 BE 研究未通过——预 BE 研究的 PK 参数显著不一致，即生物不等效，尽管它们的体外性能“相似”［包括各自的释放速率（C_{max}）和释放程度（AUC）方面］。

• 另一种替代溶出试验使用了 Krebs 碳酸氢盐缓冲液。在该实验条件下，未通过 BE 的原型受试制剂与参比批次的溶出性能印证了 BE 结果。

• 在申报的受试制剂的后续开发阶段，使用替代的溶出试验方法进行评价。

令人信服的（Convincing）申辩基于以下考虑：

• 虽然美国 FDA 推荐的溶出试验方法能够充分检测出不同处方间的释放速率差异，但并不能很好地预测它们各自的体内性能。

• 替代的溶出试验方法考虑了很多因素，使其对该药物及申报受试制剂和预期的（及期望的）体内性能具有生物相关性。

• 对原型受试制剂的设计进行了优化，并对优化后的受试制剂与参比制剂进行了体外溶出性能的比较。

• 使用替代的溶出试验方法，在各溶出条件下原型受试制剂和参比制剂的溶出曲线相似因子（f_2）分别明显小于 50。

• 使用替代的溶出试验方法，在各溶出条件下申报受试制剂和参比制剂的溶出曲线相似因子（f_2）分别明显大于 50。

• 对原型受试制剂进行的药代动力学（PK）参数模拟和预测，速率（C_{max}）和程度（AUC）均未通过 BE。

• 对申报受试制剂进行的药代动力学（PK）参数模拟和预测，速率（C_{max}）和程度（AUC）均成功通过 BE。

• 对申报受试制剂体外溶出性能（采用替代的溶出试验方法）和体内性能（空腹状态下的正式 BE 研究）的 IVIVC 验证显示，速率（C_{max}）和程度（AUC）的预测误差（PE）分别明显小于 10%。

令人折服的（Compelling）申辩基于以下考虑：

• 尽管溶出性能存在差异，但申报受试制剂在 Krebs 缓冲液中的体外溶出性能可以反映申报受试制剂的体内性能。

• 在 pH ×.×的 Krebs 缓冲液中的溶出试验能够预测申报受试制剂的体内性能，并被清晰的、积极的、可预测的 IVIVC 所证实。

• 监管机构关于重新设计现有产品处方（申报受试制剂）的建议将是不利的，因为重新设计产品处方很可能会面临无法与参比制剂生物等效的重大风险。

只是给读者一个提示，上述每个项目符号点的支持数据（实验、参考文献等）均在给监管机构的答复最终草案中提供，并被监管机构所接受。

第 12 章提供了其他示例作为案例研究。另外，我们建议读者回顾第 6、9 和 13 章，以全面了解和洞察如何使用多学科方法，同时构建清晰的、令人信服的和令人折服的让监管机构满意并接受的缺陷和/或问询答复。

15.7 总结

一般来说，药品获得监管机构批准上市基于提交符合监管机构制定的法规、指南、建议等文件的信息（数据），这是一条漫长而艰难的道路。虽然指南有其自身价值，但能在所有产品中普遍适用的指南仍然是一个值得追求的目标。

由于每个申报本身都是独特的，并且遵循不同的格式（内容、语言、数据呈现等），监管机构试图对其详尽审评过程进行全球范围内的协调，因而产生“问询”（也被称为缺陷），用于寻求澄清。构建对问询和/或缺陷的答复，应该从对缺陷和/或问询的深入研究和分析开始，即“说了/表达了什么”与“意味着什么”。之后，必须动员一份战略和行动计划，其中包括有技巧的组织和呈现答复。成功的申辩，即答复，应该是清晰的（Clear）、令人信服的（Convincing）和令人折服的（Compelling），这样它们才能被监管机构所接受并让其满意。

最后的结束语，基于 3C 原则起草一份对缺陷和/或问询的成功答复的过程，应该始于全面理解监管机构“问题（缺陷和/或问询）的意图而非问题（缺陷和/或问询）的内容”。

参考文献

Collin Dictionary (2020). Dispute. (accessed 20 August 2020).

Comisión Federal para la Protección contra Riesgos Sanitarios (2013). NOM-177-SSA1-2013. Mexico City, Mexico: COFEPRIS.

Guidance for Industry and Food and Drug Administration Staff Document (2017). Developing and Responding to Deficiencies in Accordance with the Least Burdensome Provisions. Rockville, MD: U. S. Department of Health and Human Services Food and Drug Administration Center for Devices and Radiological Health Center for Biologics Evaluation and Research.

Liu, Q., Davit, B., Cherstniakova, S. et al. (2012). Common deficiencies with bioequivalence submissions in abbreviated new drug applications assessed by FDA. The AAPS Journal 14 (1): 19-22.

Oxford English Dictionary (2020a). Clear. (accessed 20 August 2020).

Oxford English Dictionary (2020b). Compelling. (accessed 20 August 2020).

Oxford English Dictionary (2020c). Convincing. (accessed 20 August 2020).

U. S. Department of Health and Human Services Food and Drug Administration Center for Drug Evaluation and Research (CDER) (1997a). Guidance for Industry Dissolution Testing of Immediate Release Solid Oral Dosage Forms. Rockville, MD: Office of Training and Communications Division of Communications Management. The Drug Information Branch.

U. S. Department of Health and Human Services Food and Drug Administration Center for Drug Evaluation and Research (CDER) (1997b). Guidance for Industry Extended Release Oral Dosage Forms: Development, Evaluation, and Application of In Vitro/In Vivo Correlations. Rockville, MD: Office of Training and Communications Division of Communications Management The Drug Information Branch.

U. S. Food and Drug Administration (2020). Dissolution Methods Database Disclaimer. Division of Biopharmaceutics (HFD-003), Office of New Drug Products, Office of Pharmaceutical Quality, Silver Spring, MD 20993. (accessed 10 August 2020).

WHO Document (2018). Common Deficiencies In Finished Pharmaceutical Product (FPP) Dossiers, Advice to Manufacturers, 1-6. WHO/PQT: Medicines.

第16章

生物类似药：仿制药的新兴领域——溶出试验的作用

16.1 引言

《美国公共卫生服务法案》（PHS 法案）经过修订，将《生物制品价格竞争法案》（BPCI 法案，2009）及其他法规纳入其中。BPCI 法案第 351(k) 节初步确立了获得生物制品许可的基础，这些生物制品应与美国 FDA 批准的生物参照药是生物类似的或可相互替换（US-FDA，2012）。特别是，虽然第 351(k) 节一般适用于生物制品，但美国 FDA 的行业指南概述了证明生物相似性的科学考量（US-FDA，2012）。

生物药，也称为生物制品和/或生物制剂，含有生物来源的活性物质，例如目前用于临床的生物体、活细胞等，基本上都是由蛋白质组成（EMA，2019）。PHS 法案将“生物制品”定义如下（Sherman，2012）：

……病毒、治疗性血清、毒素、抗毒素、疫苗、血液、血液成分或衍生物、变应原制品、蛋白质（化学合成的多肽除外）或类似产品……用于预防、治疗或治愈人类的疾病或状况……

治疗性蛋白质，即被批准为药品和/或生物药物/制品的蛋白质，在大小和结构复杂性上有所不同，如胰岛素、生长激素和单克隆抗体的分子质量逐渐增加——从 5808Da 到 150000Da。此类生物药物（如治疗性蛋白质）的生产远比化学小分子衍生物的生产过程复杂得多。此外，大多数生物药物/制品采用复杂的生物技术工艺，如重组 DNA 技术等。因此，虽然没有两个批次完全相同，但它们在结构和功能上非常相似，因而没有临床显著性差异。

从上述观点来看，被视为与参照药生物相似的生物制品必须满足以下标准（US-FDA，2012，2015；EMA，2019；等）：

- 剂型、规格和给药途径与参照药相同。

- 成分与参照药“高度相似”，临床非活性成分（辅料，如果有）有微小差异。
- 对建议的适应证，使用与参照药声称和已知的“相同作用机制”。
- 在参照药批准的“相同使用条件”下使用。
- 与参照药相比，产品在安全性、纯度和有效性方面“没有临床意义的差异”。
- 被证明与参照药有“生物相似性”。

多个生物类似药已获得欧盟、美国、日本、加拿大、澳大利亚和印度等多个国家或地区监管机构的批准，可供全球医疗保健提供者使用。总体而言，通过分析任一特定国家或地区的相应监管机构提供的众多不同的指南、建议和指令，证明生物相似性的要求是相同的。这些要求基本上围绕三个主要标准：

- 证明在组成上与参照药“高度相似”。
- 证明与参照药相比，在安全性、纯度和有效性方面“没有临床意义的差异”。
- 证明与参照药的“生物相似性”。

众多指南、建议和指令以及来自已发表文献的信息表明，应根据具体情况开展分析研究、体外和离体研究、动物研究和临床研究——药代动力学（PK）、药效学（PD）、有限临床试验等。本章的主要目的是深入了解溶出试验在生物类似药开发过程中证明（生物）相似性方面的作用，以及其在（证明不同批次生物制品的质量时）确定质量控制（QC）要求中的作用。

16.2 仿制药、(生物)改良药和生物类似药

世界各地的监管机构已经提供和推广了批准药品（生物制品或其他）的平台及途径，这些药品与提交新药申请所使用的参照药相似、高度相似和/或等效。此类药品包括仿制药、超级仿制药、生物类似药、改良生物药（或生物优效药）等。一些全球著名监管机构提供的这些产品的定义如下。

美国 FDA 对仿制药的定义如下（US-FDA，2021）：

仿制药是在剂型、规格、给药途径、质量、性能特征和预期用途方面与创新药相当的药品。

世界卫生组织（WHO）对生物类似药的定义如下（WHO，2009）：

在质量、安全性和有效性方面与已获得批准的生物治疗参照药相似的生物治疗产品。

欧洲药品管理局（EMA）对生物类似药的定义如下（EMA，2005，2019）：

一种与现有生物药（“参照药”）相似的生物药物。经批准后，生物类似药与其参照药之间的任何变化和差异将不会影响安全性或有效性。

美国 FDA 对生物类似药的定义如下（US-FDA，2015）：

与美国批准的生物参照药高度相似的生物制品，尽管在临床非活性成分方面存在微小差异，但在安全性、纯度和有效性方面没有临床意义的差异。

加拿大卫生部对生物类似药的定义如下（Health Canada，2019）：

生物类似药是一种与已批准销售的生物药高度相似的生物药。生物类似药与已获批销售的生物药在疗效和安全性方面预期没有临床意义的差异。

日本药品和医疗器械管理局（PDMA）对后继生物制品（生物类似药）的定义如下（PMDA，2013）：

后续生物制品是一种在质量、安全性和有效性方面与其他公司已批准的生物技术衍生产品（以下简称“创新型生物制品”）相当的生物技术药品。

印度中央药品标准控制组织（CDSCO）和印度药品监督管理总局对生物类似制剂的定义如下（CDSCO，2016）：

生物类似制剂是指基于可比性，在质量、安全性和有效性方面与经批准的生物参照药相似的产品。

生物改良药（或生物优效药）的定义如下（Danese et al.，2017）：

一类新的生物类似药，它超越了模仿创新型生物制品的范畴，通过改变化学组成、改变处方和创新给药方式等，在临床特征的一个或多个方面进行改进。

生物类似药经常与仿制药混淆。表 16.1 列出了生物类似药与仿制药之间的差异。

根据全球各个监管机构提供的定义，很明显，虽然它们之间存在一致性，但也存在一些细微差异，主要与它们的名称有关，例如生物类似药或后续生物制品或生物类似制剂、与参照药具有可比性或相似性或高度相似性等。同样，对表 16.1 仔细审阅后发现，传统仿制药和生物类似药之间存在显著的差异，例如生物类似药相对不稳定，药物分子的表征具有挑战性，为了获批需要开展随机临床试验（RCT），这些都可能会带来高昂的研发成本。

表 16.1　生物类似药与仿制药的区别

生物类似药	仿制药
《生物制品价格竞争法案》(BPCI 法案 2009)	《药品价格竞争与专利期补偿法案》(1984)
351(k)批准途径	ANDA① 批准途径
紫皮书(生物参照药)	橙皮书(RLD②)
第一个可相互替换的生物类似药拥有一年独占期	第一个提交的 ANDA 享有 180 天(0.5 年)独占期
研发成本高	研发成本低
适应证外推是可能的	根据 RLD 的标签批准所有适应证
蛋白质、大分子作为药物	合成化学物质、小分子作为药物
免疫原性	总的来说是非免疫原性的
相对不稳定	稳定
分子的完整表征具有挑战性	分子完全复制是可能的
为了获批，需要 RCT③	为了获批，BE④ 足够，通常不需要 CT⑤

① ANDA，简略新药申请。
② RLD，参比制剂。
③ RCT，随机临床试验。
④BE，生物等效性。
⑤CT，临床试验。

16.3 监管审批流程（简要）：关注有效性！

生物类似药或后续生物制品或生物类似制剂，通常统称为生物类似药，仍然是相对较新的领域，许多国家的监管指南和标准正在建立和成熟，技术也在不断发展当中。EMA 于 2006 年首次为欧盟国家发布了生物类似药的审批途径。从那时起，其他国家纷纷效仿，2009 年发布的 WHO 生物类似药指南旨在为制定此类指南的国家提供一致的科学标准（作为模板）。迄今为止，一些生物类似药已在许多国家获批。表 16.2 列出了 2015 年至 2020 年 12 月美国 FDA 批准的生物类似药。

表 16.2　2015 年至 2020 年 12 月美国 FDA 批准的生物类似药

年	月	生物类似药(商品名)	原料药(通用名)	参照药(商品名)
2015	3	Zarixo	非格司汀(Filgrastim)	优保津(Neupogen)
2016	4	Inflectra	英夫利昔单抗(Infliximab)	类克(Remicade)
2017	5	Renflexis	英夫利昔单抗(Infliximab)	类克(Remicade)
	9	Mvasi	贝伐珠单抗(Bevacizumab)	安维汀(Avastin)
	12	Ixif	英夫利昔单抗(Infliximab)	类克(Remicade)
		Ogivri	曲妥珠单抗(Trastuzumab)	赫赛汀(Herceptin)
2018	5	Retacrit	促红细胞生成素(Epoetin-alfa)	阿法依泊汀(Epogen)
	7	Nivestym	非格司亭(Filgrastim)	优保津(Neupogen)
	10	Hymiroz	阿达木单抗(Adalimumab)	修美乐(Humira)
	11	Truxima	利妥昔单抗(Rituximab)	美罗华(Rituxan)
		Udenyca	培非格司亭(Pegfilgrastim)	培非格司亭(Neulasta)
2019	1	Ontruzant	曲妥珠单抗(Trastuzumab)	赫赛汀(Herceptin)
	3	Trazimera	曲妥珠单抗(Trastuzumab)	赫赛汀(Herceptin)
	6	Zirabev	贝伐珠单抗(Bevacizumab)	安维汀(Avastin)
		Kanjinti	曲妥珠单抗(Trastuzumab)	赫赛汀(Herceptin)
	7	Hadlima	阿达木单抗(Adalimumab)	修美乐(Humira)
		Ruxience	利妥昔单抗(Rituximab)	美罗华(Rituxan)
	11	Ziextenzo	培非格司亭(Pegfilgrastim)	培非格司亭(Neulasta)
		Abrilada	阿达木单抗(Adalimumab)	修美乐(Humira)
	12	Avsola	英夫利昔单抗(Infliximab)	类克(Remicade)
2020	6	Nyvepriya	培非格司亭(Pegfilgrastim)	培非格司亭(Neulasta)
	7	Hulio	阿达木单抗(Adalimumab)	修美乐(Humira)
	12	Riabni	利妥昔单抗(Rituximab)	美罗华(Rituxan)

生物类似药不是真正意义上的仿制药。生物类似药在生物学和临床上与创新药（批准的生物参照药）具有可比性。生物类似药临床试验中最重要且通常最具挑战性的两个方面是生物等效性（BE）（活性和效力）以及免疫原性（安全性）。这在解决以下问题时引发了激烈的争辩和讨论：考虑到免疫原性，在治疗中生物类似药是否可以与参照药互换。可互换性的定义是指在给定的临床环境下，在任何患者中，主动的或在处方医生的同意下，将一种药物更换为另一种预期可以达到相同临床效果的药物的医疗实践行为（Danese et al.，2017；Kurki et al.，2017）。根据严格的法规（立法）批准的同一原料药"高度相似"，免疫原性反应被触发或增强的可能性极低。因此，在多次使用时，交替或交换使用药物的安全性风险和有效性降低风险不大于重复使用参照药的风险。

生物类似药的开发有几个步骤。同样，开发生物类似药也有多种方法（McCamish and Woollett，2012；Weise et al.，2014；Schiestl et al.，2014；Strand et al.，2017；Bhojaraj et al.，2021；等)。任何方法的中心主题都有一个唯一的目标——在每个阶段生成实验证据，以证明结构和功能与生物参照药尽可能接近。表 16.3 给出了开发生物类似药的多层积木式模块化方法。

表 16.3 用于开发生物类似药的多层积木式模块化方法

级别	描述	所需研究
Ⅰ	设计质量标准	理化表征
Ⅱ		生物学表征
Ⅲ	验证研究	临床前研究
Ⅳ		PK/PD①
Ⅴ		RCT

① PK/PD，药代动力学/药效学。

在开发生物类似药时，通常会采用美国 FDA 和 WHO 推荐方法的组合。总体而言，这些方法需要基于以下研究获得的数据，得到能够证明（高度）生物相似性的足够且令人满意的信息：

- 分析研究，证明生物制品与参照药“高度相似”。
- 动物研究（包括毒性评估）。
- 一项或多项临床研究（包括免疫原性评估、PK 或 PD），足以证明在参照药获得批准的一个或多个使用条件下的安全性、活性和效力。

在这个过程中，监管机构依靠“全部证据”来评估所提交的生物制品与已批准（许可）的生物参照药相比是（或不是）生物相似。对拟定生物类似药相关数据的“全部证据”评估包括（但不限于）以下内容：

- 结构和功能表征。
- 药剂学和生物药剂学评估。
- 人体 PK 和 PD。
- 有效性评估。
- 临床知识（如上市后经验）。
- 临床免疫原性。
- 动物研究。

综上所述，考虑到生命周期，为了通过监管部门批准，生物类似药的开发阶段不仅需要大量资金，也很耗时。16.4 节讨论了溶出试验在生物类似药开发过程中证明（生物）相似性方面的作用，以及在（证明不同批次生物制品的质量时）确定质量控制（QC）要求中的作用。

16.4 溶解度和溶出试验的作用

生物类似药的开发是确立并证明拟开发产品与生物参照药高度相似。这涉及对原料药（通常是蛋白质、肽、活细胞或生物体等生物物质）的结构以及制剂的结构功能属性

（包括体外和体内）进行深入和广泛的评估。质量控制标准的制定，以及产品质量性能属性的证明，都是基于对性能和功能属性的评估，多批次产品的这些属性均符合质量控制标准的特定接受标准。在生物类似药产品开发和/或其质量控制评估期间，功能分析利用多项研究（体外和体内）来有效地显示两种产品（开发中的产品和参照药）之间或批次之间产品属性的相对差异。在一系列可用的测试和实验方法中，可以采用体外溶出试验（固有溶出和表观溶出）以及体外和离体渗透性研究。此外，生物生理相关溶出试验的开发和体外-体内相关性（IVIVC）的开发已在生物类似药产品开发过程中得到了有效应用。此外，目前正在探索使用生物有效性模拟和预测软件（包括计算机 PK 生理建模软件）来开发生物类似药。

迄今为止，大多数生物类似药是注射剂产品，包括注射用冻干粉针剂、注射液（溶液）、注射用混悬剂（混悬液注射剂）等。那些非真正水溶液的生物注射剂产品、生物类似药或其他产品，如混悬液注射剂、注射用冻干粉末等，以及不经过静脉给药的注射剂，将在体循环中发生溶出/释放和吸收（渗透），从而引起生理反应。如果此类申请的生物类似药是一种干固体（如冻干的），由其制备成配制或重悬的溶液，则 351(k) 申请应包含证明申请的生物类似药在制备或重悬时的浓度与参照药相同的信息。开展含量、含量均匀度、固有溶出性能（使用改良的 Wood 仪器）、表观溶出试验（使用生物生理相关介质和条件）、渗透研究/性能评估［使用垂直（Franz）扩散试验］等试验。因此，此类药学和生物药剂学评估，即 PK 研究，可以提供必要的数据，以证明正在开发的生物类似药与参照药之间的功能性能属性非常相似。

人胰岛素是美国 FDA 在 1982 年批准的首批生物制品之一。2020 年 3 月 23 日，胰岛素正式纳入生物监管框架，从而为生物类似药和可互换胰岛素铺平了道路。近年来，生物类似药研发科学家正在专注于开发生物类似药和可互换的胰岛素（White and Goldman，2019）。作为一个例子，本文介绍了溶出试验在以 Ultra Lente® 作为参照药的生物类似药胰岛素（沉淀混悬型长效注射剂）开发中的作用。

如表 16.3 所示，用于开发生物类似药的多层积木式模块化方法用于开发生物类似药胰岛素（受试药）——沉淀混悬型长效注射剂，以 Ultra Lente® 作为参照药。对受试药和参照药进行物理化学和生物学表征（Ⅰ级和Ⅱ级），以获得一系列参数，包括性状、pH 值、可溶性和不溶性胰岛素含量、晶体形状和大小、锌含量、生物活性和无菌。关于溶出试验，特别值得关注的是不溶性胰岛素含量、晶体形状和大小、pH 值和锌含量等参数。考虑到受试药和参照药的成分和组成的“高度相似性”，功能性能表征包括体外溶出试验（固有溶出和生物生理相关的表观溶出）以及体外和离体渗透性研究。鉴于胰岛素是一种生物药剂学分类系统（BCS）3 类化合物，其吸收依赖于渗透率，因此也尝试了 IVIVC 分析（Ⅲ级和Ⅳ级）（Ganesan and Narayanasamy，2018）。不幸的是，因为保密协议，作者无法分享任何进一步的细节和数据。

总的来说，与普遍认为的体外溶出试验在生物类似药产品开发中的作用非常有限（如果有的话）的观点相反，它确实发挥了重要作用，如多层积木式模块化方法的Ⅰ级至Ⅳ级所示。此外，体外药物溶出/释放试验是一项 QC 关键试验，用于证明生物类似药的质量性能和功能特征。

16.5 总结

全球增长最快的治疗类产品是生物制品。BPCI 为生物类似药和可互换产品提供了一个简略审批流程，同时不影响审批标准和质量要求。在追求生物类似药产品批准时，关键的（即便不是必须的）要求是提供足够的数据和信息，以证明提交的产品和参照药高度相似，尽管两种产品在安全性、纯度和效力方面存在微小差异。“说起来容易做起来难!”因此，足以证明生物相似性的分析及试验的类型和数量最终取决于产品本身的特性。

生物类似药领域正在不断发展中。开发生物类似药产品的过程具有挑战性，至少可以说是资本密集型的。目前，溶出试验的作用似乎并不明显。然而，随着包括技术在内的生物类似药剂型［即制剂类型——冻干粉针剂、长效混悬型（或沉淀）注射剂等］的发展，体外溶出试验、体外和离体渗透性试验、IVIVC 和药物溶出/释放 QC 标准等的作用将非常明显，即便不是必须的。

参考文献

Bhojaraj, S., Kumar, T. D. A., Ghosh, A. R. et al. (2021). Biosimilars: an update. International Journal of Nutrition, Pharmacology, Neurological Diseases 11 (1): 7-16.

Central Drugs Standard Control Organization (2016). Guidelines on Similar Biologics. New Delhi: CDSCO, Ministry of Health & Family Welfare Government of India.

Danese, S., Bonovas, S., and Peyrin-Biroulet, L. (2017). Biosimilars in IBD: from theory to practice. Nature Reviews Gastroenterology and Hepatology 14 (1): 22.

European Medicines Agency (EMA) (2005). Guideline on Similar Biological Medicinal Products. Amsterdam: European Medicines Agency.

European Medicines Agency (EMA) (2019). Biosimilars in the EU. Amsterdam: European Medicines Agency.

Ganesan, P. and Narayanasamy, D. (2018). Lipid nanoparticles: a challenging approach for oral delivery of BCS class-Ⅱ drugs. Future Journal of Pharmaceutical Science 4 (2): 191-205.

Health Canada (2019). Biosimilar Biologic Drugs in Canada: Fact Sheet, Directorate Health Products and Food Branch. Ottawa, ON: Health Canada.

Kurki, P., Van Aerts, L., Wolff-Holz, E. et al. (2017). Interchangeability of biosimilars: a European perspective. BioDrugs 31 (2): 83-91.

McCamish, M. and Woollett, G. (2012). The state of the art in the development of biosimilars. Clinical Pharmacology and Therapeutics 91: 405-417.

Pharmaceuticals and Medical Devices Agency (2013). Guideline for the Quality, Safety and Efficacy Assurance of Follow-on Biologics. Tokyo: Pharmaceutical and Food Safety Bureau, Ministry of Health, Labor and Welfare.

Schiestl, M., Li, J., Abas, A. et al. (2014). The role of the quality assessment in the determination of overall biosimilarity: a simulated case study exercise. Biologicals 42 (2): 128-132.

Sherman, R. (2012). Biosimilar Biological Products. Silver Spring, MD: Biosimilars Guidance Webinar Presentation, US-FDA, CDER.

Strand, V., Girolomoni, G., Schiestl, M. et al. (2017). The totality-of-the-evidence approach to the development and assessment of GP2015, a proposed etanercept biosimilar. Current Medical Research and Opinion 33: 993-1003.

US-FDA (2012). Guidance for Industry, Biosimilars: Questions and Answers Regarding Implementation of the Biologics Price Competition and Innovation Act of 2009. Rockville, MD USA: US DHHS, CDER, CBER.

US-FDA (2015). Scientific Considerations in Demonstrating Biosimilarity to a Reference Product Guidance for Industry. Silver Spring, MD: U. S. DHHS, FDA, CDER, CBER.

US-FDA (2021). Generic Drugs: Questions and Answers. Silver Spring, MD: U. S. FDA, CDER.

Weise, M., Kurki, P., Wolff-Holz, E. et al. (2014). Biosimilars: the science of extrapolation. Blood, The Journal of the American Society of Hematology 124 (22): 3191-3196.

White, J. and Goldman, J. (2019). Biosimilar and follow-on insulin: the ins, outs, and interchangeability. Journal of Pharmaceutical Technology 35: 25-35.

World Health Organization (WHO) (2009). Guidelines on Evaluation of Similar Biotherapeutic Products (SBPS). Geneva: WHO.

第 17 章

基于溶出度数据的药品可专利性：知识产权考量

17.1 引言

知识产权（IP）是指思想的创造，包括但不限于发明、文学和艺术作品、设计，以及用于商业的符号、名称和图像。一般来说，知识产权分为两类：①工业产权，包括发明专利、商标、工业设计、地理标志；②著作权，即与文学（如手稿、小说等）和艺术（如戏剧、电影等）有关的创作。

世界知识产权组织（WIPO）于 1967 年提供了一份受知识产权保护的主题清单：文学、艺术和科学；表演艺术家的表演、录音和广播；人类所有领域的发明；科学发现；工业品设计；商标、服务标志以及商业名称和称号；防止不公平竞争的保护；以及工业、科学、文学或艺术领域的知识活动产生的所有其他权利。科学工作和发现产生的医药产品，包括但不限于处方、工艺、医疗器械、诊断试剂盒等，通过向知识产权的创造者（创新者）颁发和授予专利，受到知识产权的保护。作为专利保护的回报，所有专利所有者都有义务公开披露其发明的信息，以丰富全世界的技术知识。这种不断增长的公共知识促进了进一步的创造力和创新。因此，专利不仅为其所有者提供保护，而且为后代研究人员提供有价值的信息和灵感。

许多药品和医疗保健产品都是新颖的，并且是专利授予机构［如美国专利商标局（USPTO）等］证明的自身创新的结果。它们通常受到各自专利的保护，并享有由此授予的知识产权。此外，这些产品经历了相当严格的开发过程，从而形成了具有明确功能特性的成品，同时按照监管机构的要求证明了安全性和有效性。通常，特别是那些药品和保健产品，即制剂（组合物），其各自的制剂（如固体、液体和半固体制剂）中含有固态形式的原料药，用于全身有效性（吸收）之前，必须在体内进行溶出，然后才能被系统循环吸收。为了尽量减少动物（临床前试验）和人类（临床试验）的暴露，产品开发过程经历了一个详尽的体外处方前和处方开发与优化过程。在开发相关产品期间进行的一系列体外试验和评价中，体外药物溶出试验和/或体外药物释放试验对证明产品的功能性能至关重要。通常，从这些溶出和/或药物释放试验得到的数据构成了支持和证明新颖性、创造性、非显而易见性等的基础，从而产生的知识产权授予专利的资格标准（权利要求）。在此过程中，溶出试验的作用被举例说明。

本章的目的是探索药品溶出试验在产生知识产权方面的作用，以证明其所含产品有资格获得专利，即权利要求。此外，当使用溶出试验/技术（结果和/或过程）作为体现产品的专利权利要求的一个或多个要素时，发明人应该了解这些注意事项。

17.2 可专利性和专利程序（简介）：科学家的视角

科学工作（探索、发现等）需要经过一个专利授予机构的评估过程，以确定所提议的知识产权（即科学工作）是否合格，以及它是否符合可专利性的某些标准。表 17.1 列出了可申请专利和不可以申请专利的一些方面。当与文献中报告的类似科学工作（即现有知识）进行比较时，专利申请披露了科学工作的细节以及证明新颖性、创新性和非排他性等的理由，向专利授予机构提交以供审查，并最终授予专利。这累计占美国专利商标局（USPTO，2020）概述的专利过程 8 个步骤中的 7 个（表 17.2）。

表 17.1 可以申请专利和不可以申请专利的方面

可以申请专利	不可以申请专利
• 方法(工艺)	• 纯粹的思维过程
• 设备	• 数学算法
• 产品	• 科学原理
• 物质组成(化学)	• 印刷品的排版
• 上述任何一项的新用途	• 自然发生的事情
• 产品设计	• 人类
• 特定厂房	• “仅用于原子武器”

表 17.2 专利程序中涉及的步骤概述（USPTO，2020）

1. 确定需要的知识产权(IP)保护类型
2. 确定可专利性
3. 需要什么样的专利
4. 准备申请
5. 准备/提交初步申请
6. 与审查员合作——审查意见书
7. 批准——授予专利
8. 维护您的专利

科学工作的可专利性主要根据图 17.1 中列出的标准进行判断。

溶出试验和/或药物释放试验在直接或间接确定科学工作的可专利性方面的作用将在以下部分中讨论。但是，如果科学工作的可专利性完全或部分依赖于溶出和/或药物释放试验

- 新颖性
- 创造性
- 非显而易见性
- 非本身固有的
- 非可预期的
- 可实施的
- 非模糊不清的
- 二次考虑
- 其他

图 17.1 确定专利申请中提出的科学工作的可专利性的主要审查标准

数据，则从科学家的角度理解审查标准中术语的含义至关重要。

新颖性是对以前不存在的事物的创造，是人类智力和创造力的结果。创造性是对已经存在但无人意识到的事物的识别或解释，是人类观察能力的结果。固有性（Merriam Webster Dictionary，2018）被定义为某事物的本质特征和自然或习惯的归属。总而言之，显而易见性是现有技术中的可用信息，本领域普通技术人员（POSA）结合这些信息能够实现所要求的发明，并取得合理程度的成功（第 103 节；《美国专利法》，《美国法典》第 35 卷第 103 节）。重点是要注意，固有的东西是显而易见的，但显而易见的东西可能不是固有的！科学工作的可实施标准取决于专利是否包含对发明的书面描述，以及对其制作和使用的方式和过程的书面描述，以充分、清晰、简洁和准确的术语，使其所属或与其最密切相关的任何 POSA 能够制作和使用（第 103 节；《美国专利法》，《美国法典》第 35 卷第 103 节）。此外，专利文本中的书面描述和专利文本中提供的说明书的充分性使 POSA 能够重现本发明。另一方面，不确定性的评估是基于一个或多个要素的范围是否太宽，以至于对 POSA 而言，尽管专利中提供了书面描述和说明书，但如果没有过度的实验和合理程度的成功（第 103 节；《美国专利法》，《美国法典》第 35 卷第 112 节），也不可能复制发明。对可申请专利的科学工作进行评估，以预测该权利要求的发明的所有要素是否存在于公共领域可用的单个文件中（第 103 节；《美国专利法》，《美国法典》第 35 卷第×××节）。仔细查看科学工作的可专利性标准，如果根据溶出和/或释放试验数据进行合理化，那么很明显，所要求的发明（科学工作）主要应该是新颖的、创新的、非可显而易见的、非可预期的、非固有的、可实施的、非模糊不清的并且通过大量证据和排除了合理怀疑证明。

专利是授予发明人在一定年限内制造、使用或销售其发明的唯一权利或特权的官方文件（Merriam-Webster Dictionary，2018）。虽然本文件的各个部分都有标题摘要、发明背景、发明目的和发明概要等，但即使不是专利的核心，权利要求部分也是最关键的。权利要求之前的所有部分被称为说明书，权利要求构成了由说明书中明确披露的所有信息支持的发明。权利要求包含术语、短语和注释等，它们共同定义了本发明。每个术语以及整个权利要求本身都应具有明确定义的范围和限制，这有助于确定权利要求的边界，从而确定本发明的边界。

溶解是固体溶质［原料药，活性药物成分（API）］在受控的温度和压力条件下进入溶剂而形成溶液的过程。另一方面，溶出是固体原料药（API）在受控和校准条件下从药物制剂（药品）溶解和/或释放（并溶解）到液体溶剂（溶出介质）中的过程。事实上，溶出介质是水溶液，水溶性是药物（API）从制剂中溶出的先决条件。因此，评估溶质（原料药和/或 API）的溶解度和溶解过程最终导致的药物（API）从药物制剂中的表观溶出是否满足原料药溶质本身和/或原料药（API）所在制剂的可专利性标准至关重要。

图 17.2 阐明了溶质［原料药（API）］在溶剂/溶出介质中的逐步溶解/溶出过程。溶质和溶剂之间必须存在一种亲和力，这种亲和力将促进溶质-溶剂相互作用，而这将导致溶质在溶剂中的溶解。溶剂的极性、溶质的离子特性（离子化或非离子化）以及溶质的表面性质（表面积、表面电荷等）只是影响溶质（原料药）的溶解过程或原料药（API）的溶出和/或原料药（API）从制剂中的释放和溶解的众多因素中的一小部分。尤其是，当溶质和溶剂相互接触时，溶质（原料药）的溶解将在没有任何干预的情况下发生。简单地说，由于溶质和溶剂的固有物理化学性质，溶解过程将被启动，并导致溶质在溶剂中溶解，从而形成溶液——这是一种固有现象。因此，从科学上讲，溶解过程本身并不符合可专利性（非）固有性标准。

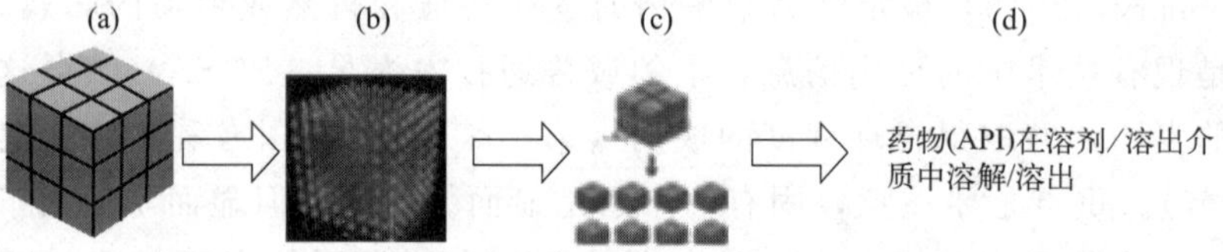

图 17.2　活性药物成分（API）溶解/溶出过程的示意图

（a）固体 API（溶质）在溶剂/溶出介质中；（b）固体 API（溶质）在溶剂/溶出介质中润湿表面；（c）固体 API（溶质）在溶剂/溶出介质中的崩解；（d）固体 API（溶质）溶解在溶剂/溶出介质中

17.3　药品：可专利性和溶出试验的作用

通常，药物制剂是由原料药（API）和辅料组成的制剂。按照一个或多个步骤对该组合物以各种方式进行加工和操作，最终得到明确且美观的剂型（产品），如片剂、胶囊剂、散剂、混悬剂、乳剂、软膏剂和乳膏剂等，如图 17.3 所示。该药物制剂的辅料是根据它们各自的物理化学性质以及在某些情况下各自的生理学特性仔细选择的，这些辅料与原料药共同或结合将给最终的药品带来某些预期的益处。此外，工艺步骤和技术平台在处理这些制剂时经过仔细选择和实施，在体外和体内的产品功能性能方面具有良好的预期结果。从这个意义上说，原料药（API）的物理化学和生理特性集体获益，以及来自采用的技术平台对应的加工步骤的集体获益，有助于确定最终产品（药物制剂）的功能特征。

原料药+辅料(一种或多种) —工艺→ 制剂

图 17.3　药物制剂形成示意图

众所周知，药物制剂中原料药（API）的吸收会经历在体内的溶出。已经设计了多种类型的体外溶出试验来模拟药品被人和动物服用后的体内性能。在药物开发的早期阶段，研究人员采取措施优化药物和剂型特征，这将影响有关生物利用度的最终数据。从这个意义上说，溶出试验是前瞻性的——当开发具有适当药物释放特性的制剂时。因此，体外溶出试验已被用于证明产品的功能性能。这种回顾性使用的体外溶出试验也被设计和采用，以评估生产过程中不同批次药品的质量一致性。

溶出过程由漏槽条件、流体力学和溶出介质的特性决定（Shirodker et al.，2018）。总的来说，影响溶出试验结果的因素如表 17.3 所示。虽然独特、新颖和创新的药物组合物指向的是影响溶出试验结果的处方方面，但新颖和创新的技术平台则避开了影响溶出试验结果（即药物溶出/释放曲线）的制剂加工方面。这样做时，这些药物溶出/释放曲线有效地（如果不是决定性地）满足与现有技术相比的新颖性、创造性和（非）显而易见性。因此，这些考量完全符合可专利性的合格标准。因此，尽管溶解过程和溶解度不可申请专利，但采用新颖的、创新的技术平台的药物组合物/处方的独特和特定药物溶出/释放曲线确立了溶出在产生知识产权中的作用以及可专利性（表 17.3）。

表 17.3 影响溶出试验结果的因素

- 与产品相关的考量
  - -药物(API)
  - -处方
  - -制剂的加工
- 生理学考量
- 试验方法和方法学
- 分析考量
- 其他

研究人员制备了用于注意缺陷多动障碍（ADHD）的调释制剂（缓慢释放）（Bettman et al.，2002）。该制剂由两种类型的微丸组成：速释（IR）微丸和缓释（ER）微丸。按不同的 IR/ER 微丸比例将这两种微丸装入胶囊中。使用 USP 溶出试验装置 2，在 500mL 水中以 50r/min 的转速，分别评估所得组合物（即胶囊剂）的体外药物释放性能。20IR/80ER、30IR/70ER 和 40IR/60ER 组合物得到的药物释放曲线均符合要求，满足可专利性的资格标准，在 2002 年，Bettman J. 等发明人获得美国专利 6344215(‘215)。专利 6344215(‘215)的主要独立权利要求 1 摘录如下：

权利要求 1：一种调释盐酸哌甲酯胶囊，包含速释（IR）和缓释（ER）的哌甲酯微丸，其中速释微丸的含量为 20%～40%，缓释微丸的含量为 60%～80%，盐酸哌甲酯总含量为 10～40mg；此外，其中速释微丸由被包裹一层含哌甲酯的水溶性成膜组合物包裹的核心颗粒构成；并且缓释微丸由被包裹一层含哌甲酯的水溶性成膜组合物包裹的核心颗粒构成，并进一步被可控制溶出速率、用量高达 20% 的聚合物包衣；当速释和缓释微丸按照下表所示的量混合，并使用 USP 装置 2 在 500mL 水中以 50r/min 的转速进行试验时，混合微丸中哌甲酯的释放分数大致如下（表格形式）所示：

时间/h	20IR/80ER 微丸	30IR/70ER 微丸	40IR/60ER 微丸	30IR/70ER 微丸	40IR/60ER 微丸
0.0	0.0	0.0	0.0	0.0	0.0
1.0	24.5%	31.6%	42.1%	33.4%	41.3%
2.0	29.8%	37.4%	48.3%	44.9%	50.9%
4.0	57.8%	59.0%	66.3%	66.3%	69.6%

续表

时间/h	20IR/80ER 微丸	30IR/70ER 微丸	40IR/60ER 微丸	30IR/70ER 微丸	40IR/60ER 微丸
8.0	79.2%	76.3%	83.5%	87.1%	89.2%
12.0	89.1%	84.6%	88.2%	97.1%	98.0%

有几种药品是其各自专利权利要求的体现（Bartholomäus and Kugelmann，2010；McGinity and Zhang，2002；Villa et al.，2004；Lam et al.，2005；Fujihara，2018；Ludwig et al.，1995；Singh，2010；Singh and Pather，2012）。药物溶出/释放试验的各个方面一直是关键的权利要求要素，它们有助于其各自药物制剂（即药品）的整体可专利性。

17.4 可专利性：双刃剑

美国在1984年颁布了《药品价格竞争与专利期补偿法案》，也称为《Hatch-Waxman法案》(Gilston，1984)，旨在鼓励更多的公众获得仿制药，同时保持其质量。仿制药制造商需要向FDA药物审评和研究中心的仿制药办公室提交一份简略新药申请（ANDA）以寻求批准，其中仿制药必须符合以下标准（Prasad et al.，2014）：

- 具有相同的适应证。
- 含有与原研药相同的活性成分。
- 规格、剂型、给药途径相同。
- 与参比制剂（RLD）具有生物等效性。

参比制剂和/或原研产品通常受专利保护。可以根据四种声明——P Ⅰ～Ⅳ声明中的任何一种进行ANDA的提交。如果申请人能够通过通知专利权人和NDA申报人证明该专利是无效的、不可执行的，或不会因仿制药（ANDA）的制造、使用或销售而受到侵犯，则可以根据P Ⅳ的声明进行申报。一旦专利持有人和NDA申报人收到这样的通知，总是会引发专利持有人对仿制药制造商提起侵权诉讼，该诉讼通过诉讼或庭外和解的方式解决。

当仿制药制造商试图在诉讼中排除合理怀疑并通过优势证据证明ANDA没有侵权时，至少权利要求要素和/或专利权利要求中的一项是无效的。另一方面，专利持有人试图在法庭上证明所涉专利的所有权利要求均有效，并且仿制药侵犯了所涉专利的每个权利要求要素。因此，专利权人为了证明其有效性和仿制药侵权，将对与溶出试验和药物溶出/释放相关的各种权利要求要素进行说明，而仿制药制造商将试图证明ANDA不符合一项或多项权利要求限制和/或权利要求无效。

每个权利要求要素的含义和理解是通过分别确定其限制和范围来评估的，从而解释该要素的定义。侵权证明是通过证明仿制药落在权利要求要素的限制和范围内来提供的，而不侵权的证明则在于证明仿制药落在权利要求要素的限制和范围之外。如果权利要求被证明是显而易见的、可预期的、模糊不清的、不新颖的、不具有创造性的等，那么专利本身就被视为无效。因此，具有讽刺意味的是，用来确定发明可专利性的标准和基本原理可以并且很可能会被用于反对发明人和发明（专利产品）。从这个意义上说，在证明权利要求的有效性（或缺乏）时，可专利性标准就像一把双刃剑。

发明人在起草权利要求要素时，希望其范围尽可能宽，这是完全可以理解的。然而，这样做可能会遇到风险，即范围如此广泛，以至于对于本领域普通技术人员来说，尽管专利中提供了书面描述和说明书，如果没有过度的实验和合理程度的成功，就不可能重现发明，从而使权利要求无效。

某专利制备了一种托吡酯缓释制剂，该缓释制剂由含有该药物的缓释（ER）组分和任选的速释（IR）组分组成，其中 ER 组分以连续的方式释放托吡酯，使得如美国专利 8877248('248)的权利要求 1 的要素之一所表示的，在≤4h 内，体外释放≥80%的托吡酯，如下文所述（Liang et al.，2014）。

权利要求 1：一种托吡酯的缓释制剂，包含活性成分托吡酯，其沿着预定的释放曲线从所述制剂中释放，所述制剂包括两部分。①含有托吡酯的缓释（ER）组分，包括选自纤维素聚合物和丙烯酸聚合物的包衣材料，以及任选的组合。②含有托吡酯的速释（IR）组分，其包括：(i) 选自羟丙基-β-环糊精、β-环糊精、γ-环糊精、α-环糊精、环糊精和环糊精衍生物的络合剂；(ii) 选自维生素 E TPGS、谷氨酸、甘氨酸、山梨糖醇、甘露糖、直链淀粉、麦芽糖、甘露糖醇、乳糖、蔗糖、葡萄糖、木糖、糊精、甘油-聚乙二醇氧硬脂酸酯、聚乙二醇-32 甘油棕榈硬脂酸酯、十二烷基硫酸钠、聚氧乙烯山梨醇单油酸酯、苯甲醇、山梨醇单月桂酸酯、泊洛沙姆、聚乙二醇-3350、聚乙烯吡咯烷酮-K25、油酸、单油酸甘油酯、苯甲酸钠、鲸蜡醇、蔗糖硬脂酸酯、交联聚维酮、淀粉乙醇酸钠、交联羧甲基纤维素钠、羧甲基纤维素、淀粉、预胶化淀粉、羟丙甲纤维素（HPMC）、取代羟丙基纤维素、微晶纤维素碳酸氢钠、柠檬酸钙、多库酯钠、薄荷醇及其组合的增强剂。**其中 ER 组分以连续方式释放托吡酯，并且使其在≤4h 内，体外释放≥80%的托吡酯。**

该说明书公开了此处提到的释放速率是通过将待测制剂置于“合适溶出”水浴中的介质中来确定的（US Patent '248；Cl3，ln 66～67）。有许多因素决定了药物从制剂中的溶出/释放过程。此外，制剂中存在数量相同甚至更多影响药物溶出/释放试验结果的因素（参见表 17.2）。因此，可以通过大量数据和排除合理的怀疑明确地证明，尽管专利中提供了书面描述和说明书，但如果没有过度的实验和合理程度的成功，POSA 将无法重现该发明。权利要求很可能会因模糊不清而无效。

还有其他几种专利药品，它们各自的专利因其权利要求的有效性而受到挑战（Kao et al.，2012a，b；Shimizu et al.，2001；Hsu et al.，2015；Lahav et al.，2007，2015）。一般而言，权利要求的有效性受到挑战的原因是权利要求对 POSA 而言是显而易见的、可预期的或模糊不清的。

17.5 总结

溶出试验现在已经深入知识产权领域，在这一领域中，一项发明的新颖性和创造性考量可以得到保障。从严格的科学家的角度来看，人们已经认识到，虽然溶解和溶出的过程可能不能申请专利，但通过采用新颖的、创新的技术平台的药物组合物/制剂的独特和特定的药物溶出/释放曲线展示溶出试验在产生知识产权中的作用是可以申请专利的。溶出试验在知识产权中的兴起的和迷人的作用已转化为确保发明者的排他性权利，即基于产品的溶出性能、通过说明书定义发明的专利。这些发明通常价值“数百万美元”，以令人信服的基于溶出科学原理与应用的理由通过是否具有有效性和/或是否侵权的审评。

参考文献

Bartholomäus，J. and Kugelmann，H.（2010）. Abuse-proofed dosage system. US Patent 7，776，314.

Bettman，M. J.，Percel，P. J.，Hansley，D. L. et al.（2002）Methylphenidate modified release formulations. US Patent 6,344,215.

Fujihara，K.（2018）. Pharmaceutical composition. US Patent 9,907,794.

Gilston，H.（1984）. The generic patent compromise. Rep，H. R. No. 98-857，pt. 1. Medical Advertising News 30（4）：16-17.

Hsu，A.，Kou，J. H.，and Alani，L. L.（2015）. Controlled release formulations of levodopa and uses thereof. US Patent 9,089,608.

Kao，H.，Baichwal，A.，McCall，T. et al.（2012a）. Oxymorphone controlled release formulations. US Patent 8,309,122.

Kao，H.，Baichwal，A.，McCall，T. et al.（2012b）. Oxymorphone controlled release formulations. US Patent 8,329,216.

Lahav，R.，Lahav，E.，Azoulay，V.（2007）. Stable benzimidazole formulation. US Patent 7,255,878.

Lahav，R.，Lahav，E. and Azoulay，V.（2015）. Stable benzimidazole formulation. US Patent 9,023,391.

Lam，A.，Shivanand，P.，Ayer，A. D. et al.（2005）. Methods and devices for providing prolonged drug therapy. US Patent 6,919,373.

Liang，L.，Wang，H.，Bhatt，P. P. et al.（2014）. Sustained-release formulations oftopiramate. US Patent 8,877,248.

Ludwig，J.，Bass，W. L.，and Sutton，J. E.（1995）. Controlled sustained release tablets containing bupropion. US Patent 5,427,798.

McGinity，J. and Zhang，F.（2002）. Hot-melt extrudable pharmaceutical formulation. US Patent 6,488,963

Merriam-Webstars Dictionary（2018）. Merriam-Webster Publishing Company，Springfield，MA，(accessed 21 September 2021).

Prasad，V.，Biswas，M.，and Vishal，S.（2014）. Is 505（b）（2）filing a safer strategy：avoiding a known risk? International Journal of Intellectual Property Management 7（1-2）：1-14.

Shimizu，T.，Morimoto，S. andTabata，T.（2001）. Oral disintegrable tablets. US Patent 6,328,994.

Shirodker，A.，Banakar，U.，and Gude，R.（2018）. Predicting bioavailability from dissolution：unlocking the mystery (ies)!! Pharma Times 50（6）：41-47.

Singh，N.（2010）. Compositions for delivering hypnotic agents across the oral mucosa and methods of use thereof. US Patent 7,682,628.

Singh，N. andPather，S. I.（2012）. Methods of treating middle-of-the-night insomnia. US Patent 8,242,131.

USPTO（2020）. www. USPTO. gov (accessed 20 May 2020).

Villa，R.，Pedrani，M.，Ajani，M. et al.（2004）. Mesalazine controlled release oral pharmaceutical compositions. US Patent 6,773,720.

第18章

为成品溶出试验建立基于临床治疗安全的QC标准

18.1 引言

毫不夸张地说，一个药物从发现到上市是漫长、艰巨并且充满挑战性的开发过程。在此过程中，除了实现临床目标外，人们经常要在风险和收益之间达到一个合理平衡时面临抉择。人们还在药物开发过程中不断探求以提高效率和成本效益。基于这一诉求，经常会出现一个有关探索途径的问题，即是否可以开发体外替代实验并用于预测体内结果。如果可以建立恰当的体外-体内相关性（IVIVC），此类替代实验可影响药物开发的不同阶段，包括建立最终产品的质量标准。在评估一个处于开发中的药品并潜在地预测其生物学效力以及可能的最终疗效的过程中，最能体现出此类体外-体内相关性（IVIVC）的地位和意义。

成品的溶出试验测定药物从制剂中释放的速率（量/时间）和程度（总量）。采用溶出试验可以前瞻性地进行处方开发，通过恰当的药物释放特性（速率和程度）预测其体内行为，还可以回顾性地用于评估某一个制剂是否以批间一致性方式、以指定的/预定的速率和程度释放药物。药物开发过程中溶出试验的目的和相关性通常可总结为确保和/或评估：

- 工艺控制和质量保证。
- 产品随时间的释放特性。
- 一定程度上促进监管决策。
- 体内性能指示。

基于上述观点，人们普遍认为IVIVC的最终目标是建立基于IVIVC的溶出试验（体外试验）质量控制（QC）标准，以确保用于新药申请（NDA）和简略新药申请（即仿制药）的成品批间一致性。然而采用建立基于IVIVC的QC标准的这种方法是理想化的，可能并不适用于所有产品。此外，这种方法还用于口服固体制剂（SDF）和一些非口服产品例如透皮给药系统（TDDS），对于这类药物全身吸收，即生物利用度（BA）为药物溶出/释放依赖型的制剂来说，采用该方法获得的成功也是有限的。另一方面，有许多现有的规章指南、指导原则和/或建议可用于建立基于 IVIVC 和非基于 IVIVC 的药品溶出度接受标准和溶出质量标准等（US-FDA，1997；EMA，2014；US-FDA，2018；等）。另外，全球各地的监管机构为了相同目的制定了基于生物药剂学分类系统的生物等效性豁免指南和指导原则（Amidon et al.，1995；US-FDA，2000，2015；Wu and Benet，2005；EMA，2010；Health Canada，2014；WHO，2015；等）。

尽管世界各地的监管机构提供了指南和指导原则/建议以及大量关于溶出试验在制定药品质量标准中的作用的文献报道，但在过去十年中，对于临床相关溶出质量标准这一主题经历了大量的辩论和讨论（Dickinson et al.，2008；Marroum，2012；Hermans et al.，2017；Friedel et al.，2018；Grady et al.，2018；Abend et al.，2018；Heimbach et al.，2019；McAllister et al.，2020；等）。仔细阅读这些报道后发现，除了反复提及药品的生物有效性[生物利用度和/或生物等效性（BE）]外，这些报道对于"临床"一词的定义或其范围和限制均不明确。目前尚不清楚它是否应包括治疗学（药效学，即 PD 和/或安全性）。同样地，也未明确"临床相关质量标准"一词是否与以下考虑有关和/或仅限于以下考虑：

- 基于生产工艺。
- 基于生物有效性（生物利用度和/或生物等效性）。
- 基于临床/药代动力学/药效学/治疗学。
- 基于治疗安全性。

此外，这些报道中讨论的大部分信息适用于开发成功的 IVIVC 和/或有关授予 BCS 1 类和 3 类药物生物等效性豁免的方法，其中主要针对常释口服固体制剂，而对于非口服以及调释制剂来说关注程度有限。因此，有必要以一个整体的方式审视与成品制剂（即药品）质量属性相关的这一主题——临床相关质量标准（CRS）。

本章的主要目的是提供对"临床相关"一词含义的理解，包括其在整个药物制剂领域内的范围和限制。此外，在建立临床相关质量标准以确保产品的临床疗效和安全性的过程中，可以或应该考虑理想的方法和实效的方法之间的比较。如此一来，将出现一些现实性的方法，既满足了科学好奇心以及符合监管要求，又在定义药品的质量属性时提供切实可行的解决方案。

18.2 关键质量属性（CQA）：体外溶出作为一项 QC 试验的作用

当下，在开发一个药品时要求使用质量源于设计（QbD）的方法。在定义产品的预期功能要求时，应考虑原料药和制剂的物理化学、药理学、生理学、生物制药学、药代动力学（PK）、药效学（PD）以及治疗学特性。此外，预期的生物有效性和安全限度，即治疗窗，也应实现处于开发过程中的产品所预期的体外和体内性能。产品的关键功能属性的确定需对潜在产品的药剂学、生物药剂学、药理学和临床治疗学等各个方面进行综合评估。相应地，需开发一系列检验方法用于表征这些功能属性，并为每个检验方法设定可接受标准。将这些检验方法及各自的可接受标准用于论证和表征产品的关键质量属性（CQA），并最终根据QC标准对产品质量进行定义。

体外溶出试验可用于建立关键质量属性和体外试验方法之间的关系。检验方法的预期用途以及性能目标、药物在特定持续时间内的溶出/释放速率和程度、在特定时间溶出/释放的特定药物剂量等，都是先验决定的。在产品开发阶段，体外溶出试验方法的开发和性能质量标准（药物溶出/释放的速率和程度）的制定旨在预测药品的生物有效性、生物利用度和/或生物等效性。这种溶出试验方法可能适合或不适合作为成品制剂的常规QC方法。在完成一项可接受的生物有效性研究，也被广泛称为临床研究、生物研究，或临床试验（CT）之后，另一项工作是开发一种用于最终生物试验的体外溶出测定方法，根据制剂的药物溶出/释放性能建立产品的QC标准。当然，这项工作也可以同时进行。

关键质量属性（CQA）和质量控制（QC）在定义、确定和论证一个指定产品的功能性能属性方面显然是密切相关的。此外，所采用的体外溶出试验方法以及可接受标准预期是具有生物生理相关性的。同样地，该试验方法还预期具备一定的区分力，通过在研发阶段测定不同处方的药物溶出/释放的速率和持续时间，能够充分了解和反映出关键决定性变量，例如处方的物理化学性质、组成与用量、制备工艺等方面的变化。最后，在这一研发阶段对于CQA和QC标准的认识将促使制剂工艺参数和过程控制质量标准的建立。

在这个阶段出现的问题是：这些QC标准是否具有临床相关性、治疗安全相关性或一般相关性，即是否仅限于特定产品以及生产相同产品的工艺？此外，考虑到后续批次的产品是按照严格的化学、生产和控制（CMC）以及《药品生产质量管理规范》（GMP）生产的，它们是否需要具有临床相关性？综上所述，最重要的问题可能是如何建立这些具有（或不具有）“临床相关性”的质量标准，从而足以确保产品的工艺和功能特性在不同批次间的一致性、可预测性、可重复性，并且与用于最终生物研究、生物有效性研究或临床试验的批次相似。图18.1（Grady et al.，2018）为当通过质量标准论证产品的关键质量属性时，质量控制、生物生理和临床相关考量的相互关系。我们始终希望溶出方法和质量标准应与产品可变性及其临床——生物有效性（生物利用度和/或生物等效性及其他）——性能相关联。

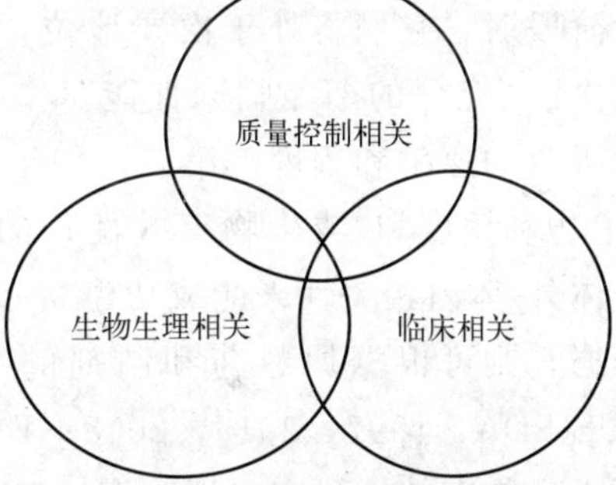

图18.1 展示产品的CQA时QC、生物生理和临床相关考量的相互关系示意图（Grady et al.，2018）

18.3 药品临床性能：充分的或可预测的！

从广义上讲，将新化学实体（NCE）制成用于人体和/或动物的制剂的开发过程起始于临床前评估阶段对其安全性和毒性限度的测定。随后，通过Ⅰ期到Ⅲ期的临床试验对目标制剂中药物的安全和有效剂量进行临床评估。至此收集的全部信息确定了充分的药品临床性能。因此，标签中声明的给定药物的药理作用和安全性能、适应证以及患者群体等内容定义了“充分的药品临床性能”（Lostritto，2014）。

值得注意的是，“充分的药品临床性能”的暂行定义包括药物的药理作用和安全性。在不同的临床试验阶段（Ⅰ期至Ⅲ期），制备了各种批量的诸多临床试验批次，即临床用样品，并且对处方进行了微调。在关键性阶段，产品开发已通过Ⅰ期至Ⅲ期临床试验取得了进展，通过生物等效性研究来确保产品体外和体内的功能特性未发生显著变化。通过这些成功的生物等效性研究，主要基于药代动力学参数以及假定的药代动力学/药效学关系来推测临床等效性，除非由不良事件观察到了重大安全性问题。因此，通过评估的两种制剂之间基于安全性和有效性（即临床性能标准）的等效性以及受试者/患者个体内和个体间的变异性来确定产品标签中声明的剂量规格。而体外药物溶出/释放和其他功能特性质量标准以及体外桥接研究（如果需要）可在产品临床试验Ⅰ期至Ⅲ期的不同阶段同步进行。此外，我们还在致力于建立和论证体外-体内相关性（IVIVC）。通过将药物从制剂中溶出/释放的速率及程度与体外和体内的相应参数相互关联来探索IVIVC的建立。如果最终的IVIVC符合法规（US-FDA，1997）标准，那么在IVIVC开发过程中采用的体外溶出试验将被视为具有生物生理相关性。由此，与体外和体内特征有关的药物临床性能被认为是充分的。

以下几个要点值得我们去关注。首先，尽管有“充分的药品临床性能”的现行定义，例如药理作用（即药代动力学考量）和安全性，当产品经历从Ⅰ期至Ⅲ期的不同临床试验阶段时，它们将处于次要地位，除非发生重大和严重的不良事件打破了原来的假定。其次，“充分的药品临床性能”主要表现为功能特性，即药物在体外溶出/释放以及在体内吸收的速率和程度。第三，如果成功建立了体外-体内相关性，则可通过用于体内研究（生物利用度和/或生物等效性）的体外溶出试验来开发和制定产品的释放度质量标准。若体外-体内相关性未能成功建立和/或不可行，但有体内等效性（即临床等效性）的一般证据，则可根据原料药和制剂的BCS分类指南或依据非基于IVIVC的药品相关指南（US-FDA，1997，2015，2018；EMA，2014）开发及制定释放度质量标准。如果无法将用于生物有效性研究（即临床试验）的体外溶出试验方法转化为常规QC试验方法并建立释放度质量标准，则通过充分的桥接试验获得一个方便实用的试验条件并建立释放度质量标准。因此，“充分的药品临床性能”最终仅局限于产品在体外和体内研究中（生物利用度和/或生物等效性）药物溶出/释放的速率和程度方面的功能特性，更不用说代表产品的药理作用和安全性。

18.4 临床相关质量标准（CRS）：基础与挑战！

众所周知，为一个产品制定药物释放度（溶出度）质量标准，无论是否与临床相关，都是具有挑战性的。如果标准限度太窄，会使得原本可接受的产品批次被拒绝；同样，如果限度过宽，那么有问题的和/或质量低劣的批次可能被接受/放行。尽管对于“临床相关”一词已有清晰而准确的定义与意义，但人们仍然表现出对开发与临床相关的药物释放度质量标准的持久兴趣。其中一些描述临床相关质量标准（CRS）定义的尝试如下所示：

CRS是将关键质量属性（CQA）和工艺参数变化造成的临床影响纳入考量而建立的质量标准，以确保产品安全性和有效性的一致性。

（Suarez-Sharp，2012）

CRS是鉴别以及拒绝/接受在指定患者群体中可能发挥药效不足/充分的药品批次的试验方法和可接受标准。

（Lostritto，2014）

临床相关溶出质量标准是指可通过体外溶出方法确认产品的可接受体内性能。

（Hermans et al.，2017）

一种临床相关溶出度方法的建立是通过将任何特定方法获得的体外溶出数据与体内药代动力学（PK）性能数据相联系并建立体外-体内相关性或关联性（IVIVC或IVIVR）。

（Grady et al.，2018）

显然，考虑到产品的关键质量属性可能发生的变化，临床相关质量标准的定义可以是足够宽泛并且包罗万象的，以确保产品的安全性和有效性。另一方面，临床相关质量标准的定义又可以是狭窄的，仅限于产品的体外溶出及其体内性能，最好是可接受的体外-体内相关性。与产品安全性或有效性或两者相关的产品体内性能方面（健康人群和/或患者）的充分性或缺乏性未作明确规定。此外，尚不清楚临床相关质量标准是否应与产品的安全性有决定性的联系或者假定产品安全的情况下，是否还应证明其有效性。因此，这些现行定义留给监管机构和科学界去诠释。

尽管如此，基于临床相关试验和可接受标准的临床相关溶出质量标准（CRDS），通常也被称为临床相关质量标准（CRS），具有以下优势：

- 基于体外（药物溶出/释放）质量标准的产品功能性能是具有临床意义的。
- 将处于开发中的产品如临床试验用品的功能性能与商业化产品相联系。
- 深入了解产品变化对其生物有效性（生物利用度和/或生物等效性）的潜在影响程度和范围。
- 接受或拒绝与决定性的生物效力研究中使用的临床试验用品（批次）生物不等效（或有可能不等效）的批次。
- 建立确保批次间一致性的标准，即体外功能性能（药物溶出/释放）的可接受水平。
- 放大生产和批准后变更（SUPAC）可与产品的临床性能建立有意义的联系。

尽管CRS有诸多优点，但为产品建立这样的质量标准是一项具有挑战性的任务。一般而言，在建立和论证CRDS和/或CRS的实践中可能遇到如下难题（次序不分先后）：

- 通常，产品的体外溶出方法开发和评估不依赖于其体内性能——这是一种普遍做法。
- 鼓励建立IVIVC但非强制性的，因为并非所有产品都能恰当地开发，更不用说论证IVIVC。
- 有可使用的用于制定体外溶出质量标准（即可接受标准）并且未包含IVIVC的监管指南和建议。
- 尽管体外溶出方法是有区分力的，但可能与生物生理相关，也可能不相关。
- 体外溶出/释放方法可能过度区分或区分力不足。
- 成品的质量检验是基于中试BA/BE研究、稳定性研究、临床试验和少数商业化批次的体外和体内性能。

• 出于获批目的进行了三个商业批次的工艺验证，但商业化批次的产品性能可能与生物有效性研究（BA 和/或 BE）中使用的临床和/或生物批次不同。

• 桥接研究采用的方法灵活性有限，更重要的是，极其缺乏与临床相关性有关的特异性。

• 在产品的预批准、初步批准或暂时批准阶段，原料药和制剂的临床知识积累相当有限。

• 如果体外溶出/释放性能和/或质量标准的临床相关性常常是未知的，则根据实践中现有的标准操作程序（SOP）去设定。

• 质量标准和/或来自科学界专业人士、工业界、监管机构以及协会的预期并不一致，在范围、理解和限度方面存在分歧。

如上所述，在过去十年中，有大量关于 CRDS 和/或 CRS 的文献发表，包括来自世界各地监管机构的指导原则和建议。除了“临床相关”一词之外，几乎所有文献都指出“有限的临床数据”和/或“不足的临床批次数据”是 CRDS 或 CRS 难以建立的一个或多个主要原因。然而，有趣的是，这些文献来源都没有针对数据量以及数据性质进行讨论，而这些是解决这一困难并克服挑战所必需的。此外，这些文献也未能提供措施和/方法来提出一个可行的（如果是非定量的）要求，用以确定那些被认为足以建立 CRDS 或 CRS 的数据的界限。相反，紧接着转而讨论了改善生物生理相关的体外溶出试验条件以及体外溶出试验过程的方法和措施。另外，讨论内容还涉及基于 BCS 的 CRDS 或 CRS。我们知道 IVIVC 可能不适用于所有药物和药品，由此，我们推测 CRDS 和 CRS 仅限于 IVIVC，更重要的是，已有针对非基于 IVIVC 的 CRDS 或 CRS 的监管指南和建议。

归功于这些文献来源，近期的讨论建议从基于生理学的药代动力学模型（PBPK）和其他预测软件工具获取输入信息。另外，人们也在基于包含安全性相关的已知临床风险，如遗传毒性杂质等，探索建立质量标准（CRDS 或 CRS）的方法。另一方面，提高桥接研究的临床相关性的方法存在差异，在产品开发过程中（包括临床试验）使用的体外溶出试验和用于常规 QC 的体外溶出试验不同。当然，这种差异在提高调释制剂的 IVIVC 的研究中尤其明显。

考虑到 CRDS 或 CRS 的收益以及对 CRS 现行定义中的术语内在认识不清，即使是基于生物有效性考量（BA 和/或 BE）和 IVIVC 与 BCS 的考量，通往建立 CRDS 或 CRS 的路径并非看起来那样简单。通常，可能的原因列举如下（次序不分先后）：

• 在产品开发和临床试验中所用批次的体外溶出曲线与商业化批次结果显著不同。因此，尽管商业化批次的生产遵循严格的 GMP 和充分的过程控制加以严格和范围窄的可接受标准，但溶出曲线的相似因子 $f_2<50$。

• 除了上述观察之外，IVIVC 是在临床试验Ⅱa 期或Ⅱb 期开发和确认的。

• 两个批次均符合设置的体外溶出质量标准，如 $T=30\text{min}$，$Q=80\%$，但表现出体外溶出速率的显著差异，且该药物是 BCS 2 类药物。

• 两个批次显示出体外溶出速率的显著差异，但又是生物等效的。

• 两个批次显示出体外溶出速率的显著差异，并且在使用模拟技术时得出相似的 C_{max} 和药物血药浓度-时间曲线下面积（AUC），但实际上尽管受试者个体内变异性有限，仍表现为生物不等效性。

• 在生物生理体外溶出试验中，两个批次的体外药物溶出/释放曲线的对比分析结果为 $f_2>50$，尽管受试者个体内变异性有限，仍表现出生物不等效性。相反的情况是，在生物生理体外溶出试验中，两个批次的体外药物溶出/释放曲线的对比分析结果为 $f_2<50$，但表现出生物等效性。

• 其他。

显然，体外溶出试验可能缺乏足够的灵敏度来确定工艺变量何时具有临床意义或影响其他方面。鉴于工艺变量的可变性，开发和采用的任何体外溶出试验方法都可能区分不足或区分过度。此外，体外溶出方法可能为了最终支持运行条件而变得不敏感，从而导致质量低劣的产品被放行。

已有研究提出了几种建立 CRDS 或 CRS 的方法，这些方法通过建模和/或模拟以及采用传统的 IVIVC 途径将产品的体外溶出与最终的体内性能联系起来（Schiller et al.，2005；Kourentas et al.，2016；Hermans et al.，2017；Friedel et al.，2018；等）。当采用这些方法时，关键的要求在于不仅要简洁地确认产品的 CQA，更重要的是能清晰地识别出关键的处方变量。如果体内性能的模拟和建模结果呈现的差异与处方变量相吻合，则可以开发一种直接基于 IVIVC 的 CRDS 或 CRS。而如果模拟和建模不会导致体内性能的显著变化，则可以开发传统的非基于 IVIVC 的 CRDS 或 CRS。针对 BCS 1 类和 3 类药物的口服固体常释制剂，可在全球不同监管机构的指南和建议中获得具临床相关性的体外溶出方法和可接受标准（US-FDA，2000，2015；Wu and Benet，2005；EMA，2010；Health Canada，2014；WHO，2015；等）。

根据当前对质量源于设计（QbD）的理解，可通过使用原料药的可用信息和数据以及对于成品的目标要求和体内外的性能要求，在一个产品的开发阶段建立必要的设计空间和安全空间（体外溶出/释放和体内性能，即临床）。另外，确定药品的关键质量属性（CQA）和关键因素（工艺、物理化学、生理学、吸收、体外溶出、体内溶出、渗透性等）是极其重要的，尤其是当这些因素与产品的临床结果有关时。通常可通过执行风险分析来实现，随后与产品的体外溶出试验相关联以确定临床安全空间，从而有助于建立 CRDS 或 CRS（Yu，2008；Dickinson et al.，2008；Nasr，2011；等）。

有学者以案例研究的方式呈现了一种基于 QbD 的 IVIVC 方法，为两种固体口服常释制剂建立了 CRS（Hermans et al.，2017）。第一个案例利用与 C 级 IVIVC 相关的溶出机制，为一个含有 BCS 2 类药物的固体分散片开发了 CRS。第二个案例通过建立一个被称为药代动力学安全空间，为 BCS 4 类药物的口腔崩解片开发了 CRS。值得注意的是，这两种药物各自表现为溶解性差并且在体内溶解后经全身吸收，即生物利用度与溶解速率相关——这是实现 IVIVC 的一个有利因素。因此，能够开发对处方变量敏感的生物生理相关溶出方法，用于药物生理过程的深入分析以及理化性质的仔细控制，如微粒学、添加增溶剂等。这种整体的开发方法有助于实现和建立产品的 CRS。此外，有人提出了一个主要基于关键临床批次的体外溶出数据来开发 CRDS 或 CRS 的潜在过程。另外，还简要讨论了与放大生产和批准后变更（SUPAC）潜在相关的 CRDS 或 CRS 的开发。研究人员/作者为那些希望采用（或不希望采用）IVIVC 途径的申办方提供了开发 CRS 的路线图和决策树（图 18.2）。

有文献报道采用 QbD 方法进行体外溶出试验来作为评价产品临床质量的替代手段，并且提供了为另一个 BCS 2 类药物建立 CRDS 或 CRS 的途径（Dickinson et al.，2008）。该研

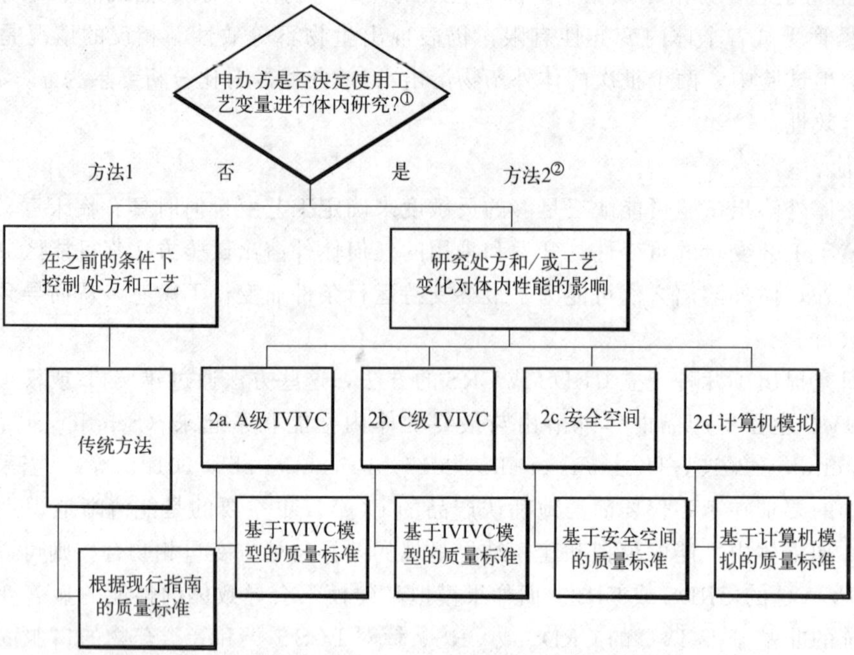

图 18.2 开发 CRDS 或 CRS 的决策树示意图（Hermans et al.，2017）

①可根据申办方的判断选择方法 1 或方法 2。②在使用方法 2 时，需要考虑制造工艺条件和因素以及分析方法可变性等因素

究进行了一项初步的临床质量风险评估（CQRA），目的在于通过相关工艺变量的体外溶出性能、原料药的物理化学性质以及原料药的粉体学等来评估这些风险对体内性能的影响。由此引出了一个关键问题："每一种影响体内性能（以及由此影响患者安全性和有效性）的潜在失效模式的整体风险有多高?"使用颜色编码处理将结果归类为高风险或低风险。仔细筛选出红色编码的最高风险因素（变量）后进行批量生产。与此同时，开发并验证一种具有区分力（也被称为生物生理相关性）的体外溶出方法。测定体外药物溶出/释放性能，随后进行一项精心设计的生物利用度研究。这些数据用于确定 IVIVC 和临床相关结果以响应已识别的最高风险因素（变量），为有效建立 CRDS 或 CRS 铺平道路。基于这项研究，表 18.1 列出了测定四种 BCS 分类药物体外溶出试验以确定临床性能以及在 QbD 的背景下建立 CRDS 或 CRS 的方法。此外，研究人员提出了五个关键步骤（表 18.2），这些步骤在确定基于 QbD 的体外溶出试验对临床性能（即生物利用度和/或生物等效性）的影响方面至关重要（Dickinson et al.，2008）。

表 18.1 基于采用 QbD 的原料药 BCS 分类，为药品制定 CRDS 或 CRS 的方法

BCS 分类	采用体外溶出试验测定临床疗效	制定 CRDS 或 CRS 的方法
1	• 体外溶出可接受 • 体外溶出充分	• 药物完全溶解/释放 • 30min 内溶出量 $Q \geqslant 80\%$ • 介质:常规模拟生物相关缓冲液
2	• 确定了最关键的过程变量 • BA 受溶出速率限制 • 溶出与生物利用度相结合	• 需要 BA 数据

续表

BCS分类	采用体外溶出试验测定临床疗效	制定CRDS或CRS的方法
3	• 与BCS 1类相同 • 可以影响体内渗透的辅料保持不变	• 与BCS 1类相同
4	• 与BCS 2类相同 • 中试BA研究以确定“生物相关”溶出试验条件 • 关键发展阶段的BE研究至关重要	• 中试BA研究至关重要 • 一般来说，要具体问题具体分析

资料来源：基于Dickinson等的研究，2008。

表18.2 采用QbD建立CRDS或CRS必不可少的关键步骤

步骤	说明
1	进行质量风险评估 • 风险等级：从最高到最低 • 识别最关键的风险
2	开发适当的体外溶出试验方法 • 生物生理相关 • 有区分力
3	根据BCS分类和其他相关临床知识库的溶出数据，确定工艺变量变化的影响，即关键风险对临床质量的影响
4	根据临床数据制定CRDS或CRS(体内BA表现) • 传统IVIVC路线 • 体内“安全空间”
5	确保未来批次的溶出性能在CRDS或CRS之内

资料来源：基于Dickinson等的研究，2008。

总而言之，迄今为止报道的各种建立CRDS或CRS的方法或多或少都会依赖于IVIVC或其中的某些方面。此外，这些报道提到了开发和采用与生物生理相关的体外溶出方法的必要性。另外，在设计与生物生理相关的体外溶出方法时，适度推荐从PK模拟和PBPK建模方法中寻求以及合并输入信息。在建立CRDS或CRS时的一个突出方面在于通过质量风险分析（QRA）识别产品在常规批量生产过程中可能影响体内性能的高风险工艺因素是必不可少的。

18.5 理想主义、实用主义与现实主义

对迄今为止呈现出的信息进行细致全面的回顾后发现，总体而言，建立CRDS或CRS的重点是通过开发和使用与生物生理相关的体外溶出试验，围绕开发过程和常规批量生产过程中的那些能够影响产品生物效力的处方工艺变动展开的。至此，“临床相关性”未提及对药理学考虑、药效学考虑、药物治疗学和产品安全性的影响。在这样的情况下，审查、评估和分析以下情景（现行实践）是有意义并且重要的。

一个新分子实体产品的开发通过广泛的临床前评估以确定和建立其安全性。从该临床前评估获取到的数据用于确定具有足够安全边界的剂量规格［基于多方面的致死剂量（LD）和有效剂量（ED）比值］。这些试验包括药代动力学（PK）、毒代动力学（TK）和药效学

(PD) 研究，用来确定首次暴露水平，即使用安全系数后的人体剂量。在成功完成人体安全性和有效性研究（首次人体试验）之后，开展包含另一个安全边界的剂量分级研究（药代动力学和安全性），从而选定出安全和有效的剂量作为推进至不同临床试验阶段使用的目标剂量。图 18.3 显示了在达到某一原料药的安全和有效剂量范围后要遵循的一般过程。在这一过程中，开展溶解性分析以及原型处方和中试处方的体外溶出试验。从这些体外研究得到的信息形成了设计和开发体外溶出试验的基础，这些体外溶出试验将在生产用于临床试验的供试产品过程中使用。因此，不仅有与产品剂量相关的足够安全保障，还有与体外溶出试验的生物生理相关性和区分力相关的充足信息。随着产品开发进入到后期阶段，处方组成和/或工艺变更的程度和范围逐渐显得没那么重要。

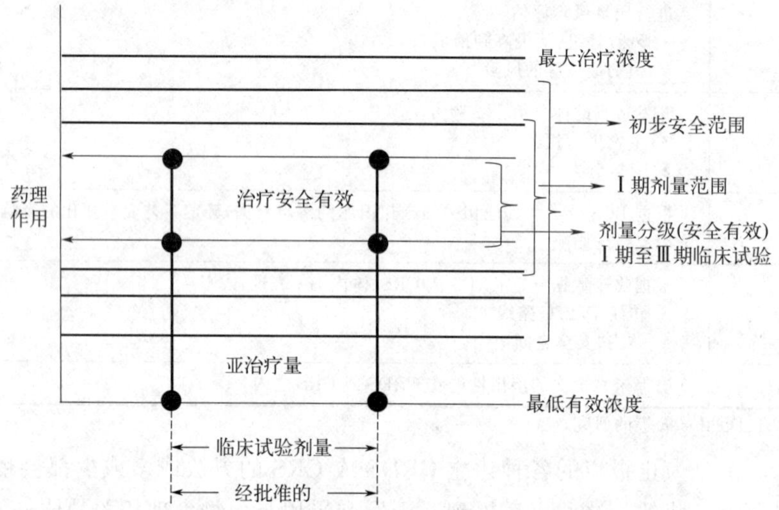

图 18.3　确定原料药的安全有效剂量范围所遵循的一般过程示意图

在一些关键阶段，进行生物等效性研究只是为了确保产品的功能性能特征没有发生显著变化。这种评估是建立在连续的基础上并且很大程度上依赖于体外溶出试验。因此，需要产品在组成和工艺方面的变化尽可能小；在递交产品批准前已证明在临床试验早期和后期阶段使用的批次间的生物等效性；即便不是商业化规模，批量应足够大；有大量的制剂（即药品）的体外溶出/释放试验数据。在这里，如何定义数据量充分到足以克服在建立 CRDS 或 CRS 过程中可能遇到的困难是十分重要的。

对于仿制药的开发，情况略有不同。有利的方面在于已批准的参比制剂（RLD）的剂量是安全有效的，即安全边界是给定的。因此，可以建立涉及药物药理学因素（PD）、毒性（TK）和治疗的 CRDS 或 CRS。例外情况是，如果成分、组成和工艺由于任何原因，例如规避与参比制剂有关的专利等，以单个或不同的排列组合形式显著影响仿制药在体内的性能。在这种情况下通常会进行最低剂量的预 BE 试验以确保仿制药相对参比制剂的安全性和有效性（BE）。如果仿制药中使用了一种新成分（非功能性/功能性辅料），则应确定新成分的安全性和毒性来证明处方中的用量是安全的。为仿制药建立 CRDS 或 CRS 的潜在缺点是，尽管在仿制药开发过程中进行了预 BE 试验，但在开发阶段体内性能数据是有限的。然而，在没有完成一项成功的生物等效性研究的情况下，并且没有提供用于正式 BE 研究的处方的选择依据，仿制药不会获得批准。此外，应在 GMP 条件下通过适当的过程控制生产至少三批 100000 剂量单位或是商业化批量大小的 1/10，取两者较大者。通常，基本原理是基于测定体外溶出/释放数据（曲线）来确定仿制药的体外功能性能。此外，值得注意的是，仿制药开发遵循的 QbD 方法必须满足监管批准的目的。按照仿制药的暂时批准要求，制备三个商业化批次（与正式 BE 研究中使用的批量相比，最多放大 10 倍）并且要基于正式 BE 研究批次产品的 QC 标准，评估其体外药物溶出/释放性能与正式 BE 研究中使用批次的体外溶出/释放性能之间的等效性。此外，这三个商业化批次和用于正式 BE 研究批次样品的生产，均遵循相同的 GMP 条件以及生产工艺中的过程控制。因此，将体外溶出 QC 标准认定为 CRDS 或 CRS 必然要取决于可接受标准，严格遵守 GMP 和过程控制。可将高活性药物和窄治疗指数药物纳入规定，加以更严格的控制。例如，在用于批准这类仿制药的不同法规中已就生物等效性可接受标准提出了更严格和/或更窄的置信区间（CI）限度。

在一款仿制药获批后，随着时间的推移，会担心在批量生产过程中出现制剂工艺方面无意和/或有目的的变更，可能会影响产品的体内性能，尽管每批产品都符合体外溶出质量控制标准。通常，每 6 个月对数据进行趋势分析，并尽可能进行回顾性验证以确保体外 QC 溶出质量标准仍然可以作为 CRDS 或 CRS。

有些国家如巴西、墨西哥等出现一个特有的挑战，无论是仿制药或其他，产品的批准（许可）必须每 5 年更新一次，且批准/许可的更新需要生物等效性研究。这种挑战对于已获批的仿制药来说可能是巨大的，尤其是当指定的参照药（RD）与以前不同和/或 RD 的体外功能性能存在显著差异时。此时，仿制药现行的 CRDS 或 CRS 将失效，必须在论证成功的生物等效性研究后重新开发和建立新的 CRDS 或 CRS。最糟糕的情形是，参照药的体外功能性能存在显著性差异，以至于制剂科学家不得不回到起点重新开发仿制药。

最后，显而易见的是，建立 CRDS 或 CRS 可以基于理想主义、实用主义或现实主义（图 18.4）。理想情况下，CRDS 或 CRS 应具有包括安全性和有效性的临床相关性并且具有生物生理相关性以及用户友好性，可适用于常规 QC 检测。实用主义，即前瞻性的 CRDS 或 CRS 是那些基于 IVIVC 的，并且在确定 CRDS 或 CRS 时使用的体外溶出试验方法易于用作常规 QC 检测。由于并非所有的药物和/或药品都适用于建立或论证 IVIVC 或结合已发布的指南和推荐程序针对非 IVIVC 的药品建立 CRDS 或 CRS，因此开发了易于作为常规 QC 检测的现实方法，但这种方法针对特定产品，并且为了确保产品用于终端用户（即患者）时的最终安全性和有效性，该方法很可能是保守并且范围狭窄的。

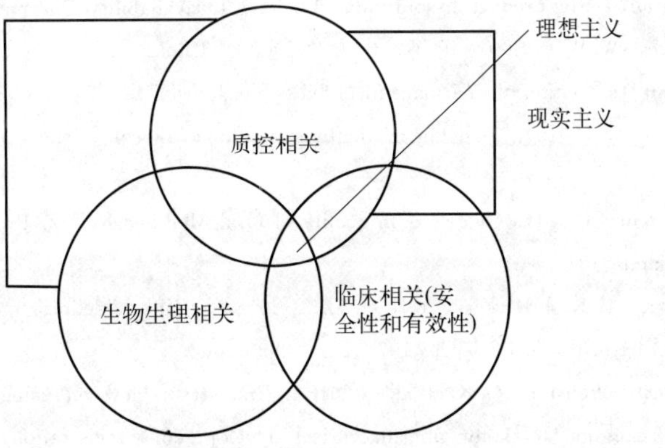

图 18.4　基于理想主义、实用主义和/或现实主义的 CRDS 或 CRS 的示意图

18.6 总结

溶出试验是GMP中的常规质量控制手段。然而，还可以前瞻性地将溶出试验用于具有适宜的药物释放特性的制剂开发，以及回顾性地评估某种制剂是否以规定/预定的速率和程度释放药物。该溶出试验的这两种用途共同的主要假设是溶出试验能够充分代表（如果不能预测）药物的生物学性能，即生物利用度，从而建立IVIVC。

迄今为止，体外溶出试验似乎是体内有效性最可靠的预测方法。尽管正式试验有较大的实用价值，但我们意识到仍然需要与生物利用度更直接相关的试验方法。此外，寻求能够充分用于质量控制并且作为临床相关替代品的成品试验方法一直是一个挑战。人们在生物等效性豁免以及在产品中引入SUPAC等方面已探索了IVIVC的诸多应用。IVIVC的主要目标是建立溶出试验QC标准以确保成品质量的批间一致性，但同时也期望能成为基于临床治疗安全性的QC标准，当前被称为CRDS或CRS，用于成品的溶出试验。

根据本章所讨论的信息，可能需要谨慎地重新思考CRDS或CRS应在什么样的前提和背景下考虑。当前对于CRDS和CRS的定义和建立的追求是否过度超出了它们未知和宽松的定义界限？此外，在CRDS和CRS的背景下，在GMP、基于QbD的药物开发以及产品生产过程中的过程控制等方面的现行方法是否需要进一步收紧，或更频繁和/或更严格地审计？这些问题可能需要世界各地来自学术界、工业界和监管机构的科学家们齐心协力去解决，并能提出一种现实而实用的适用于所有药物和药品的明确方法。

参考文献

Abend, A., Heimbach, T., Cohen, M. et al. (2018). Dissolution and translational modeling strategies enabling patient-centric drug product development: M-CERSI Workshop Summary Report. The American Association of Pharmaceutical Scientists Journal 20: 60-71.

Amidon, G. L., Lennernäs, H., Shah, V. P. et al. (1995). A theoretical basis for abiopharmaceutic drug classification: the correlation of *in vitro* drug product dissolution and *in vivo* bioavailability. Pharmaceutical Research 12 (3): 413-420.

Dickinson, P. A., Lee, W. W., Stott, P. W. et al. (2008). Clinical relevance of dissolution testing in quality by design. The American Association of Pharmaceutical Scientists Journal 10 (2): 380-390.

European Medicines Agency (2010). Guideline on the Investigation of Bioequivalence, CPMP/EWP/QWP/1401/98 Rev. 1, London, UK.

European Medicines Agency (2014). Guideline on quality of Oral Modified Release Products EMA/CHMP/QWP/428693/2013. London, England.

Friedel, H. D., Brown, C. K., Barker, A. R. et al. (2018). FIP guidelines for dissolution testing of solid oral products. Journal of Pharmaceutical Sciences 107 (12): 2995-3002.

Grady, H., Elder, D., Webster, G. K. et al. (2018). Industry's view on using quality control, biorelevant, and clinically relevant dissolution tests for pharmaceutical development, registration, and commercialization. Journal of Pharmaceutical Sciences 107 (1): 34-41.

Health Canada (2014). Biopharmaceutics Classification System Based Biowaiver. Bureau of Policy, Science and International Programs, Therapeutic Products Directorate, Health Canada, Ottawa, ON.

Heimbach, T., Suarez-Sharp, S., Kakhi, M. et al. (2019). Dissolution and translational modeling strategies toward establishing an *in vitro-in vivo* link. A Workshop Summary Report. The American Association of Pharmaceutical Scientists Journal21: 29-38.

Hermans, A., Abend, A. M., Kesisoglou, F. et al. (2017). Approaches for establishingclinically relevant dissolution specifications for immediate release solid oral dosageforms. The American Association of Pharmaceutical Scientists Journal 19 (6): 1537-1549.

Kourentas, A., Vertzoni, M., Stavrinoudakis, N. et al. (2016). An *in vitro* biorelevantgastrointestinal transfer (BioGIT) system for forecasting concentrations in thefasted upper small intestine: design, implementation, and evaluation. European Journal Pharmaceutical Sciences 82: 106-114.

Lostritto, R. (2014). Clinically relevant specifications (CRS): a regulatory perspective, Conference on Evolving Product Quality, Bethesda, MD.

Marroum, P. (2012). Clinically relevant dissolution methods and specifications. American Pharmaceutical Review 15 (1): 38-41.

McAllister, M., Flanagan, T., Boon, K. et al. (2020). Developing clinically relevant dissolution specifications for oral drug products-industrial and regulatory perspectives. Pharmaceutics 12 (1): 1-18.

Nasr, M. M. (2011). Implementation of quality by design (QbD) -current perspectiveson opportunities and challenges. FDA Pharmaceutical Science and Clinical Pharmacology Advisory Committee, Bethesda, MD.

Schiller, C., Fröhlich, C. P., Giessmann, T. et al. (2005). Intestinal fluid volumes andtransit of dosage forms as assessed by magnetic resonance imaging. Alimentary Pharmacology and Therapeutics 22 (10): 971-979.

Suarez-Sharp, S. (2012). Establishing clinically relevant drug specifications: FDA perspective. AAPS Annual Meeting and Exposition, Chicago, IL.

U. S. Food and Drug Administration (1997). Guidance for Industry, Extended-Release Oral Dosage Forms: Development, Evaluation, and Application of *In Vitro/In Vivo* Correlations. Rockville, MD: CDER.

U. S. Food and Drug Administration (2000). Guidance for Industry, Waiver of *In Vivo* Bioavailability and Bioequivalence Studies for Immediate Release Solid Oral Dosage Forms Based on a Biopharmaceutics Classification System. Rockville, MD: CDER.

U. S. Food and Drug Administration (2015). Draft Guidance Waiver of *in Vivo* Bioavailability and Bioequivalence Studies for Immediate-Release Solid Oral DosageForms Based on a Biopharmaceutics Classification System. Rockville, MD: CDER.

US-FDA (2018). Guidance for Industry, Dissolution Testing and Acceptance Criteria for Immediate-Release Solid Oral Dosage Form Drug Products Containing High Solubility Drug Substances. Silver Spring, MD: CDER.

World Health Organization (2015). Report series 992 WHO expert committee on specifications for pharmaceutical preparations, 49th report, Annex. 7. Geneva, Switzerland.

Wu, C. Y. and Benet, L. Z. (2005). Predicting drug disposition via application of BCS: transport/absorption/elimination interplay and development of abiopharmaceutics drug disposition classification system. Pharmaceutical Research 22 (1): 11-23.

Yu, L. X. (2008). Pharmaceutical quality by design: product and process development, understanding, and control. Pharmaceutical Research 25 (4): 781-791.

第19章

解开根据溶出预测生物利用度的秘密

19.1 引言

溶出试验在药品生产质量管理规范中是常规的质量控制程序。此外，溶出试验还可以前瞻性地用于开发具有适当药物释放特性的制剂以及回顾性地用于评估一种制剂是否以规定/预定的速率和程度释放药物。这两种用途的共同假设是，溶出试验即使不能预测，也能够充分代表药物的生物学性能（即生物利用度）。

有大量的信息专注于尝试预测各种固体制剂有效的体外-体内相关性（IVIVC）。虽然有几份报道描述了选定的体外和体内参数之间的相关性，但这种相关性在很多报道中未被观察到。此外，许多研究也并未尝试建立这种相关性。另一方面，人们经常观察到，当体外参数和体内参数之间确实存在某种相关性时，它的价值也是有限的，因为这些参数之间没有明确的关系（Banakar，2015）。再者，这种将体内外数据关联起来的尝试对于关注到那些可能出现临床反应差异的药物方面是有价值的，然而并非所有都被视为获得相关性的尝试。大多数此类报道都是临床观察的结果，并且是在事后获得的，极少或根本没有意识到要以特定方式改变制剂组成或某一药物成分，从而有可能改变药物溶出速率，进而影响生物利用度。

现在是时候重新审视基于体外溶出性能（即IVIVC）影响药品生物利用度性能预测的基本考虑因素了。特别是，需要探索与这种基于IVIVC的生物利用度预测有关的挑战（Shirodker et al.，2018）。更重要的是，本章的目的是对现行实践进行评估，即**我们正在做什么**，以及建议对这些实践提出修改，即**我们应该做什么**，从而为通过药物体外溶出试验预测其生物利用度提供一种基于内省的前瞻性途径。此外，科学界对于世界各地监管机构关于减少人体试验的倡议和推广使用体外和/或离体替代试验，如体外释放试验（IVRT）、体外渗透试验（IVPT）、基于生理学的药代动力学（PBPK）分析和基于生理学的吸收建模（PBAM）等举措的兴趣与日俱增，本章也将简要讨论基于生理学的吸收建模的内容。

19.2 IVIVC的模型和目标

IVIVC在药物开发和药品优化中发挥着至关重要的作用。需要开发能够反映生物利用度数据的体外试验。通过使用IVIVC作为开发新药的工具来减少人体研究。因此，IVIVC的主要目标之一是作为体内生物利用度的替代指标，同时它们也可用于生物等效性豁免考量。

《美国药典》(USP) 将IVIVC定义为"在某一制剂的生物学特性或由制剂产生的生物学特性衍生的参数与同一制剂的物理化学性质或特征之间建立合理的关系"。类似地，美国FDA将IVIVC定义为"描述制剂体外性能和体内响应之间关系的预测性数学模型"。体外性能是药物溶出的速率或程度，而体内响应是指血浆药物浓度或药物吸收量(FDA, 1997)。

溶出试验是一种体外方法，用于表征药物如何从药物产品中释放出来。通常认为，通过IVIVC的成功开发和应用，可以通过药品的体外溶出行为预测体内药物性能。

开发IVIVC的基本要求如下：

① 相关性的监管考虑需要从人体研究中获得数据。

② 开发两种或多种具有不同释放速率的药物制剂，并使用适当的溶出方法绘制其体外溶出曲线。

③ 对所有制剂使用相同的溶出方法。

④ 来自每种制剂的生物利用度研究的血药浓度数据。

图19.1展示了用于探索药剂学(溶解度和体外溶出)和各自体内利用度(生物利用度，即药物在血液中的暴露)相互关系的生物药剂学模型。

从图19.1可以明显看出，药物的全身吸收，即生物利用度，本质上是体内溶出和体内吸收的连续速率过程的组合。对于固体药品(如片剂、胶囊剂)，速率过程包括以下内容：

① 药品的崩解[对常释(IR)制剂是关键的]以及随后的药物释放。

② 药物在水性环境中的溶解。

③ 已溶解的药物跨细胞膜吸收进入体循环。

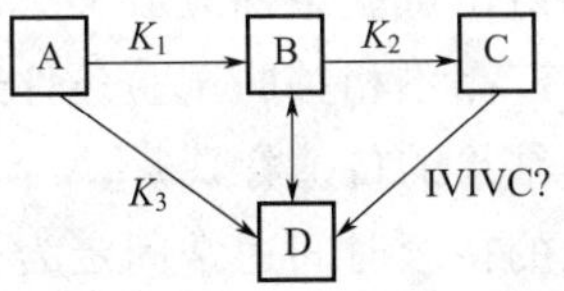

图19.1 IVIVC模型

A—制剂中的药物；B—溶解在肠道内的药物；C—全身/血液循环中的药物；D—在体外溶出系统中溶解的药物；K_1—体内溶出速率常数；K_2—体内药物吸收速率常数；K_3—体外溶出速率常数

药物的溶出受药物的溶解性影响，而药物在体循环中的吸收受药物的渗透性影响。药物的这两种特性对于理解药物的体内溶出同样至关重要。将这个概念复制到体外，从而有助于我们理解 IVIVC。为了很好地理解相关性，重要的一点是至少考虑药物的两个特性，即溶解度和渗透性。

19.3 从溶出预测生物利用度时遇到的挑战

表面上看似简单的 IVIVC 模型具有需要理解的固有局限性。表 19.1 从药品开发角度总结了根据药物溶出预测生物利用度所遇到的挑战。

一开始，制剂中的药物溶解于体内环境（第一个时间依赖性步骤），例如口服给药的胃肠道或溶出试验的体外溶出介质中溶解。在体内环境中已溶解的药物经历第二个时间依赖性步骤，通过跨膜转运暴露于体循环中，由此具有生物利用度。从图 19.1 可以明显看出，体外溶出是一步过程，而给药后药物的生物利用度是一个两步过程，包括体内溶出以及随后的全身吸收。通常，为了简单起见，我们假设药物在体内溶出后的全身吸收速率即使不是瞬时的，也是很快的。如果了解药物的体内溶出，则可以尝试通过精心设计的体外溶出试验来模仿相似的体外溶出性能。很明显，要开发这样一种基于生理学或生理学相关的体外溶出试验，人们不仅应该了解影响体内溶出的物理化学和生理因素，还应该了解影响体内溶解药物全身吸收的因素。在开发所谓的生物生理相关溶出试验作为一种潜在的解决方案时，生理/生物环境的动力学，例如体积、管腔流体动力学和可用于吸收的表面积等，仅是在设计体外溶出试验以预测体内溶出和由此产生的生物利用度时面临的一些挑战。

表 19.1 IVIVC 测定的潜在局限性总结

- IVIVC 模型的固有局限性
- 体内与体外系统的内在差异
- 两步与一步的过程
- 分别进行体外和体内试验的持续时间
- 试验的泛函性(一阶与算术)
- 溶出依赖性函数及其表征
- 相互关联是什么:函数、响应或参数
- 代谢物与给药的问题
- 监管与预测相关性
- 数学与临床相关性
- IVIVC 的最终目标

不同产品之间是否保持相同的溶出试验条件应取决于产品。然而，除温度外的大多数试验条件与产品有关。因此，使用与产品不相关的试验条件进行溶出研究是不可接受的。由于缺乏可信度，从溶出试验中获得的结果的价值存疑。

对于常释产品，体外溶出试验的持续时间通常固定为 0.5～2h；而对于调释产品，一般固定为 3～30h。体内利用度（即生物利用度）的持续时间是根据药物的 5 倍消除半衰期（$t_{1/2}$）确定的。以 60mg 氟西汀胶囊为例，溶出试验持续时长为 120min（2h），而基于表观消除半衰期约 80h，因而生物利用度持续时长约 400h。在预测生物利用度性能时，与其对应的持续时间相比，体外溶出试验本质上是加速试验。因此，预测完整的体内性能（生物利用度）和完整的体外性能（溶出度）之间的相关性被证明是极具挑战性的。

鉴于体外溶出试验和体内利用度（即生物利用度试验）的功能性，前者显然受算术函数过程控制，而后者则受指数过程控制。因此，体外溶出过程和体内利用度过程之间有潜在的固有功能差异。实际上，在探索 IVIVC 的过程中，人们需要从主要由算术函数控制的试验（即体外溶出试验）中预测由指数过程控制的试验（即生物利用度）的结果，因此在得出结论之前需要充分解决这些挑战。仔细观察功能上的差异后，人们很快意识到，两种制剂在体外溶出速率方面看似微不足道的差异可能会导致它们各自体内性能的显著差异，进而导致较差的 IVIVC。

此外，需要注意的是，溶出性能更常见地呈现为反映累积函数的参数，而生物利用度主要与反映速率函数的参数相关。简单地说，假设表现出可比累积性能的制剂将表现出可比较的速率性能——这一假设可能不一定正确。这种不经意间错误的方法的最终结果是根据从产品的各自体外溶出和/或较差的 IVIVC 对生物利用度的预测不足。

众所周知，药物在体内溶出是生物利用度的先决条件，而非相反。此外，人们期望通过体外溶出预测完整的生物利用度性能（速率和程度）。给药后药物的完整生物利用度性能是体内性能的总和，包括体内溶出、体内摄取（吸收）、分布和消除，以及代谢和其他生理过程，例如同时进行的肠肝循环等。然而，体内吸收是唯一依赖于体内溶出的过程。因此，潜在的 IVIVC 可能会因生理因素而被掩盖和/或失败，而非由于溶出速率依赖地控制产品整体生物利用度的体内吸收过程。此外，在描述受体内溶出速率限制的吸收过程在何处结束以及其他生理过程（例如分布、消除等）从何处开始对整体生物利用度起主导作用时，面临的困难可能会导致误导性的 IVIVC 以及预测。

通常，我们面临需要预测人体受试者给药后制剂中药物（母体化合物）的代谢产物的体内性能。体外溶出试验仅限于母体化合物，而体内利用度是对其在体循环中的代谢产物的定量分析。预测药物（母体化合物）的生物利用度本身有其局限性，而预测代谢产物的生物利用度则带来了额外的挑战。例如，纳曲酮片剂的活性代谢产物是 6-β-纳曲醇。溶出试验涉及纳曲酮从片剂中的溶出研究，而生物利用度研究包括活性代谢产物（6-β-纳曲醇）的测定。需要探索在何种情况下这种预测是有潜在可能的。假设只有溶解的母体化合物才会被代谢（在体循环中产生可量化的代谢产物），但这种代谢过程可能是化学计量序贯的、饱和的或两者兼而有之。这可能导致母体化合物的溶出过程与代谢产物的生物利用度之间额外的功能差异，更不用说其他可能会影响代谢产物整体生物利用度的生理因素。

目前，出于监管目的，IVIVC 探索了生物利用度（参数）和溶出（参数）之间基于（半）定量的（相关）关系。这种相关性在统计学的显著性主要基于相关系数、决定系数和预测误差等参数。对于产品在体外的真实性能以及预测的体内性能之间的这种相关性有怎样的现实性仍有争议。换句话说，两种显著不同的溶出试验可以在统计学上预测产品的同一种体内性能，但不能从统计学上反向预测。因此，从这个意义上讲，体外溶出试验充其量只能是假设性的，不能最终预测。

人们已从体内数据，尤其是在仔细审查 IVIVC 指南时，认识到 IVIVC 的其他局限性（Sakore and Chakraborty，2011）。了解 IVIVC 需要不止一种制剂，如有可能，静脉注射溶液或口服溶液对于计算反卷积是至关重要的。药物的药代动力学和吸收应该是“线性的”。与药物释放相比，只有当溶解度不受速率限制时可以尝试建立 IVIVC。吸收不应是限制因素。

通过对 IVIVC 模型的深入研究并结合从药物（产品）的溶出性能充分预测生物利用度

性能时所面临的内在和外在挑战，我们仅能适度地得出结论，当溶出成为限速步骤时，制剂的体内性能（生物利用度）可以通过体外性能（溶出度）进行预测，但需要提醒的是，良好的相关性是难以建立的，只能满足于可接受的相关性！随之而来的问题是：IVIVC 的最终目标是什么？对此简单而全面的回答是建立基于 IVIVC 的溶出试验（体外试验）质量标准，以确保产品的批间一致性，同时意识到相关性的固有局限性！

19.4 当下的工作进展

人们已经进行了许多尝试来理解、开发和潜在地量化溶出和生物利用度之间的相关性。一些药典描述和监管指南可以为建立和证明这种相关性提供帮助和指导。然而，想要对 IVIVC 的广度，从概念到开发和论证以及其在药物开发过程中的诠释和应用进行全面了解并不容易。在 19.4.1～19.4.7 节中介绍了目前用于克服 IVIVC 挑战的几种方法及其优点。

19.4.1 数学建模：局限性和迷惑性

数学模型有助于定量分析药物在制剂中的溶出/释放速率。研究者已经提出了几种被称为反卷积的数学模型来描述和定义药品的溶出性能。一些更常用的数学反卷积模型包括：

- Noyes-Whitney 模型。
- Hixson-Crowell 模型。
- 改进的 Hixson-Crowell 模型。
- 零阶模型。
- 一阶模型。
- Weibull 模型。
- Korsemeyer-Peppas 模型。
- Hopfenberg 模型。
- Baker-Lonsdale 模型。
- Gompertz 模型。
- El-Yazigi 模型。
- Higuchi 模型。
- Makoid-Banakar 函数。
- 其他模型。

通过对这些模型中的大多数（除极少数例外，如 Makoid-Banakar 函数）进行深入审查和研究发现，研究者试图将体外溶出函数线性化，即将制剂溶出性能从 $T=0$ 到 $T=\infty$ 视作一条直线。然而，口服固体制剂的剂量有限，过于简化的数学线性模型并不能反映产品的真实性能。剂量有限的口服固体制剂固有地表现出非线性函数性能，强制将其函数性能线性化，可能会导致在预测体内性能时产生误导性信息。需要注意的是，体内利用度，即生物利用度，本质上是非线性的（指数的）。通过确保体外和体内性能之间的函数相似性以探索有意义的相关性是谨慎明智的。由于溶出试验数据结果存在潜在的固有功能局限性，例如，持续时间要快于各自的生物利用度性能的持续时间，因此，在预测产品的真实溶出行为的同时，数学反卷积过程将更有意义。

19.4.2 BCS及其与制剂溶出性能的关系

生物药剂学分类系统（BCS）是根据药物的水溶性和肠道渗透性对药物进行分类的科学框架。当与药品的溶出度相结合时，BCS考虑了控制固体口服常释制剂中药物吸收速率和程度的三个主要因素：①溶出度；②溶解度；③肠道渗透性。在人用药物的框架内，药物可分为以下四个BCS类别（US-FDA，2000；Papich and Martinez，2015）：

- 1类：高溶解性、高渗透性——通常是非常好吸收的化合物。
- 2类：低溶解性、高渗透性——表现出受溶出速率限制的吸收。
- 3类：高溶解性、低渗透性——表现出受渗透性限制的吸收。
- 4类：低溶解性、低渗透性——非常差的口服生物利用度。

首先，重要的是要注意BCS根据药物各自的溶解性和渗透性对其进行分类。它已经超越了一种相当具有误导性的理解，即这种分类可以扩展到含有药物的处方，也就是产品。这种对于原料药到制剂的过度BCS分类可能会将原料药归为某一类（快速崩解常释制剂和快速溶解制剂），而当药物用于不同处方时，相同的药物可能被归为明显的另一类（缓慢溶解、崩解性差的制剂）。

此外，由于溶出会影响口服生物利用度，对评估活性药物成分（API）固有溶解度以及用于表征制剂体内溶出两者的标准进行区分是非常重要的。与对API的评估相比，任何制剂产品的溶出速率（DR）都是其可用表面积（A）、药物扩散系数（D）（即从原料药未溶解部分转移到周围溶出介质的能力）、有效边界层厚度（h，即物理包围未溶解的API的水）、溶出试验条件下API的饱和浓度（C_s）、已溶解的药物量（X_d）和溶出介质体积（V）的函数（多个因素共同作用的结果）（Dressman and Reppas，2000）。

目前用于评估药物渗透性的现有体外方法未能成功提供可外推至人体的数据。出于这个原因，人们别无选择，只能根据绝对生物利用度的使用进行比较，不幸的是，这在文献中无法确定且不易获得。因此，使用药物的BCS分类有意义地预测其生物利用度最多限于BCS 1类和2类中的药物，这些药物被用于快速崩解和快速溶解的常释固体制剂中。

19.4.3 f_1和f_2参数的应用（或缺失）

通常采用简单的非依赖模型法，例如差异因子（f_1）和/或相似因子（f_2）来对比溶出曲线。固有的期望是体外溶出曲线之间量化的相似性和/或差异性将导致它们各自的体内生物利用度曲线的相似性和/或差异性，由此证明通过体外性能预测了体内性能，即成功的IVIVC。目前，相较于差异因子（f_1），研究者更依赖于下面介绍的相似因子（f_2）。

相似因子（f_2）是两组数据差值平方和的对数变换的反平方根，是两条曲线之间溶出分数（%）的相似性度量：

$$f_2=50\times\lg\left\{\left[1+\left(\frac{1}{n}\right)\sum_{t=1}^{n}(R_t-T_t)^2\right]^{-0.5}\times 100\right\}$$

式中，n 是时间点的数量；R_t 是时间点为 t 时参比制剂的溶出值；T_t 是时间点为 t 时受试制剂的溶出值。

曲线相似的判定是（各制剂 $n=12$）$f_2=50\sim100$。

不幸的是，在许多实例中，较好的 f_2 值未能预测体内性能，即根据产品的溶出性能预测其生物利用度，由此质疑该因子在 IVIVC 中的实用性。此外，它还提出了一种可能性，即人们要么增加了得出超出参数本身界限和限制的过度结论的可能性，要么不恰当地使用该参数来预测生物利用度。

f_1 和 f_2 因子的起源可以追溯到美国 FDA 发布的针对已上市药品生产中的放大生产和批准后变更（SUPAC）指南。为了通过溶出预测生物利用度，可开发两种或多种具有不同释放速率的药物制剂，并使用适当的溶出方法绘制其体外溶出曲线，而这在已批准上市产品的 SUPAC 过程中基本上不是这种情况。此外，在指南中既没有明确声明，也没有隐含暗示，这些因子（f_1 和 f_2）中的一个或两个可用于通过体外溶出性能来预测体内性能。再者，溶出试验需要具备生物生理相关性的必要性也不是使用这些因子（f_1 和 f_2）通过溶出性能预测生物利用度的先决条件。值得注意的是，这些值（f_1 和 f_2）是根据产品的累积溶出性能计算得出的，人们可以从中预测体内性能——这是一个相当牵强的预期。

19.4.4 溶出度数据库、机构推荐和药典各论

有许多溶出数据库，包括机构（仿制药办公室，OGD）推荐的相关溶出度测试方法（条件、试验和接受标准）可用于特定药物产品。此外，还有针对特定药物产品的药典各论（USP 专论）描述溶出度测试方法（条件、试验和接受标准）。在药品的开发过程中，人们经常被这些可用的溶出数据库和资源所吸引，往往错误地认为，采用溶出数据库和/或药典各论中的相应溶出方法，就能根据产品的溶出性能预测其生物利用度。这种预测往往是失败的，其在 IVIVC 中的效用受到质疑。

再次强调，当使用溶出数据库、机构推荐和/或药典各论中的信息时，人们没有意识到这些资源中既没有明确陈述也没有隐含暗示可通过体外溶出性能来预测体内性能。此外，在使用这些资源通过溶出性能预测生物利用度时，对于那些报道的溶出试验需要具备生物生理相关性的必要性方面，既没有声明也没有预期，更不用说利用这些资源通过量化产品的累积溶出性能来预测体内性能——这是相当牵强。很显然，这些资源有不同的目标，而不是根据产品各自的体外溶出性能预测其体内性能，从而限制了其在 IVIVC 中的作用。

19.4.5 溶出试验设备（选择对比！）

溶出试验结果取决于两种变量，即介质和提供流体动力学的设备或搅拌器。常用的溶出度设备类型为桨法和篮法。虽然这两种类型的设备相似，但使用它们的最大缺点是溶出杯内的流体动力学（混合/搅拌）较差。因而，有限的产品/介质相互作用会产生不流动和停滞

区域。

这些设备的生理相关性将因此受到质疑，因为肠道环境可提供充分混合并且没有停滞区域。此外，同样是基于较差的流体动力学特性，已明确证实这些设备提供了与产品特性无关的高变异和不可预测的溶出结果。因此，使用这些设备获得的结果总是令人怀疑且用途有限。已经有许多尝试和建议通过收紧标准来改善设备的性能，但收效甚微，因为问题似乎不在于标准（收紧或放宽），而在于设备本身。

此外，由于问题的原因在于使用桨法和篮法时溶出杯内较差的流体动力学，因此，可能无法使用这些设备选择出合适的溶出介质。然而，在没有强有力依据的情况下，传统上仍支持桨法和篮法设备的使用，而没有关注于设备的问题。继续使用桨法和篮法设备似乎是解决在开发合适的溶出试验时遇到问题的主要障碍。

显而易见的问题是如何解决这些问题。首先需要认识到一个事实，即推荐的设备（桨法和篮法）不适合于它们的预期目的。文献中有关于缺乏科学性的有力试验证据，并提出了解决这些问题的建议。然而，在认识到这些发展方面似乎存在滞后。希望这些新的进展能够推动重新评估桨法和篮法设备的未来使用，尤其是它们在与预测体内溶出度以及由此产生的生物利用度相关试验中的地位和相关性。

另一方面，为了适应继续使用这些仪器，目前常见的做法是选择调节仪器、转速、溶出介质等实验条件，以达到预定或预期的溶出特性。因此，当下的溶出试验实际上是在选择/定义试验条件以获得预期的溶出性能，而不是判定产品在体外或体内的溶出特性。由此可得出结论，当下推荐的溶出试验方法无法确定产品的药物释放（溶出）特征。

19.4.6 生物生理相关溶出介质的出现

研究者不断致力于通过精心设计开发体外溶出试验来理解和模拟药物的体内溶出。这样的试验被称为生物生理相关溶出试验。确认某种溶出试验具有生物生理相关性往往是事后的，意思是在实现可接受的IVIVC之后，其中使用的体外溶出试验才被指定为具有生物生理相关性。然而，对于所谓的生物生理相关溶出试验的需求是先验的，借此才能提高预测产品生物利用度性能的机会。因此，这种事后的生物生理相关溶出试验往往用于特定药品并且价值有限。

此外，人们一直在追求设计一种“适用于所有情况的单个溶出试验”，然而最终设计的是一种相当于“定制”的溶出试验，该试验受那些影响产品真实溶出和药物释放性能特征的关键因素驱动。各种模拟体内动力学包括相关体内环境在内的创新方法导致了溶出介质过剩。表19.2列出了在口服固体制剂开发过程中一些更常用的“生物生理相关”介质。尽管如此，设计一种通用的生物生理相关溶出试验的探索仍在继续。

表19.2 不同的生物生理相关溶出介质（部分列表）

- 不同pH值的缓冲液：1.2、4.5、6.8、7.5、8、9
- 含或不含酶的缓冲液
- 模拟胃液±表面活性剂
- 模拟肠液
- 模拟空腹小肠液
- 模拟进食小肠液

续表

• 确保加牛奶(脂肪等级) • Hank 和 Krebs 缓冲液 • McIlvaine 缓冲液 • 助溶剂系统(增溶剂) • 有机溶剂 • 充气/脱气介质 • 其他

此时需要注意的是，在目前的情况下，生物生理相关介质的设计仅考虑了1类（高溶解性和高渗透性）药物。假设药物是高度可溶性的，那么渗透性也很好。关于这一假设，生物生理相关介质不适用于其他类别的药物（即2类、3类、4类），其中渗透性也是需要考虑的重要参数。鉴于渗透性和溶解性同等重要，为了获得更好的、更容易理解的 IVIVC 相关性，仍有许多工作待开展。

19.4.7 当下局面的遗漏之处

首先，我们必须认识到溶出是生物利用度的先决条件，而不是生物利用度本身！一个设计恰当的生物生理相关体外溶出试验至多能提供有关产品在限定时间内的总体溶出性能（累积和可能的速率）的基本信息。因此，这样的试验可提供有关潜在成功实现体内溶出的明确信息。然而，必须将体内溶出性能转化为预测性的体内吸收，即对已溶解药物跨吸收表面/膜转运方面进行有效探索和理解。通常情况下，这些信息是原料药和药品特定的，需要进行详尽和全面的个案评估。

那些影响药物在胃肠道中溶出的相关理化和生理参数应被考虑。与体外溶出要求类似，能够影响药物在胃肠道中溶出的关键因素是体积、流体动力学和给药后的管腔内容物。很明显，只有当上述因素在溶出试验中得到合理的重现时，研究者才能期望通过体外溶出得到药物吸收的高度可预测性。

想要模拟满足某个制剂在胃肠道中经历的组合条件（包括动态物理、物理化学、化学、生化和微生物）是非常困难的。重要的是了解药物制剂经胃肠道递送时的转运过程。因而药物特定 K_a 值信息、吸收现象本身以及胃肠道不同部位的吸收速率变得至关重要。对于许多制剂，胃排空可以代表药物体外溶出的限速步骤。胃肠道滞留时间由时间依赖性吸收动力学和纵向胃肠转运动力学的综合作用确定。因此，药物和制剂的药代动力学和转运特性分别决定了制剂的溶出曲线要求。

19.5 未来的工作方向，前进之路中缺失的一环！

首先，最重要的是认识并理解 IVIVC 模型必须针对每种药物和正在开发的产品逐个进行评估。这种评估应全面涵盖物理化学、生理学和制剂工艺以及可单独或共同影响 IVIVC 模型的每一步，特别是步骤 A→B、B→C 和 A→D 的技术因素。此外，当下需要认识到生物利用度是基于速率的参数，而不是基于程度的参数。溶出方法学的设计应使其能够更深入地了解制剂的速率性能，同时确保制剂是速率限制的（不考虑原料药的BCS类别!)。在进行详尽的评估之后，将得出一个与生物生理相关的潜在溶出试验要求，从而选择合适的溶出试验设备。

在解决如何选择合适仪器的问题时，似乎有必要对带有目标终点（开发 C-t 曲线）的溶出试验（评估体内药物释放）所能起到的作用进行明确定义并达成一致。这样的目标和终点将有助于开发/使用合适的仪器和相关的试验条件。凭借某个已知体内药物释放特征的参比产品的可及性是实现这一目标的其中一种可能途径。这样的参比产品应该用于证实仪器和相关试验条件的适用性。而这些经过验证的仪器和试验条件的使用应扩展到其他产品。讽刺的是，药物溶出研究团体在没有参比产品的情况下已工作了三四十年并且预期还将继续如此工作下去。研究者也不太可能通过一种尚未经过验证的技术/仪器获得有用的结果。这是一个需要紧急关注的关键缺陷。

在没有此类参比产品，也没有生成数据用于参比产品开发的情况下，研究者可以基于相对溶出试验确定仪器和相关试验条件的适当性。相对溶出试验可以描述为确定相同药物（活性成分）的两种产品的药物溶出（释放）特性，但在体内具有两种不同的已知药物释放特性，例如常释（IR）和缓释（ER）产品。溶出试验条件应能反映生理环境并且当提供不同的释放模式时，即常释产品的快速释放和缓释产品的缓慢释放，这些条件可以提供药品在建议的给药间隔内实现完全溶出。一旦建立了这样的一套试验条件，将被视为能够反映/模拟体内环境，可进一步用于其他受试产品。需要注意的是，必须避免使用在体内观察不到的试验条件，例如溶出介质的脱气、沉降篮的使用等，因为这些可能会使试验无效。

除此之外，只有当药物的渗透性被视为与药物的溶解性同等重要时，才能完全理解IVIVC。确定并有力地证明已溶解药物在体内吸收的初始步骤是其通过吸收表面（部位）进入体循环的渗透过程，如IVIVC模型中的步骤B→C所示。因此，应将模型中由步骤A→D得出的体外溶出性能的信息和评估与图19.2所示的由体外渗透研究得出的体外渗透性能相结合。

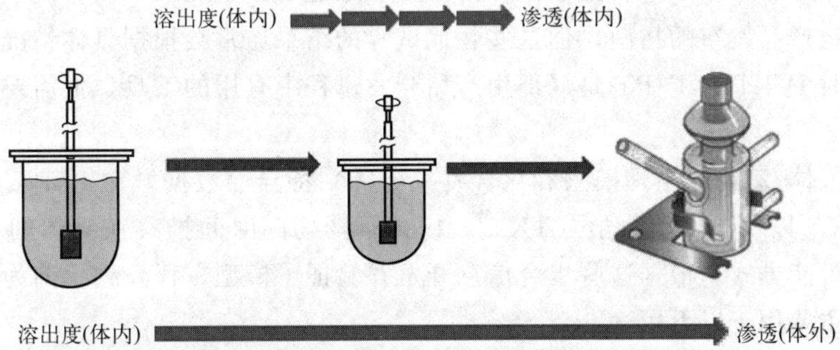

图 19.2　体外溶出和体外渗透模型的示意图组合

溶出性能应与制剂中溶解/释放药物的渗透评估相辅相成。需要对原料药和制剂的理化特性以及从制剂中释放药物的生理特性及其生物进程（包括全身吸收，即生物利用度）进行全面而深入的了解。

表 19.3 根据美国 FDA 发布的指南，外用制剂所需的体外试验标准

外用产品	相同的标准	体外实验
阿昔洛韦乳膏	Q1①、Q2②和 Q3③	IVRT＋IVPT
阿昔洛韦软膏	Q1、Q2 和 Q3	IVRT
苯甲醇溶液	Q1、Q2 和 Q3	IVRT＋虱子检测
磺胺嘧啶银乳膏	Q1、Q2 和 Q3	IVRT

① Q1—试验和参比制剂（RLD）在质量上是相同的。
② Q2—试验和参比制剂（RLD）在数量上是相同。
③ Q3—试验和参比制剂（RLD）具有相似的物理化学特性。

19.6 IVRT、IVPT、PBPK 和 PBAM 的出现

美国 FDA 发布了与 SUPAC 相关的行业指南：非无菌半固体制剂的化学、生产和控制（CMC），IVRT 和体内生物等效性文件（US-FDA，1997）。该指南适用于局部应用的制剂。随后，该机构发布了更明确、更严格的生物等效性（BE）研究指南，使用 IVPT 和 IVRT 作为可能的替代试验来证明局部用产品的 BE（表 19.3）。

IVRT 主要用于测定和对比 API 分别从受试制剂和参比制剂中的释放速率，从而潜在地反映出产品质量特征的相同性。同样，当应用于皮肤时，IVPT 用于测定和对比 API 从受试制剂和参比制剂中的释放速率以判定两者应用于皮肤时的体外生物等效性。体外替代试验，即 IVRT 和 IVPT，在取代临床和/或基于 BE 的药代动力学（PK）的有效性和可接受性方面主要取决于产品的性质和复杂性以及试验中实施的控制。简单地说，随着试验产品的复杂性增加，受试制剂和参比制剂之间不论是在统计学上还是在功能性能的对比评估中可能不会显示出类似的程度和相同性。然而，受试制剂和参比制剂在临床方面可能是等效的。在影响 IVPT 结果的诸多因素中，人类皮肤样本的性质、形态、年龄和处理等，只是导致结果高变异的几个因素。因此，有人指出在应对这些挑战方面需要进行更多研究（Shin et al.，2017；Tiffner et al.，2018；FDA GDUFA，2018a；Zhang et al.，2019）。虽然存在行业指南以及针对特定产品发布的指南，但这些替代试验的结果通常会根据具体情况进行审查。尽管如此，在此时 IVRT 和 IVPT 是局部用产品开发过程中有用的工具，但需要进一步探索其临床意义。

通过整合人体/动物的生理模型和化合物（药物）特异性数据，在 PBPK 建模中预测药物化合物的 PK [以及毒代动力学（TK）]，模拟了药物随时间推移在身体的不同器官中分布并被消除的可能方式。根据这些集合信息开发并验证了模型方程。到目前为止，已发布的模型最常用且主要用于以下用途：

- 预测在 PK 和分布方面与年龄相关变化。
- 预测药物-药物相互作用。
- 预测一般 PK。
- 预测 PK 的变异性。
- 其他。

最近发表了一篇关于已发布模型、应用及其验证的被大量引用的优秀综述文章（Sager et al.，2015）。世界各地的监管机构已经发布了关于 PBPK 建模和模拟的行业指南（WHO，2010；US-FDA，2018b；EMA，2018；等）。使用了实验动物数据开发大多数 PBPK 模型。

虽然这种建模和模拟已经成为药物开发中的一个重要工具，但 PBPK 模型非常复杂并且需要大量的化合物特定参数。缺乏模型验证的数据和标准，缺乏建模的专业知识和充分评价模型结构的风险评估，以及对于使用更加方便的建模平台的需求，这些只是科学家们迄今为止正在努力解决的几个挑战。美国 FDA 指南明确指出本指南未解决 PBPK 建模和模拟的方法学考虑和最佳实践或是针对特定药物或药品的 PBPK 分析的适当性。随着研究者获得了不同程度的成功，一直在试图回答这样的问题：是什么造就了一个好的模型以及如何评价模型质量？在开发 PBPK 模型的同时，需要将吸收、分布、代谢和消除/排泄相关的体外实验以及更具体的从体外到体内预测技术的开发进行整合。因此，鉴于由 PBPK 分析得出的结果质量、相关性和可靠性，接受结果代替临床 PK 数据的决定通常是在个案基础上做出的。

源自生物药剂学分类系统（BCS）的基于生理学的吸收建模（PBAM）结合了药品的详细信息、相关生理学考虑和研究设计，可以为预测两种制剂之间的 BE 提供参照标准。这种方法提供一个识别可申请生物等效性豁免产品的机会。基于 PBAM 可预测某些不符合溶出曲线对比判定标准（f_2）的含有 BCS 2 类药物分子产品的生物等效性（Jiang et al.，2011；Mitra et al.，2015；Zhang et al.，2017）。人们已经指出需要改善 PBAM 作为验证工具在各种监管环境中的应用并提高建模软件的准确性（Sjogren et al.，2016；Margolskee et al.，2017a，b；Darwich et al.，2017）。因此，这种基于 PBAM 的预测倾向于针对特定产品并且必须根据具体情况进行评估。

口服给药仍然是治疗中最受欢迎和最想获取的途径。口服固体制剂是在产品生命周期中的药品开发阶段用于药物开发的首选制剂（次于口服溶液）。这些年来，这些制剂已经从简单的（常释-快速溶解）发展到更复杂的（调释-控释、靶向释放、结合生物传感器的递送系统等）制剂。通常，口服固体制剂的体外和体内功能效率取决于以下因素：

- 化学稳定性。
- 水溶性和从制剂中的溶出/释放。
- 体内溶出后穿过肠壁的渗透性（吸收）。
- 吸收后进入和分布到作用部位。
- 系统前代谢极少或不存在。

多年来，人们尝试了几种方法来开发、描述和建立 IVIVC，也取得了不同程度的成功。一些科学家在 IVIVC 开发过程中通过体外溶出预测生物利用度（BA）时注意到了一个观察结果。当药物的吸收受溶出速率限制，能够获得可接受的且具有适度可预测性的 IVIVC。大多数失败的 IVIVC 都是由体外溶出试验中对体内环境和体内动力学的理解和转化不足导致的。此外，在体内溶出后，已溶解药物的渗透动力学，即吸收，仍然是实现具有可预测性 IVIVC 所要面临的挑战。因此，必须同时进行 IVRT、IVPT 和 PBAM 来增强通过药品体外溶出/释放试验对生物利用度的预测，即 IVIVC。如果 PBPK 可以用于正在开发的给定产品，那将是一个奖励！

19.7 总结

迄今为止，体外溶出试验似乎是体内利用度最可靠的预测指标。尽管官方试验具有很高的实用价值，但人们已经认识到，仍然需要一种与生物利用度更直接相关的试验。

所谓的良好相关性是难以捉摸的，只能勉强选择可接受的相关性！有必要探索生物利用度（参数）和溶出度（参数）之间基于（半）定量的相关性。目前，药代动力学（生物利用度）-药效学（临床）相关性是假定的，而在现实中，重点应放在以下方面：

- 考虑体内性能。
- 识别出哪些“因素”会限制试验溶出速率。
- 表征能使试验预测体内性能的“因素”。

在实验室通过体外溶出试验模拟体内条件是具有挑战性的。重要的方面是了解生理/生物条件，即那些对于设计合适的生物生理相关溶出试验至关重要的体内条件。此外，从精心设计的生物生理相关溶出试验中得到的溶出性能应辅以从制剂中溶解药物的渗透特性。需要在药物开发中进一步探索 IVRT、IVPT、PBAM 和 PBPK 的作用，采用独特的创造性措施实现可接受的 IVIVC，提高通过药品的体外溶出/释放性能对药物的系统摄取（吸收）的可预测性。

在寻求设计一种提供个例药物、药品驱动的生物生理相关溶出试验和 IVPT 组合的全面评估工具的过程中，“走出陈规”思维对于提高实现可接受的（并非真正良好的）相关性的可能性来说至关重要——这是一个值得追求的目标！

参考文献

Banakar，U. （2015）. Chapter 4：Dissolution and bioavailability：*in-vitro in-vivo* correlation（IVIVC），bioavailability and bioequivalence，chapter 4. In：Desk book of Pharmaceutical Dissolution Science and Applications（eds. S. Tiwari，U. Banakar and V . Shah）. India：Society for Pharmaceutical Dissolution Science.

Darwich，A. S.，Margolskee，A.，Pepin，X. et al. （2017）. IMI-oral biopharmaceutics tools project-evaluation of bottom-up PBPK prediction success part 3：identifying gaps in system parameters by analyzing in silico performance across different compound classes. European Journal of Pharmaceutical Sciences 96：626-642.

Dressman，J. and Reppas，C. （2000）. In vitro-in vivo correlations for lipophilic，poorly water-soluble drugs. European Journal of Pharmaceutical Sciences 11：S73-S80.

EMA（2018）. Guideline on the Reporting of Physiologically Based Pharmacokinetic（PBPK）Modelling and Simulation. London，UK：Committee for Medicinal Products for Human Use（CHMP）.

Jiang，W.，Kim，S.，Zhang，X. et al. （2011）. The role of predictive biopharmaceutical modeling and simulation in drug development and regulatory evaluation. International Journal of Pharmaceutics 418（2）：151-160.

Margolskee，A.，Darwich，A. S.，Pepin，X. et al. （2017a）. IMI-oral biopharmaceutics tools project-evaluation of bottom-up PBPK prediction success part 1：characterization of the OrBiTo database of compounds. European Journal of Pharmaceutical Sciences 96：598-609.

Margolskee, A., Darwich, A.S., Pepin, X. et al. (2017b). IMI-oral biopharmaceutics tools project-evaluation of bottom-up PBPK prediction success part 2: an introduction to the simulation exercise and overview of results. European Journal of Pharmaceutical Sciences 96: 610-625.

Mitra, A., Kesisoglou, F., and Dogterom, P. (2015). Application of absorption modeling to predict bioequivalence outcome of two batches of etoricoxib tablets. AAPS PharmSciTech 16 (1): 76-84.

Papich, M. and Martinez, M. (2015). Applying biopharmaceutical classification system (BCS) criteria to predict oral absorption of drugs in dogs: challenges and pitfalls. The American Association of Pharmaceutical Scientists Journal 17 (4): 948-964.